U0317870

“十三五”国家重点图书出版规划项目

城市安全风险管理丛书

编委会主任:王德学　总主编:钟志华　执行总主编:孙建平

城市火灾风险防控

Risk Prevention and Control of Fire in Urban Areas

李伟民 主编　谈迅 顾金龙 副主编

图书在版编目(CIP)数据

城市火灾风险防控 / 李伟民主编. — 上海：同济大学出版社，2021.12

(城市安全风险管理丛书 / 钟志华总主编)

"十三五"国家重点图书出版规划项目

ISBN 978-7-5765-0096-7

Ⅰ.①城… Ⅱ.①李… Ⅲ.①城市—火灾—灾害防治—研究—中国 Ⅳ.①X928.7

中国版本图书馆 CIP 数据核字(2021)第 277143 号

"十三五"国家重点图书出版规划项目
国家出版基金资助
上海市促进文化创意产业发展财政扶持资金资助
城市安全风险管理丛书

城市火灾风险防控

Risk Prevention and Control of Fire in Urban Areas

李伟民　主编　谈　迅　顾金龙　副主编

出 品 人：华春荣
策划编辑：高晓辉　吕　炜　马继兰
责任编辑：吴世强
责任校对：徐春莲
装帧设计：唐思雯

出版发行　同济大学出版社　www.tongjipress.com.cn
　　　　　(地址：上海市四平路 1239 号　邮编：200092　电话：021-65985622)
经　　销　全国各地新华书店、建筑书店、网络书店
排版制作　南京文脉图文设计制作有限公司
印　　刷　上海安枫印务有限公司
开　　本　787mm×1092mm　1/16
印　　张　19.25
字　　数　481 000
版　　次　2021 年 12 月第 1 版
印　　次　2021 年 12 月第 1 次印刷
书　　号　ISBN 978-7-5765-0096-7
定　　价　98.00 元

内容简介

火灾是威胁人类生存和发展的常发性灾害之一，会对生命、财产、环境和文化遗产等产生破坏作用。人类文明进步的过程，也是人类不断深化认识火的本质和同火灾不懈斗争的过程。随着城市化步伐的加快，火灾发生频率高、时空跨度大、原因复杂多样、后果难以预料等特征进一步凸显，火灾风险防控进入了一个新阶段。

本书以上海市为例，通过对全市火灾基本情况的多角度剖析，揭示城市火灾风险的基本特征；结合国内外火灾风险防控前沿理论，通俗化阐述城市火灾风险评估的基本要点；针对超大型城市中具有代表性的火灾高风险场所和对象，提出具体防控策略；引用实例，论述物联网、新材料和人工智能等新技术在城市火灾风险防控领域的应用。

本书围绕城市风险管理这一新兴领域，基于对城市在发展中面临的火灾风险的分析和趋势的预判，就火灾风险防控体系构建和防控技术的运用，提出了具体思路与方法，对提高社会消防管理的科学性、系统性、准确性具有现实指导作用。本书既可以作为相关学科的教材读物，也可以作为城市、行业、企业各级风险管理实践工作者以及消防行业从业人员的工具书。

作者简介

李伟民

男，上海市消防救援总队总队长，高级指挥长消防救援衔，高级工程师。曾任重庆市公安消防总队防火监督部部长，广西壮族自治区消防救援总队总队长。具有丰富的实践经验、较高的学术造诣和较强的统筹协调能力，学术科研成果丰富，负责组织制修订《火灾高危单位消防安全评估规程》《展览场所消防安全规范》《文物建筑消防安全管理规范》《木结构房屋连片村寨消防安全规范》等标准规范，参与制定的《广西北部湾经济区消防发展规划(2014—2030)》获广西优秀城乡规划设计一等奖，论文《关于就“4·4”越南芒街跨国灭火救援浅谈如何做好跨国应急救援工作的思考》获评 2018 年度消防救援队伍调研文章一等奖。

谈　迅

男，高级工程师，上海市消防救援总队总工程师，上海市消防标准化技术委员会副主任委员。主要从事火灾事故调查、社会消防综合治理、消防监督执法、大型活动消防安全等方面的研究工作，组织或参与调查“11·27”上海市黄浦区四川路特大放火案、“11·15”上海市静安区胶州路公寓大楼火灾等重特大火灾 4 起。作为项目负责人，承担上海市科学技术委员会科研项目《疑难电气火灾物证鉴定技术研究》；作为主要研究人员，参与应急管理部《超大城市群消防治理体系研究》《火灾事故调查虚拟现实训练系统应用研究》省部级科研项目 2 项；参与编写《火灾现场勘验规则》(GA 839—2009)等国家标准、行业标准 2 项；出版著作 4 部，发表论文 5 篇。获得上海市科学技术奖三等奖 1 次。

顾金龙

男，高级工程师，同济大学城市风险管理研究院消防安全风险防控研究中心主任。曾任上海市消防局副局长。长期从事防火监督、消防管理和消防信息化建设等工作，并多次带领消防部门技术团队保障重大市政工程顺利推进，在上海中心大厦等超限高层建筑、国家会展中心(上海)等大跨度展览建筑和上海浦东国际机场、上海虹桥国际机场等超大交通枢纽等建筑领域解决了诸多重大消防难题，使上海市消防部门的消防设计审核工作在国内外处于领先水平。主编《城市消防物联网研究与应用展望》《城市综合体消防安全关键技术研究》《大型物流建筑消防安全关键技术研究》等著作。牵头负责《城市综合体消防安全关键技术研究及应用示范》《上海中心大厦基于 BIM 平台的消防安全运行关键技术研究》《大型物流建筑消防安全关键技术研究》等重点课题，其中《长大道路隧道全纵向防灾救援新技术及其集成应用》(第一完成人)获 2018 年上海市科技进步奖二等奖。

“城市安全风险管理丛书”编委会

《城市火灾风险防控》编撰人员

主　　编　李伟民

副 主 编　谈　迅　顾金龙

执行副主编　周敏莉　祁　闻

编撰人员　（按姓氏笔画顺序）

丁晓春　马　哲　王　朔　王　薇　王国磊　朱忠明
祁　闻　孙晓乾　李　旻　李芙萍　杨　雯　杨君涛
沈　杰　沈　蓓　沈海峰　宋佳佳　张　楼　张　燕
陆　琦　陈　诚　范永清　范豪杰　林　肯　金　怡
周旭峰　周敏莉　赵妍慧　赵郑宝　胡君健　钟　薇
费思吉　姚　沁　索华伟　夏增升　唐　黎　曹晴烨
葛文琪　戴　烨

编审人员　薛　林　唐永革　翟　羽　虞利强　陈建槐　车　斌
吴　军　吴　郁　杨风雷　蔡莉萍　刘　菲　闫　霁
何建红　邓　军　韩　新　王丽晶　朱　蕾

总序

浩荡40载，悠悠城市梦。一部改革开放砥砺奋进的历史，一段中国波澜壮阔的城市化历程。40年风雨兼程，40载沧桑巨变，中国城镇化率从1978年的17.9%提高到2017年的58.52%，城市数量由193个增加到661个(截至2017年年末)，城镇人口增长近4倍，目前户籍人口超过100万的城市已经超过150个，大型、特大型城市的数量仍在不断增加，正加速形成的城市群、都市圈成为带动中国经济快速增长和参与国际经济合作与竞争的主要平台。但城市风险与城市化相伴而生，城市规模的不断扩大、人口数量的不断增长使得越来越多的城市已经或者正在成为一个庞大且复杂的运行系统，城市问题或城市危机逐渐演变成了城市风险。特别是我国用40年时间完成了西方发达国家一二百年的城市化进程，史上规模最大、速度最快的城市化基本特征，决定了我国城市安全风险更大、更集聚，一系列安全事故令人触目惊心。北京大兴区西红门镇的大火、天津港的"8·12"爆炸事故、上海"12·31"外滩踩踏事故、深圳"12·20"滑坡灾害事故等等，昭示着我们国家面临着从安全管理1.0向应急管理2.0乃至城市风险管理3.0的方向迈进的时代选择，有效防控城市中的安全风险已经成为城市发展的重要任务。

为此，党的十九大报告提出，要"坚持总体国家安全观"的基本方略，强调"统筹发展和安全，增强忧患意识，做到居安思危，是我们党治国理政的一个重大原则"，要"更加自觉地防范各种风险，坚决战胜一切在政治、经济、文化、社会等领域和自然界出现的困难和挑战"。中共中央办公厅、国务院办公厅印发的《关于推进城市安全发展的意见》，明确了城市安全发展总目标的时间表：到2020年，城市安全发展取得明显进展，建成一批与全面建成小康社会目标相适应的安全发展示范城市；在深入推进示范创建的基础上，到2035年，城市安全发展体系更加完善，安全文明程度显著提升，建成与基本实现社会主义现代化相适应的安全发展城市。

然而，受制于一直以来的习惯性思维，当前我国城市公共安全管理的重点还停留在发生事故的应急处置上，突出表现为"重应急、轻预防"，导致对风险防控的重要性认识不足，没有从城市公共安全管理战略高度对城市风险防控进行统一谋划和系统化设计。新时代要有新思路，城市安全管理迫切需要由"强化安全生产管理和监督，有效遏制重特大安全事故，完善突发事件应急管理体制"向"健全公共安全体系，完善安全生产责任制，坚决遏制重特大安全事故，提升防灾减灾救灾能力”转变，城市风险管理已经成为城市快速转型阶段的新课题、新挑战。

理论指导实践，“城市安全风险管理丛书”（以下简称“丛书”）应运而生。“丛书”结合城市安全管理应急救援与城市风险管理的具体实践，重点围绕城市运行中的传统和非传统风险等热点、痛点，对城市风险管理理论与实践进行系统化阐述，涉及城市风险管理的各个领域，涵盖城市建设、城市水资源、城市生态环境、城市地下空间、城市社会风险、城市地下管线、城市气象灾害以及城市高铁运营与维护等各个方面。“丛书”提出了城市管理新思路、新举措，虽然还未能穷尽城市风险的所有方面，但比较重要的领域基本上都有所涵盖，相信能够解城市风险管理人士之所需，对城市风险管理实践工作也具有重要的指南指引与参考借鉴作用。

“丛书”编撰汇集了行业内一批长期从事风险管理、应急救援、安全管理等领域工作或研究的业界专家、高校学者，依托同济大学丰富的教学和科研资源，完成了若干以此为指南的课题研究和实践探索。“丛书”已获批“十三五”国家重点图书出版规划项目并入选上海市文教结合“高校服务国家重大战略出版工程”项目，是一部拥有完整理论体系的教科书和有技术性、操作性的工具书。“丛书”的出版填补了城市风险管理作为新兴学科、交叉学科在系统教材上的空白，对提高城市管理理论研究、丰富城市管理内容，对提升城市风险管理水平和推进国家治理体系建设均有着重要意义。

钟志华

中国工程院院士

2018年9月

序言

经过近两年的精心打磨,《城市火灾风险防控》一书即将付梓,这是一本关于如何管理城市火灾风险的专业著作。

纵观人类社会发展历史进程,东、西方文明起源都与火息息相关。在中国古代,燧人氏钻木取火使人类学会用火,从而开创了华夏文明;在希腊神话中,普罗米修斯为人类盗取天火,使人类成为万物之灵。虽然火造福了人类,但一旦其失去控制,也能夺走生命、毁灭财富、造成灾难。可以说,火灾是世界上发生较为频繁、影响面广的灾害之一。同时,人类从开始用火那一天起,与火灾的斗争和博弈就从未停止。从《周易》中"水在火上,既济"等记载,到周朝的"火禁""司烜氏";从"马头墙""望火楼"等建筑形式,到故宫的"太平铜缸"等器具,无不蕴含着古代防治火灾的智慧和力量。

当前,世界百年未有之大变局正加速演进,国内改革发展任务艰巨繁重,传统和非传统安全风险交织,不确定性增大。在不断发展演进的城市化进程中,城市功能更加集约、要素更趋集中、人口更为集聚,导致火灾风险呈几何级数增加,并呈现更多形态和特征。新时代下,如何准确把握城市火灾风险的规律与特征,既警惕"黑天鹅",也防范"灰犀牛",最大限度地提升人民群众的安全感、满意度,是当前摆在城市管理者面前一个非常紧迫的课题。

党的十八大以来,习近平总书记着眼历史和时代的发展大势,站在政治和全局的战略高度,多次就防范化解重大风险、应急管理、安全生产、防灾减灾等作出重要论述,为城市火灾风险防控提供了根本遵循和行动指南。在此背景下,上海市消防救援总队与同济大学城市风险管理研究院专门组织人员,在广泛调研、深入探讨、认真总结的基础上,共同编写了这本具有重要参考价值和指导意义的专业书籍。它的出版既是贯彻落实习近平总书记关于防范化解重大风险重要论述的具体行动,也及时回应了社会各界对城市风险防范的新期待、新要求。

本书以上海市这一中国超大城市近年来的火灾基本情况为研究样本,尝试在城市风险管理这一新兴领域,对城市火灾风险防控提出新思路、做出新尝试、展开新实践。全书结构科学、逻辑严谨,融理论性、实践性为一体,兼具指导性和前瞻性,一定程度上弥补了我国城市火灾风险防控研究领域的空白。

作为一名消防战线的老兵，在衷心祝贺这本佳作出版的同时，唯愿吾辈消防人致知力行，踵事增华，继续在消防救援理论与实践中展现新作为、实现新突破。

是为序。

王沁林

原公安部消防局政治委员

2021 年 10 月

前言

城市，是人类政治、经济、文化和科学活动的中心。现代城市具有人口集中、建筑物集中、生产与经营集中、财富集中的显著特征。大部分国家的大多数财富是在城市中创造的。我国现阶段仍处于城市化建设的发展时期。历史经验及现实表明，在城市化过程中，经济社会转型升级、产业结构模式调整会诱发很多人为灾害。火灾、爆炸、可燃有毒物质泄漏等产生的热灾害以及环境污染在一定程度上影响着城市的公共安全。

城市化使火灾风险同步增加，使火灾事故变得更为多样复杂，造成的危害可能也更大。新型建筑大量涌现，传统与非传统作业形态交织并存、相互渗透，网络经济迭代加速，可燃物种类繁多，诱发火灾的因素不断增加。城市中高度密集和大量流动的人口、高度聚集的经济活动，以及与城市综合体、石油化工、仓储物流、地下空间、长输管线、交通工具、老旧住宅等相互关联的各类对象，共同产生了复杂多样、动态多变、难以预测的火灾风险。现代城市一旦发生火灾，往往造成极大的影响和损害。例如，俄罗斯莫斯科建材市场火灾和英国伦敦西区高层公寓楼（“格兰菲尔塔”）火灾都造成了很大的人员伤亡和财产损失。然而，火灾风险防控体系的建立和完善相对滞后，部分公众火灾防范意识相对薄弱。

火灾风险防控关乎城市经济社会的安全发展、和谐发展，关乎市民群众的安全感和满意度，具有十分重要的现实意义。为有效降低火灾风险，需要找准城市突出的火灾风险隐患，剖析其产生的深层次原因，集中评估消防安全薄弱环节，在前端化治理、系统化治理、智能化治理等方面，运用创新手段，全方位综合施策，全过程降低火灾风险。

本书是“城市安全风险管理丛书”中的一本，比较系统地介绍了城市火灾风险防控的相关内容，可作为教材读物和相关从业人员的工具书。全书共分 5 章：第 1 章是绪论，主要介绍火灾及城市火灾风险防控的基本概念；第 2 章是城市火灾风险分析，以火灾统计数据为基础，多维度分析城市火灾风险，探析火灾事故与经济总量、产业结构、人口规模等因素之间的内在关联；第 3 章是城市火灾风险要素与评估，引用国内外理论研究成果，介绍城市火灾风险要素，并通过实例讲述城市火灾风险评估方法；第 4 章是城市火灾风险防控系统建设，主要从火灾风险防控管理体系架构、建筑防火技术、火灾风险防控新技术、火灾应急救援处置四个方面展开论述；第 5 章是城市典型场所及对象火灾风险防控，以国内外典型火灾为例，梳理分析城市典型场所及对象的火灾风险，并提出实施防控的对策建议。

本书由上海市消防救援总队、同济大学城市风险管理研究院联合编撰。上海市消防救援总队总队长李伟民担任主编。编撰团队人员均为长期在消防安全领域工作的专家学者，具体如下:第1章由顾金龙、谈迅、曹晴烨、祁闻等编写;第2章由陆琦、胡君健、费思吉、王国磊等编写;第3章由马哲、杨君涛、宋佳佳、杨雯等编写;第4章由周敏莉、钟薇、丁晓春、孙晓乾、赵妍慧、林肯、金怡、葛文琪、朱忠明等编写;第5章由李旻、姚沁、李芙萍、唐黎、沈海峰、王朔、王薇、赵郑宝、戴烨、张燕、沈蓓、夏增升、周旭峰、范永清、索华伟、范豪杰、陈诚、张楼、沈杰等编写。

感谢所有参与本书编写工作的人员！特别感谢原公安部消防局政治委员王沁林为本书作序。

鉴于城市火灾风险防控的有些内容与学术观点有待进一步探讨研究，书中难免有争议和疏漏之处，欢迎读者批评指正。

编　者

2021年10月

目录

1 绪　　论

火灾一旦发生则影响范围广泛，在城市发展历史中，人类与火灾的斗争是永恒的话题。从预防火灾、扑救火灾到拯救生命、保护财产，一部火灾史就是一部消防史。随着人们对火灾规律认识的不断加深，防控火灾风险的理念、技术等也在不断发展与改进，人们驾驭火的能力有了质的提升。

我国消防源远流长，发展历程漫长且曲折。我国古代消防发展水平较高，取得了许多重要成就。在始于远古的古代消防前期（尤其是春秋战国时期）和自秦汉到明末清初的古代消防中期，我国在长期同火灾作斗争的实践基础上积累了丰富的经验，在许多领域处于世界领先地位。早在春秋战国时期，一些著名的思想家、政治家如孔子（孔丘）、荀子（荀况）、管子（管仲）、墨子（墨翟）、韩非子（韩非）等，就对火政关系国富民安等问题作出精辟的论述。此后，在唯物论与唯心论的长期斗争中，人们逐渐加深了对火灾的认识。在“以法治火”思想的指导下，我国消防法制在秦代初具雏形，唐代《永徽律》中有关消防的法规已相当完备。在消防管理和消防组织、队伍建设上，周朝设有“司烜氏”“司炬氏”等火官；宋代创建了从事救火的部队“防隅军”“潜火队”和民间救火组织“水铺”“冷铺”“义社”等；清代初年，紫禁城及颐和园等皇家园林也有专司救火的部队“火班”，民间消防组织“救火会”等逐渐壮大。在火灾预防上，“防患于未然”的思想逐渐成为世代相传的传统文化。我国不仅在防火管理上积累了许多经验，有宁波市“天一阁”藏书楼400余年无火灾的案例，还在防火技术上取得了一些成就。例如，先秦时代对木制建筑构件和房屋涂抹泥巴以防火，宋代设“火巷”，明代建防火墙及封火墙等，宋代总结了煤窑防止瓦斯爆炸、安全生产火药等经验，这些都对后代防火产生了重要影响。在火灾扑救上，唐宋时出现了专门用于救火的水囊、水袋等消防器材，宋代始建“望火楼”并有了城市消防站的雏形，在灭火战术上逐渐形成了“救火贵速”“断截火路”以防延烧等行之有效的“救火之道”。仅从上述事实就可以看出，我国古代消防在前期和中期已达到相当高的水平，在历史上谱写了光辉的篇章。[1]

明末清初至1840年鸦片战争期间，虽然清代前期的“康雍乾盛世”社会稳定、国家统一、人口增长快，朝廷对消防比较重视，救火会等民间消防组织也有较大发展，但总体来看，我国古代消防在“康、雍、乾”年代之后处于发展十分缓慢甚至停滞不前的状况，并且逐渐与开始进入近代社会的西方国家产生差距。这同当时整个社会长期受封建制度的束缚而停滞不前、渐趋衰落是分不开的。[1]

由于清朝封建制度腐败和长期推行闭关自守的政策，从1840年鸦片战争到1911年辛亥革命的晚清时期，我国消防处于缓慢发展的阶段。光绪末年我国从西方和日本引入消防警察这一近代消防职业，消防法规也在一定程度上受到西方影响。消防机动泵、消防(汽)车等近代消防技术的引进、自来水与消火栓的出现及电话在消防通信上的应用等，使我国一些大中城市开始走上近代消防的道路。但许多中小城市和广大农村基本上仍然沿用古代消防的一些做法和陈旧的消防器材。在1949年中华人民共和国成立前的几十年间，消防的发展始终很缓慢，消防法制不完备，消防警力增长较慢，从国外引进的近代消防技术很少且难以推广，城市消防设施匮乏，消防器材生产能力薄弱，且在没有民族汽车工业的情况下连一辆国产消防车也制造不了。许多小城镇和广大农村的消防情况同民国以前相比没有太大的变化。[1]

1949年中华人民共和国成立，我国消防进入新的历史时期。中华人民共和国成立初期，消防事业在建立健全消防法制和消防监督机构，组建和发展公安消防队、企业专职消防队及群众性义务消防队，建立全国火灾统计制度并开展消防监督管理，组织消防科研与教育培训，以及发展消防器材生产等方面都取得了显著成绩，逐步改变了消防落后的面貌。1978年改革开放后，我国的消防事业得到了迅速、全面的发展，在保障经济建设和人民生命财产安全、促进自身现代化建设上实现了跨越式发展。在国民经济快速发展、全国人口逐年增多的形势下，尽管火灾情况在某些年份比较严峻，但全国火灾发生率(即每10万人口发生火灾的次数)和全国火灾总损失在国内生产总值(Gross Domestic Product, GDP)中所占的比例一直保持在世界上较低的水平。[1]

现阶段我国仍是世界上最大的发展中国家，需要统筹发展和安全，建设更高水平的平安中国。这需要统筹传统安全和非传统安全，把安全发展贯穿国家发展各领域和全过程，防范和化解影响我国现代化进程的各种风险，筑牢国家安全屏障；需要加强国家安全体系和能力建设，保障人民生命安全，维护社会稳定和安全。消防安全是国家公共安全的重要组成，需要持之以恒地防范和化解火灾风险，确保国家长治久安。

1.1 火灾

在时间或空间上失去控制的燃烧所造成的灾害被称为火灾。为了防止火灾发生，我们必须掌握其规律和特点，从而开展各种有效的防控工作；为了减少火灾损失和人员伤亡，我们必须实施及时有效的火灾应急处置工作。

1.1.1 火灾的分类

1. 按可燃物的类型和燃烧特性分类

按照可燃物的类型和燃烧特性，将火灾划分为以下六个类别。

(1) A类火灾。A类火灾指固体物质火灾。例如，木材及木制品、棉、毛、麻、纸张、粮食等物质火灾。引发A类火灾的物质通常具有有机物性质，一般在燃烧时会产生灼热的余烬。

(2) B类火灾。B类火灾指液体或可熔化的固体物质火灾。例如，汽油、煤油、原油、甲醇、乙醇、沥青、石蜡等物质火灾。

(3) C类火灾。C类火灾指气体火灾。例如，煤气、天然气、甲烷、乙烷、氢气、乙炔等气体燃烧或爆炸所造成的火灾。

(4) D类火灾。D类火灾指金属火灾。例如，钾、钠、镁、钛、钙、锂、铝镁合金等金属火灾。

(5) E类火灾。E类火灾指带电火灾，即物体带电燃烧的火灾。例如，变压器、家用电器、电热设备等电气设备以及电线、电缆等带电燃烧的火灾。

(6) F类火灾。F类火灾指烹饪器具内的烹饪物火灾。例如，烹饪器具内的动物油脂或植物油脂燃烧所造成的火灾。

2. 按火灾损失严重程度分类

火灾损失是描述火灾的重要指标，也是分析、揭示火灾规律的重要依据之一。依据《火灾损失统计方法》(XF 185—2014)，火灾损失指火灾导致的火灾直接经济损失和人身伤亡。火灾直接经济损失包括火灾直接财产损失、火灾现场处置费用、人身伤亡所支出的费用。火灾直接财产损失包括财产(不包括货币、票据、有价证券等)在火灾中直接被烧毁、烧损、烟熏、砸压、辐射以及在灭火抢险中因破拆、水渍、碰撞等所造成的损失；火灾现场处置费用包括灭火救援费(含灭火剂等消耗材料费、水带等消防器材损耗费、消防装备损坏损毁费、现场清障调用大型设备及人力费)及灾后现场清理费；人身伤亡指在火灾扑灭之日起7日内，人员因火灾或灭火救援中的烧灼、烟熏、砸压、辐射、碰撞、坠落、爆炸、触电等原因导致的死亡、重伤和轻伤。[2]

依据《生产安全事故报告和调查处理条例》(国务院令第493号)规定的生产安全事故等级标准，《公安部办公厅关于调整火灾等级标准的通知》按照火灾事故所造成的损失严重程度，将火灾划分为特别重大火灾、重大火灾、较大火灾和一般火灾四个等级。[3]

(1) 特别重大火灾是指造成30人以上死亡，或者100人以上重伤，或者1亿元以上直接财产损失的火灾。

(2) 重大火灾是指造成10人以上30人以下死亡，或者50人以上100人以下重伤，或者

5 000 万元以上 1 亿元以下直接财产损失的火灾。

(3) 较大火灾是指造成 3 人以上 10 人以下死亡，或者 10 人以上 50 人以下重伤，或者 1 000 万元以上 5 000 万元以下直接财产损失的火灾。

(4) 一般火灾是指造成 3 人以下死亡，或者 10 人以下重伤，或者 1 000 万元以下直接财产损失的火灾。

上述所称的"以上"包括本数，"以下"不包括本数。

1.1.2 火灾的特点

火灾造成的危害已不仅仅局限于人员伤亡和财产损失，更多的是对城市整体造成的破坏，引起城市功能的失灵、经济生活的失调。火灾主要呈现突发性、多发性、破坏性和复杂性四个特点。

1. 突发性

突发性是火灾最为明显的特性，主要体现在火灾的偶发性、不确定性，及其发生时间的随机性。在一个地区、一段时间内，具体什么地方、什么单位、什么时间发生火灾，往往难以预测。

2. 多发性

城市火灾的多发性包括火灾种类的多样性、事件的再现性和事件的并发性等。随着改革开放的不断深入和经济社会的迅猛发展，城市建设规模不断扩大，城市化进程不断加快，城市产业结构和社会情况发生了新的变化，城市中大型商贸、娱乐和综合体等建筑群林立，城市人流和物流量急剧增加，加之人们生产与生活中用火、用电、用气、用油量大幅增加，相应的致灾因素也不断累积，城市火灾的多发性趋势已不可避免。

3. 破坏性

城市火灾的破坏性主要表现为易造成群死群伤和巨额财产损失。城市是人口高度集中的地域，一旦发生火灾，极易造成大量人员伤亡。据统计，1991—2020 年这 30 年间，全国共发生 29 起一次性死亡超过 30 人的特别重大火灾事故，其中 28 起发生在城市，占比近 97%。2010 年 11 月 15 日 14 时，上海市静安区胶州路公寓大楼发生火灾，造成 58 人死亡，百余人受伤，严重威胁人民群众的生命，并造成了巨大的财产损失。同时，城市又是物质财富的集中地，历来是火灾损失的重灾区。城市火灾年均损失占全国火灾年均损失的 67.7%，个别年度超过 87%。

4. 复杂性

由于城市功能不断现代化，城市内各种基础设施更加多样化和大规模化，各种系统集结，系统之间的联系也越来越紧密，一旦发生火灾，就会产生连锁反应，使得火灾复杂化，处理不好往往可能造成城市功能大面积或局部瘫痪。同时，随着经济建设的发展，城市地下空间、高层建筑、大型易燃易爆化工企业、冷链物流仓储不断增多，建筑功能、生产工艺日趋多元和复杂，火灾扑救难度随之加大。2011 年 9 月 8 日 22 时，上海赛科石油化工有限责任公司低温罐区烯烃管线发生爆炸引起火灾，险些酿成大灾。由于消防队到场处置妥当，周边 2.6 万 m^3 乙烯储罐、2 万 m^3 丙烯储罐、5 万 m^3 液氨储罐和 4.2 万 m^3 各类液化石油气储罐均得到了有效保护。然而，部分公众消防安全意识不强、诱发火灾的原因多种多样，这些都增加了城市火灾的复杂性。[4]

1.1.3　火灾发生的主要诱因

影响火灾发生的因素较多，主要有自然因素和社会因素。自然因素包括物理的、化学的或生物的作用；社会因素包括人们思想麻痹，用火不慎，不遵守操作规程，机械、电气设备不良或安装不当，纵火等。

1. 自然因素

(1) 静电放电、雷击。雷击起火容易被大家看到，但静电放电往往不太被注意。例如，转动的皮带、沿导管流动的易燃液体、可燃粉尘等都易产生静电。如果没有相应导除静电的措施，静电放电极易产生火花，从而造成火灾。许多油库油罐起火，就是由这种原因引起的。

(2) 自燃与化学反应。浸油的棉织物，新割的干草、谷草、树叶，新打的粮食，没晒干的豆子、籽棉、泥炭、煤堆等通风不良时，以及硝化纤维胶片、硫化亚铁、黄磷、磷化氢等，都易自燃起火。另外，有些物质如钾、钠、锂、钙等与水接触即起火；棉花、稻草、刨花与浓硝酸接触也易起火；有些化学产品如高锰酸钾与甘油混合在一起立即起火。因此，必须根据这些物质的特性，采取相应的防火措施。

2. 社会因素

(1) 用火不慎。例如，使用炉火、灯火不慎，乱丢未熄灭的火柴、烟头，火灰复燃引起火灾。

(2) 用火设备不良。例如，炉灶、火炕、火墙、烟囱等不符合防火要求，年久失修、裂缝蹿火，引起可燃材料起火。

(3) 违反操作规程。例如，焊接、烘烤、熬炼未按操作规程，在禁止产生火花的场所穿带铁钉的鞋、敲打铁器，在充满汽油蒸气、乙炔、氧气等气体的房间吸烟或使用明火等。

(4) 电气设备安装、使用不当。例如，电气设备安装不合乎规定，绝缘不良，超负荷运行，电气线路短路，在电灯泡上包纸和布等可燃物，乱接、乱拉电线，忘记拉断电闸或关闭收音机等，都易造成火灾，甚至走电造成人员伤亡。

（5）意外爆炸。意外爆炸主要包括火炸药爆炸、化学危险品爆炸、可燃粉尘纤维爆炸、可燃气体爆炸、可燃与易燃液体蒸气爆炸等，这些爆炸往往会引发很大的火灾。

（6）人为放火。例如，人为纵火破坏等。

1.1.4 火灾的危害

火灾是各种自然灾害与社会灾害中发生概率高、突发性强、破坏性大的一种灾害。国际消防技术委员会对全球火灾的调查统计显示，近年来在世界范围内，每年发生的火灾起数为600万～700万起，每年有6万～7万人在火灾中丧生。[5]火灾是一种当今世界各国所共同面临的灾害，对人类社会发展进步、人民生命及公私财产安全已构成了严重威胁，具体表现在以下四个方面。

1. 导致人员伤亡

据相关统计数据，2009—2019年全国发生火灾总起数为275.5万起，共造成13 556人死亡、9 021人受伤。由此表明，火灾对人类生命安全造成了严重危害。

2. 毁坏物质财富

火灾，能烧掉人类通过辛勤劳动创造的物质财富，使城镇、乡村中的工厂、仓库等建筑物和大量的生产、生活物资化为灰烬；火灾，能将成千上万个温馨的家园变成废墟；火灾，能吞噬掉茂密的森林和广袤的草原，使宝贵的自然资源化为乌有；火灾，能烧毁大量文物、古建筑等稀世瑰宝，使珍贵的历史文化遗产毁于一旦，使人类文明成果付之一炬。另外，火灾所造成的间接财产损失往往比直接财产损失更为严重，这包括受灾单位自身的停工、停产、停业，相关单位生产、工作、运输、通信的停滞，以及灾后救济、抚恤、医疗、重建等工作所需要的更大的投入与花费。[5]文物、古建筑火灾和森林火灾造成的不可挽回的损失更是难以用经济价值计算。世界火灾统计中心提供的资料显示，火灾造成的直接财产损失，美国不到7年翻一番，日本平均16年翻一番，中国平均12年翻一番。统计显示，我国2009—2018年共发生249.9万起火灾，造成的直接财产损失达327.2亿元，年均火灾直接财产损失达32.72亿元，是21世纪前5年间的年均火灾直接财产损失(15.5亿元)的2.1倍。

3. 破坏生态环境

火灾的危害不仅表现在残害人类生命、毁坏物质财富，还会严重影响和破坏人类生存和发展所需的大气、海洋、土地、矿藏、森林、草原、野生生物、自然遗迹、人文遗迹、自然保护区、风景名胜区、城市和乡村的生态环境，使水资源和土地资源遭受污染，森林和草地资源减少，干旱少雨、风暴等气候异常增多，大量植物和动物灭绝，生物多样性减少，生态环境恶化。

4. 影响社会稳定

如果医院及养老院、学校和幼儿园、劳动密集型企业、宗教活动场所等人员密集场所发生群死群伤火灾事故，或者涉及能源、粮食、资源等国计民生的行业发生大火，往往还会严重影响人们正常生活、生产、工作、学习的秩序，产生一定程度的负面效应，破坏社会和谐稳定、影响人们安居乐业。

1.2 城市火灾风险与防控

火灾风险是伴随整个人类历史的一种古老且广泛存在的风险。火灾风险与其他风险一样是客观存在的，只要人类的用火行为存在，火灾风险就不会消失，也不会被消灭。一方面，火灾风险是可防可控的；另一方面，火灾风险的防控难度也越来越大。

1.2.1 基本概念

1. 火灾风险

在消防安全研究领域目前常用的几种定义中，本书选取以下定义方式："风险"为产生不利后果的严重程度及其发生的概率；相应地，"火灾风险"为潜在火灾事件产生的后果及其发生的概率。这一含义既包括了火灾发生的可能性，也包括火灾发生后可能造成的危害程度。

火灾风险作为城市安全风险的一种，不确定性是它的重要特点，主要表现在发生火灾事件的概率的不确定性和后果的不确定性，这种不确定性是抽象的。在实际生活中，人们需要借助与火灾风险相关的具体对象来了解和分析火灾风险，从而管理和控制火灾风险。这些对象通常是可能造成火灾的物的状态、人的行为等。

2. 火灾隐患

可能导致火灾发生或火灾危害增大的各类潜在不安全因素。[6]

3. 火灾危险性

火灾危险性指火灾事件发生的可能性（即概率）、火灾的危险程度及产生的危害后果。国家规范对生产、储存物品的火灾危险性进行了分类，主要根据物质的闪点、爆炸极限以及其他发生氧化燃烧或爆炸的条件进行划分。其中，生产的火灾危险性分为甲、乙、丙、丁、戊类，储存物品的火灾危险性分为甲、乙、丙、丁、戊类。

4. 火灾危险源

结合火灾事故发生、发展的客观规律，通过对危险源的定义、分类及其同事故的关系作进一步推导，可以看出火灾危险源是安全工程学所谓的危险源中的一种，它是以热能、化学能等能量失去控制而释放（或交换）并造成危害为主要表征的一类危险源。火灾危险源可以分为两类：第一类危险源包括可燃物、火灾烟气及燃烧产生的有毒有害气体成分；第二类危险源是为了防止火灾发生、降低火灾危害所采取的措施中存在的缺陷。

5. 火灾风险评估

火灾风险评估，即对火灾风险进行识别、估测以及风险评价，对目标对象可能面临的火灾危险、被保护对象的脆弱性、控制风险措施的有效性、风险后果的严重度以及上述各因素综合作用下的消防安全性能进行评估的过程。火灾风险评估的作用主要有五个方面：一是获得最好的火灾风险防控措施；二是为建筑防火设计提供依据；三是为公共消防基础设施建设提供支撑；四是为消防与保险的健康发展提供支持；五是完善火灾科学与消防工程学科体系。

6. 火灾隐患与火灾风险的关系

在安全领域，有两个著名的法则。一个法则是由德国飞行员帕布斯·海恩通过对多起航空事故进行深入分析研究后得出的"海恩法则"，即每一起严重事故的背后必然有 29 起轻微事故、300 起未遂先兆和 1 000 起事故隐患。另一个法则是美国安全工程师海因里希于 1931 年提出的"安全金字塔法则"，他在分析了 55 万起工伤事故发生概率的基础上提出：在 1 起死亡重伤害事故背后，有 29 起轻伤害事故；而 29 起轻伤害事故背后，有 300 起无伤害虚惊事件以及大量的不安全行为和不安全状态（即隐患）存在。[7]

无论是海恩法则还是安全金字塔法则，都指出了事故背后的根源和问题是不安全状态和不安全行为，即事故隐患。要想预防事故的发生，就必须及时发现并消除隐患。将上述两个法则应用到消防安全领域就可以得出：火灾隐患是火灾事故的根源，要防止火灾事故的发生，必须及时消除相应的火灾隐患，把问题消灭在萌芽状态。这种看法是被广泛认可的，同时，这也正是我国消防工作重视火灾隐患整治工作的出发点。

火灾隐患本身属于火灾风险的一个方面，火灾风险涵盖了火灾隐患；火灾隐患是具体的，火灾风险是抽象的。可以说火灾隐患是火灾风险的具体体现，火灾隐患的存在将直接影响火灾风险。一般情况下，凡是存在火灾隐患的地方就一定会有火灾风险，但是有火灾风险的地方，不一定有火灾隐患。

1.2.2 城市火灾风险防控的现状与难点

随着城市的不断建设发展，城市火灾风险防控工作成为世界各国不得不直面的难题。传统与非传统消防安全因素相互交织、相互渗透，城市火灾风险防控的压力几乎呈几何倍数增长,海恩法则和墨菲定律①交叉应验,并一次次以火灾形式展现。像东京、北京、上海等人口数量在千万以上的超大城市,城市火灾风险防控难度越来越大、挑战越来越严峻。

1. 城市火灾风险防控的现状

城市火灾风险防控重在预防,但从风险防控体系的完整性来说,及时有效的处置和救援也是城市火灾风险防控的一部分。目前主要从源头设防、日常防控和应急处置等环节来做好城市火灾风险防控工作。

1）源头设防

源头设防是城市火灾风险防控的基础,主要包括制定消防规划、制定与完善标准规范、建立健全责任体系和审查验收建设工程等。

（1）制定消防事业发展规划。这是《中华人民共和国消防法》(以下简称《消防法》)明确规定的,即地方各级人民政府应当将包括消防安全布局、消防站、消防供水、消防通信、消防车通道、消防装备等内容的消防规划纳入城乡规划。消防事业发展规划的制定必须与城市总体规划协调统一,尤其要紧密结合本地区未来经济社会发展的重点区域和产业,以保障城市消防安全。制定消防事业发展规划,除了明确消防事业的发展目标和任务外,重要的是确定合理的实现路径——综合运用强化消防安全检查、加强消防宣传教育培训与提高灭火救援能力等多种手段,有效防控城市火灾风险。上海市制定的《上海市消防事业发展规划》(2000—2020年)有力提升了城市公共基础消防设施建设速度,消防站的数量在这期间翻了一番,消防车辆装备等配置达到了国内先进水平。

（2）注重顶层设计。从防控火灾风险角度而言,防火设计规范标准的制定是源头设防最基本、最重要的环节。我国的防火规范标准体系是比较完备的,涵盖国家规范标准、地方规范标准、行业标准和企业标准,建筑类规范标准、设施类规范标准和消防产品类标准等也相对齐全。上海作为超大型城市遇到的新情况、新问题更多,多年来在探索具有上海特色的消防安全标准方面取得了不少经验,有力保障了城市建设的高速发展。与此同时,有效的火灾风险防控离不开责任体系的建立与明确,一系列法律法规和规范性文件都对消防安全责任进行了明确,地方各级政府、政府部门、社会单位、市民群众的消防"责任清单"得到分解细化,明确具体工作类目和要求标准,将方向性、指示性、号召性条文实化为具体措施。这些都为降低城市火灾风险筑牢了坚实的基础。

（3）严格执行行政许可和施工管理。城市火灾风险防控的重点是建筑物的消防安全,主要通过对建设工程防火设计的行政许可(审查和验收)、施工管理、场所的开业前检查来实

① 墨菲定律指出,如果有两种或两种以上的方式去做某件事情,而其中一种选择方式将导致灾难,则必定有人会做出这种选择。

现。《消防法》明确指出，建设工程的消防设计、施工必须符合国家工程建设消防技术标准。建设、设计、施工及工程监理等单位依法对建设工程的消防设计、施工质量负责；对按照国家工程建设消防技术标准需要进行消防设计的建设工程，实行建设工程消防设计审查验收制度。这些事前防控措施都从源头上降低了建筑的火灾风险。

2）日常防控

火灾风险防控中的日常防控很重要，防患于未然，防范于日常。目前，一些好的做法已基本形成并富有成效，如火灾风险隐患排查整治、消防安全宣传教育、消防安全标准化管理、政府部门联合防控和严肃查处火灾事故责任等。

（1）火灾风险隐患排查整治。火灾风险隐患无处不在，根据城市区域特点、阶段性发展特征与季节性火灾防控要求等开展火灾风险隐患排查整治是有效降低火灾风险、减少火灾发生的正确途径。这些隐患包括老旧小区的建筑耐火等级低、电气线路老化，高层住宅建筑消防设施完好率低，电动自行车充电不规范，城市综合体使用功能复杂等。通过火灾风险隐患排查，能发现问题、整改问题、建章立制并实现长效管理。

（2）消防安全标准化管理。火灾风险防控严在平时、贵在坚持，面对各种风险隐患，管理者、从业人员往往无从着手。为此，消防安全标准化管理工作应运而生，这项工作解决了单位消防安全管理“管什么、怎么管、好不好”的问题。现在针对不同单位、不同行业、不同要求的消防安全标准化管理制度基本形成，例如，上海市出台了《重点单位消防安全管理要求 第2部分：学校》（DB31/540.2—2011）、《重点单位消防安全管理要求 第6部分：养老机构》（DB31/540.6—2014）、《重点单位消防安全管理要求 第9部分：宾馆饭店》（DB31/540.9—2015）等十多项管理文本，各行业各单位按照标准化管理的要求逐步建立工作机制、考核评价机制等，实现火灾风险防控制度化、标准化。

（3）政府部门联合防控。火灾风险防控是确保城市公共安全的重要工作，点多面广，错综复杂，靠部门单打独斗无法取得好的成效。因此，在政府的统一领导下，各有关部门按照“管行业必须管安全、管业务必须管安全、管生产经营必须管安全”的指导思想，各司其职、联合执法、共享信息，支持城市公共消防安全基础设施建设，开展火灾风险隐患排查整治，解决了一大批城市消防安全隐患顽症。例如，上海市开展的“五违四必”整治行动、群租房联合整治行动、老旧小区火灾隐患整治行动等，有效净化了城市消防安全环境，极大地降低了火灾风险。

（4）严肃查处火灾事故责任。尽管火灾的发生不可避免，但有些火灾是由于相关人员不履职、不尽职甚至是人为引起的，因而对火灾事故的调查问责十分必要。强化火灾事故及其延伸调查工作，通过深究火灾事故的原因与根源，举一反三，全方位查找薄弱环节；对事故责任单位和个人加大查处力度，严肃追究相关单位、个人的事故责任，让全社会从事故中吸取教训，提高火灾风险防控意识，真正找出改进工作的思路方法，并通过长效风险防控机制加以固化。

3）应急处置

火灾发生后的应急处置是火灾风险防控的最后一道关口。火灾事故发生后必须快速高效处置，消防、公安、应急、供水、供电及供气等部门及有关社会应急联动单位要在应急联动指挥中心的统一指挥调度下，加强联动配合，第一时间调派力量，第一时间营救人员，第一时间控制火灾事故的影响和损失。同时，要加强火灾事故应急处置的效能评估，从指挥调度、人员与物资装备保障、应急处置技术与战术等各方面进行评估，通过评估找出应急处置工作中的不足，及时调整完善预案，为今后高效、快速、安全地做好应急处置工作打下坚实的基础。

2. 城市火灾风险防控的难点

1）系统防控难度大

火灾所带来的危害通常较大，往往牵一发而动全身，并不是集中于一个点位。因此，火灾风险防控是一个系统性较强的工程，不能仅仅局限于某个部位或点位，需要全面系统地防范。例如，合用场所同时存在住宿、生产、储存、经营等一种或几种用途，建筑耐火等级较低、可燃物较多、插层住宿等情况普遍，如若只是单纯地清退住宿人员、拆除违章建筑，无法从根本上消除隐患，时常会出现隐患“回潮”现象。因此，合用场所的火灾风险防控需要考虑疏堵结合，在整改火灾隐患的同时，更要研究如何为类似群体安排安全合适的住宿环境。

2）精准防控手段少

影响火灾发生的因素相当多，比如电气故障、用火用电不慎、雷击起火、自燃及违反操作规程等。因此，火灾风险防控特别需要制定针对性强、可操作、可落地的精准举措。但往往事与愿违，消防工作常常陷入机械式打统仗的死循环，最后哪个都得不到根治。例如，上海市电动自行车引发的火灾事故近年来一直高发，造成的人员伤亡也多，2019 年电动自行车火灾亡人数占全市火灾亡人总数的 1/3，火灾风险极高，但在防范电动自行车充电火灾风险上针对性不强、方法不多，今后需要因地制宜，加大工作力度，出台一些针对性强的防控举措，如取缔非法大容量电池、推广换电模式、采用信息化手段对充电实行监控等。

3）防控基础欠扎实

有效的火灾风险防控必须具有扎实的基础，包括良好的全民风险防范意识、完好的建筑消防设施、高水平的基层自治能力等，但与经济社会快速发展相比，这些基础仍然存在短板。例如，年代稍早的建筑往往未设置消防设施或设置的消防设施年久失修，设置消防设施的建筑由于日常维护保养不到位不能正常运行等问题依旧存在；部分市民群众在火灾风险防控方面存在侥幸心理，表现为居民小区乱停车造成消防通道不畅、公共楼道乱堆杂物、居民参与消防疏散演练的积极性不高等；因基层组织事务繁杂，部分工作人员存在应付的工作态度，与精细化程度高的基层自治存在不小差距。

1.2.3 城市火灾风险防控的目的、基本原则和总体思路

城市安全有序运行是人民群众的迫切愿望，因此，为了城市消防安全，必须正确认识火灾风险防控的目的，遵循火灾风险防控的基本原则，厘清火灾风险防控的总体思路。

1. 目的

城市火灾风险防控的目的主要是防止火灾发生、减少火灾危害，科学配置社会资源，保障城市高质量安全运行，为城市经济发展、社会稳定和人民群众安居乐业提供强有力的消防安全保障。

2. 基本原则

城市火灾风险防控的出发点和落脚点是降低、转移火灾风险。培育并树立强烈的风险意识，坚持依法防控、科学防控，遵循以人为本、以责任为根、以多元共治为魂的基本原则。

3. 总体思路

1）树立城市经济社会发展与火灾风险防控并重的理念

一座城市不仅要有靓丽的“天际线”，更要有安全发展的“地平线”。面对人民群众对高品质生活的期待和要求，我们必须紧紧围绕习近平总书记提出的“把安全放在第一位，把住安全关、质量关，并把安全工作落实到城市工作和城市发展各个环节各个领域”要求，以人民城市为人民和人民城市人民建为前提，以构建城市治理体系和治理能力现代化为方向，不断提高城市火灾风险防控水平，努力探索城市安全发展的新路。

2）建立健全城市火灾风险防控体系

城市火灾风险涉及方方面面，千头万绪，具有不确定性，因此，要转变工作重心，从“以事件为中心”向“以风险防控为中心”转变，从单纯“事后应急”转向“事前预警、事中防控”，在政策法规、机制体制、能力建设方面不断创新，从传统的政府一元主体主导的行政化风险防控体系转型升级为开放性、系统化的多元共治的城市火灾风险防控体系，并充分发挥社会组织、基层社区和市民群众在火灾风险防控中的作用。

3）借力智慧城市建设精准降低城市火灾风险

智慧城市建设是今后城市精细化管理的根本和灵魂所在，随着人工智能、大数据、物联网和区块链等一系列新技术在城市治理中的应用，城市火灾风险防控必须跟上时代发展步

伐，依托“一网统管”与“一网通办”信息化建设，完善部门公共数据资源开放共享机制，进一步建立跨行业、跨部门、跨职能的“互联网＋”火灾风险管控平台，实现城市火灾风险防控系统化、智能化、智慧化、精细化。以数字化方式展现城市全景，依靠现代信息化技术进行智慧管理、高效处置，精准预警火灾风险，有效提升火灾风险防控的效能。

4）严格管控城市火灾高风险场所和对象

城市火灾风险点多面广，我们必须抓住矛盾的主要方面，通过风险识别、风险分析、风险排查、风险评估等手段，对城市发展中的高风险场所和对象进行梳理分类。例如，上海市近几年确定的火灾高风险场所和对象主要集中在低端商贸市场、城市综合体、石油化工企业、大跨度物流仓库、高层民用建筑、老旧居民小区、地下空间、“三合一”场所、港口码头、文物古建筑、施工现场和大型群众性活动场所等，对这些火灾高风险场所和对象实施精准治理、严格管控，以降低城市火灾风险，有力保障城市安全运行。

5）大力开展消防安全宣传教育，提高全民消防安全意识和能力

通过广泛、深入地开展消防安全宣传教育，提高公众的消防安全意识及火灾事故应急处置能力，一直是城市火灾风险防控的重点。消防安全意识提高了，风险防控就会事半功倍。根据消防工作出现的新情况、新特点，本着贴近群众、贴近实际、贴近生活的宣传方式，不断研究和揣摩受众心理，捕捉热点和焦点，坚持经常性与季节性宣传相结合，从认知度和实际需求方面进行区分，通过传统媒体、新媒体、消防安全宣传“七进”和上门入户等方式将消防安全宣传触角精准伸向社会各个阶层，深入千家万户，最大限度地发挥消防安全宣传在防控火灾风险中的作用。

6）筑牢城市火灾风险防控的坚强防线

随着经济社会的不断发展，新情况、新问题、新挑战、新风险会层出不穷，城市火灾风险也会越来越复杂多变，夯实防控基础尤为重要。将消防安全纳入城市经济社会发展总体规划，将消防站点、训练基地、备勤设施、车辆装备和专兼职力量建设等统筹纳入城市经济社会发展规划，持续夯实城市消防安全基层基础。要加快推进消防综合应急救援转型升级，按照习近平总书记训词精神，从严对标国家应急救援“主力军、国家队”的全新定位，应对“全灾种、大应急”的更高要求，瞄准“高低大化”等超大城市灭火救援实战需求和特殊灾情救援难题，固化并完善政府主导、相关部门和单位积极参与的应急救援联动机制，加强综合应急救援联合演练，完善大型灾害事故现场指挥处置体系，不断提升联动响应和协同处置水平，做到及时高效地处置火灾事故，快速精准地实施救援。

参考文献

[1] 孟正夫.中国消防史概述[C]//展望新世纪消防学术研讨会论文集.2001:364-372.

[2] 胡建国.火灾调查[M].北京:中国人民公安大学出版社,2014.
[3] 卢锐,彭清兰.安全教育知识读本[M].成都:电子科技大学出版社,2015.
[4] 周天.城市火灾风险和防火能力研究——以中等城市防火能力优化为目标的消防安全研究[D].上海:同济大学,2007.
[5] 清大东方教育科技集团有限公司.消防安全责任人与管理人培训教程[M]. 北京:中国人民公安大学出版社,2018.
[6] 蒋国兴,寥奇.社会单位消防安全标准化管理手册[M].湘潭:湘潭大学出版社,2010.
[7] 岳海梅,元江瑜.建筑火灾隐患与火灾风险的关系[J].安防科技,2010(8):60-63.

2　城市火灾风险分析

识别风险、预警风险、防范风险、化解风险，已成为现代化火灾风险防控体系建设的重大课题之一。本章根据2011—2020年上海市火灾统计数据①，从场所、行业等不同维度分析城市火灾风险，探析火灾事故与城市建设、经济总量、产业结构和人口规模等因素之间的内在关联。

2.1　上海市火灾数据总体分析

2011—2020年，上海市共发生火灾50 905起，造成507人死亡，497人受伤，直接经济损失为9.55亿元。火灾是威胁上海城市公共安全的主要灾种之一。

1. 火灾风险与城市化进程呈正相关

上海市地域面积小、人口密度大、经济体量大，各类要素高度集聚，安全风险叠加传递，呈现出高度的复杂性、关联性和跨界性。同时，上海市“长高变快”的速度惊人、举世瞩目，高层建筑从2011年的1.5万多幢到2020年的3.9万幢，平均增长速度为0.24万幢/年，以上海中心、上海环球金融中心和上海金茂大厦等为代表的百米以上超高层建筑有247幢；轨道交通网络在10年间从430 km延伸至704 km，平均增长速度为27.4 km/年。此外，因历史风貌保护和“拆改留”推进困难，上海市还有老式居民小区5 300个、二级旧式里弄建筑793万m^2、城中村近180个。上述场所有的体量规模还在不断扩大，有的短期内难以消化，静态隐患量大面广，动态隐患屡治不绝，致使火灾总量长期高位运行。图2-1显示，2011—2020年，上海市火灾起数基本在4 000～6 000起的范围内波动，2013年明显偏高主要因为当年按照公安部有关文件精神，调整火灾数据统计口径，将纵火、自焚、安全生产事故造成的火灾、伤亡人数和损失全部列入统计范畴。直接经济损失呈波浪式前进态势，其中有5个年份超过1亿元，波峰出现在2011年、2013年、2015年、2019年，主要因为发生了直接经济损失超过1 000万元

① 本章相关火灾数据均来源于全国火灾统计管理系统。

的较大火灾(详见 2.4 节)。图 2-2 显示,2011—2020 年,上海市亡人数、伤人数除 2013 年对应的 73 人和 79 人外,基本在 40～60 人的范围内波动。各年份具体数据详见表 2-1。

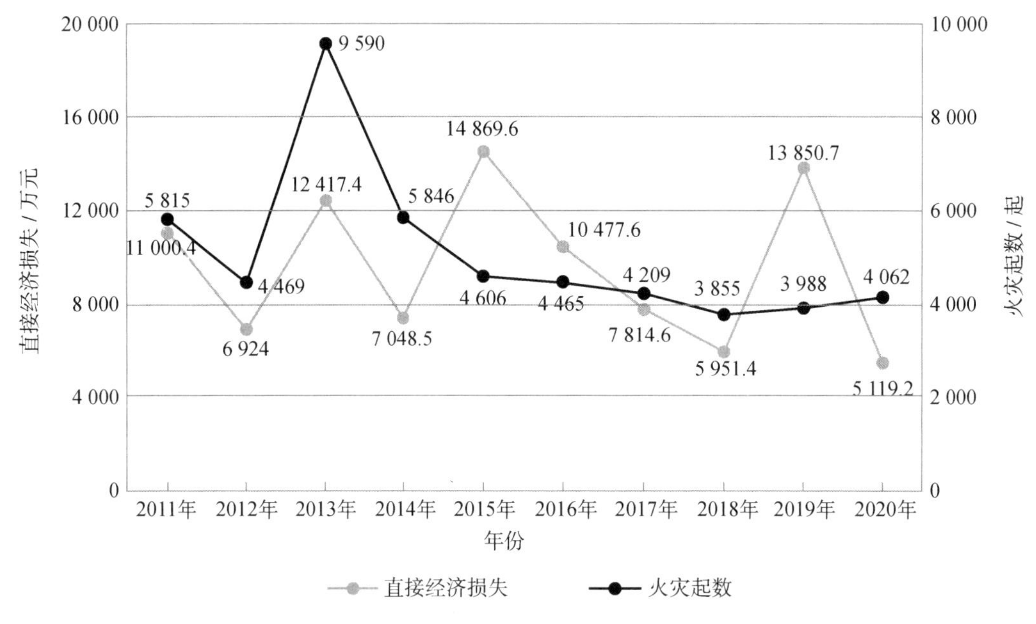

图 2-1　2011—2020 年上海市火灾起数和直接经济损失

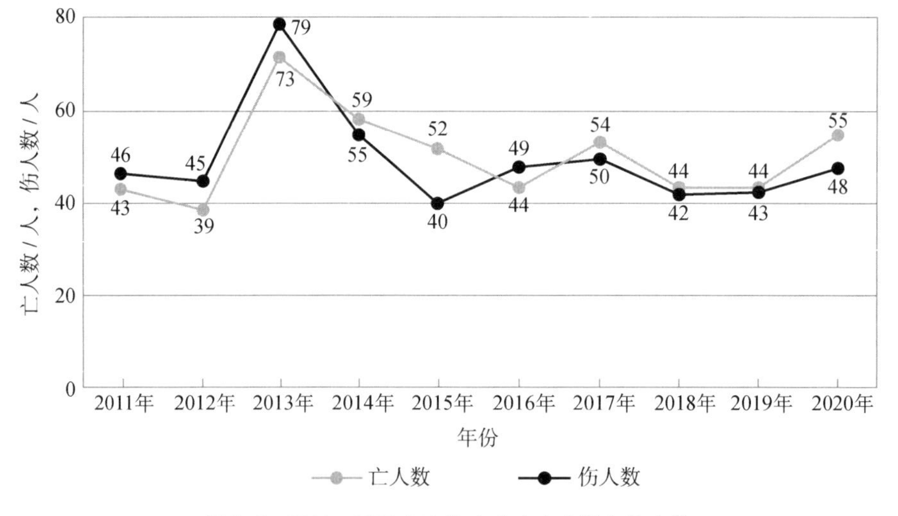

图 2-2　2011—2020 年上海市火灾亡人数和伤人数

表 2-1 2011—2020 年上海市火灾四项指标情况

年份	火灾起数/起	亡人数/人	伤人数/人	直接经济损失/万元
2011 年	5 815	43	46	11 000.4
2012 年	4 469	39	45	6 924
2013 年	9 590	73	79	12 417.4
2014 年	5 846	59	55	7 048.5
2015 年	4 606	52	40	14 869.6
2016 年	4 465	44	49	10 477.6
2017 年	4 209	54	50	7 814.7
2018 年	3 855	44	42	5 951.4
2019 年	3 988	44	43	13 850.7
2020 年	4 062	55	48	5 119.2

2. 弱势群体为“火灾易感”人群

上海市约有 2 400 万常住人口，实际在沪人员超过 3 100 万，人口高度密集、分布不均，老年人及外来务工人员等弱势群体成为“火灾易感”人群。一方面，少子化、老龄化程度不断加剧(老龄化程度达 14.5%)，逾 45%的独居老人、长期生活不能自理的残疾病患，因其居住环境较差和行动能力受限等原因，抗御火灾风险的能力较低，但针对这部分弱势群体的城市公共消防管理服务资源短缺，家庭看护、社会关爱、邻里互助机制欠缺使这类群体的消防安全状态堪忧，往往“小火”即能轻易造成人员伤亡。另一方面，外来人口大量涌入城市，从事家政、物流、快递、施工、保洁、餐饮等行业，由于生活成本等原因，他们大多租住在城中村、郊区或者群租合住，这使得一些地方将自建房、废旧仓库、老旧厂房等改建成出租屋，或将一个房间分隔成多个小间对外出租，这些地方消防安全条件差、人员混居、管理混乱，加上在此居住的部分人群自身安全意识不强、逃生自救知识欠缺，一旦发生火灾，很容易造成人员伤亡。据统计，2011—2020 年上海市的 406 起亡人火灾中，过火面积小于20 m^2的“小火”达 276 起，约占总数的 68.0%；553 名受害者中，弱势群体占 88.9%。

3. 城市产业结构布局调整使火灾风险呈现空间转移

随着城乡一体化发展，全市产业结构布局重心逐步向市郊转移，现代服务业、战略性新兴产业和先进制造业等产业加快升级并向市郊区域调整布局，大体量、大跨度、大物流行业在郊区密集布点，诱发火灾风险的因素增多。据统计，2014 年全市乡镇自行建设零散型工业聚集地 181 个，涉及企业 3.7 万家，容纳从业人员 115.9 万人；全市各类商品交易市场有 1 425 家，从业人员约 10 万人，由于早期缺乏规划、随意开发、无序发展、配套不全，加之层层转租转包、消防管理和投入严重不足，这些地方已成为制约地区消防安全的重大危险源。[1]同时，随着市郊区域外来人口的导入，城中村、违章建筑、群租房、“三合一”场所等面广量大、耐火等级低、致灾因素多，多业态、大仓储、小化工等消防安全问题凸显；消防站点、水源、通道等建设又相对滞后，抗御火灾的能级总体偏低，致使火灾风险较高。据统计，2011—2020 年，上海市火灾起数居前五位的区分别是浦东新区（10 216 起）、宝山区（5 473 起）、闵行区（4 379 起）、青浦区（4 104 起）、嘉定区（3 712 起）；火灾亡人数居前五位的区分别是浦东新区（103 人）、静安区（72 人）、闵行区（57 人）、宝山区（47 人）、嘉定区（44 人）；伤人数居前五位的区分别是浦东新区（123 人）、静安区（92 人）、松江区（53 人）、闵行区（39 人）、嘉定区（41 人）；直接经济损失居前五位的区分别是静安区（34 680.5 万元）、浦东新区（23 143.1 万元）、闵行区（16 583.4 万元）、嘉定区（12 586.3 万元）、青浦区（7 319.1 万元）。

4. 城市消防安全承载能力决定火灾风险指数的高低

消防安全责任体系、全民消防安全意识和公共消防基础设施建设等软、硬指标，共同构成并决定了城市消防安全承载能力。2011—2020 年，上海市仅有 5.6%的火灾发生在重点单位，80%的火灾发生在基层小单位、小场所和居民住宅，另有 14.4%的火灾发生在交通工具中（图 2-3）。

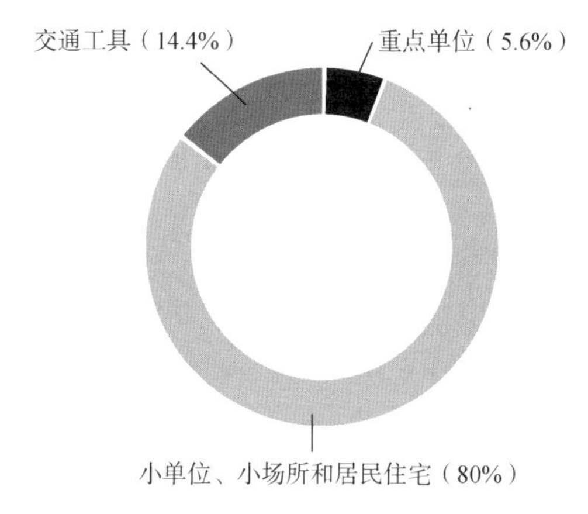

图 2-3　2011—2020 年上海市火灾发生地点分布情况

2.2　上海市不同场所火灾数据分析

针对居民住宅、生产加工仓储场所、餐饮场所、商业场所、办公场所、宾（旅）馆、公共娱乐场所、石油化工企业等不同场所，以年平均火灾起数为基本指标，对 2011—2020 年上海市火灾数据进行统计分析（表 2-2）。高层建筑、“三合一”场所较特殊，单独进行分析说明。

表 2-2　　2011—2020 年上海市不同场所年平均火灾起数和占比

序号	场所名称	年平均火灾起数/起	数量占比
1	居民住宅	2 421	47.6%
2	生产加工仓储场所	399	7.8%
3	餐饮场所	164	3.2%
4	商业场所	146	2.9%
5	办公场所	57	1.1%
6	宾(旅)馆	28	0.5%
7	公共娱乐场所	23	0.5%
8	石油化工企业	9	0.2%

1. 居民住宅火灾情况

2011—2020 年，上海市居民住宅共发生火灾 24 214 起，造成 376 人死亡、334 人受伤，直接经济损失为 15 293.7 万元，火灾起数、亡人数和伤人数均居各类火灾之首(表 2-3)。

表 2-3　　2011—2020 年上海市居民住宅火灾情况

年份	居民住宅火灾			上海市火灾			居民住宅火灾占比		
	火灾起数/起	亡人数/人	伤人数/人	火灾起数/起	亡人数/人	伤人数/人	火灾起数占比	亡人数占比	伤人数占比
2011 年	2 602	24	30	5 815	43	46	44.7%	55.8%	65.2%
2012 年	1 985	29	26	4 469	39	45	44.4%	74.4%	57.8%
2013 年	4 171	46	48	9 590	73	79	43.5%	63.0%	60.8%
2014 年	2 669	42	33	5 846	59	55	45.7%	71.2%	60.0%
2015 年	2 168	48	32	4 606	52	40	47.1%	92.3%	80.0%
2016 年	2 109	34	32	4 465	44	49	47.2%	77.3%	65.3%
2017 年	2 052	44	44	4 209	54	50	48.8%	81.5%	88.0%
2018 年	2 016	33	26	3 855	44	42	52.3%	75.0%	61.9%
2019 年	2 181	32	30	3 988	44	43	54.7%	72.7%	69.8%
2020 年	2 261	44	33	4 062	55	48	55.7%	80%	68.8%

从火灾起数看，2011—2020 年，居民住宅火灾起数基本始终占全市火灾起数的一半。2011—2014 年在 45%左右轻微波动，从 2013 年开始逐年上升，2020 年拉升至历史高点(55.7%)，总体呈现出缓慢上升势头。

从火灾亡人数看，2011—2020 年，居民住宅火灾亡人数基本占全市火灾亡人总数的七成以上，平均值更是达到 74.2%；亡人数占比最低值为 55.8%(2011 年)，最高值为 92.3%

(2015年),总体呈现波浪式上升趋势。

从火灾伤人数看,2011—2020年,居民住宅火灾伤人数基本占全市火灾伤人总数的六成以上,平均值达到67.2%;伤人数占比最低值为57.8%(2012年),高值为88.0%(2017年),总体呈现波浪式平稳趋势(图2-4)。

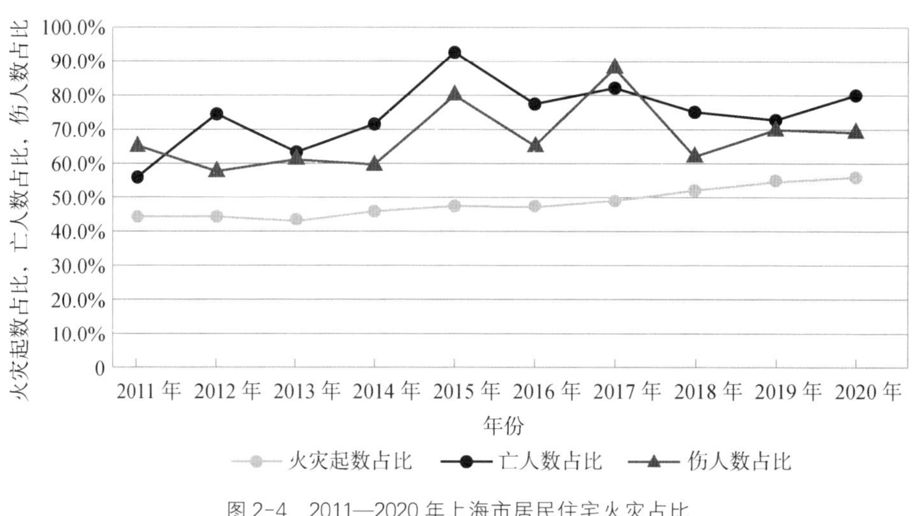

图2-4　2011—2020年上海市居民住宅火灾占比

2. 生产加工仓储场所火灾情况

2011—2020年,上海市生产加工仓储场所共发生火灾3 987起,直接经济损失为55 085.6万元,火灾起数仅占全市总数的7.8%,但直接经济损失占比高达57.7%,生产加工仓储场所是造成直接经济损失最严重的场所(表2-4)。

表2-4　2011—2020年上海市生产加工仓储场所火灾情况

年份	生产加工仓储场所火灾		上海市火灾		生产加工仓储场所火灾占比	
	火灾起数/起	直接经济损失/万元	火灾起数/起	直接经济损失/万元	火灾起数占比	直接经济损失占比
2011年	626	7 703.2	5 815	11 000.4	10.8%	70.0%
2012年	486	3 873.3	4 469	6 924	10.9%	55.9%
2013年	682	5 231.1	9 590	12 417.4	7.1%	42.1%
2014年	493	3 680.4	5 846	7 048.5	8.4%	52.2%
2015年	365	9 685.3	4 606	14 869.6	7.9%	65.1%
2016年	342	5 204	4 465	10 477.6	7.7%	49.7%
2017年	320	4 088.5	4 209	7 814.7	7.6%	52.3%

（续表）

年份	生产加工仓储场所火灾		上海市火灾		生产加工仓储场所火灾占比	
	火灾起数/起	直接经济损失/万元	火灾起数/起	直接经济损失/万元	火灾起数占比	直接经济损失占比
2018 年	250	3 224.9	3 855	5 951.4	6.5%	54.2%
2019 年	214	10 747.4	3 988	13 850.7	5.4%	77.6%
2020 年	209	1 647.5	4 062	5 119.2	5.1%	32.2%

从火灾起数看，2011—2020 年上海市生产加工仓储场所火灾起数呈现明显的下降趋势，最高值为 682 起（2013 年），最低值为 209 起（2020 年）；该类场所火灾起数在全市火灾总数中的占比最高值为 10.9%（2012 年），最低值为 5.1%（2020 年），总体呈现下降趋势（图 2-5）。

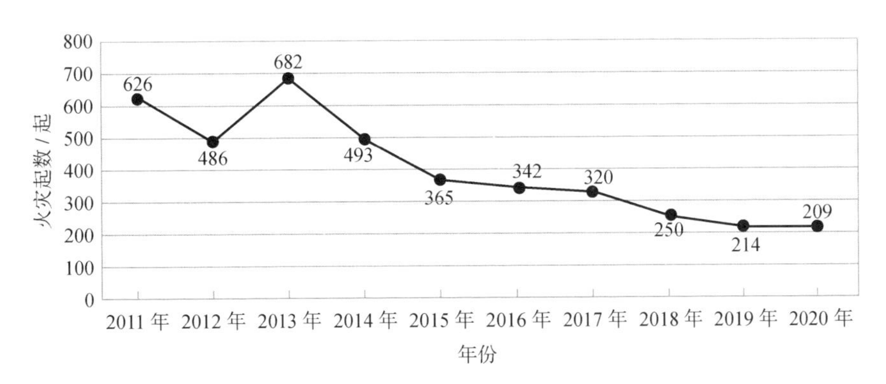

图 2-5　2011—2020 年上海市生产加工仓储场所火灾起数

从直接经济损失看，2011—2020 年生产加工仓储场所火灾直接经济损失占全市总直接经济损失的比例最低值为 32.2%（2020 年），最高值为 77.6%（2019 年）（图 2-6）。该类场所火灾原因占比如图 2-7 所示。

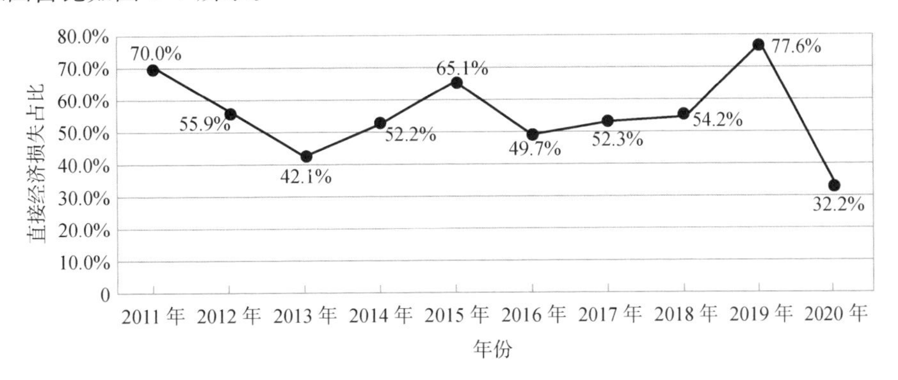

图 2-6　2011—2020 年上海市生产加工仓储场所火灾直接经济损失占比

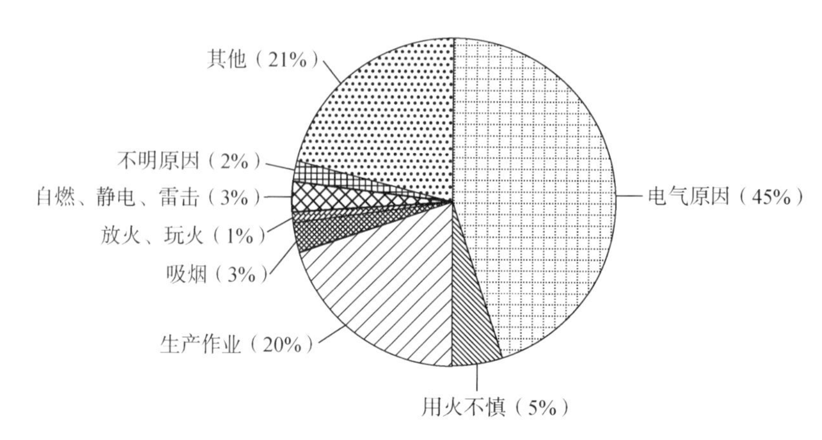

图 2-7　2011—2020 年上海市生产加工仓储场所火灾原因占比情况

3. 餐饮场所火灾情况

2011—2020 年，上海市餐饮场所共发生火灾 1 639 起(表 2-5)，造成 4 人死亡、20 人受伤，直接经济损失为 1 116.2 万元。

表 2-5　　2011—2020 年上海市餐饮场所火灾情况

年份	餐饮场所火灾起数/起	上海市火灾起数/起	餐饮场所火灾起数占比
2011 年	212	5 815	3.6%
2012 年	174	4 469	3.9%
2013 年	276	9 590	2.9%
2014 年	172	5 846	2.9%
2015 年	150	4 606	3.3%
2016 年	169	4 465	3.8%
2017 年	117	4 209	2.8%
2018 年	98	3 855	2.5%
2019 年	136	3 988	3.4%
2020 年	135	4 062	3.3%

从火灾起数看，2011—2020 年，上海市餐饮场所火灾起数总体呈下降趋势(图 2-8)，但每年在全市火灾起数中的占比较为稳定(图 2-9)。

从起火原因来看，餐饮场所火灾中因用火不慎引发的火灾较多，占 56%；其次为电气原因，占 26%；生产作业引发的火灾占 3%，吸烟引发的火灾占 1%，放火、玩火、自燃和不明确原因引发的火灾总共占 1%，其他原因引发的火灾占 13%(图 2-10)。

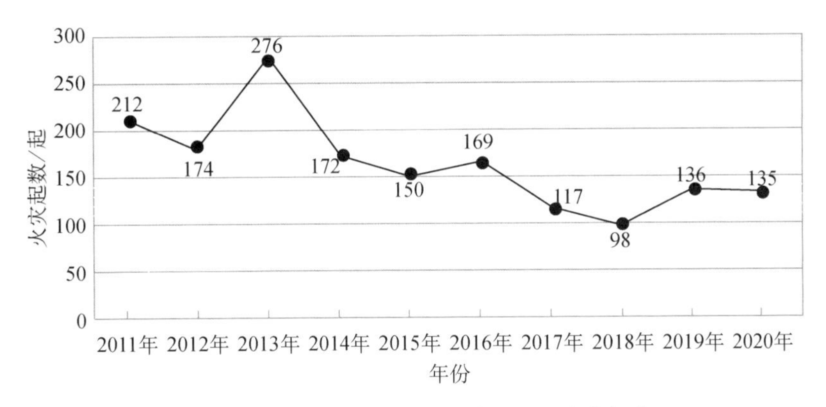

图 2-8 2011—2020 年上海市餐饮场所火灾起数

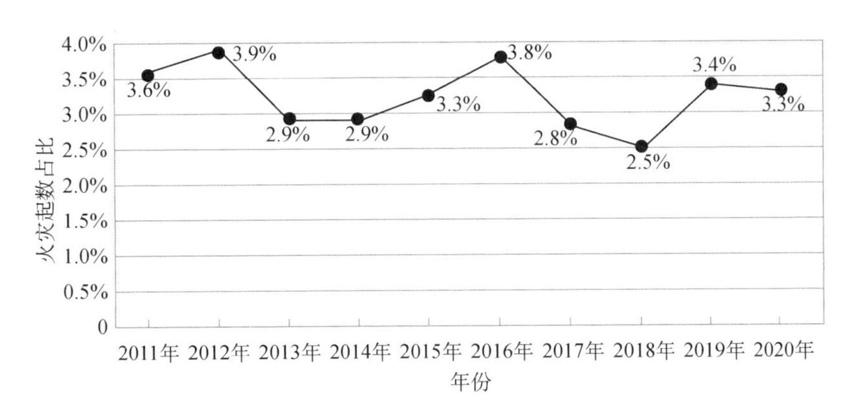

图 2-9 2011—2020 年上海市餐饮场所火灾起数占比

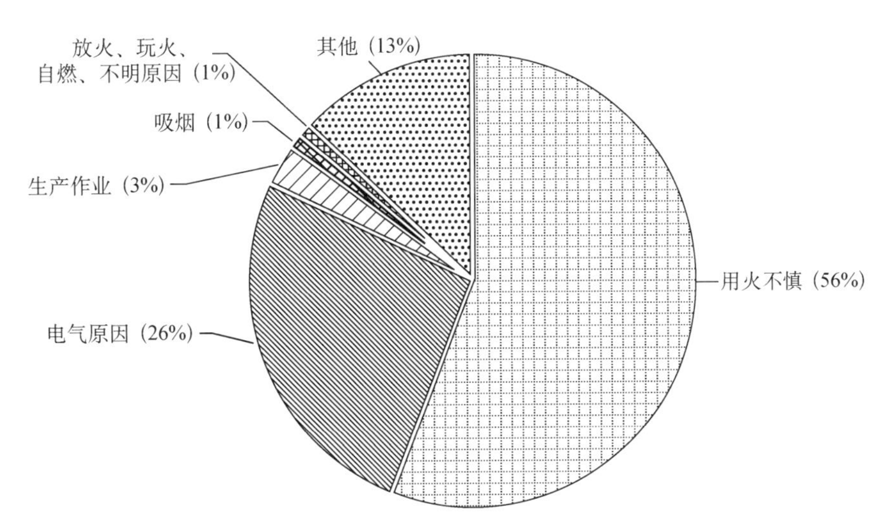

图 2-10 2011—2020 年上海市餐饮场所火灾原因占比情况

4. 商业场所火灾情况

2011—2020 年，上海市商业场所共发生火灾 1 458 起，造成 18 人死亡、36 人受伤，直接经济损失为 7 214.1 万元(表 2-6)。这里所说的商业场所包含商场、超市、室内市场和室外集贸市场。

表 2-6　　2011—2020 年上海市商业场所火灾情况

年份	商业场所火灾		上海市火灾		商业场所火灾占比	
	火灾起数/起	直接经济损失/万元	火灾起数/起	直接经济损失/万元	火灾起数占比	直接经济损失占比
2011 年	167	176.6	5 815	11 000.4	2.9%	1.6%
2012 年	123	241.6	4 469	6 924	2.8%	3.5%
2013 年	245	3 188.3	9 590	12 417.4	2.6%	25.7%
2014 年	167	336.6	5 846	7 048.5	2.9%	4.8%
2015 年	141	1 694.3	4 606	14 869.6	3.1%	11.4%
2016 年	138	464.4	4 465	10 477.6	3.1%	4.4%
2017 年	128	413.0	4 209	7 814.7	3.0%	5.3%
2018 年	126	479.6	3 855	5 951.4	3.3%	8.1%
2019 年	106	72.5	3 988	13 850.7	2.7%	0.5%
2020 年	117	147.1	4 062	5 119.2	2.9%	2.9%

从火灾起数看，2011—2020 年，上海市商业场所火灾起数稳中有降，2013 年由于统计口径变化，出现明显上升(图 2-11)；从商业场所火灾起数在全市火灾总数中的占比看，该比例基本维持在 3%上下，没有明显起伏，较为稳定。从直接经济损失占比看，商业场所火灾情况波动较大(图 2-12)。

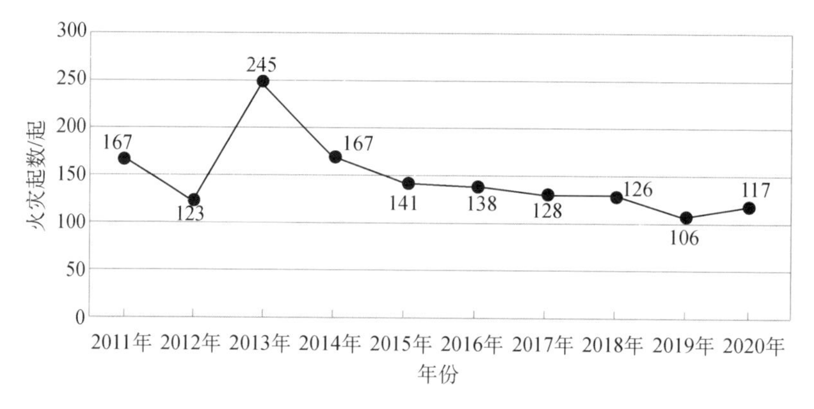

图 2-11　2011—2020 年上海市商业场所火灾起数

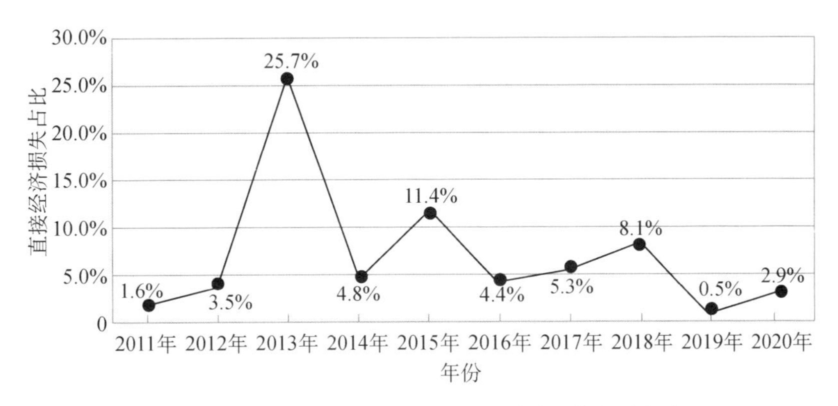

图 2-12 2011—2020 年上海市商业场所火灾直接经济损失占比

从起火原因看，电气原因引发的火灾占比较高(54%)，用火不慎引发的占 14%，生产作业引发的占 4%，吸烟引发的占 2%，玩火引发的占 1%，放火引发的占 1%，自燃、静电、雷击、不明原因引发的占 1%，其他原因引发的占 23%(图 2-13)。

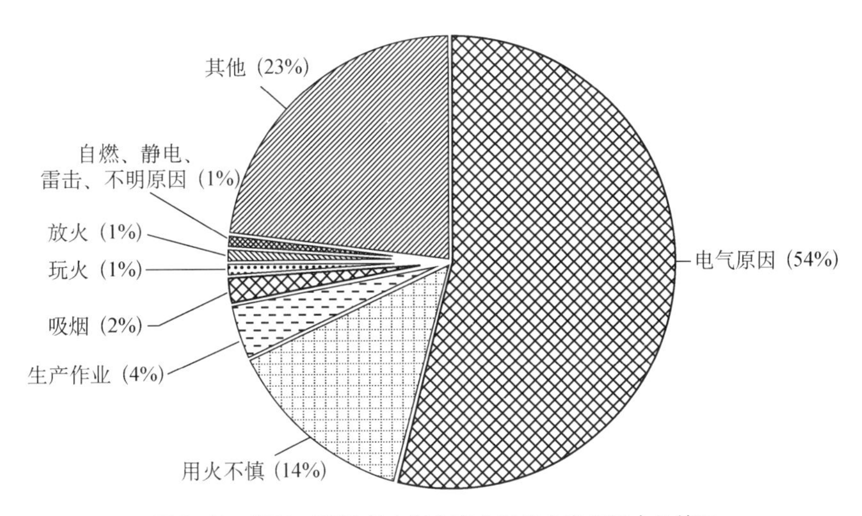

图 2-13 2011—2020 年上海市商业场所火灾原因占比情况

5. 办公场所火灾情况

2011—2020 年，上海市办公场所共发生火灾 574 起，直接经济损失为 641.5 万元(表 2-7)。

表 2-7 2011—2020 年上海市办公场所火灾情况

年份	办公场所火灾起数/起	上海市火灾起数/起	办公场所火灾起数占比
2011 年	58	5 815	1.0%
2012 年	53	4 469	1.2%
2013 年	92	9 590	1.0%

（续表）

年份	办公场所火灾起数/起	上海市火灾起数/起	办公场所火灾起数占比
2014 年	64	5 846	1.1%
2015 年	43	4 606	0.9%
2016 年	53	4 465	1.2%
2017 年	43	4 209	1.0%
2018 年	47	3 855	1.2%
2019 年	62	3 988	1.6%
2020 年	59	4 062	1.5%

从火灾起数看，2011—2020 年，上海市办公场所火灾起数基本稳定（图 2-14），但在全市火灾总数中的占比有所上升，特别是 2019 年达到了 1.6%，为 10 年内的最高值（图 2-15）。

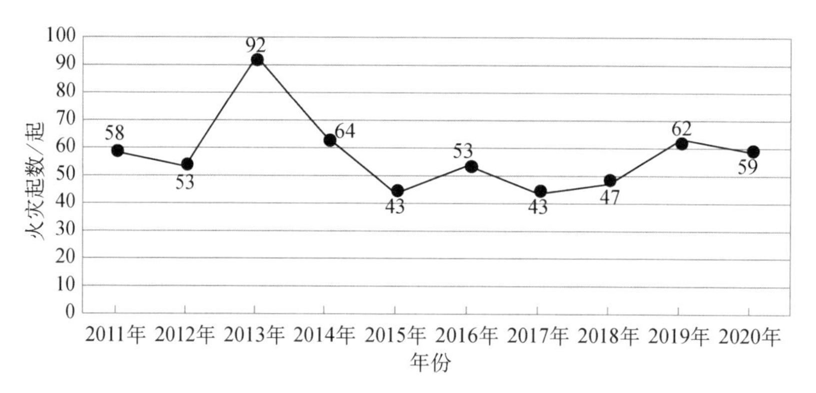

图 2-14　2011—2020 年上海市办公场所火灾起数

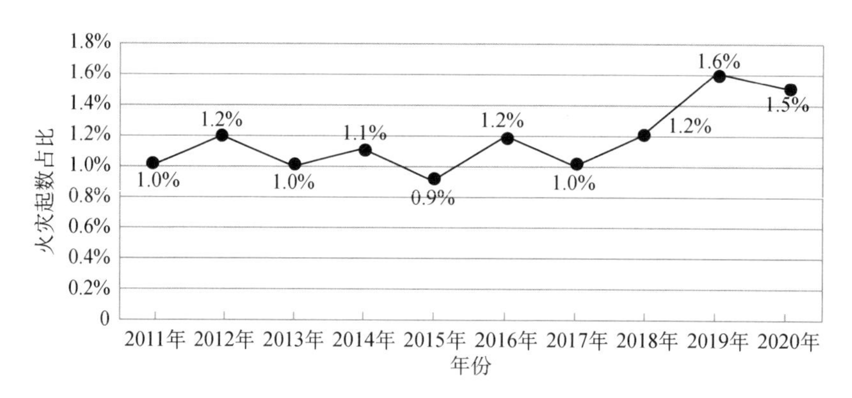

图 2-15　2011—2020 年上海市办公场所火灾起数占比

从起火原因来看，电气原因引发的火灾占比较高（60%），用火不慎引发的占 7%，吸烟引发的占 4%，生产作业引发的占 3%，玩火、放火引发的占 2%，自燃、雷击、静电和不明确原因引发的总共占 1%，其他原因引发的占 23%（图 2-16）。

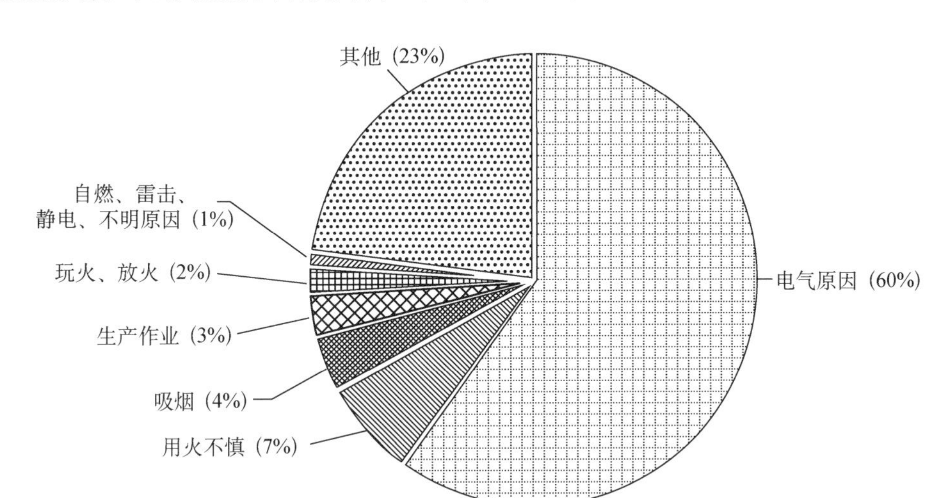

图 2-16 2011—2020 年上海市办公场所火灾原因占比情况

6. 宾(旅)馆火灾情况

2011—2020 年，上海市宾(旅)馆共发生火灾 275 起，造成 6 人死亡、0 人受伤，直接经济损失为 313.3 万元（表 2-8）。

表 2-8 2011—2020 年上海市宾(旅)馆火灾情况

年份	宾(旅)馆火灾起数/起	上海市火灾起数/起	宾(旅)馆火灾起数占比
2011 年	37	5 815	0.64%
2012 年	33	4 469	0.74%
2013 年	41	9 590	0.43%
2014 年	25	5 846	0.43%
2015 年	24	4 606	0.52%
2016 年	24	4 465	0.54%
2017 年	22	4 209	0.52%
2018 年	23	3 855	0.60%
2019 年	21	3 988	0.53%
2020 年	25	4 062	0.62%

从火灾起数看，2011—2020 年，上海市宾(旅)馆火灾起数总体趋势较为稳定，特别是 2014—2020 年基本保持在 20～25 起（图 2-17 和图 2-18）。

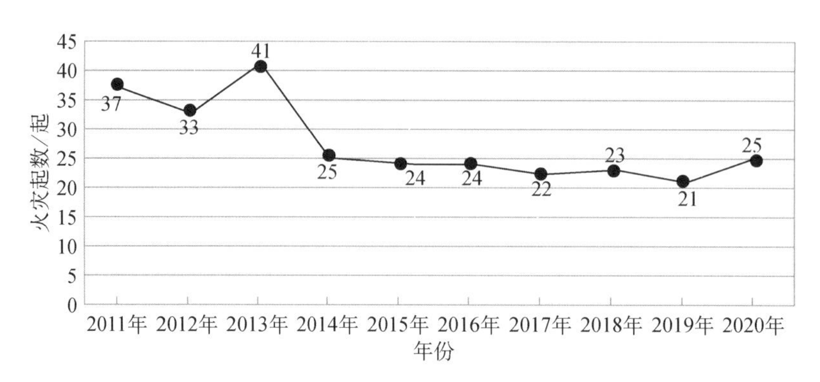

图 2-17　2011—2020 年上海市宾(旅)馆火灾起数

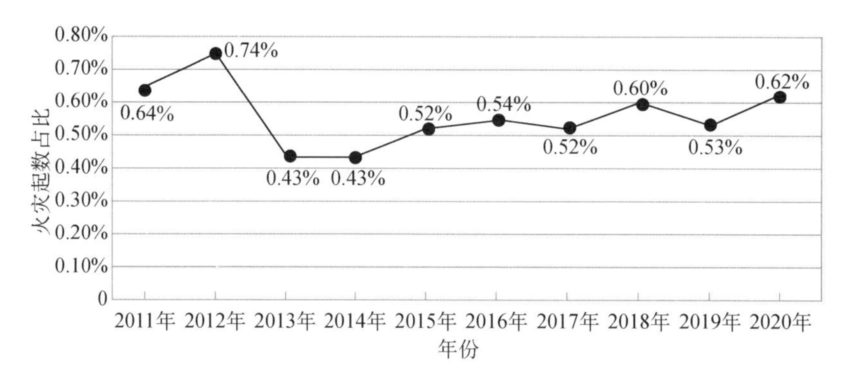

图 2-18　2011—2020 年上海市宾(旅)馆火灾起数占比

从起火原因来看,电气原因引发的火灾占比较高(47%),用火不慎引发的占 15%,生产作业引发的占 5%,吸烟引发的占 4%,玩火、放火引发的占 3%,其他原因引发的占 26%(图 2-19)。

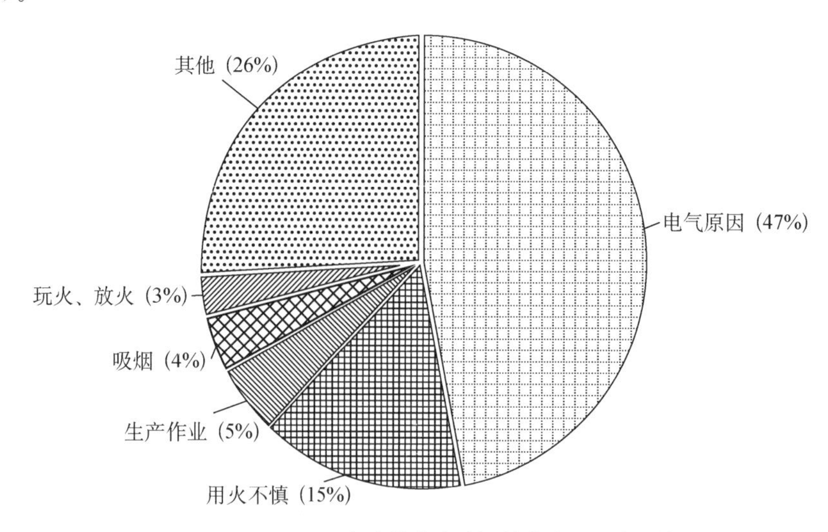

图 2-19　2011—2020 年上海市宾(旅)馆火灾原因占比情况

7. 公共娱乐场所火灾情况

根据《人员密集场所消防安全管理》(XF 654—2006),公共娱乐场所指具有文化娱乐、健身休闲功能并向公众开放的室内场所,包括影剧院、录像厅、礼堂等演出、放映场所,舞厅、卡拉 OK 厅等歌舞娱乐场所,具有娱乐功能的夜总会、音乐茶座、酒吧和餐饮场所,游艺、游乐场所,保龄球馆、旱冰场、桑拿等娱乐、健身、休闲场所和互联网上网服务营业场所。

2011—2020 年,上海市公共娱乐场所共发生火灾 233 起,造成 2 人死亡、1 人受伤,直接经济损失为 433.4 万元(表 2-9)。

表 2-9　2011—2020 年上海市公共娱乐场所火灾情况

年份	公共娱乐场所火灾起数/起	上海市火灾起数/起	公共娱乐场所火灾起数占比
2011 年	36	5 815	0.62%
2012 年	34	4 469	0.76%
2013 年	51	9 590	0.53%
2014 年	19	5 846	0.33%
2015 年	26	4 606	0.56%
2016 年	13	4 465	0.29%
2017 年	15	4 209	0.36%
2018 年	13	3 855	0.34%
2019 年	12	3 988	0.30%
2020 年	14	4 062	0.34%

从火灾起数看,2011—2020 年,上海市公共娱乐场所火灾起数下降趋势明显,2019 年对应最低值 12 起(图 2-20 和图 2-21)。

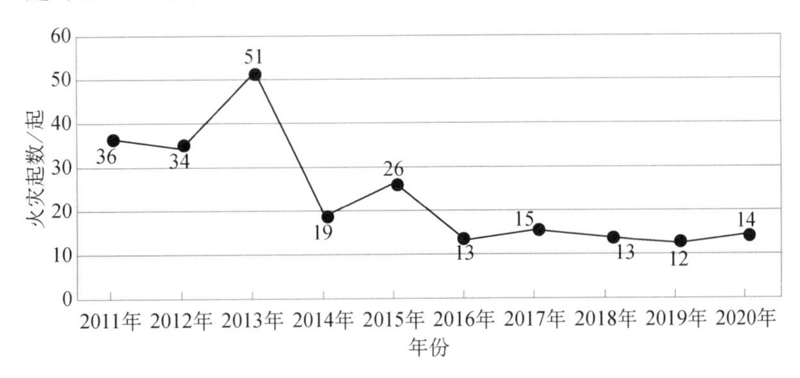

图 2-20　2011—2020 年上海市公共娱乐场所火灾起数

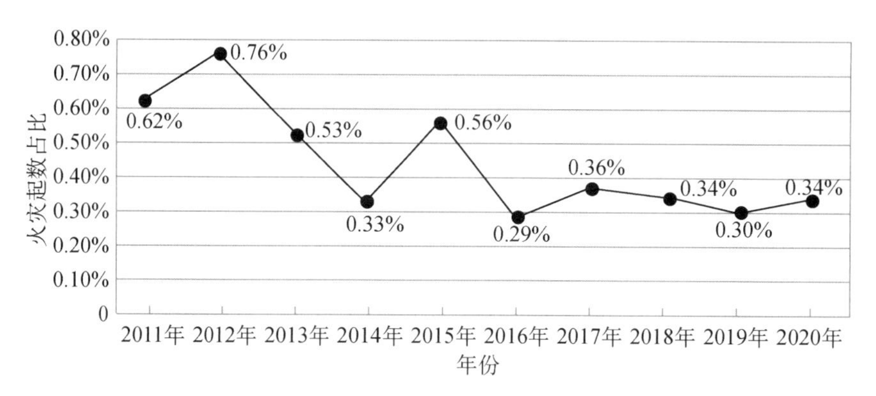

图 2-21 2011—2020 年上海市公共娱乐场所火灾起数占比

从起火原因看，公共娱乐场所电气原因引发的火灾占比较高(56%)，用火不慎引发的占 12%，玩火、放火引发的占 4%，生产作业引发的占 3%，吸烟引发的占 2%，其他原因引发的占 22%，雷击、自燃、静电、不明原因引发的占 1%(图 2-22)。

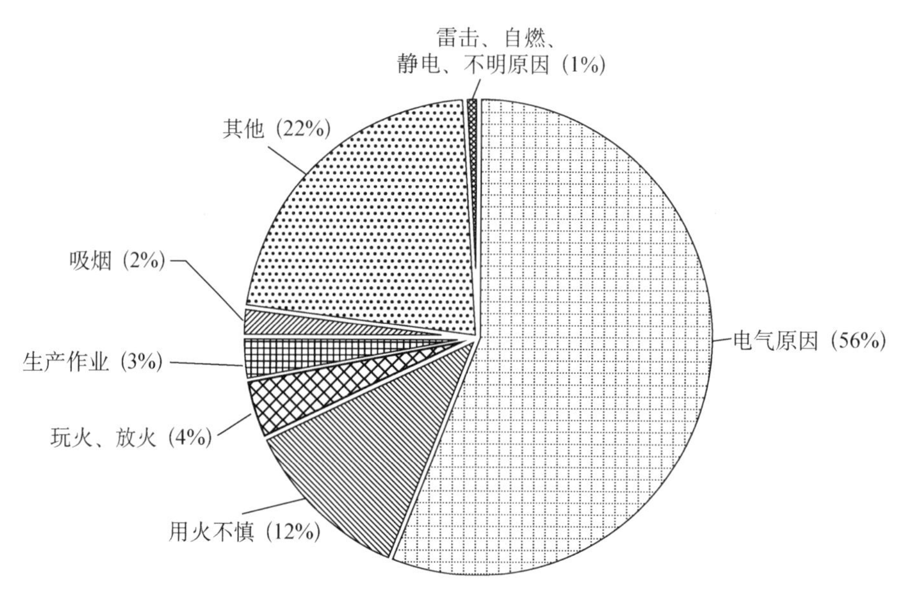

图 2-22 2011—2020 年上海市公共娱乐场所火灾原因占比情况

8. 石油化工企业火灾情况

2011—2020 年，上海市石油化工企业共发生火灾 93 起，造成 2 人死亡、9 人受伤，直接经济损失为 193.6 万元(表 2-10)。

表 2-10　　2011—2020 年上海市石油化工企业火灾情况

年份	石油化工企业火灾起数/起	上海市火灾起数/起	石油化工企业火灾起数占比
2011 年	19	5 815	0.33%
2012 年	13	4 469	0.29%
2013 年	25	9 590	0.26%
2014 年	8	5 846	0.14%
2015 年	8	4 606	0.17%
2016 年	5	4 465	0.11%
2017 年	7	4 209	0.17%
2018 年	2	3 855	0.05%
2019 年	2	3 988	0.05%
2020 年	4	4 062	0.10%

从火灾起数看，2011—2020 年，上海市石油化工企业火灾起数总体呈下降趋势，2014 年以后保持在 10 起以下(图 2-23 和图 2-24)。

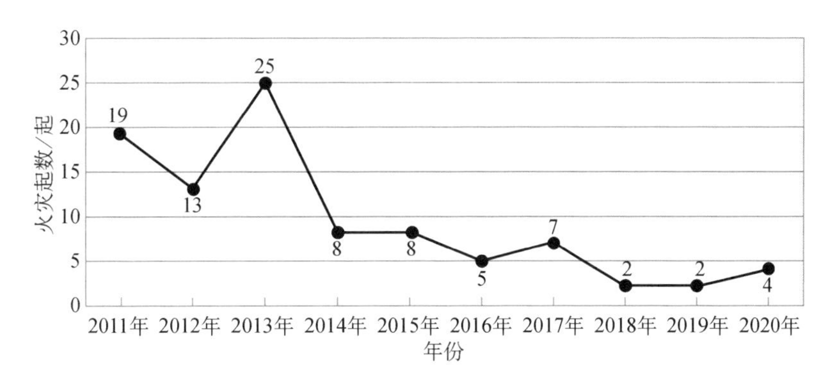

图 2-23　2011—2020 年上海市石油化工企业火灾起数

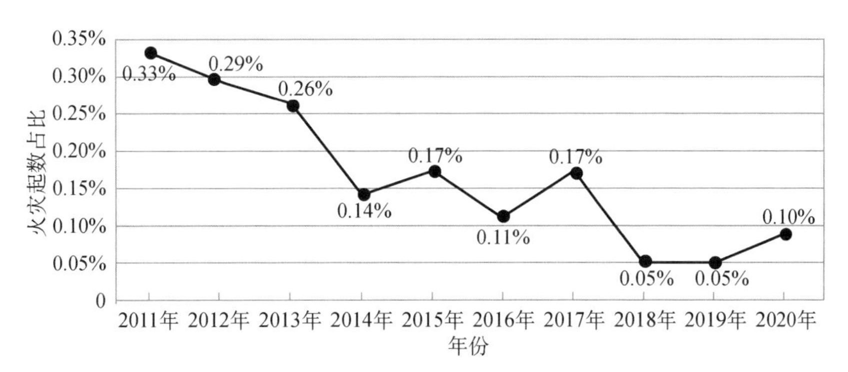

图 2-24　2011—2020 年上海市石油化工企业火灾起数占比

从起火原因看，因生产作业引发的火灾占比较大(56%)，电气原因引发的占20%，不明原因引发的占2%，自燃引发的占3%，雷击引发的占1%，静电引发的占1%，其他原因引发的占17%(图2-25)。

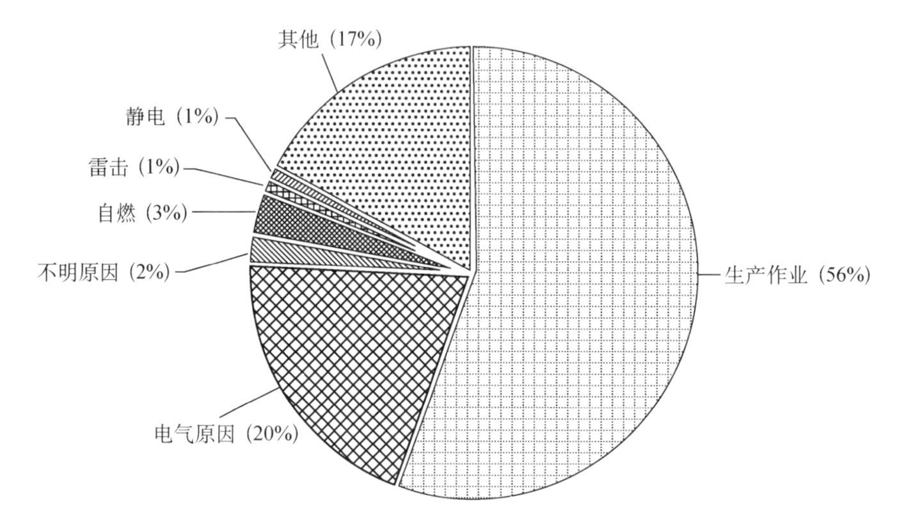

图2-25　2011—2020年上海市石油化工企业火灾原因占比情况

9. 高层建筑火灾情况

2011—2020年，上海市高层建筑共发生火灾4 711起，造成51人死亡、41人受伤。对住宅类高层建筑和非住宅类高层建筑进行分类梳理，主要数据如表2-11所列。

表2-11　　住宅类高层建筑和非住宅类高层建筑火灾情况

年份	住宅类高层建筑火灾			非住宅类高层建筑火灾			高层建筑火灾		
	火灾起数/起	亡人数/人	伤人数/人	火灾起数/起	亡人数/人	伤人数/人	火灾起数/起	亡人数/人	伤人数/人
2011年	234	0	3	312	3	0	546	3	3
2012年	157	2	0	208	0	1	365	2	1
2013年	347	1	6	354	1	0	701	2	6
2014年	268	3	5	306	2	1	574	5	6
2015年	162	5	7	242	0	1	404	5	8
2016年	159	2	0	209	1	0	368	3	0
2017年	194	8	0	172	5	0	366	13	0
2018年	241	7	2	178	1	3	419	8	5
2019年	268	4	5	175	1	2	443	5	7
2020年	234	5	2	291	0	3	525	5	5

从火灾起数看，2011—2017 年，住宅类高层建筑与非住宅类高层建筑火灾起数发展趋势总体保持一致。2017 年以后，住宅类高层建筑火灾逐步增多，呈现多发、易发态势，非住宅类高层建筑则继续保持平稳可控（除 2020 年外），二者形成鲜明的剪刀差形态（图 2-26）。

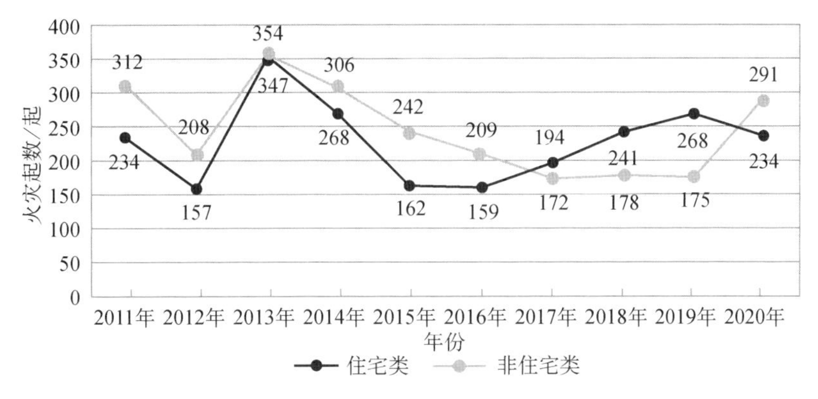

图 2-26　2011—2020 年上海市高层建筑火灾起数

从火灾亡人数看，2011—2020 年，住宅类高层建筑与非住宅类高层建筑火灾亡人数发展趋势基本保持一致，且呈现出波浪式上升趋势，峰值均出现在 2017 年，随后逐步回落（图 2-27）。

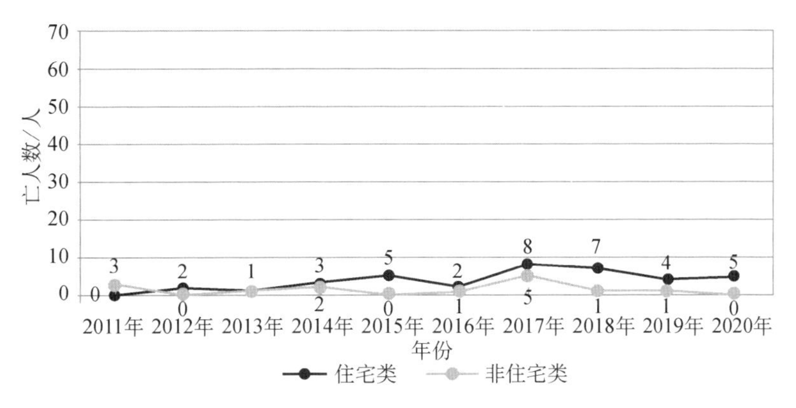

图 2-27　2011—2020 年上海市高层建筑火灾亡人数

从火灾伤人数看，2011—2020 年，住宅类高层建筑与非住宅类高层建筑火灾伤人数关联度不明显，发展趋势有部分差异。住宅类高层建筑伤人数起伏较大，在 2016 年和 2017 年达到波谷后，呈现出上升趋势，2020 年有所回落；非住宅类高层建筑伤人数总体呈现波浪式上升态势（图 2-28）。

图 2-28 2011—2020 年上海市高层建筑火灾伤人数

10. "三合一"场所火灾情况

根据《住宿与生产储存经营合用场所消防安全技术要求》(XF 703—2007),住宿与生产储存经营合用场所(俗称"三合一"场所)即住宿与生产储存经营等一种或几种用途混合设置在同一连通空间内的场所。

2011—2020 年,上海市"三合一"场所共发生火灾 74 起,造成 28 人死亡、10 人受伤,平均每起火灾死亡 0.38 人,是 10 年间全市平均每起火灾死亡人数(0.01 人)的 38 倍,高居各场所之首。"三合一"场所火灾情况如表 2-12 和图 2-29 所示。

表 2-12 2011—2020 年上海市"三合一"场所火灾情况

年份	火灾起数/起	亡人数/人	伤人数/人
2011 年	2	3	0
2012 年	5	5	2
2013 年	15	2	0
2014 年	27	9	6
2015 年	5	0	0
2016 年	3	0	0
2017 年	5	1	0
2018 年	4	6	1
2019 年	4	2	1
2020 年	4	0	0

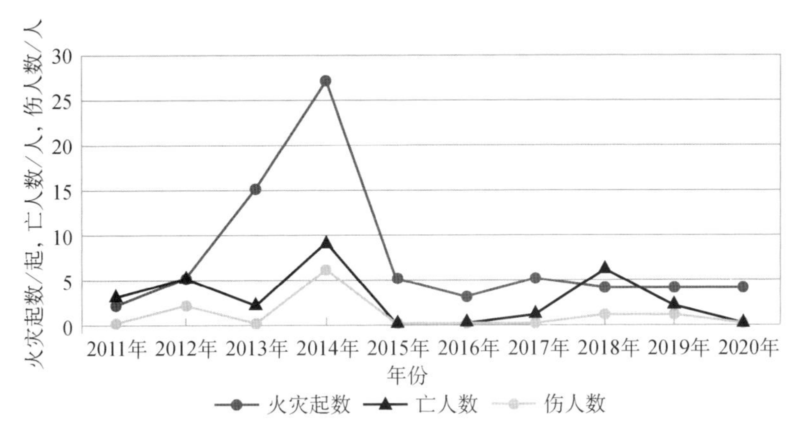

图 2-29 2011—2020 年上海市"三合一"场所火灾发展趋势

2.3 上海市不同行业火灾数据分析

2011—2020 年，上海市各行业的火灾情况基本稳定。但是，由于各类用电设备层出不穷，用电荷载不断增加，火灾风险也不断增加。据统计，2011—2020 年，全市建筑、教育、民政、医疗卫生等主要行业的火灾中，电气火灾占比最高，均超过 28%，电气原因成为火灾的主要原因。分析这 10 年间的亡人火灾可以发现，工地不规范施工，宿舍违规用电，实验室、手术室和高压氧舱等场所的安全问题成为需要关注的重点。

1. 建筑行业(建设工地)火灾情况

2011—2020 年，上海市共发生建设工地火灾 640 起，造成 1 人死亡，直接财产损失为 1 958.4 万元。

从时间分布看，火灾起数总体稳中有降(图 2-30)。火灾起数区间由 65～120 起变为

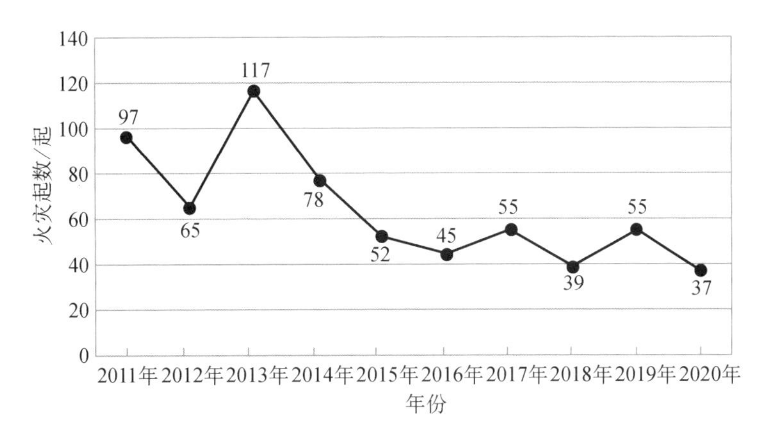

图 2-30 2011—2020 年上海市建设工地火灾起数

37～55 起，总体呈现下降趋势。波峰出现在 2013 年，主要因当年按照公安部有关文件精神，调整火灾数据统计口径，将纵火、自焚、安全生产事故造成的火灾、伤亡人数和损失全部列入统计范畴。

从起火原因看，电气故障、生产作业、遗留火种成为主要原因（图 2-31）。电气线路、设备故障等引发的电气故障类火灾 180 起，电焊、动火因素等引发的生产作业类火灾 147 起，烟头等引发的遗留火种类火灾 102 起，用火不慎引发的火灾 38 起，分别占总数的 28%，23%，16%和 6%。生产作业类火灾造成的直接经济损失约为 1 665 万元，占总数的 83%（图 2-32）。

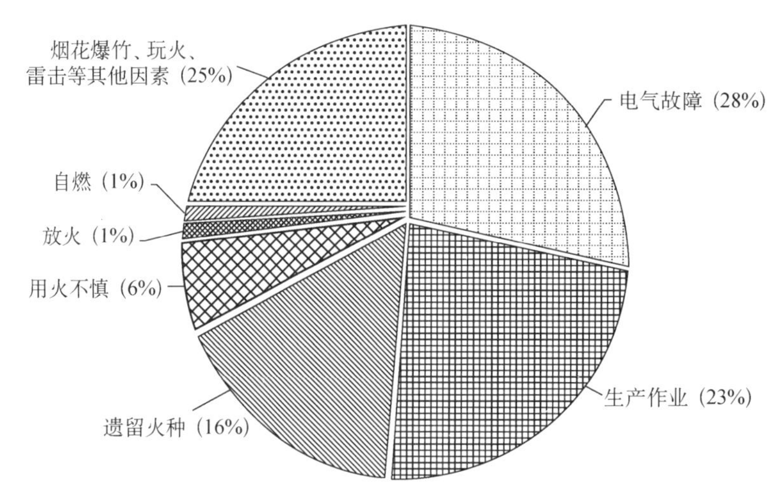

图 2-31　2011—2020 年上海市建设工地火灾原因占比情况

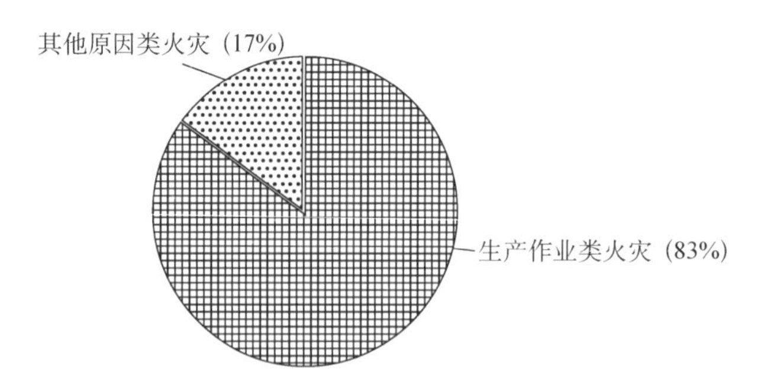

图 2-32　2011—2020 年上海市建设工地火灾直接经济损失分布

从起火时间看，白天火灾多发，下午施工作业的高峰时段易出现人员伤亡（图 2-33）。白天（6：00—18：00）共发生火灾 454 起，占总数的 71%。其中，上午（6：00—12：00）发生火灾 213 起；下午（12：00—18：00）发生火灾 241 起，导致 1 人死亡。夜间（18：00—次日 6：00）共发生火灾 186 起，占总数的 29%。其中，上半夜(18:00—24:00)发生火灾 139 起，下半夜(0:00—6:00)发生火灾 47 起。

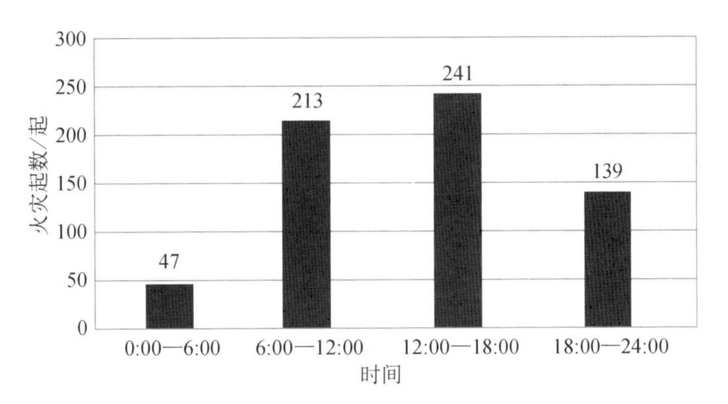

图 2-33　2011—2020 年上海市建设工地火灾起火时间分布情况

2. 教育行业(教育类场所)火灾情况

2011—2020 年，上海市教育类场所累计发生火灾 230 起，造成 1 人死亡，直接经济损失为 64.1 万元。

从时间分布看，火灾起数总体相对稳定，波峰出现在 2013 年和 2017 年(图 2-34)。

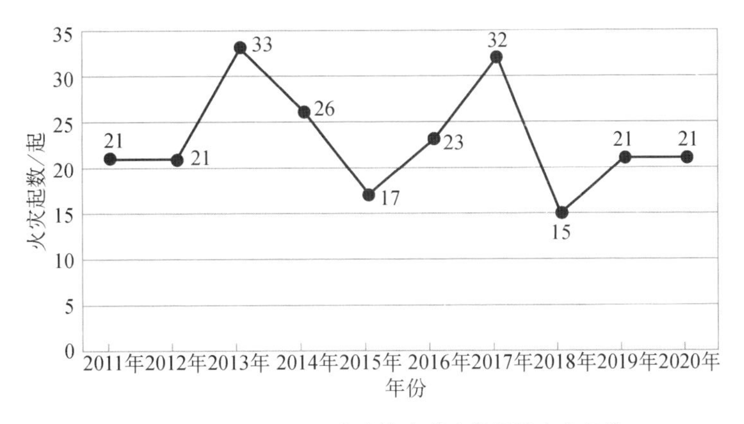

图 2-34　2011—2020 年上海市教育类场所火灾起数

从起火原因看，电气故障占比较大，实验室安全需引起重视。电气线路、设备故障等因素引发的电气故障类火灾 107 起(多发于宿舍、实验楼)，烘烤不慎、燃气具使用不当等引发的用火不慎类火灾 40 起，烟头等引发的遗留火种类火灾 14 起，与实验设备相关的操作作业类火灾 8 起，分别约占总数的 47%，17%，6%和 4%(图 2-35)。

从起火时间看，白天火灾多发，夜间火灾造成的损失较大(图 2-36)。白天共发生火灾 159 起(上午 87 起，下午 72 起)，造成 1 人死亡，直接经济损失为 31.5 万元，分别占总数的

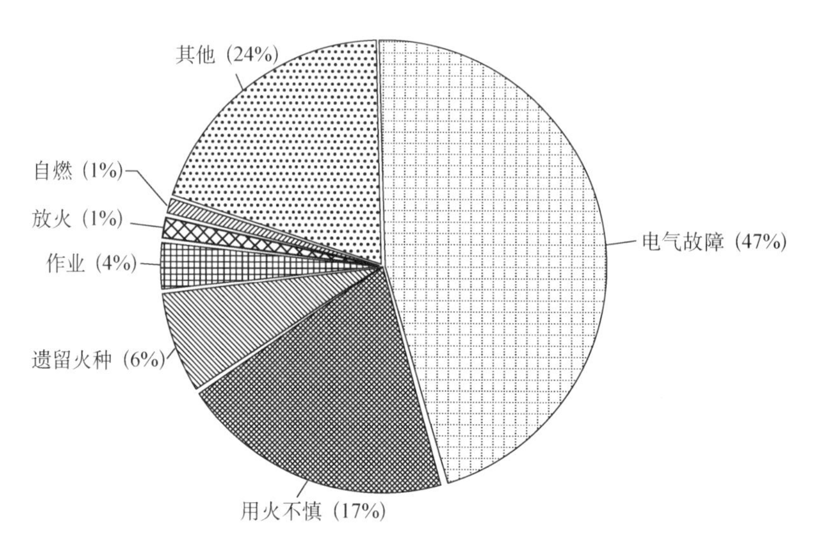

图 2-35　2011—2020 年上海市教育类场所火灾原因占比情况

69%，100%和 49%。夜间共发生火灾 71 起(上半夜 43 起，下半夜 28 起)，无人员伤亡，直接经济损失为 32.6 万元，分别占总数的 31%，0%，51%。2011—2020 年，上海市的教育类场所火灾均为一般火灾，单起火灾直接经济损失均未超过 10 万元。通过对每起火灾直接经济损失的平均值进行分析，可以发现白天每起火灾直接经济损失的平均值为 0.2 万元，夜间每起火灾直接经济损失的平均值为 0.5 万元，是白天的 2.5 倍。

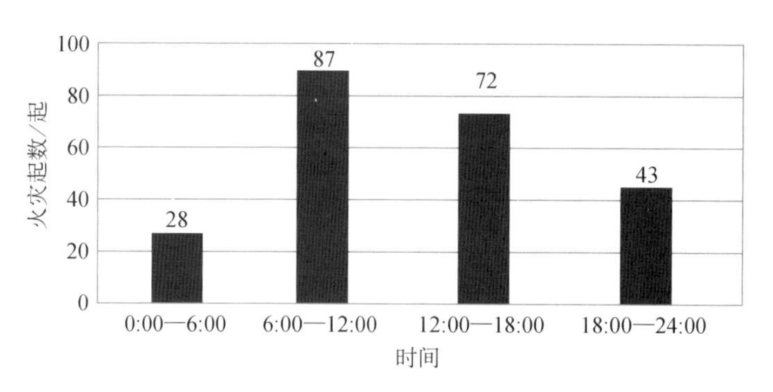

图 2-36　2011—2020 年上海市教育类场所火灾起火时间分布情况

3. 民政行业(养老机构)火灾情况

2011—2020 年，上海市共发生养老机构火灾 31 起，造成 2 人死亡、3 人受伤，直接经济损失为 53 812 元。

从时间分布看，火灾形势相对平稳，火灾起数基本保持在 3 起或 4 起的水平(图 2-37)。

从起火原因看，电气故障为养老机构发生火灾的主要原因，燃气使用和吸烟问题需引起重视(图 2-38)。电气线路、设备故障等因素引发的电气故障类火灾 11 起，燃气、炊具使用不当引发的用火不慎类火灾 5 起，吸烟等引发的遗留火种类火灾 3 起，放火引发火灾 3 起，雷击引发火灾 1 起，其他原因引发火灾 8 起，分别占总数的 35.5%，16.1%，9.7%，9.7%，3.2%和 25.8%。电气故障类火灾数量最多，造成的直接经济损失为 35 820 元，占总数的66.6%；亡人火灾均因放火引起；人员受伤主要集中在用火不慎、遗留火种和放火三种类型的火灾(图 2-38)。

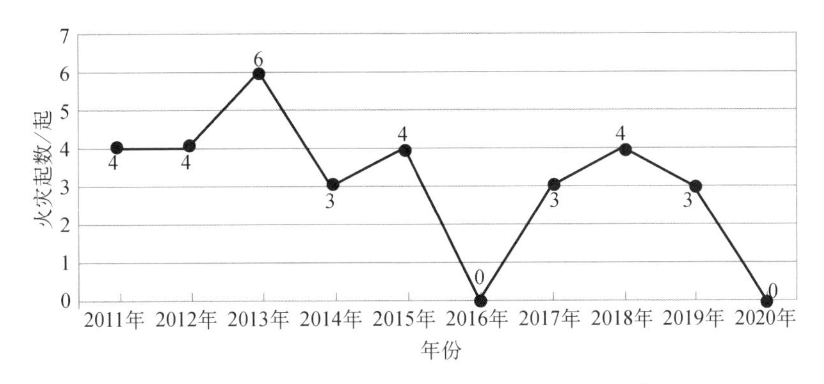

图 2-37 2011—2020 年上海市养老机构火灾起数

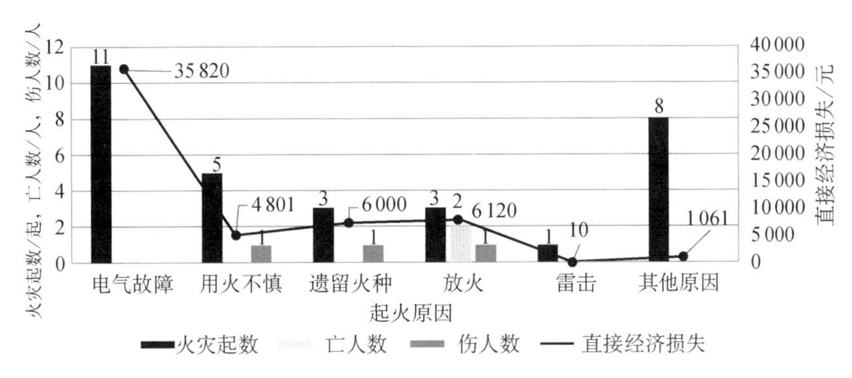

图 2-38 2011—2020 年上海市养老机构火灾四项指标统计(按起火原因)

从起火时间看，白天火灾数量多，夜间火灾造成的直接经济损失大(图 2-39)。白天共发生火灾 19 起(上午 7 起，下午 12 起)，造成 1 人死亡、2 人受伤，直接经济损失为 10 501 元，分别占总数的 61.3%，50.0%，66.7%和 19.5%。夜间共发生火灾 12 起(上半夜 7 起，下半夜 5 起)，造成 1 人死亡、1 人受伤，直接经济损失为 43 311 元，分别占总数的 38.7%，50.0%，33.3%和 80.5%。

4. 医疗卫生行业(医院)火灾情况

2011—2020 年，上海市共发生医院火灾 107 起，造成 1 人死亡，直接经济损失为 184.7 万元。

从时间分布看，火灾起数先升后降(图 2-40)。2011—2013 年火灾起数呈上升趋势，于 2013 年达到峰值(22 起)，2013—2020 年火灾起数总体呈下降趋势。

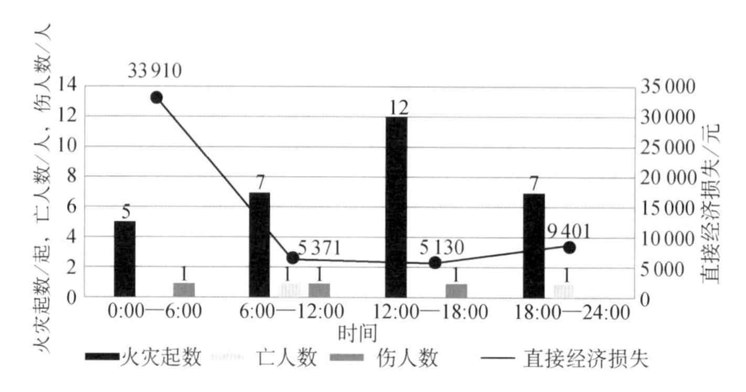

图 2-39　2011—2020 年上海市养老机构火灾四项指标统计(按时间)

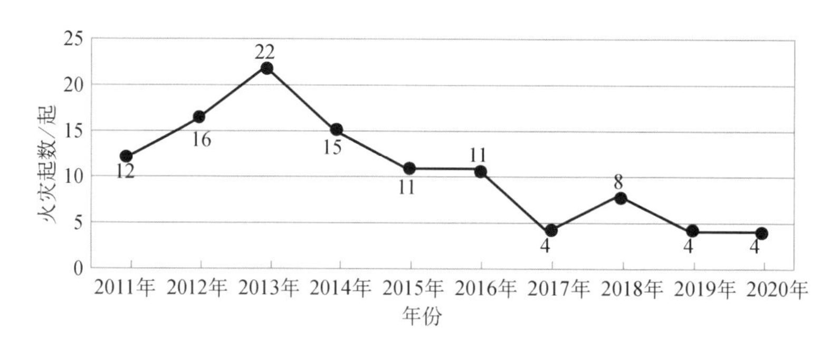

图 2-40　2011—2020 年上海市医院火灾起数

从火灾损失看，轻微小火居多，需注意重点区域的火灾风险。在 107 起医院火灾中，直接经济损失在 1 000 元以下的火灾 85 起，占总数的 79%；直接经济损失在 1 000～10 000 元的火灾 16 起，占总数的 15%；直接经济损失在 10 000～100 000 元的火灾 5 起，占总数的 5%；直接经济损失在 100 000 元以上的火灾 1 起，占总数的 1%(图 2-41)。医院消防安全设计等级较高，发生火灾的概率低，火灾基本可在初期得到有效处置，但一旦发生火灾则后果严重，如重点

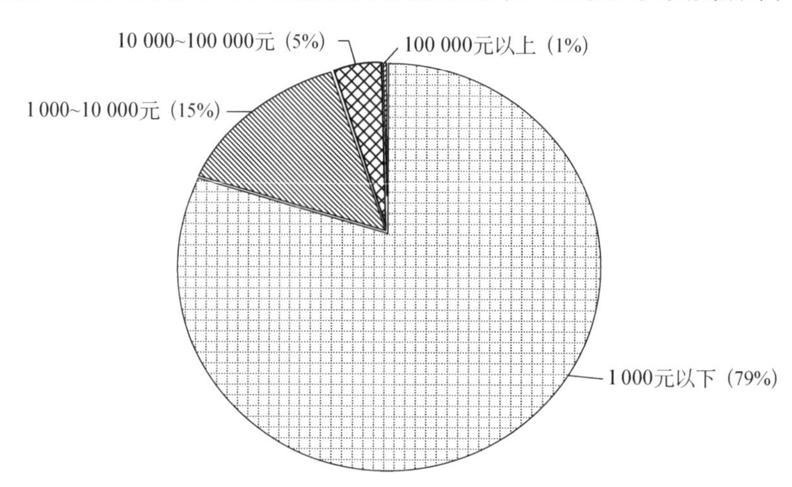

图 2-41　2011—2020 年上海市医院火灾直接经济损失情况

区域(手术室、高压氧舱)因存在麻醉的病人,一旦发生火灾就难以逃生,易造成人员伤亡。

从起火原因看,电气故障是主要的起火原因和致灾因素。电气线路、设备故障等引发的电气故障类火灾 51 起,烘烤不慎等引发的用火不慎类火灾 12 起,烟头等引发的遗留火种类火灾 10 起,生产作业类火灾 5 起,分别占总数的 48%, 11%, 9%和 5%(图 2-42)。电气故障类火灾造成的直接经济损失为 169.4 万元,占总数的 91.7%。电器设备火灾造成的直接经济损失为 162.5 万元,占电气故障类火灾造成的直接经济损失的 96%(图 2-43)。

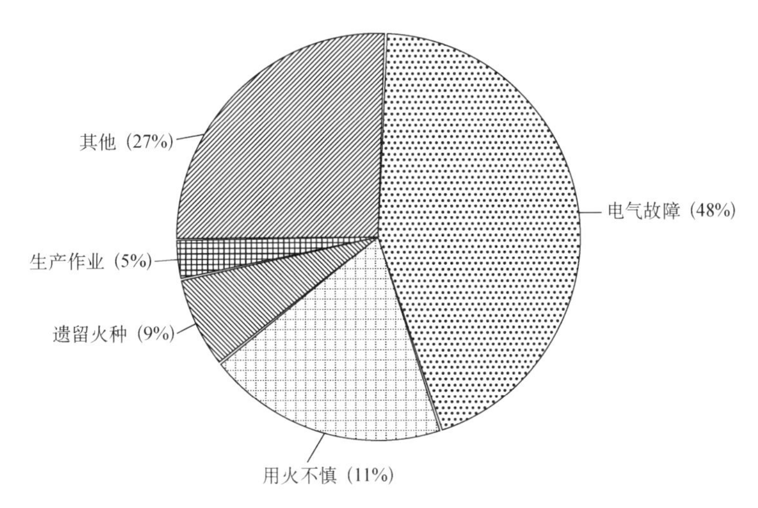

图 2-42　2011—2020 年上海市医院火灾原因占比情况

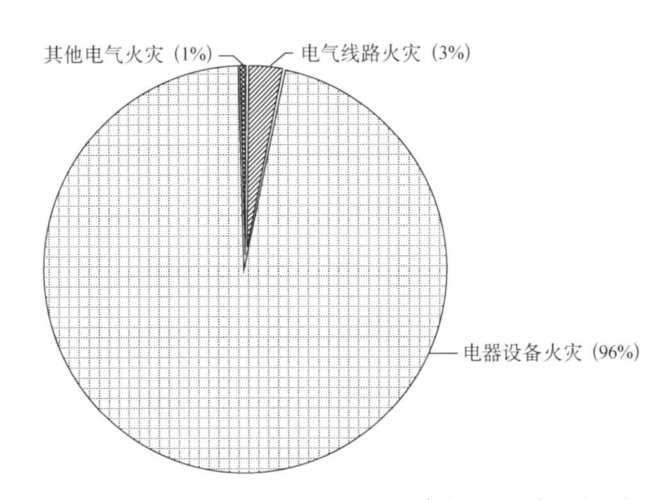

图 2-43　2011—2020 年上海市医院电气故障类火灾直接经济损失统计

从起火时间看,白天火灾多发,而夜间火灾造成的损失较大(图 2-44)。白天共发生火灾 70 起(上午 34 起,下午 36 起),无人员伤亡,直接经济损失为 23.1 万元,分别占总数的 65.4%, 0%和 12.5%。夜间共发生火灾 37 起(上半夜 22 起,下半夜 15 起),造成 1 人死亡,直接经济损失为161.6 万元,分别占总数的 34.6%, 100%和 87.5%。

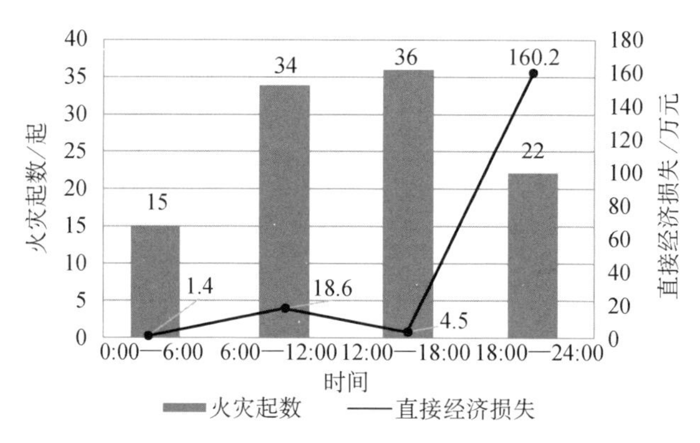

图 2-44　2011—2020 年上海市医院火灾起火时间分布情况

5. 轨道交通火灾情况

2011—2020 年，上海市轨道交通共发生火灾 8 起，平均每年仅发生 0.8 起火灾，未造成人员伤亡，形势较为稳定。

从火灾起数看，2011—2020 年，上海市轨道交通有 5 年实现"零火灾"，总体呈现高度平稳受控态势（图 2-45）。根据国家发展和改革委员会批复的《上海市城市轨道交通第三期建设规划（2018—2023 年）》，19 号线、20 号线一期、21 号线一期、23 号线一期、13 号线西延伸线、1 号线西延伸线、机场联络线、嘉闵线和崇明线 9 个项目将陆续投入建设。[2] 未来全市轨道交通运营里程、日均客流量必将逐年上升，在大客流拥挤、设施设备故障以及电气线路逐年老化等因素的作用下，轨道交通火灾风险将有所上升，存在发生零星火灾事故的可能性。

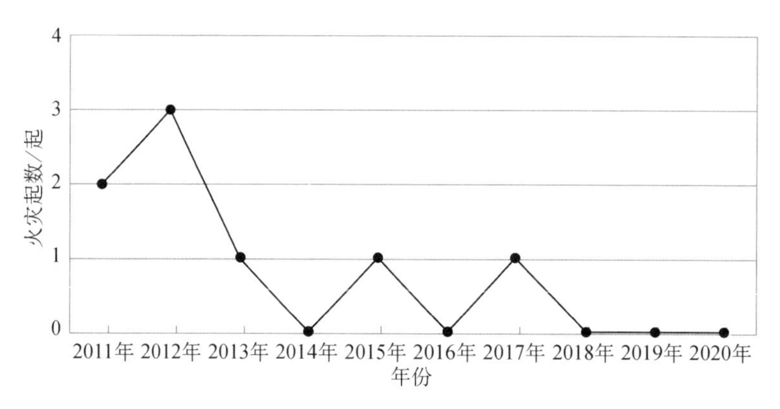

图 2-45　2011—2020 年上海市轨道交通火灾起数

2.4　上海市亡人火灾、较大及以上火灾数据分析

2011—2020 年，上海市共发生亡人火灾 406 起，造成 507 人死亡、126 人受伤，直接经济损

失为 9 182.4 万元。其中，较大亡人火灾 20 起，造成 72 人死亡、26 人受伤，直接经济损失为 4 271.8 万元。此外，上海市还发生了 5 起较大财产损失火灾，造成直接经济损失 1.65 亿元。

从起火场所看，406 起亡人火灾中，居民住宅 332 起，仓库厂房 21 起，“三合一”场所 14 起，员工宿舍、商贸市场各 8 起，农副业场所 6 起，交通工具 4 起，宾馆招待所 3 起，公共娱乐场所、石油化工企业各 2 起，宗教场所、医院、学校、车库、拆迁工地各 1 起，其他 1 起。25 起较大火灾中，居民住宅 8 起，“三合一”场所 6 起，仓库 4 起，商贸市场 2 起，宾馆、厂房、员工宿舍、建设工地、规模型租赁房各 1 起(图 2-46)。

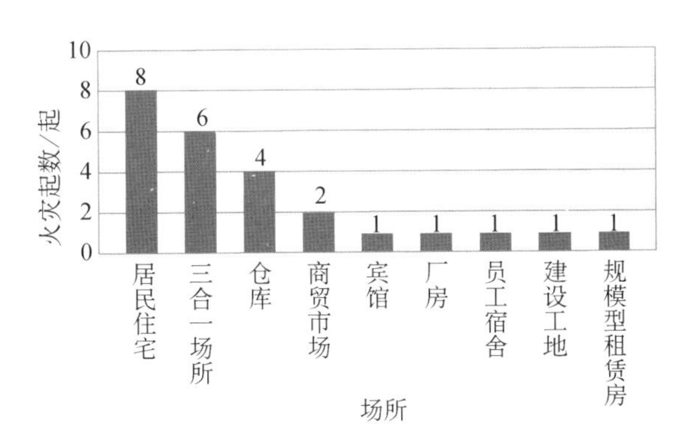

图 2-46　2011—2020 年上海市较大火灾发生场所分布

从起火原因看，406 起亡人火灾中，电气故障引发 150 起，吸烟引发 69 起，遗留火种引发63 起，用火不慎引发 52 起，放火引发 40 起，违规电焊等作业引发 13 起，玩火引发 12 起，不明确原因引发 5 起，自燃引发 2 起(图 2-47)。

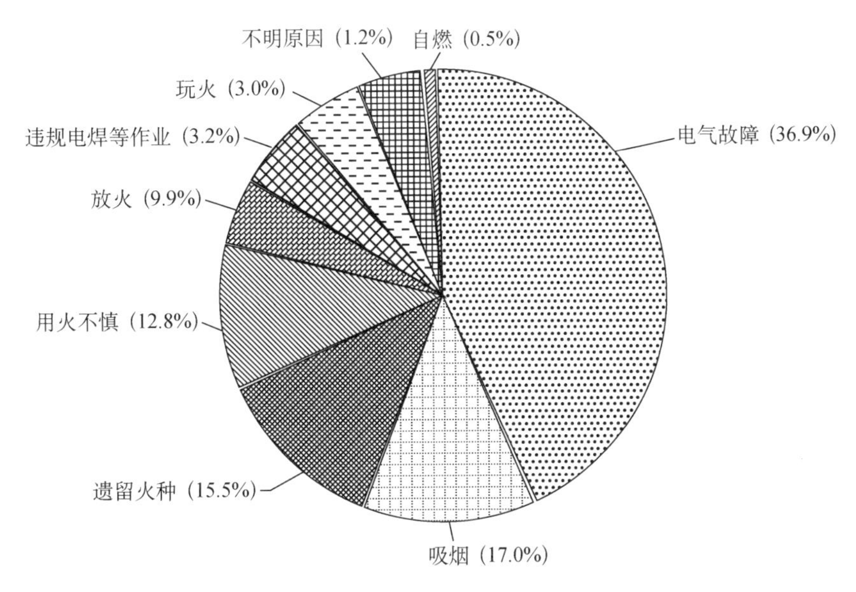

图 2-47　2011—2020 年上海市亡人火灾原因占比情况

2.5 城市火灾风险预判

通过对 2011—2020 年上海市火灾数据的分析可以发现，城市火灾风险防控仍然面临挑战。结合城市发展规划，火灾风险可能存在以下三个发展趋势。

(1) 特大城市固有的火灾风险居高不下。高度密集的楼宇和高度聚集的经济活动构成了特大城市最本质的特征。高层建筑、地下空间、老旧住宅、商业场所和轨道交通等火灾高风险场所大量存在，国际会议、商贸会展、体育赛事等大型活动频繁，人员密集、老龄化程度高、流动性强成为特大城市固有的火灾风险特征。此外，城市发展带来的"新问题"和历史遗留下的"老毛病"相互交织。客观上，火灾风险短期内难以得到充分化解。可以预测在今后相当长的一段时间内，火灾一定程度上仍会维持多发状态，引发重特大火灾尤其是群死群伤恶性火灾的原因仍然存在，如没有强有力的应对措施，火灾仍将成为主要的灾害事故之一，影响社会稳定。

(2) 经济转型与产业升级催生新的风险与挑战。近几年的火灾案例表明，网络经济催生出旅游、物流等行业的新业态、新模式，以信息技术应用为基础的服务业新模式正逐步改变人们的购物模式和消费行为，人员住宿、仓库管理、交通工具使用等方面暴露出诸多火灾隐患。例如，不少老式住宅楼经过简单改造变成民宿，存在大量使用可燃装修材料、消防设施不到位、人员流动性大的情况，已成为火灾高危场所。随着城市发展模式的转变、产业结构的升级调整，经济、金融、文化领域将会涌现出一大批新兴产业，新技术、新材料、新工艺、新模式被广泛运用，这也必然产生一系列新的、复杂的火灾风险。产业集约化也使火灾事故可能造成的破坏进一步增大，而火灾风险管理尚存在"真空区"，消防治理面临新的挑战。

(3) 城市建设与更新过程将迎来火灾高风险时期。一方面，各类既有建筑物和构筑物老化，附属设施设备和材料接近使用寿命，"跑、冒、滴、漏"等现象日益高发，已进入火灾事故高风险期。另一方面，城市更新建设过程中，大空间、大跨度、大人流、大物流的超规格建筑层出不穷，例如，长三角 G60 科创走廊、特斯拉超级工厂、硬 X 射线自由电子激光装置(长约 3.1 km)、连接上海虹桥国际机场和上海浦东国际机场的机场联络线(68.6 km 地下铁路)等；重大建设工程、重点区域改造、优秀历史建筑修缮以及社区微更新、微改造等各类建设项目点多面广且存在差异。这些都增加了火灾发生的可能性以及防控难度，需要相关方在建筑防火设计、施工现场管理、运行阶段消防安全管理以及突发事件的处置等环节，投入大量的人力和技术，提供"全生命周期"的消防安全保障。

参考文献

[1] 赵子新.底线思维 创新破题 积极探索上海消防安全管理新路径[J].中国消防，2014(2-3)：50-52.
[2] 黄静. 上海市城市轨道交通第三期建设规划获批[N].浦东时报，2018-12-20(2).

3　城市火灾风险要素与评估

对城市的火灾风险作出客观评估是提高火灾预防科学性的基础，而进行火灾风险评估，需要研究灾害源的形成，建立灾害成因、识别、评价与控制的理论与模型。为持续改进火灾风险管理，应将“隐患排查”放在“事故发生”前面，将“风险评估”放在“隐患排查”前面，将“风险辨识”放在“风险评估”前面，构建针对火灾事故的“火灾风险分级管控”和“火灾隐患排查与治理”相结合的消防安全管理双重预防机制。从源头上防范化解重大消防安全事故，第一步就是风险辨识。风险辨识的基础是全面、系统、辩证地理解风险要素，这既包括对已知风险要素的总结，也包括对未知风险要素的探索。

3.1　城市火灾风险要素

城市火灾风险直接关系一座城市能否实现经济、社会与消防安全三者和谐发展，科学客观地认识城市火灾风险要素，对城市火灾风险的评估及防控工作具有重大意义。根据本书第 1 章的内容，火灾危险源分为第一类危险源和第二类危险源，第一类危险源主要指物质本身具有的能量及其载体，第二类危险源指物质本身及其能量载体的状态。根据公共安全三角形理论，城市安全就是城市的特征要素（物质、能量、信息）与建造城市的人类共同处于一种平衡状态，同频共振、和谐相处，这种平衡状态无时无刻不受自然界的影响，同时又反作用于自然界。因此，本节从三个维度来辨析城市火灾风险要素，即特征影响要素、环境影响要素和人为影响要素。

3.1.1　城市火灾特征影响要素

城市火灾特征影响要素主要包括城市基本特征、建筑火灾防护、城市火灾防控水平、公共消防基础设施和城市灭火救援能力。

1. 城市基本特征

火成为灾的诱因多来自社会，城市建设要适应和满足社会的需求，火灾的发生受社会多方面因素的影响。城市防火与社会经济发展有着密切的联系,城市基本特征可分为经济产业特征、建筑物特征、能量传输特征和风险概率特征四个方面,共八个因子。

1)经济产业特征

(1)经济因子。经济因子主要表征的是城市经济的发展。城市经济发展为城市功能发挥作用提供重要的物质基础。纵观一些发达国家的火灾发展情况,我们可以得出如下结论:在经济发展的初期,火灾危害相对较小;随着经济的不断发展,火灾危害日趋严重;在经济快速上升期,火灾进入"高危期",危害波动式地发展到顶峰;然后随着经济的发展、科技的进步以及消防工作的强化,火灾逐步降到相对平稳的阶段。中国西部的中小城市经济总量小、产业层次低、辐射范围小,远远落后于东部城市,而东部城市的火灾事件远多于西部城市。由此不难发现,经济发展速度较快的城市区域,往往也是各类危险源存在数量较多的区域。

(2)产业分布因子。产业分布因子主要涉及单位面积内消防安全重点单位的数量。消防安全重点单位越密集的区域,火灾风险越大。城市产业分布的合理性主要体现为区域中各种物质要素分布的合理性。例如,城市功能及总体布局是否合理,工商业产值和集中度是否合理,易燃易爆和有污染的工业区、仓储区与居民区、商业区、行政办公区、文教区、中心商务区、风景区等的边界是否清晰,是否按不同功能合理地进行产业布局,有无相互毗连的建筑密集区或大面积棚户区,这些区域相互之间有无道路、绿地、广场分隔,防火间距是否符合有关规范规定,是否形成一个相互联系的有机整体。在城市消防规划中,区域功能分区合理与否直接影响城市消防安全。因此,将城市产业分布的合理性作为评价城市消防安全的因子之一。

2)建筑物特征

(1)建筑容积率因子。建筑容积率指城市用地上各类建筑的建筑面积总和与城市用地面积的比值。它可以反映建筑物的密集程度、建筑群体的空间规模和城市土地利用率。它是判断建筑物是否稠密、防火间距是否合理、空地是否充足、是否容易造成火灾大范围蔓延等的主要依据。由于建筑容积率的大小与所在城市及地段有关,因此,根据城市规划设计规范以及各地城市规划中建筑密度与建筑面积密度的最大和最小指标要求,确定建筑容积率的上限和下限值。

(2)建筑比例因子。建筑比例因子主要指一、二级耐火等级建筑所占比例,即城市内一、二级耐火等级的建筑物总数与各类主要建筑物总数之比。建筑物应当具有足够的耐火等级,以防止建筑物的主体结构着火后被破坏。建筑物一旦发生倒塌等情况,不仅会造成巨大的财产损失,而且会造成严重的人员伤亡。建筑物耐火等级越高,其火灾危险性就越小。因此,将一、二级耐火等级建筑所占比例作为特征因子。根据《城市消防规划建设管理规定》，城区内新建各种建筑时，应当建造一、二级耐火等级的建筑，控制三级耐火等级的建筑，严格限制四级耐火等级的建筑。

3）能量传输特征

（1）输配电线路敷设年限因子。火灾统计资料表明，电气事故是引发建筑火灾的重要原因。20 世纪 60 年代，电气火灾在全国火灾总数中所占的比例为 8%左右，而到了 90 年代，该比例已超过 25%，重特大火灾有 40%以上为电气火灾。从统计资料来看，建筑物电气线路绝缘部分破损老化、用电超负荷是引起火灾的重要原因。因此，电气线路敷设使用后的老化情况也是城市基本特征中值得关注的一个方面。

（2）燃气管网密度因子。燃气系统是城市中必要的设施，其易燃、易爆危险性在城市火灾风险评估中需要被单独考虑。随着经济的发展和人民生活水平的提高，燃气的使用越来越普遍。燃气高效、干净，但会因管道腐蚀、被占压等原因而泄漏和爆炸，造成非常严重的后果。燃气系统的安全性对城市的消防安全有着重大影响。随着"西气东输"等国家重点工程的开工建设，管道输气方式在城市中所占的比例大幅度提高，燃气管道是城市火灾风险的重要影响因素。

4）风险概率特征

（1）风险建筑因子。城市的高风险建筑主要有四大类：高层建筑、地下空间、大型综合体和石化类建筑物。高风险建筑所占比例指上述四类建筑的建筑总面积与城市各种建筑总面积的比例。根据我国相关火灾统计年鉴，火灾发生频率高、火灾危险性大、灾后损失大的建筑系上述四类建筑。

（2）历史火灾因子。历史火灾因子主要包括万人火灾发生率、十万人火灾死亡率和亿元 GDP 损失率。其中，万人火灾发生率、十万人火灾死亡率主要反映历史火灾情况与人口数量的关系，亿元 GDP 损失率主要反映历史火灾情况与经济发展水平的关系。

2. 建筑火灾防护

建筑物承载着城市生活所必需的能量，城市内建筑物的火灾风险特征可以反映该城市的火灾风险特征。建筑火灾防护主要包括建筑基础因子、被动防火因子和主动防火因子。建筑基础因子包含建筑高度、建筑结构、建筑使用性质、建筑使用年限、建筑火灾荷载和建筑内部装饰等。被动防火因子主要包括防火间距、疏散通道、耐火等级、防火分区和防烟分区等。主动防火因子主要包括应急照明和疏散指示系统、消火栓系统和便携式灭火器、防排烟控制系统、自动喷水灭火系统以及火灾自动报警控制系统等。

1）建筑基础因子

（1）建筑高度。建筑高度指建筑物室外设计地面到其屋面的高度。建筑越高，救援难度越大，疏散难度也越大，它是影响城市火灾风险的主要因素之一。以 2009 年中央电视台电视文化中心发生的特别重大火灾为例，火灾造成直接经济损失 16 383 万元，其主要原因就是着火部位过高，而现有消防设备功率较低，消防炮不能从外部直接喷射到高度在 100 m 以上的燃烧部位，可见建筑高度是衡量火灾危险性的指标之一。

(2) 建筑结构。建筑结构是建筑物空间受力体系和建筑材料的总称，一般分为木结构、砖木结构、砖混结构、钢筋混凝土结构、钢结构等。建筑结构影响火灾的蔓延速度及起火时建筑的稳定性，是火灾风险的指标之一。

(3) 建筑使用性质。城市建筑按使用功能可分为居住建筑、公共建筑、工业建筑等，具体可分为居民住宅、商业场所、文博馆、宾馆、餐饮场所、医院、养老院、公共娱乐场所、学校、仓储物资场所和厂房等。不同的使用性质意味着不同的火灾风险。统计表明，城市商业场所火灾的财产损失较大，而城市居民住宅火灾的人员伤亡较大。

(4) 建筑使用年限。建筑使用年限指建筑建成的时间。随着建筑使用年限变长，电线、管道、电器等老化，往往容易引起火灾。Chandler, Chapman 和 Hallington[1] 分析比较了英国三个城市地区的数据后发现，老化程度严重的住房往往更容易发生火灾，因此将“建筑老化程度”作为火灾风险的评价指标之一。

(5) 建筑火灾荷载。建筑火灾荷载代表着火灾发生时可燃物单位面积释放的热量。建筑内的火灾荷载越大，火灾越容易蔓延，建筑结构越容易遭到破坏，人员越难疏散。火灾风险和建筑火灾荷载之间的关系很明显，没有可燃物就没有火灾；可燃物越多，火灾荷载越大，火灾风险越大。因此，建筑火灾荷载的计算非常重要。

(6) 建筑内部装饰。建筑的内部装饰也是火灾风险的衡量指标之一，大量火灾事故证明违规使用大量易燃可燃的装饰材料易造成火灾灾情快速发展，燃烧过程中释放出的有害气体也易造成大量的人员伤亡。城市建筑物室内装饰指室内墙、吊顶、地面等表面暴露于室内空间中的材料或材料组合。影响建筑物室内装饰火灾蔓延的主要因素如下：室内装饰底基是否可燃，如果是可燃底基，那么火灾的危险性和危害性就要大得多；室内装饰的黏结剂是否耐高温；室内装饰的电源、电线、用电设备等是否符合有关安全要求。

2) 被动防火因子[2]

(1) 防火间距。防火间距指防止着火建筑在一定时间内引燃相邻建筑，便于消防扑救的间隔距离。防火间距过小会造成较大的火灾风险。例如，2014 年云南省香格里拉独克宗古城发生重大火灾，该火灾过火面积较大的原因是古城修建较早，城内建筑面积较大，防火间距不足加速了火灾的蔓延。建筑物起火后，其内部的火势在热对流和热辐射作用下迅速扩大，在建筑物外部则会因强烈的热辐射作用对周围建筑物构成威胁。火场辐射热的强度取决于火灾规模的大小、持续时间的长短、与邻近建筑物的距离、风速、风向等因素。通过对建筑物进行合理布局和设置防火间距,可防止火灾在相邻的建筑物之间蔓延,并为人员疏散、消防人员的救援和灭火提供条件,降低火灾对相邻建筑及其使用者造成的热辐射和烟气影响。

(2) 疏散通道。疏散通道指当火灾发生时可以用于人们向安全区域撤离的专用通道,消防技术标准对疏散通道的安全出口数量、宽度、距离等方面都有具体要求。部分重特大火灾事故是由于疏散通道被非法改造、非法占用、设置门禁等,人员无法逃生,从而造成大量的人员伤亡。例如,2012 年天津市莱德商厦火灾造成 10 人死亡,16 人受伤,伤亡原因之一就是部分疏散门平时处于锁闭状态,防火检查时才会打开,导致部分人员无法及时逃生。

(3) 耐火等级。建筑的耐火等级分为四级,规范规定了不同耐火等级建筑物相应构件的燃烧性能和耐火极限。建筑耐火极限对人员疏散和消防员灭火都有重要意义。2015 年哈尔滨市红日百货批发部库房火灾中,建筑由于施工质量较差、耐火等级不符合规范,火灾发生后很快就失去耐火完整性,火灾造成 193 户居民住宅坍塌及 17 名消防救援人员被埋压。耐火等级是研究建筑防火措施的基本依据。在建筑防火设计中,正确选择和确定建筑的耐火等级是防止建筑火灾发生和阻止火势蔓延扩大的一项治本措施。建筑物应选择哪一级耐火等级,应根据建筑物的使用性质、规模及其在使用中的火灾危险性来确定,如果性质重要、规模较大、存放贵重物资,或使用环境有较大的火灾危险性(如大型公共建筑),应采用较高的耐火等级;反之,可选择较低的耐火等级。

(4) 防火分区。防火分区指通过防火分隔措施划分出来的用于阻止火灾向其他区域蔓延的空间单元。如果建筑内空间面积过大,发生火灾时就会导致燃烧面积大、蔓延扩展快,因此在建筑内实行防火分区和防火分隔可有效地控制火势的蔓延,既利于人员疏散和扑火救灾,又能达到减少火灾损失的目的。例如,2010 年乌鲁木齐市一居民区由于没有做防火分隔,导致火灾发生后迅速蔓延,造成了严重的火灾伤亡事故。

(5) 防烟分区。防烟分区指用挡烟垂壁等防烟分隔措施将烟气限制在一定范围的空间单元。消防技术标准对防烟分区的划分、防烟分隔及排烟防火阀的设置都进行了详细规定。火灾导致的人员伤亡主要是由于火灾烟气蔓延导致人员窒息死亡,因此合理划分防烟分区对人员逃生具有重要意义。

3) 主动防火因子

(1) 应急照明和疏散指示系统。应急照明和疏散指示系统主要用于火灾发生时的人员疏散,对人员疏散具有重要意义。国家标准规定了高层建筑中应急照明的设置部位、最低照度、灯光疏散指示标志设置部位、走道疏散标志灯设置间距及应急照明和疏散指示标志保持照明时间等。

(2) 消火栓系统和便携式灭火器。消火栓系统和便携式灭火器是最常用的灭火设施，消火栓系统主要由蓄水池、室内消火栓等设备构成，灭火器按所充装的灭火剂可分为泡沫灭火器、干粉灭火器和二氧化碳灭火器等。消防技术标准对消火栓设计流量等有详细规定。消火栓和便携式灭火器对扑救初起火灾工作有重要意义。

(3) 防排烟控制系统。防排烟控制系统分为自然排烟和机械排烟系统两类。其中，自然排烟是利用热烟气产生的浮力、热压，使烟气通过外窗、阳台自行排出室外，大多数建筑使用的就是这种排烟方式。当自然排烟不能满足要求时，通过机械排烟系统，利用排烟风机和排烟管道加压送风和补风，从而进行排烟和控烟，以确保疏散通道在一定时间内的安全。消防技术标准规定了不同建筑条件及建筑部位的单位排烟量、换气次数等。

(4) 自动喷水灭火系统。自动喷水灭火系统是常用的自动灭火系统，主要由喷头、报警阀组和水流报警装置等组件组成。消防技术标准规定了民用建筑和工业厂房的系统设计参数。自动喷水灭火系统对控制初起火灾、防止火灾蔓延有重要意义。2010 年，重庆市赛博数码广场裙楼发生重大火灾事故，过火面积达 1.5 万 m^2，该建筑内虽然配备了齐全的自动喷水灭火系统，但由于未认真组织对消防设施的定期检测，室内消火栓及喷淋系统无水，初起火灾没有得到很好的控制，造成了严重的经济损失。

(5) 火灾自动报警控制系统。火灾自动报警控制系统主要用于及早发现火灾并通知相关工作人员，主要由火灾探测器、报警控制器等组成。消防技术标准规定了不同类型火灾探测器的适用范围。安装火灾自动报警控制系统可以在火灾初期及时提醒人们对火灾进行处置，从而减少火灾损失。

3. 城市火灾防控水平

各级政府和城市相关管理部门落实消防安全责任制，社会单位履行消防安全职责，加强消防法制建设，加强消防宣传教育培训，可提高城市公众整体的消防安全意识，从而在起火初期就有效灭火，降低城市火灾的危害性。因此，城市火灾防控水平包括消防管理、消防宣传教育与培训和消防经费投入三个因子。

1) 消防管理因子

(1) 消防安全检查。消防安全检查是发现和及时整改消防安全隐患的重要手段。消防安全检查可以为各场所提供良好的消防安全环境，同时为做好社会层面的火灾风险防控工作打下基础。

(2) 消防行政许可。行政许可是指行政机关根据公民、法人或者其他组织的申请，经依法审查,准予其从事特定活动的行为。行政许可程序的规范与否直接决定了社会消防安全的整体水平。

(3) 消防监督执法。消防监督执法横向覆盖消防监督全部业务,纵向贯通各级消防部门。规范、全面地进行消防监督执法,可以及时发现辖区内火灾安全隐患,及时进行整改,从而提高整个社会的消防安全水平。

(4) 安全责任制的落实情况。中华人民共和国境内的机关、团体、企业、事业等单位应当履行消防安全职责。因此,在对城市火灾风险因子进行识别时,有必要把安全责任制的落实情况列入考虑的范围。

2) 消防宣传教育与培训因子

消防宣传教育是利用一切可以影响人们消防意识形态的媒介,以提高人们消防安全意识并使人们进一步掌握各类消防常识为目的的城市社会行为。消防宣传教育与培训工作的好坏可以从消防宣传教育、消防培训、公众自防自救意识来衡量。

(1) 消防宣传教育。消防法律法规规定了社会消防宣传的具体内容、形式及相应的要求。

(2) 消防培训。消防法律法规规定了消防培训的具体内容及要求。

(3) 公众自防自救意识。现实生活中,消防安全意识的松懈、错误的灭火方法以及逃生自救常识的缺失往往会造成严重的生命财产损失。只有强化公众的消防安全意识,才能从根本上减少或避免火灾事故的发生。

3) 消防经费投入因子

消防经费投入的具体数量直接反映了一座城市的消防投入力度,由于不同城市规模差异很大,消防经费的绝对数量不具有可比性。因此,考虑采用消防人员人均基本业务经费和消防经费占财政支出比例这两个相对性指标反映消防经费投入的水平。

4. 公共消防基础设施

地方各级人民政府应当将包括消防安全布局、消防站、消防供水、消防通信、消防车道、消防装备等内容的消防规划纳入城乡规划,并负责组织实施。根据国家有关法律法规的要求,现将城市公共消防基础设施要素分解为消防站、消防供水、消防车道、消防通信和消防设施五个风险因子。

1) 消防站因子

消防站是城市消防救灾指挥中心。消防站保护面积和邻近消防站响应时间对灭火效果有直接影响。目前我国城市消防站布局是依据“15 min 消防时间”确定的。《消防法》第四十四条规定:“消防队接到火警,必须立即赶赴火灾现场,救助遇险人员,排除险情,扑灭火灾。”

因此，用消防站布点响应时间来衡量消防站响应水平，用平均火灾扑救时间来衡量灭火救援战斗的能力和水平。

2）消防供水因子

市政消防给水又称城市消防给水，指由政府投资兴建的用于提供火场所需消防用水量和水压的一系列给水工程设施。消防给水设施的完善与否，直接影响着火灾扑救的效果。火灾统计资料表明，扑救火灾有成效的案例中，93%的火场消防给水条件较好；扑救失利的火灾案例中，80%以上的火场缺乏消防给水。因此，将抵御火灾风险的“市政消防给水”作为评估体系的子系统。由于市政消防给水工程是由一系列给水工程设施所组成的，从各组件对抵御城市火灾风险的贡献大小考虑，并参考美国保险业务事务处（Insurance Services Office）城市火灾分级法中供水指标的对比表，将消防水源数量、市政给水管网消防供水能力和市政消火栓设置完好率作为该评估子系统的三个评估指标。

3）消防车道因子

根据《建筑设计防火规范》（GB 50016—2014）（2018年版），街区内的道路应考虑消防车的通行。道路中心线间距不宜超过160 m，道路宽度不应小于4 m，净高不应小于4 m。回车场面积，对于低层建筑区，不小于12 m×12 m；对于高层建筑区，不小于15 m×15 m；对于大型消防车，不小于18 m×18 m。此外，小区内主要道路至少应有两个出入口，至少应有两个方向与外围道路相连，尽头式消防车道应设回车道或回车场。很多场地由于建筑密度过大，空地较少，应设置消防车道而未设置，有的虽设置了但路宽不够，或没有回车场、回车道，使消防车无法驶入。

4）消防通信因子

消防通信建设状况主要涉及有线通信和无线通信建设两个方面。根据我国消防通信建设的实际情况，围绕消防通信建设的薄弱环节，通过评估火场通信指挥系统的物质基础——城市消防无线通信系统，采用消防无线通信三级网通信设备配备率反映消防指挥中心接警调度能力和火场通信指挥保障水平。消防无线通信三级网通信设备配备率量化公式为手持无线电台配备率和车载电台配备率之和的一半。

5）消防设施因子

建筑消防设施指预先在建筑内设置的抵御火灾的各种固定消防设施，主要包括火灾自动报警设施、建筑灭火设施、防火与安全疏散逃生设施、防排烟设施、建筑消防供电设施。建筑消防设施设置完好率，指按规范规定应设置消防设施且其始终保持准工作状态的建筑总数与所有按规范规定应设置消防设施的建筑总数之比。实践表明，当现代建筑发生火灾时，主要依靠预先在建筑物内设置的各种固定消防设施来抵御火灾。

5. 城市灭火救援能力

建设优秀的消防救援力量，提高消防救援力量的能力水平，保证消防员能在火灾初起阶段开展灭火战斗，有利于控制和扑灭火灾。灭火救援能力也是城市火灾特征影响要素之一。切实加强灭火救援应急机构、队伍和体系建设，整合各类应急资源，建立和健全统一指挥、功能齐全、运转高效的应急机制，是城市火灾扑救和应急救援的基础和保障。城市灭火救援能力主要通过消防队和社会力量的灭火救援能力对抵御城市火灾风险的贡献大小来衡量，主要包含消防装备、消防人员、业务建设和应急响应四个因子。

1）消防装备因子

消防装备是用于火灾扑救和抢险救援任务的器材装备以及灭火剂的总称，是消防实力的重要体现，也是构成灭火救援能力的基本要素之一。它是灭火救灾的物质基础，直接制约或影响着灭火救援时采用的战术方式以及施行战术的结果，也被称为消防员的第二生命。

2）消防人员因子

消防人员包括国家消防救援体系所属建制内的消防员、专职消防队消防员和志愿消防队的人员。人是灭火救援效果的又一重要影响因素，只有发挥人的智力并充分利用先进的灭火装备，才能使灭火的效果更好，才能更好地保护国家和人民的生命财产安全。专职消防队和志愿消防队是重要的消防救援力量，应将专职消防队和志愿消防队的设置比例作为评估城市消防救援能力的指标之一。

3）业务建设因子

业务建设是为完成灭火救险任务，平时与战时所做的一系列准备工作的总和，包括人员业务培训、训练时间、灭火作战计划制订、灭火战术训练和灭火实兵演习等内容，主要考核训练时间、灭火作战计划等。

4）应急响应因子

县级以上地方人民政府应当组织有关部门针对本行政区域内的火灾特点制定应急预案，建立应急反应和处置机制。用重特大火灾应急预案编制指标分析城市应对重特大火灾事故的能力。正式颁布实施重特大火灾应急预案，并根据编制依据、组织指挥人员、灭火救援资源运用的变更及时修订。

综上所述，通常从城市基本特征、建筑火灾防护、城市火灾防控水平、公共消防基础设施和城市灭火救援能力五个方面来识别城市火灾特征影响要素。其中，致灾因子的危险性包含城市基本特征和城市各类场所建筑火灾防护两个方面，抵抗灾害的能力则从城市火灾防控水平、公共消防基础设施和城市灭火救援能力三个方面进行衡量（图3-1）。

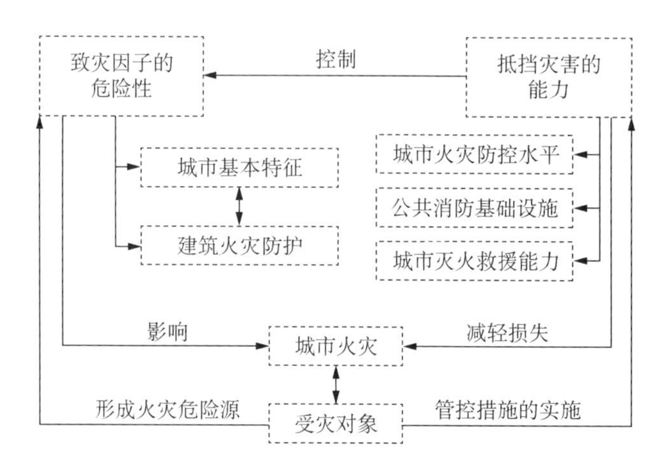

图 3-1　城市火灾与各城市火灾特征影响要素的关系
（资料来源：《城市区域火灾风险量化评估方法及应用研究》，韦云龙）

3.1.2　城市火灾环境影响要素[3]

城市气候中与城市火灾风险相关的要素可以分为急性冲击因子和慢性压力因子。

1. 急性冲击因子

急性冲击，即低频次、高破坏型的冲击和扰动，包括飓风、雷暴等极端天气事件。急性冲击可能影响城市正常运转，引发毁灭性的灾害。气候急性冲击因子指突发的、强烈的、破坏力极强的气候事件（如雷击）。一旦发生雷击，建筑物在热反应、机械效应作用下，产生静电感应和电磁感应，高电位雷电波沿着电气线路或者金属管道系统侵入建筑物内部，容易发生雷击起火。高强度的雷电往往容易造成电器损害，严重时会导致火灾的发生，造成巨大的生命财产损失。

2. 慢性压力因子

慢性压力，即循序渐进的累积型破坏，这里指气候变化对城市火灾风险的长期负面影响。气候慢性压力因子指致使城市韧性降低的日常性或者周期性气候事件，这些气候变化因素逐步对城市施加微弱的刺激。气候慢性压力因子主要包括高温、大风、雨季、干旱和雾霾等。

1）高温

高温加剧城市热岛效应，导致空气质量下降，城市环境物质火灾危险性增强；在高温天气中，制冷需求增加，家庭和单位用电量也随之增加，由此引发的火灾也将增多。在炎热的夏天，很多建筑内堆放的物品受高温影响容易自燃。高温天气下汽车使用时间过长，电源线路老化，易发生短路；有的汽车超负荷装载，造成发动机温度升高，从而引起汽车自燃。施工现场的氧气瓶、乙炔瓶等易燃易爆物品放在高温下暴晒，容易发生火灾。高温下，在化学危险品的生产、运输、储存过程中稍有疏忽就会酿成火灾。

2）大风

大风天气历来是火灾事故的高发期，一旦失火，容易造成火势蔓延，人员伤亡和财产损失大。大风除了会助长火势的蔓延，还会造成飞火，引起新火灾。“火乘风势，风助火威”，风速越大，燃烧的时间越长，火势蔓延的速度也越快。

3）雨季

雨季导致市政基础设施、防洪设施的火灾危险性增大，城市地下空间和设施易被破坏。城市内部存在大量大型电器，天气潮湿，电器内灰尘杂质因变潮而变成优良导体。通电状态下，被浸湿的灰尘杂质极易被电流击穿，引起燃烧或导致电源插头接触不良。此外，空气潮湿导致极间导电参数发生变化，从而产生漏电、短路、打火等现象。湿度过高的环境容易导致电器内部金属元件和电路受到腐蚀，尤其是一些使用时间较长的旧电器，内部结构老化，加上湿气的影响，极易自燃。

4）干旱

干旱使植被及粮食的生长受到损害、供水短缺、工业活动被制约，火灾风险增加。夏秋干旱最为常见，持续时间较长，高温与干旱双重气象条件下，森林等植被含水率下降，容易发生森林火灾，城市各运行体系的火灾风险增加。

5）雾霾

雾霾导致城市的能见度低，易导致交通拥堵，城市消防救援力量受到一定程度的影响，从而使火灾事故不能及时得到遏制。

3.1.3 城市火灾人为影响要素

人为影响要素使城市火灾风险表现出一定的差异性。通过研究城市火灾数据发现，城市家庭的火灾发生率与收入水平有关，贫困家庭的火灾死亡率明显高于富裕家庭。Chandler，Chapman 和 Hallington[1]分析比较了英国三个城市地区的数据，发现火灾发生率与住房所有权、社会经济地位（社会阶层、失业状况）等因素相关，居住在拥挤的住宿环境中的城市失业居民比一般城市居民更有可能成为家庭火灾的受害者。另外，Jennings[4]和 Brunsdon 等[5]的一系列研究均证明火灾发生率与城市住房所有权、家庭结构、家庭年龄分布、教育水平有潜在联系。因此，将人本特征、能力特征、行为特征作为城市火灾风险的人为影响要素因子。

1. 人本特征因子

1）人口密度

人口密度指单位土地面积上的人口数量。消防技术标准对城市商场、办公场所等公共建筑的人口密度都作了相关规定。随着城市化进程的不断推进，城市人口密度急剧增大，城市基础建设的不完善使得城市人口密度的增长呈现不平衡发展，从而增大了城市火灾风险。一方面，人口密度越大越容易引起火灾；另一方面，人口密度越大，疏散的难度就越大，容易造成群死群伤。

2）教育水平[6]

教育水平指人们接受教育的程度，一般分为初等教育、中等教育、高等教育三个等级。教育水平是衡量城市火灾风险的重要因子。教育水平越高，人们的防火及逃生意识往往越强，自我保护能力越高。

3）年龄构成[6]

城市人口年龄构成以各年龄组人数占总人口的比例表示。16～65岁的城市人口比例常被作为重要指标。随着人口生育率降低和人均寿命延长，总人口中年轻人口数量减少、年长人口数量增加，导致老年人口比例相应增长。不同区域城市人口老龄化程度不同，相应地，火灾发生概率也不尽相同。

4）收入水平

收入水平指一定区域和一定时间内劳动者平均收入的高低程度。区域不同、布局不同、产业不同，这些使城市居民之间存在较大的收入差距，一般将城市居民的平均收入水平定义为城市居民收入水平。一方面，收入水平越高，人们在生活中使用的电器越多，容易引发火灾；另一方面，收入水平越高，人们在消防方面的投入越多，有利于降低火灾风险。

2. 能力特征因子

1）设计人员能力

设计人员能力对设计阶段的影响巨大，是能力特征因子之一。设计人员对消防设计规范的理解存在偏差，就会在源头把关不准，使很多建筑物存在先天不足。例如，没有合理设置室内消火栓。室内消火栓是人们和消防员灭火的主要设施，部分设计人员将消火栓设置在防烟楼梯间内，住户或者消防员使用消火栓时，水带必然要穿越防烟楼梯间的防火门，由于水带曲率较大，防火门很难关闭，容易造成“烟囱效应”，使烟气通过防火门蔓延，助长火势。

2）施工人员能力[7]

施工人员水平对施工阶段的影响突出，也是能力特征因子之一。在一些规模较小的工程中，有些施工单位能力不足或者风险意识不强，未按图纸进行施工，或者在施工过程中篡改图纸，导致建筑本身存在安全隐患。例如，某商场内KTV进行消防系统改造，施工单位不了解规范要求，未按图施工，擅自将消防设施的管道和管线穿越防火分区和防火单元的隔墙且未做任何防火封堵，破坏了商场原设计防火分隔措施，在火灾中造成烟气迅速蔓延到相邻防火分区，产生较大影响。

3）员工基础能力

在过程管理中，员工的能力举足轻重，是重要的能力特征因子之一。员工的基础文化素质十分重要。例如，化工厂流水工作面作业条件较差，很难吸引文化水平和技术较高的人员，因此大多数作业人员的文化水平较低，操作不熟练，上岗培训时间较短，对安全工作的认识不足，不能正确理解有关规定，不会辨别危险因素，从而违章操作，出现人为失误，引起火灾。员工的工作态度也十分重要。有些企业加工厂工作人员工作态度不端正，对一些危险因素心存侥幸，按自己的意愿判断事务，从而造成失误，引起火灾。员工的风险意识也十分重要。员工在身体不适或疲劳时没有暂停危险作业，注意力不集中，反应变得迟钝，失误概率大幅增加，从而较易引发火灾。

4）疏散逃生能力

人员的疏散逃生能力是能力特征因子之一，对人员逃生起着至关重要的作用。虽然人对建筑火灾的反应无规律可循，在火灾中没有确切的行为模式，但行为的最终目标都是以最快的速度奔向出口（楼梯）或其他避难区。影响人员疏散逃生的因素很多，其中性别、身份、职业和责任范围对城市火灾中人员行为反应的影响最大。

3. 行为特征因子[8]

1）用火不慎

用火不慎主要发生在城市住宅中，主要表现为：用液体引火，引燃其他可燃物；使用液化气、煤气等气体燃料时，因各种原因造成气体泄漏，在房内形成可燃性混合气体，遇明火产生爆炸起火；家庭炒菜炼油，油锅过热起火；夏季驱蚊，蚊香摆放不当或点火生烟时无人看管，引起火灾；停电时使用明火照明，不慎靠近可燃物，引起火灾。

2）遗留火种

部分吸烟人员常常会出现随便乱扔烟蒂、无意落下烟灰、忘记熄灭烟蒂等不良吸烟行为，这些遗留的火种很容易导致火灾。由香烟引起的火灾，以引燃固体可燃物，尤其是引燃床上用品、衣服织物、室内装潢、家具摆设等居多。根据美国加利福尼亚消防部门的实验，烧着的烟蒂的温度为288℃（不吸时香烟表面的温度）至732℃（吸烟时香烟中心的温度），从理论上讲足以引起大多数可燃固体以及易燃液体、气体的燃烧。

3）人为纵火

人为纵火的原因有多种，主要是矛盾激化和敌对势力蓄意破坏。根据火灾燃烧学原理，引起火灾的前提是满足物质燃烧的三个必要条件，即火源(能量)、可燃物和助燃剂(氧气等)。在这三个条件中，助燃剂无处不在，所以要防止纵火致灾，关键是控制火种和易燃物，如果火种或易燃易爆危险品控制不力，就有可能发生人为纵火事件。

3.2 城市火灾风险评估方法

城市火灾风险评估，就是通过分析影响城市火灾发生与发展的各种因素及其权重，充分利用历史数据预测火灾发生概率和灾害后果，科学合理地评估城市或者区域的火灾风险水平。评估城市火灾风险是分析城市区域消防安全状况、查找当前消防工作薄弱环节的有效手段，可以帮助政府和消防管理部门依据实际火灾风险，灵活部署消防救援力量，合理配置城市消防基础设施，为政府明确消防工作发展方向、指导消防事业发展规划提供科学化的决策基础，最终降低城市的火灾风险水平。[9]

3.2.1 火灾风险评估方法

1. 火灾风险评估方法分类

1866 年，美国国家火灾保险商委员会(National Board of Fire Underwriters, NBFU)为提高城市防火和公共消防水平，开发了城市检查和等级系统。随后，英国、日本、澳大利亚等发达国家都相继开展了大量的火灾风险评估研究，并在实践中进行应用。与发达国家相比，我国关于火灾风险评估的研究起步较晚。安全评价首先在矿山生产、危险品运输、发电厂等安全要求较高的生产领域或场所应用，并逐渐形成了较为成熟的安全评价方法和流程。近些年来，随着消防工作受到越来越多的重视，消防部门和各科研院所开展了大量的研究工作，火灾风险评估也逐步在很多消防管理工作中得到了良好的应用。

在研究积累和应用实践中，涌现出了许多火灾风险评估方法。按照分析的结构，火灾风险评估方法可分为经验系统化分析、系统解剖分析、逻辑推导分析和人失误分析等类型；按照评估结果的形式，火灾风险评估方法可以分为定性分析方法、半定量分析方法和定量分析方法三大类，后一种分类是消防安全领域应用最广的分类方式。

1) 定性火灾风险评估方法

定性火灾风险评估方法指采用叙述性的语言和定性的方法来描述事件发生的可能性以及事故后果的严重程度，主要用于识别最危险的火灾事件，并对火灾风险给出大致的描述。定性火灾风险评估方法可以用于对工业设备、设施的安全措施是否符合法律法规要求的评估，评估结果只有两种，即安全措施满足或不满足可接受火灾风险水平的要求。在资金、工业、企业、建筑危险数据信息不足的情况下，定性分析方法是火灾风险评估的最佳选择。[10]目前被广泛使用的定性火灾风险评估方法主要包括叙述性方法、安全检查表法（Safe Check List，SCL）、预先危险性分析法（Preliminary Hazard Analysis，PHA）等。这类方法主要以标准、规范或规章的有关规定为评判依据，以简单方式确定火灾风险特征，通过指令性方式解决消防安全问题。

2）半定量火灾风险评估方法

半定量火灾风险评估方法通过定性和定量分析相结合的方法来描述火灾发生的可能性和火灾造成后果的严重程度，主要用于确定主观不愿发生的事件的相对危险性，通过系统打分的形式对危险进行分级，这种方法也被称为火灾风险分级法。这种方法具有简便快捷、结构化强的特点，不像定量评估方法需要投入大量的资金和时间，应用较为广泛。其不足之处在于不具有普适性，只是按照特定类型建筑对象进行分级，对火灾风险的评估结果与研究者的知识水平、以往经验、历史数据积累和应用具体情况有关。NFPA101 火灾安全评估系统、SIA81 法（Gretener 法）、火灾风险评估工程法（Fire Risk Analysis Method for Engineering，FRAME）、火灾风险指数法、矩阵与轮廓线法和古斯塔夫法都是适用于建筑火灾风险评估的半定量分析方法。[11]另外，等价社会成本指数法、致命事故等级法、火灾和爆炸风险指数法都是适用于工业火灾风险评估的半定量分析方法。

3）定量火灾风险评估方法

定量火灾风险评估方法是以系统事故发生的概率为基础，进而求出风险大小，以风险大小衡量系统的安全程度，所以也被称为概率评估法。这种方法需要依据大量的数据资料和数学模型，通过统计学计算进行科学评估。所以，只有在用于火灾风险评估的数据资料较充足时，才可采用定量评估方法进行火灾风险评估。定量分析对建筑物发生火灾事故的概率以及火灾产生的后果进行综合考虑，所获得的计算风险值可以直接与风险容忍度进行比较，也可以比较研究不同建筑物或同一建筑物的不同区域的消防方案。这类方法的优点是结果反映了风险不确定性的本质，缺点是需要大量的数据资料和时间。

定量火灾风险评估方法可以分为确定性分析方法和概率风险评估方法两种[12]。确定性分析方法通过运用各种数学模型，对火灾的发生和发展、烟气的流动和危害、消防系统对火灾的作用、消防人员的行为和作用等进行量化分析。该方法也被称作模拟计算分析法，其分析结果一般是以绝对数值的方式给出，如人员伤亡数和财产损失数等。概率风险评估方法在很大程度上可以考虑真实火灾的不确定性因素，以及各种因素之间的相互作用和影响。在进行概率分析时，一方面需要确定可能发生火灾的概率，另一方面还要通过应用确定性分析方法得到一次火灾所造成的危害数值,最后综合考虑各种火灾发生的概率及其所造成的危害,便可以得到整个系统的火灾风险状况。典型的定量分析方法有建筑火灾安全工程法(BFSEM 法,L 曲线法)、模糊综合评估法等。

在定性评估、半定量评估和定量评估方法中,定量评估方法涉及的范围最广,对设计人员的素质要求最高,工作强度也最大。通常情况下,用两个重要的参数对风险进行表征:火灾风险概率和火灾风险后果。定量火灾风险评估的基本步骤如图 3-2 所示。

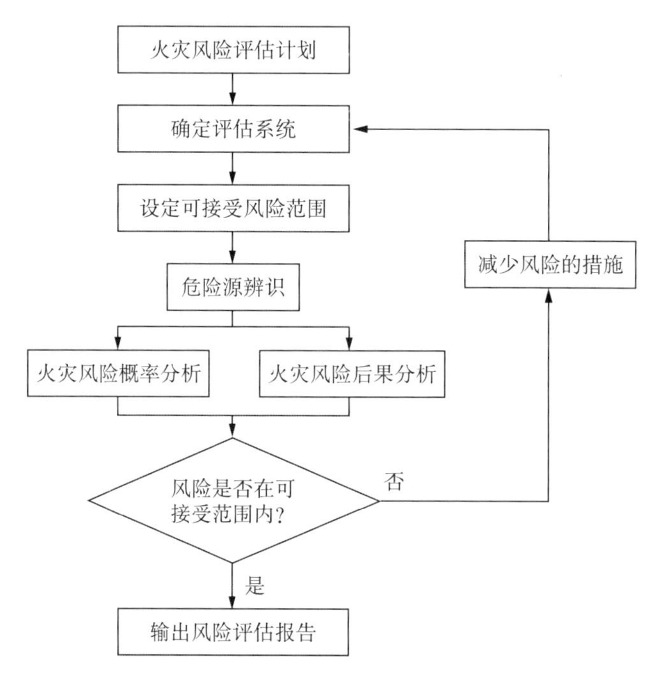

图 3-2　定量火灾风险评估方法基本步骤

4) 评估方法比较

由于火灾事故数据资料的缺乏以及时间、费用等方面的限制,准确计算火灾事故的概率是困难的,而且在相当多的场合根本无法得到这种概率。因此,长期以来火灾风险评估以定性分析方法和半定量分析方法为主。定性分析方法对分析对象的火灾危险状况进行系统、细致的检查,根据检查结果对其火灾危险性作出大致的评价。半定量分析方法则将对象的危险状况表示为某种形式的分度值,从而区分出不同对象的火灾危险程度。这种分度值可以与某种定量的经费加以比较,因而可以进行消防费用效益、火灾风险大小等方面的分析。近年来,随着动力学理论的不断完善和小样本火灾事件统计方法研究的不断深入,定量分析方法中一些关键技术逐步获得解决,定量分析方法已成为当前发展最快的评估方法。各种典型的火灾风险评估方法如表 3-1所列。

表 3-1 典型火灾风险评估方法

方法名称	特点	类别	适用范围	人员要求	所需时间及费用	优缺点
安全检查表法	按事先编制的有标准要求的检查表逐项检查，根据赋分标准评定安全等级	定性	各行各业	检查人员应具备检查表、规范和必要知识，检查表的编制人员和评价结果的审核人员要有丰富的经验	时间短、费用低	简便且易于掌握，但检查表编制难度高、工作量大
对照规范评价法	以现行消防规范为依据，逐项检查消防设计方案是否符合规范要求	定性	消防监督管理部门	熟悉当前最新的消防规范	时间短、费用低	简便易行，尤其适用于符合现行消防规范的一般建筑；新型建筑按照现有规范很难评价，缺乏对照依据
预先危险性分析法	讨论分析系统存在的有害因素、触发条件、事故类型，评定危险性	定性	各行各业	熟悉系统和设施，有丰富的知识和实践经验，有工程和安全方面的背景	时间短、费用低	简单易行，但准确度受分析评价人员的主观因素影响
故障类型、影响和危险性分析法	列表分析系统故障类型、原因、影响，评定影响程度，还可通过元素故障概率计算系统危险性指数	定性或定量	机械电气系统，具备工艺过程	熟悉系统和设备及其功能、故障类型和事故的传播规律，有元素故障概率数据	每名分析者每小时可分析 2～4 台设备	较复杂、详尽，但准确度受分析人员主观因素影响
事件树分析法	归纳法，由初始事件判断系统故障原因及条件，还可根据条件事故概率计算系统事故概率	定性或定量	各类工艺过程，设备装置	分析人员熟悉系统、元素间的因果关系及事件树的分析方法	3 天至数周	定性分析简便易行，定量分析受资料限制
事故树分析法	演绎法，由上向下的演绎式失效分析法，利用布尔逻辑组合低阶事件，分析系统中不希望出现的状态，还可根据基本事件概率计算系统事故概率	定性或定量	宇航、核电等复杂系统的工艺、设备	了解故障类型及其影响，熟悉事故、基本事件间的关系及事故树分析方法	1 天至数周	定性分析时描述事故的因果关系直观明了，逻辑性强，但受评估人员主观因素影响；定量分析复杂，工作量大，精确事故树编制易失真
格雷厄姆-金尼法	按规定对系统事故发生可能性、人员暴露情况、危险程度进行赋分，经计算后评定危险性等级	半定量	各行业生产作业条件	分析人员熟悉系统，有丰富的安全生产知识和实践经验	时间短、费用低	简易实用，但准确度受分析评价人员主观因素影响

（续表）

方法名称	特点	类别	适用范围	人员要求	所需时间及费用	优缺点
相对风险指数法	综合考虑事故发生概率、后果及预防后果发生的难易程度	半定量	各行各业	熟悉掌握分析方法，对系统、工艺、设备有较透彻的理解，拥有良好的判断力	时间较短，费用低	较复杂、详尽，但准确度受分析人员主观因素影响
模糊综合评估法	以模糊数学理论为依托	定量	各行各业	分析人员熟悉系统，熟练掌握模糊数学理论	时间较长	较复杂、详尽，但准确度受分析人员主观因素影响
道（Dow）化学公司火灾、爆炸危险指数评价法	根据物质、工艺危险性计算火灾、爆炸指数	定量	生产、储存、处理易燃易爆、有毒物质的工艺过程及其他有关工艺系统	熟悉掌握分析方法，对工艺、系统、设备有较透彻的理解，拥有良好的判断力	每人每周分析2～3个工艺单元	简洁明了，但只能对系统整体作出宏观评价
传统概率分析法	以纯粹的工学计算为基础	定量	各行各业	分析人员熟悉系统，熟练掌握概率计算知识	时间长、费用高	复杂、详尽，但事件概率确定较为困难

资料来源：《火灾风险评估》，余明高，郑立刚。

2. 常用的火灾风险评估方法

1）安全检查表法

（1）安全检查表法的定义。

安全检查表法就是制定安全检查表，并依据此表实施安全检查和火灾风险控制的定性分析，是目前系统安全工程中一种最基础、最简便、广泛应用的系统安全分析方法，它是伴随工业迅速发展过程中安全生产事故的增多而产生的，目的是通过系统安全工程的方法查找系统中存在的潜在危险性因素。[13]消防工程师可以通过参照消防安全规范、标准，系统地进行科学分析，找出各种火灾危险源，将其以问题清单的形式列出并绘制成表，以便于消防安全检查和消防安全管理。安全检查表法是一种比较典型的定性分析方法，具有易于阅读、理解等优点。

我国现有的安全检查表主要有机械工厂安全性评价表、危险化学品经营单位安全评价现场检查表、加油站安全检查表、液化石油充装站安全评价现场检查表以及消防监督检查表等；国外典型的安全检查表主要有美国道化学公司的过程安全指南、日本劳动省的安全检查表和美国杜邦公司的过程危险检查表等。[13]消防安全是安全领域的重要组成部分，安全检查表法同样能够对建(构)筑物及生产过程中的火灾危险性因素进行识别,因此该方法也是火灾风险分析中一种简捷、易行且实用的方法。

(2) 安全检查表法的基本步骤。

火灾风险评估中的安全检查表法在具体操作过程中可以分为三个步骤,即编制安全检查表、依据安全检查表进行现场检查和分析检查结果。

① 编制安全检查表。安全检查表法的核心是安全检查表的设计和实施,安全检查表编制的质量直接决定了火灾风险评估的效果。安全检查表必须包括系统或子系统的全部主要检查点,尤其不能忽视那些主要的潜在危险因素,还应从检查点中发现与之有关的其他危险源。总之,安全检查表应列明所有可能导致火灾发生的不安全因素和相关岗位的全部职责,其内容包括分类、序号、检查内容、回答、处理意见、检查人、检查时间、检查地点和备注等。安全检查表的主要编制步骤如下。[13-14]

a. 熟悉了解被检查对象。熟悉系统的组成、结构、功能,了解预防火灾与爆炸事故的主要措施及设施。

b. 收集资料。收集针对被检查对象的法律、法规、技术标准规范,被检查对象所在单位的安全制度,国内外以往相关火灾爆炸事故资料和近期的火灾科学研究成果等。

c. 被检查对象的系统化分解。一般情况下,被检查的系统、建筑或设施都比较复杂,可根据其组成、结构和功能进行系统化的分解,归纳整理收集的资料,形成检查分项目的雏形。例如,对一幢民用建筑进行消防安全检查,通常将整幢建筑的消防安全措施及设施分解为建筑防火设计、建筑消防设施、建筑电气防火及火灾监控等部分,然后对每一部分再进行细化分解,从而形成安全检查表中的具体检查项目及内容。

d. 绘制表格。将系统化分解之后的子系统填入检查项目及内容中,根据相关法律法规和技术标准制定检查标准,填入检查细则中。安全检查表的格式没有统一的要求,可以根据具体情况设计不同形式的安全检查表,但原则上要求安全检查表内容全面、条目清晰、检查要求准确详细(表 3-2)。[13]

表 3-2　安全检查表的基本形式

<table>
<tr><th rowspan="2">序号</th><th rowspan="2">检查项目</th><th rowspan="2">检查内容</th><th rowspan="2">检查细则</th><th colspan="2">检查结果(是否符合要求)</th><th rowspan="2">检查依据</th></tr>
<tr><th>是</th><th>否</th></tr>
<tr><td></td><td></td><td></td><td></td><td></td><td></td><td></td></tr>
<tr><td></td><td></td><td></td><td></td><td></td><td></td><td></td></tr>
<tr><td colspan="2">检查人:</td><td colspan="2">被检查人:</td><td colspan="2">被检查单位负责人:</td><td>检查日期:</td></tr>
</table>

② 现场检查。安全检查表编制完成之后，检查人员进入现场实地检查。在具体的操作过程中，检查人员需要将安全检查表中的检查项目及内容与系统中各对应元素一一进行对照比较。通过现场观察、设备测试、对安全管理人员和实际操作人员进行访谈、查阅相关技术文件等方式完成检查工作，并依据安全检查表的格式进行检查结果的记录。

③ 分析检查结果。检查人员结束实地检查之后，要对安全检查表上的检查结果进行分析，指出被检查对象存在的火灾隐患及理由。虽然安全检查表法是一种定性方法，但国内外研究人员为了使结果具有经验性的定量概念，开发了许多记值方法。在有条件的情况下还可以提出减少或消除火灾隐患的建议。

(3) 安全检查表法的作用。[15]

① 安全检查人员能够根据检查表预定的目的、要求和检查要点进行检查，做到重点突出，避免疏漏和盲目性，及时发现和检查各种火灾隐患和危险。

② 针对火灾风险评估对象和要求的不同，编制不同的安全检查表，可以实现安全检查的标准化和规范化，也可以为新系统、新工艺及新设备提供消防安全设计资料。

③ 依据安全检查表进行检查，是监督各项消防安全规章制度实施、纠正违章指挥和违章作业的有效方式。它能够克服因人而异的检查结果，提高检查水平，同时也是进行消防安全教育的有效手段之一。

④ 安全检查表可以作为消防安全检查人员和现场工作人员认真履行职责的凭据，有利于落实消防安全责任生产制，同时也为新老安全员顺利进行消防安全检查工作交接打下基础，有利于消防安全建设。

(4) 安全检查表示例。

表 3-3 为建筑火灾风险评估中常用的消防给水及消火栓系统检查表。

2) 预先危险性分析

(1) 预先危险性分析的定义。

预先危险性分析指对具体火灾风险区域存在的危险源进行辨识，对火灾的出现条件及可能造成的后果进行宏观概略分析。

预先危险性分析的重点应放在具体区域的主要危险源上，并提出控制这些危险源的措施。通常在项目起步阶段，宏观地研究系统中存在的危险种类、诱发条件等，尽量准确地分析出潜在的危险性。预先危险性分析的结果可作为对新系统进行综合评价的依据，还可作为系统安全要求、操作规程和设计说明书的内容，同时为以后要进行的其他危险分析打下基础。[16]该方法的优点是简单易行、经济有效，缺点是主观成分较大，可与其他评估方法结合使用。

表 3-3　　消防给水及消火栓系统检查表

单项/子项名称	检查内容	检查细则	检查情况	评定结果				单项评定
				A	B	C	D	
消防水源	地表天然水源和人工水体作为消防水源时的供水功能	1. 地表天然水源和人工水体作为消防水源时应符合《建筑防火及消防设施检测技术规程》(DBJ/T 15—110—2015)附表 A 第 6.1.1—6.1.3 条规定。 2. 现场查看或查阅消防设施检测报告。 3. 全数检查。 4. 全部符合为 A;第 6.1.1 条符合,其他项有不符合的为 C;否则为 D			—			
	消防水池供水功能	1. 消防水池供水功能应符合《建筑防火及消防设施检测技术规程》(DBJ/T 15—110—2015)附表 A 第 6.2 条规定。 2. 现场查看或查阅消防设施检测报告。 3. 全数检查。 4. 全部符合为 A;第 6.2.1 和 6.2.6 条符合,其他项有不符合的为 C;否则为 D			—			
	(高位)消防水箱供水功能	1. 消防水箱供水功能应符合《建筑防火及消防设施检测技术规程》(DBJ/T 15—110—2015)附表 A 第 6.3 条规定。 2. 现场查看或查阅消防设施检测报告。 3. 全数检查。 4. 全部符合为 A;第 6.3.1,6.3.3,6.3.13 条同时符合为 C;否则为 D			—			
	市政管网供水功能	1. 市政管网供水功能应符合《建筑防火及消防设施检测技术规程》(DBJ/T 15—110—2015)附表 A 第 6.1.4 条规定。 2. 现场查看或查阅消防设施检测报告。 3. 全数检查。 4. 全部符合为 A,否则为 D			—	—		
室内消火栓	组件安装	1. 室内消火栓组件安装应符合《建筑防火及消防设施检测技术规程》(DBJ/T 15—110—2015)附表 A 第 7.4 条规定。 2. 现场查看或查阅消防设施检测报告。 3. 每个防火分区至少抽查一处						
	系统功能	1. 消火栓系统功能应符合《建筑防火及消防设施检测技术规程》(DBJ/T 15—110—2015)附表 A 第 7.5 条规定。 2. 现场测试或查阅消防设施检测报告。 3. 全数检查。 4. 全部符合为 A,否则为 D			—	—		

（续表）

单项/子项名称	检查内容	检查细则	检查情况	评定结果				单项评定
				A	B	C	D	
水泵接合器	组件安装	1. 水泵接合器的组件安装应符合《建筑防火及消防设施检测技术规程》(DBJ/T 15—110—2015)附表 A 第 6.4 条规定。 2. 现场查看或查阅消防设施检测报告。 3. 全数检查						
室外消火栓	组件安装	1. 室外消火栓组件安装应符合《建筑防火及消防设施检测技术规程》(DBJ/T 15—110—2015)附表 A 第 7.3 条规定。 2. 现场查看或查阅消防设施检测报告。 3. 全数检查						
	系统功能	1. 消火栓系统功能应符合《建筑防火及消防设施检测技术规程》(DBJ/T 15—110—2015)附表 A 第 7.5 条规定。 2. 现场查看或查阅消防设施检测报告。 3. 全数检查。 4. 全部符合为 A，否则为 D			—	—		

检查人：　　　　　　　　　　审核人：　　　　　　　　　　时间：

（2）预先危险性分析的基本步骤。

预先危险性分析的主要步骤如图 3-3 所示。

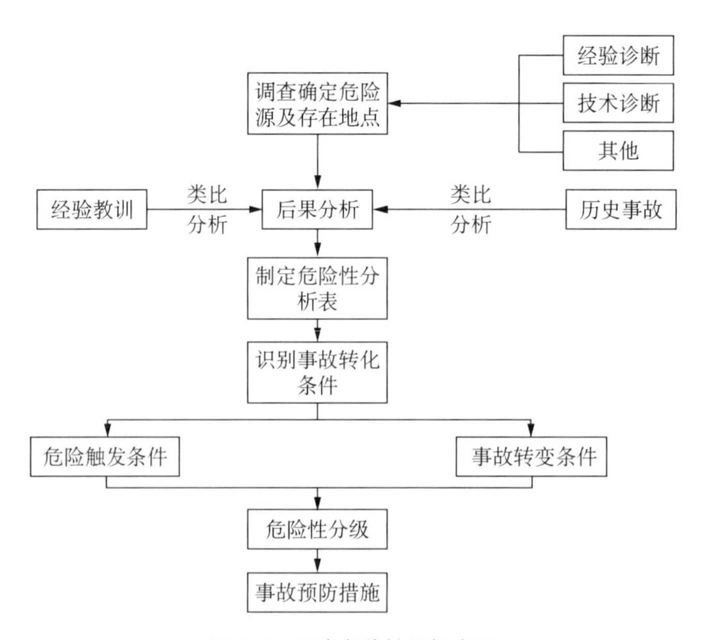

图 3-3　预先危险性分析步骤

① 调查、了解和收集过去的经验和相似区域事故发生情况，辨识、确定危险源，并分类制成表格。

② 研究危险源转化为事故的触发条件。

③ 进行危险分级，目的是确定危险的严重程度，具体可分为以下四级。

Ⅰ级：安全的(可忽视的)。危险源不会造成人员伤亡、财产损失、环境危害和社会影响等。

Ⅱ级：临界的。危险源可能降低系统整体安全等级，但不会造成人员伤亡，能采取有效消防措施消除和控制火灾危险的发生。

Ⅲ级：危险的。在现有消防装备条件下，危险源很容易造成人员伤亡、财产损失、环境危害和社会影响等。

Ⅳ级：破坏性的(灾难性的)。危险源会造成严重的人员伤亡、财产损失、环境危害和社会影响等。[8]

④ 根据危险源的危险等级和可能造成的事故后果，确定能够消除或控制风险的方法，提出应重点控制的危险源以及相应应采取的预防措施。

(3) 预先危险性分析表格。

预先危险性分析可列成表格，表 3-4 是预先危险性分析的一般表格形式。火灾风险定性评估的最终结果以风险等级进行表征，火灾风险等级的确定主要针对那些容易发生火灾的关键部位，并对减小和消除火灾发生可能性及发生后损失的最佳方法进行确定。预先危险性分析有助于通过确定最具成本效益的方法来减少伤害和财产损失。

表 3-4　　预先危险性分析的一般表格形式

引起火灾事故的子事件	运作形式	故障模式	概率估计(基于经验)	危害状况	影响分析	危险等级	预防措施	确认

资料来源：《火灾风险评估方法与应用案例》，杜兰萍。

(4) 预先危险性分析示例。[8]

表 3-5 和表 3-6 摘录自《澳大利亚/新西兰风险管理标准》(AS/NZS 4360)，分别给出火灾后果的定性分级和火灾发生概率的定性分级，由火灾后果和发生概率的等级可以得到火灾风险等级(表 3-7)。

表 3-5 火灾后果的定性分级

等级	描述词	详述
1	无关紧要	无人受伤，经济损失小
2	较小	伤者需急救处理，经济损失中等
3	中等	伤者需要医疗救护，经济损失较大
4	较大	伤者较多，经济损失很大
5	灾难	有人死亡，经济损失巨大

表 3-6 火灾发生概率的定性分级

等级	描述词	详述
A	基本确定	在大多数情况下会发生
B	很可能	在大多数情况下可能发生
C	可能	在某一时刻会发生
D	不太可能	在某一时刻可能会发生
E	几乎不可能	异常情况下会发生

表 3-7 火灾风险等级

火灾发生概率等级	火灾后果等级				
	1	2	3	4	5
A	H	H	N	N	N
B	M	H	H	N	N
C	L	M	H	N	N
D	L	L	M	H	N
E	L	L	M	H	H

注：N—风险极大，需要立刻采取行动；H—风险高，需要引起上级的高度重视；M—中等风险，需要相关人员负责处理；L—风险低，需要日常定期维护管理。

3）FRAME 法[17]

（1）FRAME 法的定义。

FRAME 法是一种火灾风险等级分析法，是在 Gretener 法基础上发展而来的一种计算建筑火灾风险的半定量分析方法。它不仅以保护生命安全为目标，而且考虑对建筑物本身、室内物品以及室内活动的保护，同时也考虑间接损失或业务中断等。Gretener 法开始是为财产火灾风险评估而设计的，然而有些火灾财产损失较小但却伴随人员伤亡，因此，在 Gretener 法的基础上，FRAME 法增加了对人员火灾风险的评估。FRAME 法可以用于新建或已建建筑物的防火设计，也可以用来评估当前建筑火灾风险状况以及替代设计方案的效能。

(2) FRAME 法的基本原理。

FRAME 法的基本原理包括五个基本观点。

① 在一个受到充分保护的建筑中存在着风险与保护之间的平衡。这里所说的平衡类似于“在一个不可燃烧的房间中发生火灾时,财产损失仅限于火源房间;没有人员死亡;只需要进行短时间的清理和修缮,生活就可以恢复正常”。

② 火灾风险的严重程度和概率可以通过许多影响因素的结果来表示。这些影响因素可用来确定最坏情景的数值和衡量火灾的可接受水平。

③ 防火水平可表示为不同消防技术参数值的组合。这些数值体现的要素包括最常用的灭火剂、疏散通道的设计、结构耐火性、探测报警措施、人工灭火方式、自动消防系统、公共消防队或者专职消防队、对危险的物理分离以及救护工作的组织。

④ 建筑风险评估是分别对财产、居住者和室内活动进行的。因为建筑物、人员和活动的最坏情景是不同的,而且有效性也不一样,所以应针对下述三种情景分别进行评估:假定建筑物及室内物品全部损毁为最坏情况;对于居民,火灾一开始就已经是威胁,因此这就是最坏情况;如果每一事物都遭到损害,即使没有完全被破坏,也认为这样的火灾对于活动是有害的。

⑤ 对每个防火分区的风险及保护分别进行评估。FRAME 法将一层的防火分区作为计算的基本单位,对于多层建筑,每一层都要单独考虑;对于不止一个防火分区的建筑,对每个防火分区都要单独进行火灾风险评估。

FRAME 法主要用于指导消防系统的优化设计、检查已有消防系统的防火水平、评估预期火灾损失、评审某种方案和控制消防工程的质量。

4) 事故树分析法

(1) 事故树分析法的定义。

事故树分析又称故障树分析,是一种演绎的系统安全分析方法。在某些文献中,事故树分析还被称为失效树分析、事故逻辑分析或缺陷树分析等。事故树分析法是从要分析的特定事故或故障开始,逐层分析其发生原因,一直分析到不能再分解为止;将特定的事故和各层原因(危险因素)之间用逻辑符号连接起来,得到形象表达其逻辑关系的逻辑树图形,即事故树。通过对事故树进行简化、计算,达到分析和评价火灾风险的目的。事故树分析法可用于复杂系统和范围广阔的各类系统的可靠性及安全性分析、各种生产实践的安全管理可靠性分析和伤亡事故分析。[18]

(2) 事故树分析法的特点。[18-19]

① 能详细查明系统各种固有、潜在的危险因素或事故原因,为改进安全设计、制订安全

技术对策、采取安全管理措施和事故分析提供依据。

② 可以用于定性分析，明确各危险因素对事故影响的大小。

③ 也可用于定量分析，由各危险因素的概率计算出事故发生的概率，通过数据说明能否满足预定目标值的要求，从而明确所采取对策的重点和轻重缓急顺序。

④ 分析人员必须非常熟悉对象系统，具有丰富的实践经验，能准确熟练地应用分析方法。往往会出现不同分析人员编制的事故树和分析结果不同的现象。

⑤ 复杂系统的事故树往往很庞大，分析、计算的工作量大，有时定量分析连一般计算机都难胜任。

⑥ 进行定量计算时，必须知道事故树中各事件的故障率数据，若这些数据不准确，定量分析就不可能进行。

(3) 事故树分析法的基本步骤。[18]

① 确定分析对象系统和要分析的各对象事件，通过经验分析、事件树分析以及故障型分析确定顶上事件(何时、何地、何类)。

② 明确对象系统的边界、分析深度、初始条件、前提条件和不考虑条件，熟悉系统、收集相关资料(工艺、设备、操作、环境、事故等方面的情况和资料)。

③ 确定系统事故发生概率、事故损失的安全目标值。

④ 调查原因事件：调查与事故有关的所有直接原因和各类因素。

⑤ 编制事故树：从顶上事件起，一级一级往下找出所有原因事件至最基本的原因事件为止，按其逻辑关系画出事故树，每一个顶上事件对应一株事故树。

⑥ 定性分析：将事故树结构进行简化，求出最小割集和最小径集，确定各基本事件的结构重要度。

⑦ 定量分析：找出各基本事件的发生概率，计算出顶上事件的发生概率，求出概率重要度和临界重要度。

⑧ 得出结论：当事故发生概率超过预定目标值时，从最小割集着手研究降低事故发生概率的所有可能方案，利用最小径集找出消除事故的最佳方案；通过重要度分析确定采取对策措施的重点和先后顺序；最终得到分析、评价的结论。

具体分析时，要根据分析的目的、人力和物力的条件、分析人员的能力，选择上述步骤的全部或部分来实施分析、评价。对事故树规模很大的复杂系统进行分析时，可应用事故树分析软件包，利用计算机进行定性、定量分析。

5) 模糊综合评估法

(1) 模糊综合评估法的定义。[8, 13]

模糊数学诞生于1965年美国加利福尼亚大学控制论专家查德(Lotfi A. Zadeh)发表的

学术论文《模糊集合》,模糊综合评估法是一种基于模糊数学的综合评估方法。该综合评估方法根据模糊数学的隶属度理论把定性评价转化为定量评价,即用模糊数学对受到多种因素制约的事物或对象作出一个总体评价。该方法具有结果清晰、系统性强的特点,能较好地解决模糊的、难以量化的问题,适合各种非确定性问题的解决。

系统风险是由系统的不确定性引起的,所以在系统风险评估过程中如何考虑不确定性因素就成为火灾风险评估的关键问题。传统的概率论方法是以与事故有关的基本事件发生的概率已知为前提的,当分析过程中各种各样的原因导致基本事件的概率未知时,基于概率论的方法就显得无能为力。此时,可以借助专家判断,引入模糊集合的概率,使得系统的火灾风险评估成为可能。模糊分析(Fuzzy Analysis)可将某种定性描述和人的主观判断用量化形式表达,通过模糊运算用隶属度的方式确定系统的危险等级,模糊处理可在一定程度上检查和减少人的主观影响,从而使分析更科学。火灾风险评估的特殊性和模糊综合评估法的优越性,使得模糊综合评估法在系统火灾风险评估中得到广泛应用。

(2) 模糊综合评估法的基本步骤。[13]

模糊综合评估法可分为以下几个步骤。

① 根据具体的待评价系统确定系统安全影响因素,并在此基础上建立系统评价的指标集。

② 确定各指标的无量纲特征值和各指标相对于上一级指标的权重。

③ 选择综合评价模型,模糊综合评价中使用较多的为加权平均模型,并根据评价指标集层次,逐级求和,最后得出评价结果。

在评估过程中需要以大量的统计数据为基础,但有些数据通常难以获得,是一个灰色系统,此时需结合灰色评价,依靠少量数据得到精确模型。模糊综合评估就是综合考虑多种因素,对涉及模糊因素的对象进行评价和判决。模糊综合评估涉及三个要素:因素集、评价集和单因素评判。在单因素评判的基础上,再进行多因素的综合评判。

(3) 模糊综合评估法的隶属函数。

评价指标多为定性评价,存在很大的主观性。选择合适的隶属函数,应用理性决策与行为决策相结合的思想,通过定性与定量相结合的方法,找到一种能反映主体心理测度的方法,从能够描述存在的现象和避免不应发生的现象出现两个角度进行研究,使信息的模糊隶属描述更具有合理性,使人们在模糊的状态下进行的预测和决策偏差更小。

模糊集合是通过它的隶属函数来表征的,模糊集合的运算通过其隶属函数的相应运算来实现。对于指标的模糊概念,选择与其模糊信息最为接近的隶属函数,将评价指标无量纲化,可较好地反映指标所表达的客观实际内容。常用的隶属函数如下。[20]

① 推理法。推理法指依"理"推出隶属函数的表达式。这里的"理"指所考虑的模糊集合的特性。模糊集合总是代表某个领域中的某一概念,根据这些特性可以推导出其隶属函

数的表达式。推导过程中，先要选定论域，再确定隶属度为1和0的那些特殊点，然后根据隶属函数的大致形状来确定隶属函数的表达式。

② 模糊统计法。该方法借用了概率统计的思想，其步骤与概率统计中的随机试验是相对应的。选择相应的论域 X，对象在 X 上的模糊集为 A，用统计试验确定指标 x 对 A 的隶属度，即通过 n 次试验得出覆盖 X 区间的资料为 m，则称 m/n 为 X 对于该对象的隶属概率。

③ 二元对比法。二元对比法是根据人类习惯于两两比较的心理特点设计的。要求人们同时比较论域中的所有元素并由此确定各元素的隶属度往往是很困难的，但当取 U 中的两个元素进行比较时，情况较为简单，容易比较出二者中哪一个属于某一模糊集合的程度大，以两两比较的结果为基础，确定隶属函数的方法被称为二元对比法。

④ 模糊分布。在客观事物中，最常见的是以实数集 **R** 为论域的情形，把实数集 **R** 上模糊集合的隶属函数称为模糊分布。常用的模糊分布有半梯形分布与梯形分布、矩形分布或半矩形分布、抛物形分布、三角形分布和中间型岭形分布等。如果可根据问题的性质，选择适当(即符合实际情况)的模糊分布，那么，隶属函数的确定便显得十分简单。

隶属函数的确定虽然带有较浓重的主观色彩，但还是具有一定的客观规律性与科学性。因此，确定隶属函数应注意以下问题。[20]

① 从实际问题的具体特性出发，总结归纳人们长期积累的实践经验，特别要重视那些专家和操作人员的经验。虽然隶属函数的确定允许有一定的人为技巧，但最终还是要以符合客观实际为标准。

② 在某些场合，隶属函数可通过模糊统计试验来确定。一般来说，这种方法是较为有效的。

③ 可以用概率统计的处理结果来确定隶属函数。

④ 在一定条件下，隶属函数也可以作为推理的产物，只要试验符合实际即可。

⑤ 在许多应用中，人们认识事物具有局限性，因此开始只能建立一个近似的隶属函数，然后通过“学习”，逐步修改使之完善。

⑥ 判断隶属函数是否符合实际，主要看它是否正确地反映了元素从隶属集合到不属于集合这一变化过程的整体特性，而不在于单个元素的隶属函数值如何。

3.2.2 城市火灾风险评估标准的发展和现状

1. 国际火灾风险评估相关标准的发展与现状[21]

目前，国际层面从事火灾风险评估标准化工作的组织主要有：国际标准化组织(International Organization for Standardization，ISO)、世界无线通信解决方案联盟(The

Alliance for Telecommunications Industry Solutions, ATIS)、国际半导体设备与材料协会(Semiconductor Equipment and Materials International, SEMI)等。另外,美国、法国、英国、挪威等国家也进行了火灾风险评估标准化方面的工作,其中美国在这方面作出了较大贡献。

1) ISO在火灾风险评估标准化方面的工作

ISO是一个由不同国家标准化机构组成的世界范围内的联合会,是非政府组织。ISO的技术活动主要是制定并出版国际标准。到目前为止,ISO已经发布近17 000项国际标准、技术报告及相关指南,数量还在不断增加之中。ISO标准不仅为生产商、创新企业、客户等提供依据标准,推动新产品和新技术应用,还为各国政府提供技术依据,帮助其科学地制定本国有关健康、安全和环保等的法律制度。

ISO/TC92是ISO下设的多个技术委员会(Technical Committees, TC)之一,其主要研究领域是消防安全,其工作主要涉及安全、健康和环境问题,旨在通过规范消防安全工程技术,使其制定的标准有利于降低人员伤亡和财产损失,并使设计更经济有效。ISO/TC92下设4个分技术委员会:TC92/SC1主要研究火灾发生和发展,TC92/SC2研究火灾控制技术,TC92/SC3研究火灾对人和环境的威胁,TC92/SC4研究消防安全工程。其中,TC92/SC4负责"消防安全工程系列标准"的制(修)订工作以及案例的编写工作。

消防安全工程标准体系中,除了主要标准(ISO 16730—ISO 16738)外,还有起统领作用的《消防安全工程——总则》(ISO 23932)和其他辅助配套文件,从而提高各标准的可操作性,确保标准的科学实施。其中,《消防安全工程　火灾风险评估》(ISO 16732)为该系列标准中专门针对火灾风险评估的标准。

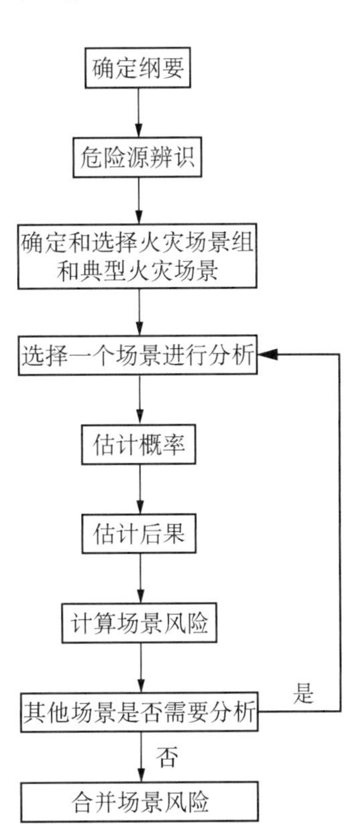

图3-4　火灾风险估计流程

《消防安全工程　火灾风险评估　第1部分:总则》(ISO 16732-1:2012)将火灾风险评估分为火灾风险估计(fire risk estimation)和火灾风险评价(fire risk evaluation)两个方面,这里火灾风险评估是风险管理的一部分,风险评价是将基于火灾风险分析所估计的风险与基于验收标准的可接受风险进行比较。该标准共分为8章,第4章火灾风险评估的适用性讲述了适合进行火灾风险评估的情况和应进行火灾风险评估的情况,明确了火灾风险评估的使用范围;第5章火灾风险管理简要介绍了火灾风险管理的内容以及流程;第6章火灾风险估计为该标准的关键章,介绍了火灾风险估计流程(图3-4),火灾风险评估的场景设计、概率特性和后果特性等，并介绍了火灾风险的计算方法；第7章不确定度、敏感度、精确度和偏倚介绍了对计算结果的不确定度分析要素和分析方法，保证计算结果的准确性；第8章火灾风险评价介绍了个体和社会风险、风险可接受判据、安全系数和安全余量等内容。

为了方便该标准在全球范围推广，ISO还配套编写了两个相应的火灾风险评估案例标准，分别为《消防安全工程　火灾风险评估　第2部分：办公建筑案例》（ISO/TR 16732-2：2012）和《消防安全工程　火灾风险评估　第3部分：工业建筑案例》（ISO/TR 16732-3：2013），借鉴这两个标准可以完成大部分的火灾风险评估工作。

在火灾风险评估方面，ISO标准在国际上占有举足轻重的地位，许多国家（如法国、英国、葡萄牙等）的火灾风险评估标准都是参考该标准制定的，我国发布的消防安全工程系列标准也是参考该标准编写的。该标准是国际上目前使用最为广泛的火灾风险评估标准。

2）美国在火灾风险评估标准化方面的工作

美国在火灾风险评估方面所做的工作较多，美国材料试验协会（American Society for Testing and Materials，ASTM）、美国国家标准化组织（American National Standards Institute，ANSI）、美国消防协会（National Fire Protection Association，NFPA）和美国石油学会（American Petroleum Institute，API）等机构先后发布了相关的火灾风险评估标准。

ASTM是美国最早发布关于火灾风险评估标准的机构，在1992年发布了《火灾危险和火灾风险评估》（ASTM STP 1150—1992），为其他标准组织开展相应工作提供了很好的参考依据。

ANSI在2008年联合ATIS发布了《设备组件——火灾蔓延风险评估标准》（ANSI/ATIS 0600319—2008），该标准为行业标准。ANSI在2010年联合NFPA发布了《火灾风险评估的评价指南》（ANSI/NFPA 551—2010），该标准能够对火灾风险评估进行评价，能够判断评估结论的准确性。

API于2014年发布了《上游油气行业的闪燃火灾风险评估》（API RP 99—2018），该标准在行业内部具有一定的指导意义。

3）其他国家和组织在火灾风险评估标准化方面的工作

（1）ATIS与SEMI。

ATIS在2014年发布了《设备组件　火灾蔓延风险评估标准》（ATIS-0600319.2014），SEMI在2009年发布了《半导体生产设备火灾风险评估和控制安全指南》（SEMI S14—2009），这两项标准属于行业标准，应用范围较窄，只适合在行业内使用，不具备普遍性。

（2）英国。

英国标准协会（British Standards Institution，BSI）在2007年发布了《火灾风险评估

指南和推荐方法》(PAS 79:2007),该标准明确提出了火灾风险评估的流程和使用的评估方法。

(3) 其他国家和组织。

其他一些国家和组织也发布了相应的火灾风险评估标准,例如,北约标准协议[Standardization Agreement (NATO), STANG]的《部署操作——生命安全火灾风险评估和管理》(STANAG 7182—2005)等。

将上述国际主要火灾风险评估标准汇总,如表 3-8 所列。

表 3-8 国际主要火灾风险评估标准

标准名称	标准编号	发布组织/国家	特点
消防安全工程　火灾风险评估　第 1 部分:总则	ISO 16732-1:2012	ISO	介绍了火灾风险评估的步骤和方法,是国际上使用最为广泛的火灾风险评估标准
消防安全工程　火灾风险评估　第 2 部分:办公建筑案例	ISO/TR 16732-2:2012	ISO	为 ISO 16732-1:2012 的配套标准,介绍了办公建筑火灾风险评估案例
消防安全工程　火灾风险评估　第 3 部分:工业建筑案例	ISO/TR 16732-3:2013	ISO	为 ISO 16732-1:2012 的配套标准,介绍了工业建筑火灾风险评估案例
火灾风险评估的评价指南	ANSI/NFPA 551—2010	ANSI, NFPA	能够对火灾风险评估进行评价,并给出了评价的具体步骤和方法
火灾危险评定标准制定指南	ANSI/ASTM E1776—2013	ANSI, ASTM	介绍了火灾风险评估标准应该具备的内容以及评估步骤,对美国火灾风险评估标准的修订和发展具有指导意义
上游油气行业的闪燃火灾风险评估	API RP 99—2014	API	为石油化工行业标准,介绍了上游油气行业发生闪燃火灾爆炸的风险评估步骤和方法
设备组件　火灾蔓延风险评估标准	ATIS-0600319.2014	ATIS	为设备行业标准,介绍了设备发生火灾后火灾蔓延的风险评估方法和步骤
火灾风险评估　指南和推荐方法	PAS 79:2007	BSI	结合英国国情介绍了火灾风险评估的方法和步骤

2. 国内火灾风险评估相关标准的发展与现状

在火灾风险评估标准规范方面,我国主要针对火灾高危单位消防安全评估、建筑火灾风险评估和人员密集场所消防安全评估等具体内容出台了一些部门规章、地方标准、行业规范

（表 3-9），这些标准规范大多明确了评估对象的界定标准、评估的内容、评估的步骤和程序、评估报告的内容等。总体而言，在性能化防火设计与评估、重点单位场所的消防安全评估等方面出台的一些标准规范部分涉及火灾风险评估，但专门针对城市、区域火灾风险评估的标准规范还未见实施。应急管理部上海消防研究所承担的国家推荐标准《城镇区域消防安全评估》正在编制中，已完成送审稿。

表 3-9　国内主要火灾风险评估相关标准

标准编号	标准名称	发布机构	实施日期
GB/T 27921—2011	风险管理 风险评估技术	中华人民共和国国家质量监督检验检疫总局，中国国家标准化管理委员会	2012-02-01
DB21/T 2186—2013	火灾高危单位消防安全评估	辽宁省质量技术监督局	2014-01-20
DB62/T 2475—2014	火灾高危单位消防安全评估标准	甘肃省质量技术监督局	2014-07-26
DB64/T 1021—2014	火灾高危单位消防安全评估规程	宁夏回族自治区质量技术监督局	2014-12-03
DB61/T 926—2014	火灾高危单位消防安全管理与评估规范	陕西省质量技术监督局	2015-01-01
DB63/T 1380—2015	火灾高危单位消防安全评估导则	青海省质量技术监督局	2015-03-15
DB45/T 1164—2015	火灾高危单位消防安全评估规程	广西壮族自治区质量技术监督局	2015-06-10
GB/T 31593.3—2015	消防安全工程 第 3 部分：火灾风险评估指南	中华人民共和国国家质量监督检验检疫总局，中国国家标准化管理委员会	2015-08-01
XF/T 1369—2016	人员密集场所消防安全评估导则	中华人民共和国应急管理部	2017-03-01
DB34/T 3221—2018	火灾高危单位消防安全评估规程	安徽省质量技术监督局	2018-11-20
DBJ/T 15—144—2018	建筑消防安全评估标准	广东省住房和城乡建设厅	2019-01-01
XF/T 3005—2020	单位消防安全评估	中华人民共和国应急管理部	2021-05-01

3.2.3 城市火灾风险评估的发展趋势

虽然当前城市火灾风险评估存在指标体系各异、定性指标较多等问题，但随着相关研究的深入和科学技术的进步，城市火灾风险评估逐渐呈现出由定性向定量、由粗放型向规范化、由纵向分析向横向比较转变的趋势。

1. 由定性向定量转变

对城市进行的火灾风险评估，致力于通过建立科学的评估方法，客观地描述城市火灾风险状况，而定量化研究是客观描述风险的重要表现。现有火灾风险评估指标体系中存在较多定性指标，未明确相关指标的量化标准，导致评估的主观性较强。可以预见，随着风险量化理论与技术的发展以及城市火灾风险评估需求的增多，实现所有指标的量化是城市火灾风险评估的发展趋势之一。

2. 由粗放型向规范化转变

由于我国尚未形成标准的城市火灾风险评估的规范化体系及方法，各学者构建的指标体系各异，评估结果深度不一，不具备可比性。在构建评估指标体系和确定具体评估指标时，不仅需要分析以往消防安全管理的指标，还需要紧密联系最新消防标准、最新消防管控措施。例如，分析消防宣传情况，不仅需要考虑电视广播、报刊、互联网网站等媒体消防宣传情况，还需要考虑新媒体（微信、微博等）消防宣传情况。建立一个科学合理、操作性强且具有规范性的火灾风险评估指标体系，能更加客观地评估一座城市的火灾风险水平。

3. 由纵向分析向横向比较转变

当前城市火灾风险评估中，主要分析该城市近几年的火灾规律特征和消防安全管理现状，从而研判该城市的消防安全现状。除此之外，还需开展城市内各区域的火灾发展趋势横向对比研究、兼顾前瞻性对照和横向对照的同类城市对比分析。开展城市内各区域的火灾发生潜势分析，可以明晰各区域的火灾发生潜势差距，为消防救援力量的合理配置提供科学依据。通过比较分析被评估城市与同类城市消防安全管理现状的异同，掌握该城市消防安全管理水平与其余同类城市之间的差距，明晰城市发展进程中遇到的同类消防问题，借鉴上述同类城市已采取的消防对策措施，提出适用于被评估城市自身的风险管控措施。

在对城市火灾风险进行综合评估的基础上，越来越多的人开始着重关注评估结果的效用性，在火灾风险评估过程中发现的火灾隐患和消防安全管理问题，为地方各级人民政府改进和加强消防工作提供科学的决策依据，从而推动消防事业长远发展。同时，在消防安全管理越来越智能化的时代，地理信息系统（Geographic Information System，GIS）、5G、大数据和云计算等新技术越来越多地被应用于城市区域火灾风险评估中，从而准确刻画被评估城市的火灾风险分布特征，直观反映评估结果。

3.3 城市火灾风险评估应用示例

目前，城市火灾风险评估的对象主要有三种：一是单体建筑物，通过建立火灾模型、烟气扩散模型、人员反应和消防系统模型，评估建筑物内部的生命和财产风险，为建筑物的消防设计和改造提供依据；二是企业或单位，通过定性分析和定量计算，查找火灾隐患，预测火灾发生的可能性；三是区域，确定城市或区域内的相对火灾风险，了解城市或区域的火灾分布特征，为城市配置合理的公共消防力量、指挥者确定灭火救援行动方案提供基础，进而为城市和社区的综合消防安全管理提供决策支持。针对不同的评估对象需要选择不同的火灾风险评估方法。

本节以××市为例，对城市区域进行火灾风险评估。

1. 评估目的

立足城市区域特征和风险特点，在采集大量风险信息数据的基础上，认真梳理影响消防安全风险的突出因素，综合分析全市火灾风险现状，量化评估消防安全保障能力，查找全市消防工作的薄弱环节和风险短板，从本质安全、火灾防范、灭火救援等方面，提出加强和改进全市消防工作的具体对策和建议，为提高该市整体抗御火灾的能力提供技术支撑和决策依据。

2. 评估原则

(1) 客观真实、科学全面。评估工作立足于城市的特点，全面分析各类风险对象，收集准确可靠的信息数据，采用调研管理分析方法，得出合理反映辖区消防安全现状的客观结论。

(2) 全面分析、突出重点。评估工作从分析各类风险因素入手，甄别出客观反映城市消防安全现状的主要指标，区分主次并予以主客观权重。

(3) 定性分析、动态量化评价。评估工作针对主要指标和典型调研对象，采用定性与动态量化相结合的方法予以评价。定性分析运用归纳与演绎、分析与综合、抽象与概括、比较与分类等原理，动态量化分析采用层次分析法和综合评价法得出真实可信的结论。

(4) 问题导向、风险管理。评估工作针对评估分析中发现的共性问题和个性短板，区分主客观因素，立足当前、着眼长远，提出针对性防控对策，有效防范各类火灾风险。

3. 评估流程

根据城市火灾风险评估的目标和需求，制定评估总体方案，并按照时间的先后顺序，分 7 个步骤开展工作(图 3-5)。

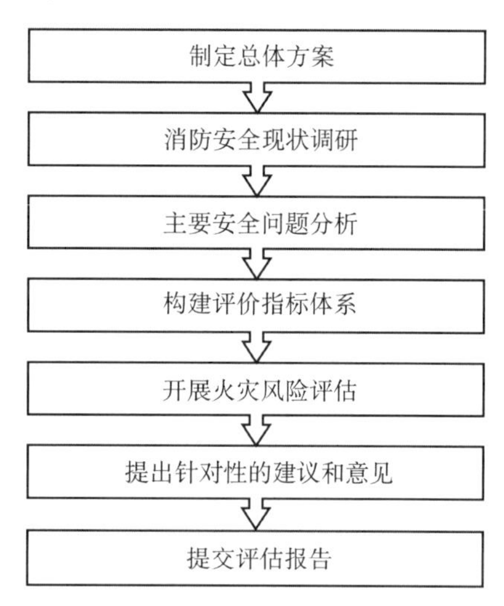

图3 5　评估流程

4. 评估依据

评估主要依据国家、应急管理部和该城市所在省份的相关法律法规、标准规范，包括（但不局限于）以下内容。

1）法律法规

（1）《中华人民共和国消防法》。

（2）《公共娱乐场所消防安全管理规定》（公安部令第 39 号）。

（3）《机关、团体、企业、事业单位消防安全管理规定》（公安部令第 61 号）。

（4）《社会消防安全教育培训规定》（公安部令第 109 号）。

（5）《建设工程消防监督管理规定》（公安部令第 119 号）。

（6）《消防监督检查规定》（公安部令第 120 号）。

（7）《社会消防技术服务管理规定》（应急管理部令第 7 号）。

（8）《××省消防条例》。

2）标准规范

（1）《建筑设计防火规范》（GB 50016—2014）（2018 年版）。

（2）《建筑内部装修设计防火规范》（GB 50222—2017）。

（3）《建筑内部装修防火施工及验收规范》（GB 50354—2005）。

（4）《消防给水及消火栓系统技术规范》（GB 50974—2014）。

（5）《自动喷水灭火系统设计规范》（GB 50084—2017）。

（6）《火灾自动报警系统设计规范》（GB 50116—2013）。

（7）《火灾自动报警系统施工及验收标准》（GB 50166—2019）。

（8）《消防应急照明和疏散指示系统》（GB 17945—2010）。

（9）《建筑灭火器配置设计规范》（GB 50140—2005）。

（10）《建筑灭火器配置验收及检查规范》（GB 50444—2008）。

（11）《建筑消防设施的维护管理》（GB 25201—2010）。

（12）《消防控制室通用技术要求》（GB 25506—2010）。

（13）《城镇燃气设计规范》（GB 50028—2006）（2020 年版）。

（14）《重大火灾隐患判定方法》（GB 35181—2017）。

（15）《人员密集场所消防安全管理》（XF 654—2006）。

（16）《消防安全重点单位微型消防站建设标准（试行）》。

5. 评估方法

1）确定评估方法

根据本次评估任务的特点和评估目标，通过比较不同的火灾风险评估方法，选取层次分析法和模糊综合评估法，对××市火灾风险进行总体评价。

2）构建评估指标

通过实地调研、查阅资料、抽样调查、随机访问等方法，采集城市信息数据，分析××市的消防安全风险，筛选并梳理影响火灾风险的主要因素，在系统、实用、可操作的原则下，从区域发展程度、区域火灾风险源、消防力量建设、火灾防控能力和消防宣传普及水平五个方面出发，构建××市城市火灾风险评估指标体系（表 3-10）。

表 3-10　××市火灾风险评估指标体系

<table>
<tr><th colspan="2">一级指标</th><th>一级权重</th><th colspan="2">二级指标</th><th>二级权重</th><th colspan="2">三级指标</th><th>绝对权重</th><th>单位</th></tr>
<tr><td rowspan="5">1</td><td rowspan="5">区域发展程度</td><td rowspan="5">0.1178</td><td>1.1</td><td>人口</td><td>0.0484</td><td>1.1.1</td><td>人口密度</td><td>0.0484</td><td>万人/km^2</td></tr>
<tr><td>1.2</td><td>经济</td><td>0.0348</td><td>1.2.1</td><td>人均区域生产总值</td><td>0.0348</td><td>万元/人</td></tr>
<tr><td>1.3</td><td>建筑</td><td>0.0199</td><td>1.3.1</td><td>建成区比例</td><td>0.0199</td><td>—</td></tr>
<tr><td>1.4</td><td>用地</td><td>0.0084</td><td>1.4.1</td><td>建设用地属性指数</td><td>0.0084</td><td>—</td></tr>
<tr><td>1.5</td><td>产业</td><td>0.0063</td><td>1.5.1</td><td>产业结构指数</td><td>0.0063</td><td>—</td></tr>
<tr><td rowspan="12">2</td><td rowspan="12">区域火灾风险源</td><td rowspan="12">0.2938</td><td rowspan="3">2.1</td><td rowspan="3">基础风险</td><td rowspan="3">0.1574</td><td>2.1.1</td><td>消防安全重点单位面积密度</td><td>0.0584</td><td>个/km^2</td></tr>
<tr><td>2.1.2</td><td>火灾高危单位面积密度</td><td>0.0591</td><td>个/km^2</td></tr>
<tr><td>2.1.3</td><td>一般单位面积密度</td><td>0.0399</td><td>个/km^2</td></tr>
<tr><td rowspan="9">2.2</td><td rowspan="9">典型风险</td><td rowspan="9">0.1364</td><td>2.2.1</td><td>城中村与危旧房</td><td>0.0227</td><td>—</td></tr>
<tr><td>2.2.2</td><td>人员密集场所</td><td>0.0292</td><td>—</td></tr>
<tr><td>2.2.3</td><td>高层建筑</td><td>0.0195</td><td>—</td></tr>
<tr><td>2.2.4</td><td>地下空间</td><td>0.0099</td><td>—</td></tr>
<tr><td>2.2.5</td><td>仓储物流企业</td><td>0.0129</td><td>—</td></tr>
<tr><td>2.2.6</td><td>易燃易爆单位</td><td>0.0162</td><td>—</td></tr>
<tr><td>2.2.7</td><td>文物古建筑单位</td><td>0.0131</td><td>—</td></tr>
<tr><td>2.2.8</td><td>在建工程</td><td>0.0097</td><td>—</td></tr>
<tr><td>2.2.9</td><td>其他</td><td>0.0032</td><td>—</td></tr>
</table>

（续表）

一级指标		一级权重	二级指标		二级权重	三级指标		绝对权重	单位
3	消防力量建设	0.3057	3.1	消防规划	0.0305	3.1.1	消防规划编制情况	0.0102	—
						3.1.2	消防规划执行率	0.0203	—
			3.2	公共消防基础设施	0.1345	3.2.1	万人消防站拥有率	0.0486	个/万人
						3.2.2	消防供水能力	0.0353	—
						3.2.3	市政消火栓覆盖率	0.0170	个/km^2
						3.2.4	市政消火栓完好率	0.0115	—
						3.2.5	应急避难场所密度	0.0054	m^2/万人
						3.2.6	市政道路	0.0167	—
			3.3	消防装备	0.0653	3.3.1	万人消防车拥有率	0.0510	辆/万人
						3.3.2	消防装备配备水平	0.0143	—
			3.4	消防队伍建设	0.0754	3.4.1	万人消防员拥有率	0.0435	人/万人
						3.4.2	政府专职消防队	0.0175	—
						3.4.3	微型消防站建成率	0.0144	—
4	火灾防控能力	0.2032	4.1	火灾预警能力	0.0861	4.1.1	消防安全责任制落实情况	0.0145	—
						4.1.2	政府应急预案编制及执行率	0.0031	—
						4.1.3	重大隐患整治排查情况	0.0119	—
						4.1.4	消防安全重点单位“户籍化管理”情况	0.0141	—
						4.1.5	火灾高危单位消防安全水平	0.0151	—
						4.1.6	消防设施完好率	0.0180	
						4.1.7	消防远程监控系统覆盖情况	0.0094	—
			4.2	火灾防控水平	0.0910	4.2.1	万人火灾发生率	0.0404	起/万人
						4.2.2	十万人火灾死亡率	0.0362	人/十万人
						4.2.3	亿元 GDP 火灾损失率	0.0144	元/亿元
			4.3	保障协作	0.0261	4.3.1	区域联防能力	0.0145	—
						4.3.2	社会应急响应联动机制	0.0087	—
						4.3.3	医疗机构分布及水平	0.0029	—

（续表）

一级指标		一级权重	二级指标		二级权重	三级指标		绝对权重	单位
5	消防宣传普及水平	0.0795	5.1	消防宣传	0.0268	5.1.1	社会消防宣传力度	0.0268	—
			5.2	消防教育	0.0372	5.2.1	十万人消防教育基地拥有率	0.0177	个/十万人
						5.2.2	公众自防自救意识水平	0.0195	—
			5.3	消防培训	0.0155	5.3.1	消防培训机构及培训力度	0.0155	—

3）确定指标权重

邀请20位消防领域专家，采用层次分析法给指标赋权。通过建立评价关系矩阵、指标重要度专家赋值和一致性检验等步骤，确定各项指标权重。

4）风险分级

根据城市火灾防控实际情况，依据最终评估得到的火灾风险值，将城市火灾风险分为四级，并设定了不同级别对应的量化范围（表3-11）。

表3-11 火灾风险分级量化判定

风险等级	含义	量化范围
Ⅰ级	低风险	(85，100]
Ⅱ级	中风险	(65，85]
Ⅲ级	高风险	(25，65]
Ⅳ级	极高风险	[0，25]

6. 评估结果

针对××市火灾风险评估指标体系，采用模糊综合评估法合理设定各项指标评价标准。在此基础上，依据××市基础数据评估得到各项指标具体分值（表3-12）。计算得到××市消防安全水平得分为68.56分，火灾风险等级为Ⅱ级，即中风险级，整体火灾风险处于可控水平，但短板突出，不排除发生重大火灾的可能性，需要重点防控，应采取措施加强消防基础设施建设并提高消防管理水平。根据火灾风险等级判定标准，××市高风险因素和部分典型中风险因素如表3-13所列。

表 3-12 ××市火灾风险基本指标评估结果

一级指标	二级指标	三级指标	绝对权重	分值/分	贡献值/分	二级指标贡献值/分	一级指标贡献值/分
区域发展程度	人口	人口密度	0.0484	74.42	3.60	3.60	8.58
	经济	人均区域生产总值	0.0348	70.83	2.46	2.46	
	建筑	建成区比例	0.0199	72.08	1.43	1.43	
	用地	建设用地属性指数	0.0084	71.00	0.60	0.60	
	产业	产业结构指数	0.0063	77.50	0.49	0.49	
区域火灾风险源	基础风险	消防安全重点单位面积密度	0.0584	69.58	4.06	10.79	19.95
		火灾高危单位面积密度	0.0591	68.29	4.04		
		一般单位面积密度	0.0399	67.50	2.69		
	典型风险	城中村与危旧房	0.0227	71.11	1.61	9.16	
		人员密集场所	0.0292	61.35	1.79		
		高层建筑	0.0195	68.50	1.34		
		地下空间	0.0099	67.00	0.66		
		仓储物流企业	0.0129	67.21	0.87		
		易燃易爆单位	0.0162	64.58	1.05		
		文物古建筑单位	0.0131	69.32	0.91		
		在建工程	0.0097	72.12	0.70		
		其他	0.0032	72.75	0.23		
消防力量建设	消防规划	消防规划编制情况	0.0102	68.75	0.70	1.91	20.59
		消防规划执行率	0.0203	59.58	1.21		
	公共消防基础设施	万人消防站拥有率	0.0486	62.08	3.02	8.78	
		消防供水能力	0.0353	67.50	2.38		
		市政消火栓覆盖率	0.0170	66.79	1.14		
		市政消火栓完好率	0.0115	66.50	0.76		
		应急避难场所密度	0.0054	76.25	0.41		
		市政道路	0.0167	64.17	1.07		
	消防装备	万人消防车拥有率	0.0510	68.00	3.47	4.53	
		消防装备配备水平	0.0143	74.42	1.06		
	消防队伍建设	万人消防员拥有率	0.0435	76.25	3.32	5.37	
		政府专职消防队	0.0175	66.25	1.16		
		微型消防站建成率	0.0144	62.05	0.89		
火灾防控能力	火灾预警能力	消防安全责任制落实情况	0.0145	75.96	1.10	6.05	14.03
		政府应急预案编制及执行率	0.0031	77.50	0.24		
		重大隐患整治排查情况	0.0119	74.42	0.89		

（续表）

一级指标	二级指标	三级指标	绝对权重	分值/分	贡献值/分	二级指标贡献值/分	一级指标贡献值/分
火灾防控能力	火灾预警能力	消防安全重点单位“户籍化管理”情况	0.0141	76.35	1.08	6.05	14.03
		火灾高危单位消防安全水平	0.0151	67.14	1.01		
		消防设施完好率	0.0180	66.67	1.20		
		消防远程监控系统覆盖情况	0.0094	56.17	0.53		
	火灾防控水平	万人火灾发生率	0.0404	68.38	2.76	6.13	
		十万人火灾死亡率	0.0362	65.36	2.37		
		亿元 GDP 火灾损失率	0.0144	69.29	1.00		
	保障协作	区域联防能力	0.0145	72.17	1.05	1.85	
		社会应急响应联动机制	0.0087	69.17	0.60		
		医疗机构分布及水平	0.0029	68.75	0.20		
消防宣传普及水平	消防宣传	社会消防宣传力度	0.0268	70.19	1.88	1.88	5.41
	消防教育	十万人消防教育基地拥有率	0.0177	64.56	1.14	2.46	
		公众自防自救意识水平	0.0195	67.88	1.32		
	消防培训	消防培训机构及培训力度	0.0155	68.83	1.07	1.07	

表 3-13 ××市典型风险因素

风险因素	评估得分/分	风险等级
人员密集场所	61.35	高风险
易燃易爆单位	64.58	高风险
消防规划执行率	59.58	高风险
万人消防站拥有率	62.08	高风险
市政道路	64.17	高风险
微型消防站达标率	62.05	高风险
消防远程监控系统覆盖情况	56.17	高风险
十万人消防教育基地拥有率	64.56	高风险
城中村与危旧房	71.11	中风险
高层建筑	68.50	中风险
地下空间	67.00	中风险
仓储物流企业	67.21	中风险
文物古建筑单位	69.32	中风险
在建工程	72.12	中风险

(续表)

风险因素	评估得分/分	风险等级
火灾高危单位消防安全水平	67.14	中风险
消防设施完好率	66.67	中风险
市政消火栓完好率	66.50	中风险
市政消火栓覆盖率	66.79	中风险
公众自防自救意识水平	67.88	中风险
消防安全重点单位面积密度	69.58	中风险
火灾高危单位面积密度	68.29	中风险
一般单位面积密度	67.50	中风险
消防规划编制情况	68.75	中风险
消防供水能力	67.50	中风险
消防装备配备水平	74.42	中风险
政府专职消防队	66.25	中风险

7. 对策建议

基于以上评估，对××市火灾风险防控提出以下建议。

(1) 高度重视，切实增强忧患意识和责任意识，贯彻落实消防安全责任制和应急预案体系，建立责任追查制度，推动单位落实主体责任。

(2) 针对高风险场所，开展火灾隐患专项整治，提高单位整体安全水平。

(3) 切实推进消防队站、装备建设，积极应对救援对象的多样性、复杂性，围绕“大站建强、小站建密、微站建广”，加快多元力量建设，实现消防安全全覆盖。

(4) 加快公共消防基础设施建设，综合提升区域消防能力建设水平，优化整合各部门及社会单位消防资源。

(5) 全面推进，统筹规划“智慧消防”建设，提升消防信息化水平，提高社会化火灾防控与管理水平。

(6) 推进消防宣传教育工作，拓展宣传教育思路，创新消防教育理念，提升民众消防意识。

参考文献

[1] CHANDLER S E, CHAPMAN A, HALLINGTON S J. Fire incidence, housing and social conditions: The urban situation in Britain [J]. Fire Prevention, 1984,172(172):15-20.

[2] 中华人民共和国公安部消防局.中国消防手册[M].上海:上海科学技术出版社,2007.

[3] 袁文君. 气候韧性城市的规划响应研究——以基于屋外热舒适分析的高密度城市中心街区尺度实

践为例[D].上海:上海交通大学,2018.
[4] JENNINGS N E. Interpreting Policy in Real Classrooms: Case Studies of State Reform and Teacher Practice[M]. New York: Teachers College Press, 1996.
[5] BRUNSDON C, CORCORAN J, HIGGS G. Visualising space and time in crime patterns: A comparison of methods [J]. Computers, Environment and Urban Systems, 2007,31(1):52-75.
[6] 张树平. 建筑火灾中人的行为反应研究[D].西安:西安建筑科技大学,2004.
[7] 胡世广. 基于行为分类的建筑工人不安全行为影响因素研究[D].重庆:重庆大学,2017.
[8] 杜兰萍.火灾风险评估方法与应用案例[M].北京:中国人民公安大学出版社,2011.
[9] 杨君涛,陈也.城市区域火灾风险评估技术[N].人民公安报・消防周刊,2013-03-15.
[10] 舒中俊,徐晓楠.工业火灾预防与控制[M].北京:化学工业出版社,2010.
[11] 本书编委会. 北京奥运工程性能化防火设计与消防安全管理[M]. 北京:中国建筑工业出版社,2009.
[12] 傅智敏. 工业企业防火[M].北京:中国人民公安大学出版社,2014.
[13] 余明高,郑立刚.火灾风险评估[M].北京:机械工业出版社,2013.
[14] 吴立志,杨玉胜,等.建筑火灾风险评估方法与应用[M]. 北京:中国人民公安大学出版社,2015.
[15] 李九团.最新《危险化学品安全管理条例》与专项整治实施手册[M].长春:吉林人民出版社,2002.
[16] 周世宁,林柏泉,沈斐敏.安全科学与工程导论[M].徐州:中国矿业大学出版社,2005.
[17] 周云,李伍平,浣石,等.防灾减灾工程学[M].北京:中国建筑工业出版社,2007.
[18] 冯景信.海洋石油作业风险管理与实践[M].东营:中国石油大学出版社,2007.
[19] 马丽华,周灿.风险管理原理与实务操作[M].长沙:中南大学出版社,2014.
[20] 李希灿.模糊数学方法及应用[M].北京:化学工业出版社,2017.
[21] 杨君涛.城市火灾风险评估标准研究[J].现代职业安全,2017(11):15-17.

4 城市火灾风险防控系统建设

城市火灾风险防控系统建设主要包括四个方面，一是以消防法律法规为依据的城市火灾风险防控管理体系架构，二是传统的主动防火、被动防火和二者互相融合的建筑防火技术，三是以新材料、新工艺、性能化防火设计和大数据信息化为载体的火灾风险防控新技术，四是以火灾应急救援处置为防线的火灾风险防控。其中，火灾应急救援处置分为单位的应急救援处置和城市火灾应急救援处置。考虑到单位的应急救援处置能力需根据单位的具体火灾危险性进行建设，故将单位的应急救援处置放在第5.1节“城市典型场所火灾风险防控”中进行详述。

4.1 城市火灾风险防控管理体系构架

城市火灾风险防控管理是为实现火灾风险防控预期目标而进行的各种管理活动的总和，是一项系统工程。本节基于对我国现行城市火灾风险防控制度设计、法律法规体系、管理运行机制的分析，初步展示我国城市火灾风险防控管理体系架构并提出建议。

4.1.1 制度设计

我国的城市火灾风险防控强调“依法治火”。《消防法》确定了我国消防工作的基本制度：“消防工作贯彻预防为主、防消结合的方针，按照政府统一领导、部门依法监管、单位全面负责、公民积极参与的原则，实行消防安全责任制，建立健全社会化的消防工作网络。”该条款明确了我国消防工作的方针、原则、政策和方法，是城市火灾风险防控的根本依据。

1. “预防为主，防消结合”的方针

新中国成立初期，我国就提出了“以防为主，以消为辅”的消防工作方针。1984年5月，第六届全国人民代表大会常务委员会第五次会议批准施行的《中华人民共和国消防条例》在总则中将“预防为主，防消结合”确定为我国消防工作的方针，此后的历次修订中该原则始终被保留。“预防为主、防消结合”，就是要把同火灾作斗争的两个基本手段——预防火灾和扑救火灾结合，且在消防工作中把预防火灾放在首位。[1]

2. “政府统一领导、部门依法监管、单位全面负责、公民积极参与”的原则

这是我国消防工作实践经验的总结和客观规律的反映。政府、部门、单位、公民四者都是消防安全治理的参与主体，任何一方都不可偏废。政府、部门、单位、公民“四位一体”，在城市火灾风险防控实践中有统有分、各负其责、有机统一，共同构建消防安全工作格局。[1]四者的具体职责和运行模式将在4.1.3小节中予以介绍。

3. 消防安全责任制和社会化消防工作网络

职责、分工和责任闭环是将火灾风险防控落到实处的保障。《消防法》明确消防工作实行消防安全责任制，确认消防安全的公共性和火灾风险防控事务的社会性，确定各主体职责义务及违反法定义务所应当承担的法律后果。2017年10月，国务院办公厅印发《消防安全责任制实施办法》，国家层面首次就建立健全消防安全责任制作出全面系统的规定。法律法规、管理规定甚至技术标准对政府、部门、单位、公民四大主体各自的责任进行进一步细化与明确，从而形成涵盖社会全体成员的责任制网络。通常，这样的责任制网络包含工作机构和责任主体、工作组织和运行机制、政府和行政部门的职责、单位和公民的法定义务、考核评价、法律责任追究等硬件、软件内容。

4.1.2 消防法律法规体系

消防法律法规体系，是国家或者地区的有权机关针对火灾预防和事故处置制定或认可的各种法律规范、法律制度和法律原则的总称，是社会公共消防安全的基本保障体系之一。现行的消防法律法规按不同门类组织形成有机统一的整体，为火灾风险防控提供法制保障。我国消防法律法规体系主要包括消防法律规范、与消防相关的法律规范以及法律规范引用的有效消防技术标准，规范性文件被消防法律规范引用时也会产生法律效力。[2]

1. 消防法律规范

消防法律规范包括专门的消防法律规范和与消防工作相关的法律解释。

1）专门的消防法律规范

现行消防法律规范主要包括以下四种形式，其法律效力依次递减。

（1）法律。《消防法》是消防工作的基本法，也是母法，是制定其他各项消防管理规定的根本依据。

（2）行政法规。行政法规是国务院在法定职权范围内，为实施宪法和法律，按照法定程序制定的有关国家行政管理的规范性文件。行政法规在全国范围内适用，法律效力次于法律。目前，我国的消防行政法规有《森林防火条例》《草原防火条例》。

(3) 地方性法规。有立法权的地方人大或其常务委员会可在与上位法(消防法律、行政法规)不相抵触的前提下,根据本地区社会和经济发展的具体情况,制定相关地方性法规,其法律效力低于法律和行政法规,适用于本行政区域,如《上海市消防条例》《河北省消防条例》等。我国地域广阔,经济发展不平衡,地方性消防法规具有很强的地区适应性和操作性,是进行消防安全治理的重要法律依据。

(4) 行政规章。消防行政规章在消防法律规范中占很大比重,是为执行消防法律、法规的规定或针对属于本系统以及本行政区域消防行政管理的事项而制定的规范性文件的总称,以对消防法律、法规的补充和细化为主,包括部门规章和地方规章。①部门规章。由国务院所属主管行政部门在本部门权限范围内,结合全国范围内或本系统范围内的具体工作问题和实际情况,提出明确、具体的要求。我国现行部门规章中较为重要和常用的有《建设工程消防设计审查验收管理暂行规定》《消防监督检查规定》《机关、团体、企业、事业单位消防安全管理规定》等。②地方规章。由有权的地方人民政府制定的、明确地方特定管理要求的规范性文件,地方特色明显,适用于本行政区域,如《上海市建筑消防设施管理规定》。

2) 法律解释

法律解释按照主体和效力,可分为有权解释和无权解释。

(1) 有权解释即正式解释,是由特定的国家机关对法律作出的具有法律约束力的解释,可分为立法解释、司法解释和行政解释。对消防法律规范作出的有权解释也是消防法律规范的组成部分,目前较多体现在行政解释方面。

(2) 无权解释也称学理解释,一般指由学者或者其他组织对法律作出的不具有法律约束力的解释。[3]

2. 与消防有关的法律规范

除了专门的消防法律规范外,在综合性或其他专门法律规范中,还有很多涉及消防安全并适用于消防工作的法律规范。

(1)《中华人民共和国安全生产法》(以下简称《安全生产法》)。生产安全与消防安全有区别也有交叉,居民住宅、医院、学校、国家机关等非生产领域的消防安全就不属于《安全生产法》的调整范畴;而生产经营单位的生产安全受《安全生产法》调整,同时又关系消防安全。因此,《安全生产法》规定专门法律中另有规定的不适用该法。

(2)《中华人民共和国产品质量法》(以下简称《产品质量法》)。该法律规范所有产品质量管理,包括消防产品。《消防法》对《产品质量法》作了援引。

(3)《中华人民共和国突发事件应对法》。突发事件包括火灾等灾害事故,有关法律条款适用于消防救援机构参加火灾以外的其他重大灾害事故的应急救援工作。

(4)《中华人民共和国治安管理处罚法》(以下简称《治安管理处罚法》)。危害公共安全和社会管理秩序未构成犯罪的,适用治安管理处罚,该法律的适用对象也涉及消防安全管理。《消防法》直接援引《治安管理处罚法》,规定部分消防违法行为依照《治安管理处罚法》有关规定处罚。

(5)《中华人民共和国刑法》(以下简称《刑法》)。在消防安全领域违反消防法律规定,构成犯罪的,都适用《刑法》,如失火罪、消防安全责任事故罪等。

此外,国务院颁布的《危险化学品安全管理条例》《烟花爆竹安全管理条例》《娱乐场所管理条例》《互联网上网服务营业场所管理条例》等行政法规中有适用于消防安全管理的规定。国务院颁布的《生产安全事故报告和调查处理条例》《国务院关于特大安全事故行政责任追究的规定》还直接调整消防安全工作,也属于消防工作的法律依据。

3. 法律规范引用的有效消防技术标准

消防技术标准是国务院各部委或各地方部门依据《中华人民共和国标准化法》的有关法定程序单独或联合制定颁布的,适用于规范消防技术领域中人与自然、科学技术的关系的准则或标准。[4]按照制定部门的不同,消防技术标准可划分为国家标准、行业标准、地方标准、企业标准以及社团标准。按照强制约束力的不同,消防技术标准可划分为强制性标准和推荐性标准。需要注意的是,经消防法律规范援引有效的消防技术标准可以直接作为执法依据。

4. 消防法律规范引用的其他规范性文件

各级各类国家行政机关基于行政职能,依据法定权限和法定程序制定发布除行政法规和规章以外的具有普遍约束力和规范体式的决定、命令、行政措施等,以便于执行消防法律、法规和规章。这些规范性文件本身不属于消防法律规范范畴,但经法律规范引用会产生法律效力。如《国务院关于进一步加强消防工作的意见》、国务院办公厅转发的《消防改革与发展纲要》等,这些规范性文件全面阐释了新时期消防工作的指导思想、基本原则、主要任务以及加强消防工作的主要措施,对指导我国消防工作改革与发展发挥了重要作用。

4.1.3 管理运行机制

城市火灾风险防控的主体(包括政府,政府工作部门,机关、团体、企业、事业等单位以及公民)依法履行职责,形成城市火灾风险防控网络。现从消防工作中各主体的角色、定位和职责出发,详述我国城市火灾风险防控的管理运行机制。

1. 主体

1) 各级政府

政府统一领导。《消防法》第三条规定:“国务院领导全国的消防工作。地方各级人民政府负责本行政区域内的消防工作。各级人民政府应当将消防工作纳入国民经济和社会发展计划,保障消防工作与经济社会发展相适应。"该条确立了各级人民政府对消防工作的领导决策权,而各级人民政府主要通过以下方式实现领导。

(1) 消防行政立法。加强消防行政立法是推进依法治火、做好消防工作的重要保障。目前,我国基本形成了以《消防法》为基本法律,以地方性法规、部门规章和政府规章为配套的消防法律法规体系。

(2) 消防行政决策。政府依法对其所辖领域和范围内的重大消防行政管理事项作出决策。①将消防工作纳入国民经济和社会发展计划,保障消防工作与经济建设和社会发展相适应。②建立政府消防工作协调机制,并促进部门协调行动。③决定消防安全重大事项,如决定重大行政处罚,组织整改重大火灾隐患,解决整体性、区域性消防安全事项等。

(3) 消防规划建设。①编制实施消防规划。②建设公共消防设施。加快公共消防设施、消防装备建设及相应的增、改、配或者技术改造,保障经费投入。

(4) 建立健全消防组织。根据经济和社会发展的需要,依法建立多种形式的消防组织,加强消防技术人才培养。多种形式的消防组织主要包括国家综合性消防救援队伍、政府专职消防队、企事业单位专职消防队和志愿消防队等。

(5) 加强农村消防工作。加强对农村消防工作的领导,采取措施加强公共消防设施建设,组织建立和督促落实消防安全责任制。

(6) 消防宣传。组织开展经常性的消防宣传教育,提高公民的消防安全意识、守法意识和消防知识,使消防宣传教育深入各个领域,让公众能够及时获取消防知识,了解和掌握报警、避险、火灾预防、逃生自救常识。

(7) 指导监督。督促所属部门和下级人民政府及基层组织落实消防安全责任制,并对履职情况进行监督检查。

2) 政府工作部门

部门依法监管。各级政府主管部门是政府开展消防安全管理的实施主体,其主体资格和工作职责由法律法规及国家政策规定;有行业管理职责的行政部门,则应当按照"管行业必须管安全、管业务必须管安全、管生产经营必须管安全"的要求加强本行业消防管理工作。

(1) 主管部门。

① 应急管理部门。《消防法》第四条规定:"国务院应急管理部门对全国的消防工作实施监督管理。县级以上地方人民政府应急管理部门对本行政区域内的消防工作实施监督管理,并由本级人民政府消防救援机构负责实施。军事设施的消防工作,由其主管单位监督管理,消防救援机构协助;矿井地下部分、核电厂、海上石油天然气设施的消防工作,由其主管单位监督管理。

县级以上人民政府其他有关部门在各自的职责范围内，依照本法和其他相关法律、法规的规定做好消防工作。

法律、行政法规对森林、草原的消防工作另有规定的，从其规定。”

应急管理部门作为各级政府消防工作的主管部门，在法定范围内履行部门监管职责，实现政府消防工作目标；要加强消防法律、法规的宣传，并督促、指导、协助有关单位做好消防宣传教育工作；将本级消防救援机构确定的消防安全重点单位报人民政府备案；将本级消防救援机构在监督检查中发现的城乡消防安全布局、公共消防设施中不符合消防安全要求的内容，或者本地区影响公共安全的重大火灾隐患，书面报告本级人民政府。

② 消防救援机构。县级以上地方人民政府消防救援机构是本行政区域消防工作的实施机构，其消防工作职责涵盖火灾防控、灭火救援、行政许可、行政执法等各个领域，主要包括以下内容。

a. 公众聚集场所投入使用、营业前的消防安全检查。自 2019 年 5 月起，公众聚集场所投入使用、营业前的消防安全检查从行政许可改为“告知承诺制”，由消防救援机构加强对公众聚集场所的事后监管。

b. 消防监督检查。消防救援机构对机关、团体、企业、事业单位及公民遵守消防法律法规的情况进行监督。消防监督检查主要按照《消防法》《消防监督检查规定》的有关规定开展工作。

c. 火灾扑救和应急救援。消防救援机构的救援职能已经由以灭火救援为主拓展为处置包括火灾、安全生产事故、重大自然灾害、水域山岳救援等在内的各类灾害事故。同时，《消防法》赋予消防救援机构在灭火行动中的应急处置职权，调动各类公共资源和相关单位力量协助灭火救援，并依法享有通行和运输等应急保障优先权利。

d. 消防行政强制。一是消防行政强制措施，主要包括对危险区域的临时查封、封闭火灾现场、设置警戒限入。二是消防行政强制执行，包括对当事人逾期不履行行政处罚决定的加处罚款和强制执行、清除障碍物、消除妨碍等。

e. 消防行政确认。消防救援机构依法对行政相对人的法律地位、法律关系或有关法律事实进行甄别，给予确定、认定、证明(或否定)并予以宣告的行政行为[4]，包括确定消防安全重点单位、消防产品现场检查判定、重大火灾隐患认定和火灾事故认定。

f. 消防行政处罚。目前，《消防法》规定的行政处罚有警告，罚款，责令停产停业，责令停止施工，责令停止使用，没收违法所得，责令停止执业或者吊销相应资质、资格，行政拘留。其中，行政拘留由公安机关决定，责令停止执业或者吊销相应资质、资格由原许可机关决定，建设工程领域案件由住房和城乡建设管理部门实施行政处罚，其他行政处罚由消防救援机构决定。责令停产停业，对经济和社会生活影响较大的，由消防救援机构提出意见，并由应急管理部门报请本级人民政府依法决定。

③ 住房和城乡建设主管部门。2020 年 4 月 1 日，住房和城乡建设部令第 51 号公布《建设工程消防设计审查验收管理暂行规定》，结合公安消防部队改制，多年来由公安消防机构承担的建设工程设计审核、验收及备案抽查职责划入住房和城乡建设主管部门。对于特殊建设工程，消防设计文件经消防设计审查验收主管部门审核合格后建设单位、施工单位方能施工，工程竣工，建设单位应当向消防设计审查验收主管部门申请消防验收；对于不涉及审核、验收的建设工程，实行备案抽查制度。在建设工程领域，住建部门依法开展监督，实施消防行政处罚，并负有相应的廉政责任。

④ 公安派出所。根据《消防法》有关规定，公安派出所开展消防宣传教育，对居民住宅区的物业服务企业、居民委员会、村民委员会履行消防安全职责的情况和上级公安机关确定的单位实施日常消防监督检查。

(2) 政府其他部门及公共事务相关单位。

《消防法》除规定部门监管职责以外，还进一步明确了政府各部门都要承担相应的消防工作职责，这些部门分为三类：行业管理部门、具有行政审批职责的部门以及具有行政管理或公共服务职能的部门，主要包括规划、住建、市场监督、教育、民政、人力资源等部门。各地也均出台规定性文件对部门职责予以明细化、具体化。

3) 机关、团体、企业、事业等单位

单位全面负责。单位是社会的基本单元，单位对消防安全和致灾因素的管理能力，很大程度上决定了一座城市、一个地区的消防安全形势。[1] 根据《消防法》等法律法规的规定，机关、团体、企业、事业等单位应当对其自身的消防安全全面负责，建立、落实消防安全自我管理、自我检查、自我整改的机制，确保自身消防安全，降低火灾风险。《消防法》设定了单位的基本义务：①维护消防安全、保护消防设施、预防火灾、报告火警的义务；②参加有组织的灭火工作的义务；③加强对本单位人员消防宣传教育的义务。《消防法》规定单位应履行下列消防安全职责：①落实消防安全责任制，制定本单位的消防安全制度、消防安全操作规程，制定灭火和应急疏散预案；②按照国家标准、行业标准配置消防设施、器材，设置消防安全标志，并定期组织检验、维修，确保完好有效；③对建筑消防设施每年至少进行一次全面检测，确保完好有效，检测记录应当完整准确，存档备查；④保障疏散通道、安全出口、消防车通道畅通，保证防火防烟分区、防火间距应符合消防技术标准；⑤组织防火检查，及时消除火灾隐患；⑥组织进行有针对性的消防演练；⑦法律、法规规定的其他消防安全职责。

4) 公民

公民积极参与。公民是消防工作的基础，是消防工作主要的参与者和监督者，应当积极履行消防安全义务。《消防法》将维护消防安全、保护消防设施、预防火灾和报告火警作为公民的基本义务，成年公民有参加有组织的灭火工作的义务。消防法律法规规定的公民法定消防义务如下：①保护消防设施和器材，不得损坏、挪用或者擅自拆除、停用消防设施、器材；②不得埋压、圈占、遮挡消火栓或者占用防火间距；③不得占用、堵塞、封闭疏散通道、安全出口、消防车通道；④报告火警，任何人发现火灾都应当立即报警，应当无偿为报警提供便利，不得阻拦报警，严禁谎报火警；⑤火灾扑灭后，相关人员有保护现场、接受事故调查的义务。公民在作为“单位人”时，还应当承担所在单位相关岗位人员的职责。

任何单位和个人都有权对消防执法中的违法行为进行检举、控告。

2. 运行机制

1）组织结构

根据《消防法》《机关、团体、企业、事业单位消防安全管理规定》等消防法律法规对管理制度、组织结构的设定要求，从政府到社会各层面的管理架构相似度比较高，主要层级如下。

（1）领导机构——消防工作领导小组或防火安全委员会。这是为加强对消防工作的领导而成立的机构，由主要领导牵头，相关职能部门负责人参加（如在企业单位中，由消防安全责任人牵头负责，消防安全管理人和生产、技术、经营、仓储、管理等职能部门负责人参加），统一领导本单位的消防工作；建立会议、研究、报告等工作机制，旨在研究解决突出问题或重大事项。

（2）工作机构——消防安全管理部门。可单独设立专门的消防安全管理部门，或者确定归口管理部门，具体负责日常事务，组织开展消防管理工作。工作机构需要负责制定和落实消防管理制度，开展消防安全检查，督促火灾隐患整改；开展消防宣传教育培训；加强对消防设施器材的维护保养和管理；管理本单位志愿消防队，制定灭火疏散应急预案，定期组织演练。

（3）消防救援力量——专职消防队和志愿消防力量等。除消防救援机构外，相关基层政府、机关、团体、企业、事业单位、村（居）民自治组织、物业管理企业等主体，为提高本区域或本单位自防自救能力，按照法律规范要求和实际需要，设立专职消防队或由单位内部身体素质突出的员工参加的志愿消防队、微型消防站，配备相应装备器材，开展训练培训、防火检查、消防宣传和灭火自救。

2）社会消防服务

随着消防法治化、社会化进程的不断发展，消防安全管理专业化、精细化程度越来越高，专业技术要求也越来越高，社会单位无法自主完成部分技术要求较高的工作，社会消防服务力量从而逐渐走入市场并得以壮大。这里所说的社会消防服务力量主要包括消防技术服务机构、消防安全培训机构、专职消防员队伍及其他消防社会团体，相应各类业务研究会、协会等行业自律管理组织进行行业约束，促进行业良性发展。

（1）消防技术服务机构是指依法设立，运用消防专业知识和技能，按照一定的业务规则或程序为委托人提供有关消防技术服务的专门组织，其服务行为是依合同开展的企业经营活动。目前，消防技术服务机构主要承担消防设施维保检测、消防安全评估等技术服务活动：①建筑工程中消防设施的功能检测；②消防设施的专业维护、保养；③建筑内部电气设备防火检测；④区域、社会单位、大型活动、特殊设计等消防安全评估，以及消防法律法规、技术标准和火灾隐患整改等方面的咨询服务；⑤火灾原因鉴定，火灾损失评估。[1]

（2）消防安全培训机构属于职业技能培训机构，归口人力资源和社会保障部主管，消防救援机构协作管理。目前，消防安全培训机构一般为企业法人，部分为依照《民办非企业单位登记管理暂行条例》设立的民办非企业法人组织，面向社会开展消防安全专业培训，主要承担消防设施监控操作和消防设施检测维护保养两个职业方向的培训（可通过考试取得国家职业资格证书），并根据社会单位需求开展消防知识教育。

（3）合同制消防员劳动服务。劳务公司为社会单位组建专职消防队或志愿消防队提供经专业培训的消防员，需求单位与劳务公司签订合同，劳务公司派消防员入驻单位，消防员按专职消防队和志愿消防队相关建设和业务标准开展日常工作并获得劳动报酬。目前，存在的问题是新招录消防员的专业训练不足，主要表现在培训时间短、消防技能培训能力弱、培训体系和结业标准比较粗放，输出的消防员体能和技能相对欠缺，与社会单位需求和消防员专业要求存在差距。

3）保险服务

保险的经济杠杆作用可以帮助单位推进消防安全管理，并为火灾事故后续处理提供更多途径。国内外经验表明，引进保险制度可以较好地运用市场机制和经济手段来辅助火灾风险防控，对维护社会稳定也有积极作用。火灾事故后续处理中，经济损失统计和赔偿往往牵涉多方当事人，容易产生各种纠纷，且常常出现事故责任人无力承担赔偿责任的情况。保险的经济补偿功能使得火灾公众责任保险具有很强的公益性，同时，保险机构的相关专业评估也对火灾经济损失的统计颇有助益。

火灾公众责任保险是以被保险人因火灾保险事故造成第三者人身伤害或物质损失所应依法承担的赔偿责任为保险标的的保险，最终目的是保护受到被保险人行为损害的第三者的利益，使受害的第三者得到及时有效的经济补偿。[5]我国自 1995 年开始在政府层面呼吁、引导社会单位投保火灾公众责任保险。2006 年 3 月，公安部、中国保监会联合发布《关于积极推进火灾公众责任保险切实加强火灾防范和风险管理工作的通知》，并将上海、天津、重庆、深圳、山东、吉林等六省市列为全国火灾公众责任保险试点区域；试点阶段，火灾公众责任保险采用以主承保共保模式为主、市场竞争模式为辅的承保模式。2008 年《消防法》修订时，将鼓励和倡导投保火灾公众责任保险写入法律，一些地方性法规也有明确条文引导投保。受法律政策限制、公众法治意识和索赔意识不强、险种设计不完善、义务设定和赔付机制不尽合理等多方面因素影响，目前，该险种的推行效果并不理想。据《中国消费者报》对试点区域一些有影响的大型商场和娱乐场所的调查发现，80%以上的受访单位未投保火灾公众责任保险。上海市消防部门统计数据显示，截至2015年年底，全市火灾公众责任保险累计11 417件。从近年来的情况看，消防类险种非但没有新生、发展，仅存的火灾公众责任保险也呈现出无人问津、投保单位逐年缩减的状态。

4）信用信息应用

2013年，消防部门结合社会信用体系建设在全国建立消防安全不良行为公布制度，尝试通过市场经济管理手段对单位和个人违法行为进行社会监督和制约，增加违法成本，促其遵纪守法。消防安全不良行为指单位和个人违反法律法规，经县级以上公安机关消防机构查实并受到消防行政处罚的行为，基本涵盖了《消防法》规定的各类法定职责情形。该制度建立消防安全不良行为信息互通互认机制，强化消防安全不良行为信息的共享应用，推动工商、安监、住建、人民银行、证监、保监等各部门各行业将此信息作为业务办理的参考依据。消防安全不良行为每月发布一次，按不同情形设定6个月至3年不等的公布期限。据上海市消防部门统计，该制度建立后的5年间，上海市累计公布1 762条消防安全不良行为信息。

2020年，根据国家关于加快推进社会信用体系建设、构建以信用为基础的新型监管机制的要求，各地区、各部门强化消防安全事中、事后监管，提升消防执法惩戒效果，在不良行为信息公布基础上进一步发展建立“消防安全领域信用信息管理”制度。除延续和改进以往信息采集、公布、管理等做法，新制度在信息共享和失信后果方面更明细、更有力。例如，《上海市消防安全领域信用信息管理办法》列明的信息归集对象如下：①单位（场所）及其消防安全责任人、消防安全管理人和其他负有消防安全责任的相关人员；②消防设施维护保养检测、消防安全评估等消防技术服务机构及其相关从业人员；③注册消防工程师、消防设施操作员；④消防产品生产、销售企业及其相关从业人员；⑤消防产品认证、鉴定、检验机构及其相关从业人员；⑥工程建设、施工、监理单位，中介服务机构，消防产品生产、销售、使用单位，建筑（场所）使用管理单位及其相关人员；⑦其他依法负有消防安全责任的法人、非法人组织和自然人。消防安全领域信用信息分为守信信息、失信信息两类。其中失信信息分为一般失信信息和严重失信信息两类。各相关部门将守信信息、失信信息作为信用评价、项目核准、用地审批、金融扶持、财政奖补等方面的参考依据。对符合守信行为的信用主体，守信激励措施如下：免于日常消防监督抽查；租赁或管理的公众聚集场所可以选择适用告知承诺制，已实行告知承诺的可免于实地核查；等等。对符合一般失信行为的信用主体，惩戒措施包括违法行为从重处罚、不得适用告知承诺制。对符合严重失信行为的信用主体，惩戒措施除了列入重点监管外，还特别突出“联合惩戒”。例如，上海市由发展改革、财政、人力社保、住建、商务、国资、市场监管、金融监管、消防、税务、银保监、证监、民航、铁路等多个部门、单位在行政审批、综合监管、金融服务、行业自律、市场合作等方面实施联合惩戒，在招投标、投融资、上市、税收、环评、保险等节点予以重点关注，甚至依法限制高消费，力求实现信用主体一处失信，政府多点响应、失信主体处处受限的联合惩戒格局。

4.1.4 问题与对策

1. 部门管理机制变动造成改革初期的“不顺畅”，需要进一步理顺部门职责与协作机制

（1）政府主管部门与具体实施机构的关系尚未完全理顺。伴随国家机构改革，2018 年以来国家消防工作体制发生了重大变化，公安消防部队整建制退出现役，转隶应急管理部，成立应急管理部消防救援局，各省级公安消防总队转改为消防救援总队，地级市、县级行政区消防队转改为消防救援支队、消防救援大队，实行应急管理部消防救援局统一领导指挥、省以下消防救援队伍垂直领导的管理指挥体制。2019 年 11 月，国家综合性消防救援队伍“三定”方案正式下发，明确省级人民政府消防救援机构受应急管理部和省级人民政府领导，以应急管理部垂直管理为主。由此，消防救援机构与地方政府应急管理部门行政上无关联，业务上却有交叉，《消防法》所设定的地方消防工作监督管理部门与具体实施机构脱离，主管监督部门与实施监督机构无行政隶属关系和业务领导关系，这样的组织机制可能对当前及今后一段时间内的具体工作产生协调成本高的不良影响，应从机构定性、人员编制、职责分工、工作机制、组织保障等方面予以解决。

（2）消防救援机构与公安派出所的职责分工和执法程序尚不合理。因涉及系列改革，公安派出所是否具备相应的行政处罚权，要根据政府相关规定来确定。目前，公安派出所还须根据现行执法协作规则将检查发现的问题移交消防救援机构或住建部门实施行政处罚，可能会造成执法效率降低，执法成本增加。对于公安派出所承担的一部分消防监督检查职能，如果是较轻微的违法行为和不涉及限制人身自由的行政处罚，建议采取立法直接授权或相对集中行政处罚权的方式赋权。

（3）跨区域、跨层级的管理关系还不顺畅，影响整体消防安全。以上海市水域及沿岸单位消防监管为例，有的监管单位直属国务院相关部委，有的隶属本市政府，职责交叉，经常出现“九龙治水”的现象，原本依法设立的协调机构几经改制，已无法发挥作用。建议过渡期确立专门协调机构作为“堵漏洞、补短板”的协调、沟通、会商平台，理顺工作以利于相关领域的火灾风险防控。

2. 消防法律法规体系瑕疵影响法律的适用性，需要进一步完善

（1）消防法律法规存在缺漏、不到位的情况。成文的法规本身具有一定的滞后性，当今社会飞速发展，新型的管理对象层出不穷，对经济结构转型、产业结构和城市功能调整带来的非传统消防安全问题与“群租房”、违法建筑等传统“顽疾”交织引发的城市治理难题，缺少管理制度和对策措施，亟须出台有针对性、时效性强的管理规定，并逐步调整其法律效力。对于《消防法》等适用范围广、效力较高的消防法律法规，建议在立法时注重原则性和灵活性相结合，既要在全国范围内原则性地统一执行，又要结合各地具体情况灵活执行，不宜在管理指标或管理措施上过细，要便于各地结合实际制定高效、便民的本土化管理要求，更要考虑为新技术、新手段的应用留下立法接口。

（2）现有法律法规的层次不明晰，内容不协调。消防法律法规体系既有行政法规体系的特征，又有技术法规体系的内容，它与建设管理、产品管理等部门法规存在一定的交叉甚至不一致的规定。将消防技术标准作为支撑，存在执法时引用不当的现象，甚至当地方标准与国家标准存在冲突时，很多人将“地方标准优于国家标准”作为适用原则。消防法律法规体系建设必须坚持法制统一原则，建议对现行消防法律法规开展集中清理，并加强对规范性文件的备案审查，以保证法律法规的规定之间衔接协调、不相互矛盾；对于消防技术标准的适用问题，建议由有权解释的部门予以书面确认，以利于正确执行法律。

（3）消防立法和政策制定中民主性不够，立法技术也有待加强。鉴于起草部门、起草人员出发点或水平的局限性，部门立法过程易自带立场，有时法条内容考虑不周全、不公正、不接地气，一旦出台又落不到实处。建议立法过程中广泛听取各方面意见，尤其是基层群众的意见，切实做到集思广益、凝聚共识，防范“部门化”的本位立场，使立法成果更有适用性、操作性，也更利于解决社会单位和群众最关心、最直接、最现实的消防安全需求。同时，建议引入专业立法机构协助立法，不断提高消防立法技术。

3. 社会消防服务和经济辅助手段尚有发力空间，需要进一步强化和推进

（1）消防技术服务机构的技术服务特征未得凸显，服务质量有待提高。消防技术服务机构发展多年仍未完全摆脱“中介”的标签，一些消防技术服务机构及其从业人员对自身定位认识不清，不着力于提高服务质量，反而自认是监管部门和委托单位之间的桥梁，甚至标榜可以为委托单位解决消防相关所有问题，既干扰监管部门正常执法，又给火灾风险防控留下隐患。建议监管部门立足对消防技术服务机构服务质量的监督，对其不规范行为予以严格追究，促使其在服务质量上下功夫。无论是委托单位还是消防技术服务机构，都需要正视技术服务对火灾风险防控的积极作用，依法依规开展消防技术服务。

（2）消防相关保险业务发展滞缓，需要进一步研究拓展。从试点情况看，目前消防相关

保险业务的发展动力不足。一方面,法律支撑不足,部分单位因经济效益差、单位责任人消防意识淡薄等问题而拒绝投保该非强制险种。另一方面,保险产品设计不佳,存在品种单一、保障范围小、标的少、赔偿低、费率不科学以及产品组合不灵活等问题;各保险公司过分强调政府类险种的属性,不推动宣传,导致产品知晓率低;在投保前及合约期内存在“重费率,轻风控”的现象。

在当前消防类保险不属于强制险的情况下,建议保险业通过以下举措提高大家的投保积极性:一是建立专门的风控队伍,研究风险评估体系,并建议保监会在行业管理中采取措施鼓励、推动保险机构开展火灾风险防控;二是重新平衡消防保险的投入与事后保障关系,在科学确认保费的基础上,尽量涵盖各种火灾风险并切实保障被保险人利益;三是研究提高保险限额,增加险种吸引力;四是开发消防类保险新险种,扩展服务对象,尝试推出贴合个人或小场所的方案,通过小额保费小额理赔、快报快处快赔的模式,逐步培养公众投保消防险的习惯。

(3) 继续探索多方协作、齐抓共管的途径。火灾风险防控需要社会各层面主体协作共进、做好工作。建议用足用好消防安全领域信用信息,奖优罚劣,并可将其作为对各级政府和政府相关部门考查考核的内容。建议引入专业法律力量辅助开展消防工作。消防管理作为行政管理事项,难免会有涉法涉诉案件,建议将此类事务交由法律服务机构办理,解放部分管理力量;对于严重危及公共消防安全的公共事件,利益受损的相关人员众多或者不特定的,可以尝试开展公益诉讼。

4.2 建筑防火技术

通常,建筑防火技术包括被动防火、主动防火以及主动与被动两方面互相融合的技术手段。[6]建筑被动防火技术主要指防火间距、耐火等级、防火分区、防火分隔设施和安全疏散等,建筑主动防火技术主要指火灾自动报警系统、自动灭火系统和防烟排烟系统等。

4.2.1 建筑被动防火技术

1. 防火间距

影响防火间距的因素很多,发生火灾时建筑物可能产生的热辐射强度是确定防火间距时应考虑的主要因素。热辐射强度与消防扑救力量、火灾延续时间、可燃物的性质和数量、相对外墙开口面积的大小、建筑物的长度和高度、气象条件等有关,但在实际工程中不可能都一一考虑到。

消防技术标准规定，防火间距应按相邻建筑物外墙的最近距离计算，如外墙有凸出的可燃构件，则应从其凸出部分的外缘算起；如为储罐或堆场，则应从储罐外壁或堆场的堆垛外缘算起。

当防火间距由于场地等原因，难以满足国家有关消防技术规范的要求时，可根据建筑物的实际情况，采取以下几种措施：①改变建筑物的生产和使用性质，尽量降低建筑物的火灾危险性，改变房屋部分结构的耐火性能，提高建筑物的耐火等级；②调整生产厂房的部分工艺流程，限制库房内储存物品的数量，提高部分构件的耐火极限；③将建筑物的普通外墙改造为防火墙或减少相邻建筑的开口面积，如开设门窗时应采用防火门窗或加设防火水幕保护；④拆除部分耐火等级低、占地面积小、使用价值低且与新建筑物相邻的原有陈旧建筑物；⑤设置独立的室外防火墙。在设置防火墙时，应兼顾通风排烟和破拆扑救。

2. 耐火等级

在防火设计中，建筑整体的耐火性能是保证建筑结构在火灾中不发生较大破坏的根本，而单一建筑结构构件的燃烧性能和耐火极限是确定建筑整体耐火性能的基础。建筑耐火等级是由组成建筑物的墙、柱、楼板、屋顶承重构件和吊顶等主要构件的燃烧性能和耐火极限决定的，共分为四级。

在具体分级中，建筑构件的耐火性能是以楼板的耐火极限为基准，再根据其他构件在建筑物中的重要性和耐火性能可能的目标值调整后确定的。当遇到某些建筑构件的耐火极限和燃烧性能达不到规范要求时，可采取适当的方法加以解决。常用的方法有：适当增加构件的截面积，对钢筋混凝土构件增加保护层厚度，在构件表面涂覆防火涂料做耐火保护层，对钢梁、钢屋架及木结构做耐火吊顶和防火保护层包敷等。

3. 防火分区

在建筑内划分防火分区，可以在建筑发生火灾时，有效地把火势控制在一定的局部范围内，减少火灾损失，为人员安全疏散、消防扑救提供有利条件。

防火分区分为水平防火分区和竖向防火分区两类。水平防火分区指采用防火墙、防火卷帘、防火门及防火分隔水幕等分隔设施在各楼层的水平方向分隔出的防火区域，用于阻止火灾在楼层的水平方向蔓延。竖向防火分区除采用耐火楼板进行竖向分隔外，建筑外部的竖向防火通常采用防火挑檐、窗槛墙等手段，内部设置的敞开楼梯、自动扶梯、中庭、电线电缆井、各种管道竖井、电梯井也需要分别分隔，以保证竖向防火分区的完整性。

防火分区的划分应根据建筑的使用性质、火灾危险性、耐火等级、建筑内容纳人员和可燃物的数量、消防扑救能力和消防设施配置、人员疏散难易程度及建设投资等情况进行综合考虑。不同类别建筑的防火分区划分有不同的标准。

4. 防火分隔设施

防火分隔设施指能在一定时间内阻止火势蔓延，把整个建筑空间划分成若干较小防火空间的物体。防火分隔设施可分为固定式、活动式或可启闭式两种。固定式的，如建筑中的内/外墙墙体、楼板、防火墙等；活动式或可启闭式的，如防火门、防火窗、防火卷帘、防火阀、防火分隔水幕等。

1）防火墙

防火墙是防止火灾蔓延至相邻建筑或相邻水平防火分区且耐火极限不低于 3.0 h 的不燃性实体墙。防火墙根据走向可分为纵向与横向防火墙，根据设置位置可分为内防火墙、外防火墙和室外独立防火墙。

防火墙的耐火极限一般为 3.0 h。甲、乙类厂房和甲、乙、丙类仓库内的防火墙，其耐火极限不应低于 4.0 h。防火墙应直接设置在建筑的基础或框架、梁等承重结构上，框架、梁等承重结构的耐火极限不应低于防火墙的耐火极限。建筑内的防火墙不宜设置在转角处，确需设置时，内转角两侧墙上的门、窗、洞口之间最近边缘的水平距离不应小于 4.0 m；采取设置乙级防火窗等防止火灾水平蔓延的措施时，该距离不受限。防火墙上不应开设门、窗、洞口，确需开设时，应设置不可开启或火灾时能自动关闭的甲级防火门、窗，防止建筑内火灾的浓烟和火焰穿过门窗洞口蔓延扩散。可燃气体和甲、乙、丙类液体的管道严禁穿过防火墙。防火墙内不应设置排气道，其他管道不宜穿过防火墙，确需穿过的，应采用防火封堵材料将墙与管道之间的空隙紧密填实；穿过防火墙处的管道保温材料，应采用不燃材料；当管道为难燃及可燃材料时，应在防火墙两侧的管道上采取防火措施。防火墙的构造应保证当防火墙任意一侧的屋架、梁、楼板等受到火灾的影响而破坏时，防火墙不会倒塌。

2）防火卷帘

防火卷帘是在一定时间内，连同框架能满足耐火稳定性和完整性要求的卷帘，由帘板、卷轴、电机、导轨、支架、防护罩和控制机构等组成。防火卷帘是一种活动的防火分隔物，平时卷起放在门窗上口的转轴箱中，发生火灾时将其放下展开，用以阻止火势从门窗洞口蔓延。

按构成卷帘的材料，防火卷帘分为钢质防火卷帘（GFJ）、无机纤维复合防火卷帘（WFJ）和特级防火卷帘（TFJ）三种。按启闭方式，防火卷帘分为垂直卷、侧向卷和水平卷三种。

防火分隔部位设置的防火卷帘应具有火灾时靠自重自动关闭功能，其耐火极限不应低于消防技术标准对所设置部位墙体耐火极限的要求。当防火卷帘的耐火极限仅符合《门和卷帘的耐火试验方法》（GB/T 7633—2008）有关耐火完整性的判定条件时，应设置自动喷水灭火系统进行保护。疏散通道和非疏散通道上设置的防火卷帘的联动控制应分别符合相关消防技术标准的规定。

3）防火门

防火门是在一定时间内能满足耐火完整性和隔热性要求的门。防火门通常用于防火墙的开口、楼梯间出入口、疏散通道、管道井开口等部位，对防火分隔和人员疏散起到重要的作用。

防火门通常由门框、门扇、填充隔热耐火材料、门扇骨架、防火锁具、防火合页、防火玻璃、防火五金件、闭门器、释放器、顺序器等组成。防火门按材质可分为木质防火门、钢质防火门、钢木质防火门和其他材质防火门；按门扇数量可分为单扇防火门、双扇防火门和多扇防火门（含有两个以上门扇的防火门）；按结构形式可分为门扇上带防火玻璃的防火门、带亮窗防火门、带玻璃带亮窗防火门和无玻璃防火门等；按耐火性能分为隔热防火门（A 类）、部分隔热防火门（B 类）和非隔热防火门（C 类），其中 A 类防火门又分为甲、乙、丙三级，其耐火隔热性和耐火完整性均分别为 1.5 h，1.0 h 和 0.5 h。

设置在建筑内经常有人通行处的防火门宜采用常开防火门。常开防火门应由其所在防火分区内的 2 只独立的火灾探测器或 1 只探测器与 1 只手报作为联动触发信号，并应由联动控制器或防火门监控器联动关闭，且应具有信号反馈的功能。除允许设置常开防火门的位置外，其他位置的防火门均应采用常闭防火门。常闭防火门应在其明显位置设置“保持防火门关闭”等提示标识。人员密集场所平时需要控制人员随意出入的疏散门和设置门禁系统的住宅、宿舍、公寓建筑的外门，应保证火灾时不需使用钥匙等任何工具即能从内部打开，并应在显著位置设置标识和使用提示。

4）防火窗

防火窗是采用钢窗框、钢窗扇及防火玻璃制成的，能起到隔离和阻止火势蔓延的窗，一般设置在防火间距不足部位的建筑外墙上的开口或天窗，建筑内的防火墙或防火隔墙上需要留有观察窗口等的部位，以及需要防止火灾竖向蔓延的外墙开口部位。防火窗的耐火极限与防火门相同。设置在防火墙、防火隔墙上的防火窗，应采用不可开启的窗扇或火灾时能自行关闭的窗扇。

5）防火阀

防火阀是安装在通风、空气调节系统的送、回风管道上，起隔烟阻火作用的阀门。防火阀平时呈开启状态，当火灾中管道内烟气温度达到预设温度（70℃或 150℃）时关闭，能在一定时间内满足漏烟量和耐火完整性要求。

应在通风、空气调节系统的风管穿越防火分区处，穿越通风、空气调节机房的房间隔墙和楼板处，穿越重要或火灾危险性大的场所的房间隔墙和楼板处，穿越防火分隔处的变形缝两侧，以及竖向风管与每层水平风管交接处的水平管段上设置公称动作温度为 70℃的防火阀。公共建筑内厨房的排油烟管道宜按防火分区设置，且在与竖向排风管连接的支管处应设置公称动作温度为150℃的防火阀。

6）排烟防火阀

排烟防火阀是安装在机械排烟系统管道上，平时呈开启状态，当火灾中排烟管道内温度达到280℃时关闭，并在一定时间内能满足漏烟量和耐火完整性的要求，起隔烟阻火作用的阀门。

排烟防火阀应设置在垂直风管与每层水平风管交接处的水平管段上、一个排烟系统负担多个防烟分区的排烟支管上、排烟风机入口处和穿越防火分区处。

5. 安全疏散

安全疏散是建筑防火最根本、最关键的技术，也是建筑消防安全的核心内容。安全疏散的目标就是保证建筑内人员疏散完毕所用的时间小于火灾发展到危险状态所用的时间。

建筑安全疏散技术的重点是疏散出口（安全出口、疏散门）的位置、数量、宽度和疏散楼梯间的形式。基本准则如下：每个防火分区必须设有至少两个安全出口；疏散路线必须满足室内最远点到房门，房门到最近安全出口或楼梯间的行走距离限值；疏散方向应尽量为双向疏散，疏散出口应分散布置，减少袋形走道的设置；选用合适的疏散楼梯形式，楼梯间应为安全的区域，不受烟火的侵袭，楼梯间入口应设置可自行关闭的防火门保护；通向地下室的楼梯间不得与地上楼梯相连，如必须相连时应采用防火隔墙分隔，通过防火门出入；疏散宽度应保证不出现拥堵现象，并采取有效措施在清晰的空间高度内为人员疏散提供引导。

1）疏散出口

安全出口是供人员安全疏散用的楼梯间和室外楼梯的出入口或直通室内外安全区域的出口，保证在火灾时能够迅速安全地疏散人员和抢救物资，减少人员伤亡，降低火灾损失。为了在发生火灾时能够迅速安全地疏散人员，在建筑防火设计时必须设置足够数量的安全出口。每座建筑或每个防火分区的安全出口数目不应少于两个，每个防火分区相邻两个安全出口或每个房间疏散出口最近边缘之间的水平距离不应小于5.0 m。安全出口应分散布置，并应有明显标志。

疏散门是直接通向疏散走道的房间门、直接开向疏散楼梯间的门（如住宅的户门）或室外的门，不包括套间内的隔间门或住宅套内的房间门。疏散门应向疏散方向开启，民用建筑及厂房的疏散门应采用平开门，不应采用推拉门、卷帘门、吊门、转门和折叠门；但丙、丁、戊类仓库首层靠墙的外侧可采用推拉门或卷帘门。

2）疏散出口宽度和疏散距离

安全出口、疏散门、疏散走道和疏散楼梯的宽度均按照疏散人数和百人宽度指标经计算确定，同时要满足最小净宽度的要求。其中，安全出口、疏散门的净宽度不小于 0.9 m，疏散走道和疏散楼梯的净宽度不小于 1.1 m。这是保证安全疏散的最低要求，也是满足使用功能要求的一个最小尺度。有关疏散走道的最小净宽度是按能通过两股人流的宽度确定的。人员密集的公共场所、观众厅的疏散门不应设置门槛，其净宽度不应小于 1.4 m，且紧靠门口内、外各 1.4 m 范围内不应设置踏步。

人员到达安全出口之前主要有两个疏散阶段，分别是房间内的疏散（从室内任一点到房间疏散门）和疏散走道内的疏散（从房间疏散门到安全出口）。

3）疏散楼梯间

疏散楼梯间大致可分为敞开楼梯间、封闭楼梯间、防烟楼梯间和室外楼梯四种。敞开楼梯间是低层或多层建筑常用的基本形式，也称普通楼梯间。该楼梯间的典型特征是楼梯与走廊或大厅都是敞开在建筑物内，在发生火灾时不能阻挡烟气进入，而且可能成为火灾向其他楼层蔓延的主要通道。敞开楼梯间安全可靠程度不高，但使用方便、经济，适用于低、多层居住建筑和公共建筑。封闭楼梯间指用建筑构配件分隔，设有能阻挡烟气的双向弹簧门或乙级防火门的楼梯间。高层建筑、人员密集的公共建筑、人员密集的多层丙类厂房、甲或乙类厂房，其封闭楼梯间的门应采用乙级防火门，并应向疏散方向开启；其他建筑，可采用双向弹簧门。对于无法实现自然通风或自然通风不能满足要求的封闭楼梯间，应设置机械加压送风系统或采用防烟楼梯间。防烟楼梯间指在楼梯间入口设有防烟前室，或设有专供排烟用的阳台、凹廊等，且通向前室和楼梯间的门均为乙级防火门，以防止火灾的烟和热气进入的楼梯间。防烟楼梯间比封闭楼梯间有更好的防烟、防火能力，前室不仅起防烟作用，而且可以作为疏散人员进入楼梯间的缓冲空间和供灭火救援人员进攻前进行整装和灭火准备工作使用。室外楼梯可作为防烟楼梯间或封闭楼梯间使用，但主要还是用于辅助人员的应急逃生和消防员直接从室外进入建筑物到达着火层进行灭火救援。对于某些建筑，由于楼层使用面积紧张，也可采用室外疏散楼梯间进行疏散。

4）避难设施

避难层（间）是建筑内用于人员暂时躲避火灾及其烟气危害的楼层（房间），也可以作为行动有障碍的人员暂时避难、等待救援的场所。要求设置避难层（间）的建筑包括建筑高度大于100 m的住宅和公共建筑。消防技术标准规定，第一个避难层（间）的楼地面至灭火救援场地地面的高度不应大于 50 m，两个避难层（间）之间的高度不宜大于 50 m。通向避难层（间）的疏散楼梯应在避难层分隔、同层错位或上下层断开。避难层（间）的净面积应能满足设计避难人数避难的要求，并宜按 5.0 人/m^2 计算。

避难走道是采取防烟措施且两侧设置耐火极限不低于 3.0 h 的防火隔墙，用于人员安全通行至室外的走道。避难走道主要用于解决平面巨大的大型建筑中疏散距离过长或难以设置直通室外的安全出口等问题。避难走道和防烟楼梯间的原理类似，疏散人员只要进入避难走道，就可视为进入相对安全的区域。

6. 救援设施

1）消防车道

消防车道是供消防车灭火时通行的道路。设置消防车道的目的在于，一旦发生火灾，可确保消防车畅通无阻，迅速到达火场，为及时扑灭火灾创造条件。消防车道可以利用交通道路，这些道路在通行的净高度、净宽度、地面承载力和转弯半径等方面应满足消防车通行与停靠的需求，并保证畅通。街区内的道路应考虑消防车的通行，室外消火栓的保护半径在150 m左右，一般按规定设在城市道路两旁，故将道路中心线间的距离设定为不宜大于160 m。消防车道的设置应根据当地专业消防力量使用的消防车辆的外形尺寸、载重、转弯半径等消防车技术参数，以及建筑物的体量大小、周围通行条件等因素确定。

2）消防登高面

消防登高车能够靠近高层主体建筑，便于消防车作业和消防人员进入高层建筑进行人员抢救和火灾扑救的建筑立面被称为该建筑的消防登高面，也被称为建筑的消防扑救面。对于高层建筑，应根据建筑立面和消防车道等情况，合理确定建筑的消防登高面。

3）消防救援场地

在高层建筑的消防登高面一侧，地面必须设置消防车道和供消防车停靠并进行灭火救援的作业场地，该场地被称为消防救援场地或消防车登高操作场地。根据消防登高车变幅角的范围以及实地作业情况，进深不大于4 m的裙房不会影响登高车的操作。因此，高层建筑应至少沿一条长边或周边长度的1/4且不小于一条长边长度的底边连续布置消防车登高操作场地，该范围内的裙房进深不应大于4 m。建筑高度不大于50 m的建筑，连续布置消防车登高操作场地有困难时，可间隔布置，但间隔距离不宜大于30 m，且消防车登高操作场地的总长度仍应符合上述规定。建筑物与消防车登高操作场地相对应的范围内，应设置直通室外的楼梯或直通楼梯间的入口，方便救援人员快速进入建筑展开灭火和救援。

4）灭火救援窗

在高层建筑的消防登高面一侧外墙上设置的供消防人员快速进入建筑主体且便于识别的灭火救援窗口被称为灭火救援窗。消防技术标准要求厂房、仓库、公共建筑的外墙应每层设置灭火救援窗。

7. 材料防火

建筑材料防火应当遵循的主要原则如下：控制建筑材料中可燃材料的数量，受条件限制或为满足装修特殊要求必须使用可燃材料的，应当对材料进行阻燃处理；与电气线路或发热物体接触的材料应采用不燃材料或进行阻燃处理;在楼梯间、管道井等竖向通道和供人员疏散的走道内应当采用不燃材料。

1)保温材料

消防技术标准规定,建筑的内、外保温系统宜采用燃烧性能为A级的保温材料,不宜采用B_2级保温材料,严禁采用B_3级保温材料。设有保温系统的基层墙体或屋面板的耐火极限应符合相应耐火等级建筑对墙体或屋面板耐火极限的要求。

2)建筑外保温材料的燃烧性能

从材料燃烧性能的角度看,用于建筑外墙的保温材料可以分为三大类:一是以矿棉和岩棉为代表的无机保温材料,通常被认定为不燃材料;二是以胶粉聚苯颗粒保温浆料为代表的有机-无机复合型保温材料,通常被认定为难燃材料;三是以聚苯乙烯泡沫塑料[包括EPS板(可发性聚苯乙烯板)和XPS板(绝热用挤塑聚苯乙烯泡沫塑料)]、硬泡聚氨酯和改性酚醛树脂为代表的有机保温材料,通常被认定为可燃材料。有机保温材料保温性能好、质地轻,但属于可燃材料,火灾风险较大,近年来与外保温可燃材料有关的火灾事故时有发生。另外,建设工程施工期间外保温材料发生火灾的案例也较多,主要是电焊火花或用火不慎所致,一些保温材料的燃烧性能不符合相关产品标准的要求也是原因之一。因此,应严格控制建筑外保温材料的燃烧性能。

3)装修材料

装修材料按其使用部位和功能,可划分为顶棚装修材料、墙面装修材料、地面装修材料、隔断装修材料、固定家具、装饰织物(窗帘、帷幕、床罩、家具包布)和其他装修装饰材料(楼梯扶手、挂镜线、踢脚板、窗帘盒、暖气罩等)七类。

现行国家标准《建筑内部装修设计防火规范》(GB 50222—2017)(以下简称《装规》)将建筑内部装修材料的燃烧性能分为A级(不燃性)、B_1级(难燃性)、B_2级(可燃性)、B_3级(易燃性)四个等级。装修材料的燃烧性能等级应按《建筑材料及制品燃烧性能分级》(GB 8624—2012)的有关规定检测确定。材料大致分为两类:天然材料和人造材料或制品。天然材料的燃烧性能等级划分建立在大量试验数据的基础上;人造材料或制品是在常规生产工艺和常规原材料配比下生产出的产品,其燃烧性能的等级划分同样是经过大量试验形成的,划分结果具有普遍性。

《装规》规定:安装在金属龙骨上燃烧性能达到B_1级的纸面石膏板、矿棉吸声板,可作为A级装修材料使用。单位面积质量小于300 g/m^2的纸质、布质壁纸,当直接粘贴在A级基材上时,可作为B_1级装修材料使用。施涂于A级基材上的无机装修涂料,可作为A级装修材料使用;施涂于A级基材上,湿涂覆比小于1.5 kg/m^2,且涂层干膜厚度不大于1.0 mm的有机装修涂料,可作为B_1级装修材料使用。当使用多层装修材料时,各层装修材料的燃烧性能等级均应符合本规范的规定。复合型装修材料的燃烧性能等级应通过整体检测确定。

材料选用遵循原则:重要建筑比一般建筑要求严,地下建筑比地上建筑要求严,100 m以上的建筑比一般高层建筑要求严;建筑物防火的重点部位,如公共活动区、楼梯、疏散走道及危险性大的场所等,比一般建筑部位要求严;对顶棚的要求严于墙面,对墙面的要求又严于地面,对悬挂物(如窗帘、幕布等)的要求严于粘贴在基材上的物件。

8. 应用实例

某银行办公总部,总建筑面积为 52 487.8 m^2(地上面积为 40 463 m^2,地下面积为 12 024.8 m^2),建筑高度为 99.6 m,是集办公、餐饮、会议、展览等功能于一体的综合性高层公共建筑。其中,1—4 层为综合楼的裙房部分,建筑高度为 23.1 m; 5—22 层为塔楼部分,建筑高度为 76.5 m;地下为两层。地下一层、地下二层主要包含地下车库、设备用房和消防水池等。裙房首层布置入口大厅、次入口门厅、展厅、营业厅、消防控制室等,二层布置餐厅、休息区等,三层布置中小会议室及可供 250 人使用的多功能厅等,四层布置员工健身房、计算机室、安防控制中心等。塔楼部分主要布置会议与办公用房。办公楼建筑防火设计参照的主要规范有:《建筑设计防火规范》(GB 50016—2014)(2018 年版)以及《汽车库、修车库、停车场设计防火规范》(GB 50067—2014)等。

1)总平面布局

该建筑为一类高层民用建筑。该建筑满足与周边建筑的防火间距要求,与高层民用建筑间距不小于 13 m,与其他一、二级民用建筑间距不小于 9 m。建筑的周围设环形消防车道,由于建筑属一类高层且建筑面积较大,消防车道的宽度不应小于 4 m。建筑的首层仅有 1/3 布置裙房,其余 2/3 均作为消防扑救面,且在此范围内布置有直通楼梯间的疏散出口。

2)防火分区

办公楼防火分区的划分主要包括楼板的水平防火分区划分和垂直防火分区划分。设计过程中,使用防火墙、防火门、防火卷帘划分水平防火分区;使用耐火极限不小于 1.0 h 的楼板将上、下层分开,划分垂直防火分区。防火分区的墙体除钢筋混凝土墙体外,还可采用 200 mm 厚加气混凝土砌块。防火分区墙体必须满足 3.0 h 耐火极限。按消防规范的规定,建筑内设置自动灭火系统时,高层民用建筑每个防火分区允许的最大建筑面积为 3 000 m^2;裙房与高层建筑主体之间设置防火墙,裙房的防火分区可按单、多层建筑的要求确定,每个防火分区允许的最大建筑面积为 5 000 m^2。

3)防火分隔

内墙中防火分区的防火墙、机房和消防前室围护墙体的耐火极限为 3.0 h。同时,建筑内部走廊的玻璃隔断耐火极限应不低于 1.0 h。砌体墙均应砌至梁底或板底。管道井(风井除外)在设备管线安装完毕后,每层楼板处均需用后浇板作防火分隔。防火分隔构件间的各类缝隙须用防火材料进行防火封堵,且防火材料的耐火极限不低于该防火分隔构件的耐火极限。室内金属构件也必须加设防火保护层以满足消防规范对建筑构件的燃烧性能与耐火极限的要求。

4) 安全疏散

建筑防火设计中水平疏散需主要解决安全出口、疏散距离和疏散宽度三个方面的问题。办公楼标准层作为一个防火分区,核心筒部分布置有两个安全出口,采用宽 1.5 m,高 2.4 m 的乙级防火门且向疏散方向开启。两个安全出口间距为 13.5 m。裙房部分是另外一个防火分区,为满足营业厅、餐厅、多功能厅等大空间的防火规范要求,也布置有两个安全出口,同样采用宽 1.5 m,高 2.4 m 的乙级防火门且向疏散方向开启。两个安全出口之间的距离应为 23 m。办公区房间内最远一点至疏散出口的直线距离不超过 15 m,裙房部分的营业厅、餐厅与多功能厅等大空间的室内任一点至最近疏散出口的直线距离不超过 30 m,房门至安全出口的距离控制在 40 m 以内。办公楼双面布房的走道宽度不小于 1.4 m。

在垂直疏散方面,办公楼塔楼核心筒部分对称布置有两个防烟楼梯间。其中,消防电梯与防烟楼梯间合用前室,前室面积为 10.25 m^2,满足防火规范"公共建筑合用前室使用面积不应小于 10 m^2"的要求。

楼梯间的首层将消防电梯、走道和门厅包括在楼梯间前室内,形成扩大的防烟前室,并采用甲级防火门与其他走道和房间隔开。

5) 材料防火

办公楼的结构选型为框架-核心筒体系。地下部分外墙为自防水钢筋混凝土墙,内墙除钢筋混凝土墙外,为满足防火要求的 200 mm 厚加气混凝土空心砌块。地上部分外墙采用幕墙体系,由石材幕墙、玻璃幕墙和金属幕墙组成,幕墙设计符合防火规范要求,特别注意防火分区间、层间的防火构造,设置人员密集场所的高层建筑,其外墙外保温材料的燃烧性能应为 A 级不燃材料。

综合办公楼设有火灾自动报警系统和自动灭火系统,顶棚采用 A 级不燃装修材料,墙面、地面及其他装修部位的装修材料燃烧性能不低于 B_1 级。

4.2.2 建筑主动防火技术

1. 消防给水和灭火器

1) 消防给水及消火栓

水是火灾扑救过程中的主要灭火剂,火灾控制和扑救所需的消防用水主要由消防给水系统供应,消防给水系统的供水能力和安全可靠性决定了灭火的成效。消火栓是消防队员和建筑物内人员进行灭火的重要设施。消防给水基础设施包括市政管网、室外消防给水管网、室外消火栓、消防水池、消防水泵、消防水箱、增压稳压设备、水泵接合器等,其主要任务是为系统储存并提供灭火用水。给水管网包括进水管、水平干管、消防竖管等,其任务是向室内消火栓设备输送灭火用水。室内消火栓包括水带、水枪、栓口等,是供人员灭火使用的主要工具。系统附件包括各种阀门、屋顶消火栓等。报警控制设备用于启动消防水泵。

2)灭火器

灭火器是指能在其内部压力作用下,将所充装的灭火剂喷出以扑救火灾,并由人力移动的灭火器具。灭火器担负的任务是扑救初起火灾。一具质量合格的灭火器,如果使用得当、扑救及时,可将损失巨大的火灾扑灭在萌芽状态。因此,灭火器的作用是很重要的。由于灭火器的结构简单、便于移动、操作简便,因此在民用建筑、工业建筑和交通工具中得到了广泛的配置和应用。

2. 火灾自动报警

火灾自动报警系统是火灾探测报警与消防联动控制系统的简称,是以实现火灾早期探测和报警、向各类消防设备发出控制信号并接收设备反馈信号,进而实现预定消防功能为基本任务的一种自动消防设施。

火灾自动报警系统由火灾探测触发装置、火灾报警装置、火灾警报装置以及具有其他辅助功能的装置组成。该系统能在火灾初期将燃烧产生的烟雾、热量、火焰等,通过火灾探测器变成电信号,传输到火灾报警控制器,并同时显示出火灾发生的部位、时间等,使人们能够及时发现火灾并采取有效措施。

火灾自动报警系统适用于人员居住和经常有人滞留的场所、存放重要物资或燃烧后产生严重污染需要及时报警的场所。火灾自动报警系统按应用范围可分为区域报警系统、集中报警系统和控制中心报警系统三类。区域报警系统适用于仅需要报警,不需要联动自动消防设备的保护对象。集中报警系统适用于具有联动要求的保护对象。控制中心报警系统一般适用于建筑群或体量很大的保护对象,这些保护对象中可能设置几个消防控制室,也可能由于分期建设而采用了不同企业的产品或同一企业不同系列的产品,或由于系统容量限制而设置了多个起集中控制作用的火灾报警控制器等。

消防联动控制指消防联动控制器在接收火灾报警信号后,按照预设的联动控制逻辑控制相关消防系统、设备启动,从而实现预设的消防功能。消防联动控制包括自动喷水灭火系统的联动控制、消火栓系统的联动控制、气体(泡沫)灭火系统的联动控制、防烟排烟系统的联动控制、防火门及防火卷帘系统的联动控制、电梯的联动控制、火灾警报和消防应急广播系统的联动控制、消防应急照明和疏散指示系统的联动控制等。

在火灾报警经逻辑确认(或人工确认)后,消防联动控制器应在 3 s 内按设定的控制逻辑准确发出联动控制信号给相应的消防设备,当消防设备动作后将动作信号反馈给消防控制室并显示。

3. 自动灭火

1)自动喷水灭火系统

自动喷水灭火系统是由洒水喷头、报警阀组、水流报警装置(水流指示器、压力开关)等组件以及管道、供水设施组成的,能在火灾发生时作出响应并实施喷水的自动灭火系统。根据所使用喷头的形式,自动喷水灭火系统分为闭式自动喷水灭火系统和开式自动喷水灭火系统两大类(图 4-1)。根据系统的用途和配置状况,自动喷水灭火系统又分为湿式自动喷水灭火系统(以下简称“湿式系统”)、干式自动喷水灭火系统(以下简称“干式系统”)、预作用自动喷水灭火系统(以下简称“预作用系统”)、雨淋系统、水幕系统和自动喷水-泡沫联用系统等。不同类型自动喷水灭火系统的工作原理、控火效果等均有差异。因此,应根据设置场所的建筑特征、火灾特点、环境条件等来确定自动喷水灭火系统的选型。

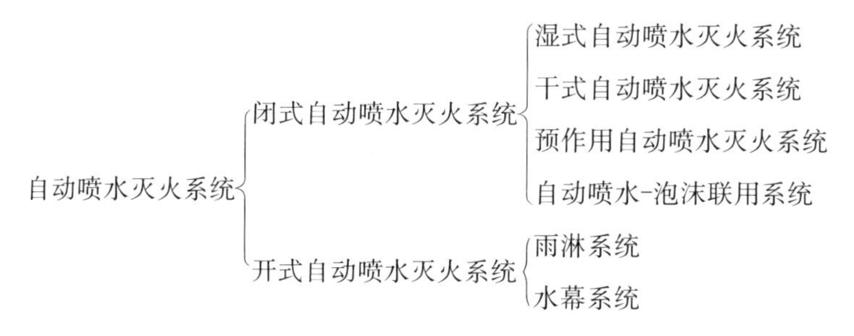

图 4-1 自动喷水灭火系统分类

湿式系统是应用最广泛的自动喷水灭火系统之一,适合在温度不低于 4℃且不高于 70℃ 的环境中使用。在温度低于 4℃的场所使用湿式系统,存在系统管道和组件内充水冰冻的危险;在温度高于 70℃的场所采用湿式系统,存在系统管道和组件内充水蒸气压力升高而破坏管道的危险。湿式系统通过消防水泵出水干管上设置的压力开关、高位消防水箱出水管上的流量开关和报警阀组压力开关直接启动消防水泵。

预作用系统可消除干式系统在喷头开放后延迟喷水的弊病,在低温和高温环境中可替代干式系统。处于准工作状态时严禁管道充水、严禁系统误喷的忌水场所应采用预作用系统。

防火分隔水幕系统利用密集喷洒形成的水墙或多层水帘,可封堵防火分区处的孔洞,阻挡火灾和烟气的蔓延,因此适用于局部防火分隔处。防护冷却水幕系统则通过喷水在物体表面形成水膜,控制防火分区处分隔物的温度,使分隔物的完整性和隔热性免遭火灾破坏,因此适用于对防火卷帘、防火玻璃墙等防火分隔设施的冷却保护。

2）水喷雾灭火系统

水喷雾灭火系统是利用专门设计的水雾喷头,在水雾喷头的工作压力下将水流分解成粒径不超过 1 mm 的细小水滴进行灭火或防护冷却的一种固定灭火系统。其主要灭火原理为表面冷却、窒息、乳化和稀释作用,具有较高的电绝缘性能和良好的灭火性能。该系统按启动方式可分为电动启动和传动管启动两种类型,按应用方式可分为固定式水喷雾灭火系统、自动喷水-水喷雾混合配置系统和泡沫-水喷雾联用系统三种类型。

水喷雾灭火系统的防护目的主要有两个,即灭火和防护冷却。以灭火为目的的水喷雾灭火系统主要适用于以下范围:①固体火灾;②可燃液体火灾,水喷雾灭火系统可用于扑救丙类液体火灾和饮料酒火灾,如燃油锅炉、发电机油箱、输油管道火灾等;③电气火灾,水喷雾灭火系统的离心雾化喷头喷出的水雾具有良好的电绝缘性,因此可用于扑救油浸式电力变压器、电缆隧道、电缆沟、电缆井、电缆夹层等处发生的电气火灾。以防护冷却为目的的水喷雾灭火系统主要适用于以下范围:①可燃气体;②甲、乙、丙类液体的生产、储存装置和装卸设施的防护冷却;③火灾危险性大的化工装置及管道(如加热器、反应器、蒸馏塔等)的防护冷却。

3）细水雾灭火系统

细水雾灭火系统是由供水装置、过滤装置、控制阀、细水雾喷头等组件和供水管道组成的,能自动和人工启动并喷放细水雾进行灭火或控火的固定灭火系统。该系统的灭火原理主要是表面冷却、窒息、辐射热阻隔、浸湿以及乳化作用,在灭火过程中,几种作用往往同时发生,从而实现有效灭火。细水雾灭火系统按工作压力可分为低压系统、中压系统和高压系统,按应用方式可分为全淹没系统和局部应用系统,按动作方式可分为开式系统和闭式系统,按雾化介质可分为单流体系统和双流体系统,按供水方式可分为泵组式系统、瓶组式系统、瓶组与泵组结合式系统。

细水雾灭火系统适用于扑救以下火灾:①可燃固体火灾(A 类),细水雾灭火系统可以有效扑救相对封闭空间内的可燃固体表面火灾,包括纸张、木材、纺织品、塑料泡沫、橡胶等固体火灾;②可燃液体火灾(B 类),细水雾灭火系统可以有效扑救相对封闭空间内的可燃液体火灾,包括正庚烷或汽油等低闪点可燃液体和润滑油、液压油等中、高闪点可燃液体火灾;③电气火灾(E 类),细水雾灭火系统可以有效扑救电气火灾,包括电缆、控制柜等电子、电气设备火灾和变压器火灾等。

4）泡沫灭火系统

泡沫灭火系统由消防泵、泡沫储罐、比例混合器、泡沫产生装置、阀门、管道和电气控制装置组成。泡沫灭火系统按泡沫液发泡倍数的不同分为低倍数泡沫灭火系统、中倍数泡沫灭火系统和高倍数泡沫灭火系统，按设备安装使用方式可分为固定式泡沫灭火系统、半固定式泡沫灭火系统和移动式泡沫灭火系统。

泡沫灭火系统主要适用于提炼与加工生产甲、乙、丙类液体的炼油厂、化工厂、油田、油库，或为铁路油槽车装卸油品的鹤管栈桥、码头、飞机库、机场、燃油锅炉房、大型汽车库等。在火灾危险性大的甲、乙、丙类液体储罐区和其他危险场所，泡沫灭火系统灭火优越性非常明显。

储罐区泡沫灭火系统的选择应符合下列消防技术标准的规定：非水溶性甲、乙、丙类液体固定顶储罐，可选用液上喷射、液下喷射或半液下喷射系统；水溶性甲、乙、丙类液体和其他对普通泡沫有破坏作用的甲、乙、丙类液体固定顶储罐，应选用液上喷射或半液下喷射系统；外浮顶和内浮顶储罐应选用液上喷射系统；非水溶性液体外浮顶储罐、内浮顶储罐、直径大于 18 m 的固定顶储罐以及水溶性液体的立式储罐，不得选用泡沫炮作为主要灭火设施；高度大于 7 m 或直径大于 9 m 的固定顶储罐，不得选用泡沫枪作为主要灭火设施；油罐中倍数泡沫灭火系统应选用液上喷射系统。

5）气体灭火系统

气体灭火系统指平时灭火剂以液体、液化气体或气体状态存储于压力容器内，灭火时喷射气体（包括蒸汽、气雾）状态灭火介质的灭火系统。该系统能在防护区空间内形成各方向均一的气体浓度，而且至少能保持该灭火浓度至规范规定的浸渍时间，从而扑灭该防护区的空间立体火灾。气体灭火系统按其结构特点可分为管网灭火系统（工程系统）和无管网灭火系统（预制系统），按防护区的特征和灭火方式可分为全淹没灭火系统和局部应用灭火系统，按一套灭火剂储存装置保护的防护区的多少可分为单元独立系统和组合分配系统。气体灭火系统主要有自动、手动、机械应急手动和紧急启动、停止四种控制方式。气体灭火系统灭火剂种类、灭火原理不同，其适用范围也各不相同。

二氧化碳灭火系统可用于扑救灭火前可切断气源的气体火灾，液体火灾，石蜡、沥青等可熔化的固体火灾，固体表面火灾，棉毛、织物、纸张等部分固体深位火灾，电气火灾；不得用于扑救硝化纤维、火药等含氧化剂的化学制品火灾，钾、钠、镁、钛、锆等活泼金属火灾，氢化钾、氢化钠等金属氢化物火灾。

七氟丙烷灭火系统适用于扑救电气火灾、液体表面火灾、可熔化的固体火灾、固体表面火灾和灭火前可切断气源的气体火灾。该系统不得用于扑救下列物质的火灾：含氧化剂的化学制品及混合物，如硝化纤维、硝酸钠等；活泼金属，如钾、钠、镁、钛、锆、铀等；金属氢化物，如氢化钾、氢化钠等；能自行分解的化学物质，如过氧化氢、联氨等。

其他气体灭火系统适用于扑救电气火灾、固体表面火灾、液体火灾和灭火前能切断气源的气体火灾；不适用于扑救硝化纤维、硝酸钠等氧化剂或含氧化剂的化学制品火灾，钾、镁、钠、钛、锆、铀等活泼金属火灾，氢化钾、氢化钠等金属氢化物火灾，过氧化氢、联氨等能自行分解的化学物质火灾，可燃固体物质的深位火灾。

4. 防烟排烟

建筑中设置防烟排烟系统的作用是及时排除火灾产生的烟气，防止和延缓烟气扩散，保证疏散通道不受烟气侵害，确保建筑物内人员顺利疏散、安全避难；同时，及时排除火灾现场的烟和热量，以减弱火势的蔓延，为火灾扑救创造有利条件。建筑火灾烟气控制分为防烟和排烟两个方面。防烟采取自然通风和机械加压送风的形式，排烟则包括自然排烟和机械排烟两种形式。防烟或排烟设施的具体形式多样，应结合建筑所处的环境条件和建筑自身特点，按照相关消防技术规范要求，进行合理的选择和组合。

5. 应急照明及疏散指示

消防应急照明和疏散指示系统指在发生火灾时，为人员疏散、逃生、消防作业提供指示或照明的各类灯具，是建筑中不可缺少的重要消防设施。其主要功能是为火灾中人员的逃生和灭火救援行动提供照明及方向指示，由消防应急照明灯具和消防应急标志灯具等构成。当发生火灾事故时，所有消防应急照明和标志灯具转入应急工作状态，为人员疏散和消防作业提供必要的帮助，因此响应迅速、安全稳定是对系统的基本要求。

消防应急照明和疏散指示系统按照灯具的应急供电方式和控制方式的不同，分为自带电源非集中控制型、自带电源集中控制型、集中电源非集中控制型和集中电源集中控制型四类。

6. 应用实例

某高层医疗建筑地下两层、地上 9 层，建筑高度为 39.99 m，总建筑面积为 28 470.78 m^2，其中地上 20 540.1 m^2、地下 7 930.68 m^2，采用钢筋混凝土框架结构，耐火等级为二级。地下一层为机械停车库，地下二层为设备用房、厨房、员工更衣室、淋浴室，地上第 1—2 层为门诊的接待室大厅、诊室、医技用房等，第 3—4 层为行政办公、诊室等，第 5 层为餐厅、报告厅、病房、实验室等，第 6 层为各科病房及护士站，第 7 层为月子中心，第 8 层为产科病房、护士站等，第 9 层为手术室、ICU 等。消防设施设计主要依据《建筑设计防火规范》(GB 50016—2014)(2018 年版)、《消防给水及消火栓系统技术规范》(GB 50974—2014)、《水喷雾灭火系统技术规范》(GB 50219—2014)、《火灾自动报警系统设计规范》(GB 50116—2013)等规范。

1) 自动灭火系统

(1) 自动喷水灭火系统。消防水泵房位于首层靠外墙处；设喷淋泵 2 台，一用一备，流量 Q=30 L/s，扬程 H=60 m；系统共设湿式报警阀 7 个；屋顶设消防水箱供室内消火栓系统及喷淋系统 10 min 消防用水量；系统设水泵接合器 2 个。喷头的选型、设置和安装均满足消防技术标准的要求，吊顶至楼板净距大于 80 cm 处吊顶内应设喷头。

(2) 水喷雾灭火系统。在地下一层柴油发电机房设置水喷雾灭火系统进行保护,系统设置 1 个雨淋阀,与水喷淋系统合用喷淋泵,喷头供给强度为 20 L/(min·m^2),喷头工作压力为0.35 MPa,设计流量为 25.16 L/s,保护面积为 36.5 m^2,所用水雾喷头流量系数 $K=26.5$,持续累积喷雾时间为 30 min,泵组系统设自动控制和手动控制方式。

(3) 气体灭火系统。在地下一层的核磁共振检查室、影像室、乳腺检查室、骨密度检查室、弱电间、胃肠透视检查、数字化放疗科室、IT 机房和 UPS 间设置预制式七氟丙烷气体灭火系统,共 9 套。防护区设计浓度除 UPS 间和弱电间为 9%外,其余为 8%,每个防护区设钢瓶 2 只(位于防护区内),钢瓶容积和充装量分别根据防护区体积经计算确定,不设备瓶。装置设自动、手动两种启动方式,自动控制装置在接到两个独立信号后延迟 30 s 启动系统。防护区围护结构及门窗、隔墙的允许压强不小于 1 200 Pa;防护区各设泄压口一个,位置应在室内净高的 2/3 处以上;防护区配有专用空气呼吸器。

2) 防排烟设施

在防烟楼梯间设置一套机械加压送风系统,风机($Q=23\ 618\ m^3/h$)设于地下二层防烟机房,机械加压送风系统的楼梯间余压值应为 40~50 Pa,前室余压值为 25~30 Pa。建筑各层内走道均设机械排烟系统,共设 14 台排烟风机承担各防烟分区的排烟。各排烟口均为常闭风口。疏散走道的排烟风管耐火极限不应低于 1.0 h,各层排烟口附近应设便于操作的手动开启、复位装置。

3) 消防电气与火灾自动报警系统

(1) 本工程排烟风机、正压送风、消防应急照明及改造消防水泵等消防设备均由建筑二路电源供电,并在设备最末一级配电箱处设自动切换装置;工程内所有明敷的消防用电配电线路均穿有防火保护的金属管(线槽),其他所有电气线路应穿金属管。

(2) 火灾自动报警系统采用集中报警系统,在建筑首层设消防控制室,设置 1 台火灾报警控制器(联动型),每一总线回路连接设备的总数不超过 200 点,每一联动总线回路连接设备总数不超过 100 点,每个短路隔离器保护的设备总数均不超过 32 点。火灾探测器、警铃、手动报警按钮、系统布线、短路隔离器设置、消防联动控制均按要求设置。消防控制室内设图形显示装置,消防水泵房、变配电房、排烟风机房及避难间内设消防电话,避难间内设应急广播。

4) 应急照明及疏散指示

在消防水泵房、消防控制室、排烟风机房、楼梯间及其前室、消防电梯前室、避难间、疏散走道、门诊大厅、候诊区等均应设应急照明,在门诊大厅、候诊区、疏散通道及安全出口处设疏散指标标志灯。疏散指示标志应设置在疏散走道及其转角处距地面高度 1.0 m 以下的墙面或地面上。灯光疏散指示标志的间距不应大于 20 m;对于袋形走道,不应大于 10 m;在走道转角区,不应大于 1.0 m。疏散走道消防应急照明的地面最低水平照度为 1 Lx。

4.2.3 建筑防火技术融合应用

1. 钢结构注水防火保护策略

随着现代建筑结构体系的发展，钢结构已经越来越多地被应用到工程项目中。火灾高温对结构材性有显著影响，极易造成结构损伤、破坏甚至倒塌。钢材的材料性能在火灾中会随着温度的升高而逐步降低，当温度超过 550℃时，普通结构钢将丧失大部分的强度和刚度。因此，火灾安全问题成为钢结构建筑安全的一个重要方面。

目前，在国内实际工程项目中，解决钢结构防火的普遍措施是喷涂防火涂料或使用防火板材。然而现代钢结构建筑形式日趋复杂，考虑到建筑美观和防火性能的要求，使用防火涂料或板材并不能完全解决所有工程项目的钢结构火灾安全问题。注水保护策略为钢结构防火提供了另一种思路，该方法利用水的冷却作用对钢结构进行防火保护，能有效解决防火涂料影响建筑美观的问题。较传统的防火涂料喷涂而言，注水保护策略有以下优点：节省防火涂料；由于钢结构不喷涂防火涂料，柱子的尺寸减小，从而获得更多的楼层使用面积；裸钢结构更易表现出建筑的美学特征。

注水保护策略已成功运用于部分国际项目实例中，其中一个典型案例为世界上规模较大的航空货运中心——香港国际机场航空货运中心。利用注水保护策略，在钢构件内部注入足够水量，并且辅以额外的喷淋保护措施，喷头直接布置在结构上(图 4-2)。该方案的有效性经过火灾试验得到了验证，该钢结构保护设计不仅保证建筑满足消防要求和美观需要，而且节省了大量投资成本。

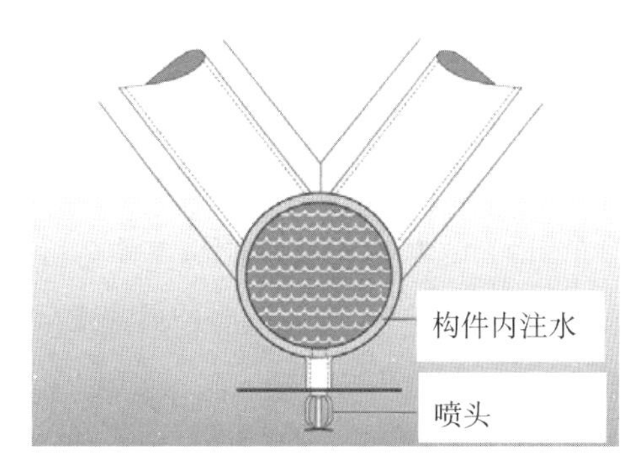

图 4-2 香港国际机场航空货运中心钢结构注水保护方案

作为传统防火喷涂的一种补充方法，钢管注水是一种兼具经济性与高效性的新型钢结构防火策略。该方法可以利用建筑现有的消防设施，通过水的冷却作用对钢结构施以必要的防火保护，解决钢结构防火涂料影响建筑整体美观的问题。但注水腐蚀管材，进而可能对结构安全产生影响等问题还有待进一步深入研究。在我国钢结构建筑蓬勃发展的今天，有必要对注水保护方法和结构设计进行综合分析研究，以期制定合理可行的防火策略。

2. 智能疏散指示系统

当前,我国城市建筑的发展十分迅速,大型公共建筑越来越多。这些建筑内部结构复杂、人员高度密集,一旦发生火灾,人们由于缺乏逃生训练和疏散经验,当面临多条逃生路径时,如无恰当的疏散引导和指挥,通常会选取熟悉的路径或者有更多人选择的路径,呈现从众性的行为模式,但这会在人们日常比较熟悉的紧急出口以及楼梯间等疏散通道瓶颈区域造成人员滞留。当滞留人群密度和滞留时间超过了人们心理和生理所能承受的极限,人们互相推搡,最终将导致跌倒、踩踏等群死群伤事故的发生。近年来,国内外发生了一系列因疏散不当造成的群死群伤恶性火灾事故。其中大部分伤亡是由于人员不能明确逃生方向,受火灾现场的烟气毒害所致。

国家现行的建筑设计防火规范对火灾探测报警系统和疏散指示的设置进行了严格的规定,但它们分别独立工作,彼此之间没有密切联系和科学合理的协同联动,尤其是工程中普遍使用的疏散指示标志绝大部分是固定方向指示,存在当疏散线路或其指示的安全出口附近发生火灾时仍然将人员引向危险区域的隐患。人员疏散安全不仅与起火位置和蔓延方向有关,还与疏散路线及相关疏散设施的动作状态有关。

智能疏散指示系统将以往传统的就近固定方向疏散的理念提升为远离火灾的主动、合理疏散理念,实现疏散指示与火灾状况和疏散设施动作状态的协同联动。与传统疏散指示系统相比,智能疏散指示系统的优点在于以下五个方面。

(1) 与消防报警协同工作,可以准确判断火灾发生的具体位置。

(2) 智能控制系统自动地对所有应急标志灯及应急照明灯实施全天候不间断的自动巡检,并在第一时间以声光报警的方式提示并显示故障灯的位置及故障原因。

(3) 所有应急标志灯的指示方向均可以根据火灾的发生位置进行调整。当中央控制器接收到火灾报警系统的报警信号后,立刻下达指令使所有应急标志灯按照合理的逃生逻辑调整指示方向,使逃生人群远离火灾发生处,最大限度地保证逃生人群的生命安全。

(4) 以地面光流的形式进行消防疏散引导,动态指示逃生路径。即使在烟雾环境中,逃生人员以最低姿态移动时也可以快速、准确地判断出最佳逃生路径。

(5) 在紧急状态下,安全出口指示灯增加了闪烁及声音提示,如"这里是安全出口",以免逃生人员错过最佳安全出口而延误逃生时机。

4.3 火灾风险防控新技术

在城市化进程中,发展重心基本围绕经济建设展开,消防长期以来处于"基本保障"层面与“被动消防”状态。如果火灾风险得不到有效控制，将会严重影响城市的稳定发展、人民的安居乐业以及产业的快速升级。新的时代迎来新的技术手段，这为火灾风险防控提供了更多解决方案。

新材料、新工艺、性能化防火设计、物联网、大数据、5G、云计算、人工智能、建筑信息模型（Building Information Modeling, BIM）、虚拟现实（Virtual Reality, VR）、增强现实（Augmented Reality, AR）和混合现实（Mixed Reality, MR）等技术能在火灾风险防控中发挥怎样的作用呢？总体来说，这些新技术主要从两个层面来助力城市火灾风险防控：一是基于建筑防火，提高防控效果；二是基于信息化技术，利用数据与智能技术提高防控能级。

4.3.1 新材料、新工艺应用技术

1. 铝合金结构防火技术

部分现代建筑造型新颖奇特，结构外壳的轻盈化、通透化创新了现代建筑的风格与形象，新型的铝合金结构使建筑的跨度增大、荷载减小，但却造成建筑的耐火等级降低，横向与竖向防火分隔构造难以实施，对传统的建筑防火设计理念造成巨大的冲击，而现代消防科技的发展提供了解决这些问题的新武器。

1）技术概述

采用铝合金承重结构的建筑应按《建筑设计防火规范》（GB 50016—2014）（2018 年版），根据建筑物的耐火等级来确定耐火极限。《建筑铝合金结构防火技术规程》规定，铝合金结构可采用有效的水喷淋系统或喷涂防火涂料进行防护。铝合金结构的专用防火涂料是目前科研部门研制的一种水性膨胀型防火涂料，防火涂料在火灾中形成轻质耐火隔热层，从而起到防火保护作用，使火灾中的铝合金构件和结构保持稳定的承载能力，不因局部破坏而发生整体式的连续性倒塌。该成果申请了一项发明专利（项目编号：2016JSYJC42），并经国家防火建筑材料质量监督检验中心检测。

铝合金结构防火保护措施应根据项目实际需求，按照安全可靠、经济实用的原则选用，并应符合下述条件：①在要求的耐火极限内能有效地保护铝合金构件；②防火保护材料应易于与铝合金构件结合，并不对铝合金构件产生有害影响；③当铝合金构件受火后发生允许变形时，防火保护材料不应发生结构性破坏，仍能保持原有的保护作用直至规定的耐火时间；④施工方便，易于保证施工质量；⑤防火保护材料不应对人体有害。

2）实践案例

G60 科创云廊项目（一期）中位于 11 栋高层顶部的云廊设置了分布式光伏发电系统，整个云廊长 670 m、宽 118 m，总面积达 70 222 m^2。云廊为树杈形钢柱与 V 形钢柱支撑铝合金三角

格构形成的曲面壳体构筑物，在铝合金三角格构上设光伏发电系统，是国内架空高度最高、长度最长的分布式光伏发电项目。作为承载支撑构件的树杈形钢柱与V形钢柱均已经钢结构防火涂料喷涂，设计耐火极限为1.5 h，满足一级耐火等级建筑屋顶承重构件耐火极限要求。

为防止和减小铝合金结构的火灾危害，保护人身和财产安全，应经济、合理地进行铝合金结构抗火设计和采取防火保护措施。云廊设计模型是以火灾高温下铝合金结构的承载能力极限状态为基础，根据概率极限状态设计法的原则制定的。

铝合金结构的表面长期受辐射，当温度达80℃时，应加隔热层或采取其他有效的防护措施。火灾中铝合金构件和结构应保持稳定的承载能力，并满足建筑使用功能的要求。设计火灾作用下，铝合金结构不应因局部破坏而发生整体式的连续性倒塌。铝合金结构可采用有效的水喷淋系统进行防护。建筑铝合金结构喷涂防火涂料时，防火保护构造宜按图4-3选用。有下列情况之一时，应在涂层内设置与铝合金构件相连接的镀锌铁丝网：①构件承受冲击、振动荷载；②防火涂料的黏结强度不大于0.05 MPa；③构件的腹板高度超过500 mm且涂层厚度不小于30 mm；④构件的腹板高度超过500 mm且涂层长期暴露在室外。

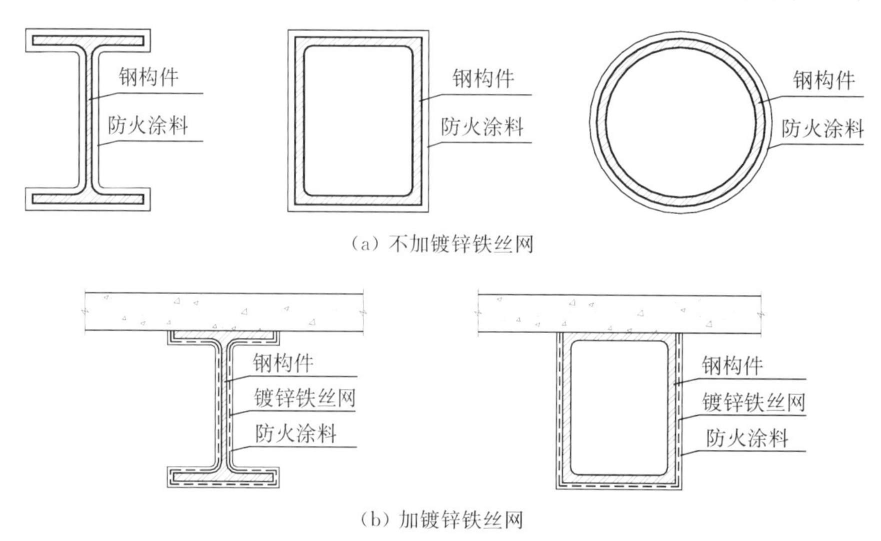

图4-3　防火保护构造

对于铝合金网壳等大跨度屋面结构，整体抗火验算可将“荷载-位移曲线”出现下降段作为结构破坏和失效的判断标准。这里用强度控制，而不用变形控制，可供大家讨论。（这样做是因为目前缺少相关研究，而火灾下铝合金弹性模量降低明显，很难参考常温情况下的变形，故变形指标难以界定。）

3）未来展望

常用的防火涂料不能用于铝合金结构，但水性膨胀型铝合金防火涂料在火灾中形成轻质耐火隔热层，阻燃剂包覆技术能阻止酸、碱和盐类与铝合金直接接触，解决了铝合金受腐蚀而造成防火涂料脱落的问题。这种新型防火涂料不仅适用于铝合金结构防火，也适用于铜、钢、锌和塑料等电器外壳的防火保护。

2. 可折管网式细水雾灭火系统[7]

随着电子商务和能源行业的发展，近年来越来越多的自动化立体仓库和电池储能仓库应运而生，这类新兴的仓库具有特殊的结构形式和火灾风险。美国 FM Global 公司对仓库火灾进行了大量的试验研究，尤其对在自动化立体仓库和电池储能仓库中，采用可折管网式细水雾灭火系统进行仓库消防设计、运营维护和风险管理进行了研究。

1）技术概述

现行国家标准《建筑设计防火规范》(GB 50016—2014)(2018 年版)第 8.3.2 条规定，可燃、难燃物品的高架仓库和高层仓库应设置自动灭火系统，并宜采用自动喷水灭火系统。目前，大型物流建筑的消防保护主要采用水喷淋系统。根据《自动喷水灭火系统设计规范》(GB 50084—2017)，按照高架仓库的特点，在仓库屋顶及货架隔层内固定设置一定规格、数量的洒水喷头。发生火灾时，系统自动启动，实施灭火。

现有的自动喷水灭火系统应用于高架仓库普遍存在以下问题：①占用空间大；②耗水量大，极易引起水渍漫溢和二次灾害；③顶部安装喷头对货架内部遮挡火的动作响应较慢，灭火效果较差，而货架内部安装喷头又影响日常操作，易引起碰撞、泄漏；④部分货架内空间狭小，无法局部布置喷头，仅仅依靠顶部喷头无法有效灭火；⑤货架内安装喷头时，喷头、管路等部件必须由货架提供支撑，为考虑灭火效果，其设计必须与货架设计同步进行。

物流仓储中，电子产品、精密仪器、高档商品是常见的物品类型。这些物品被大流量的灭火剂冲刷后基本报废，所以适合采用细水雾灭火系统进行保护。固定式管网对产品和设备的存取和操作造成阻碍，影响细水雾的部分应用。

采用可折管网式细水雾灭火系统，可根据高架仓库的规格、结构尺寸、保护对象的特点，通过计算选用相应规格及数量的旋转接头、推力释放机构、管路阻尼限位机构、喷头和管路进行安装，使装置能更好地适应保护场所和保护对象，满足灭火需要，具有较强的针对性，更加科学、经济、合理。装置的可折管网整体安装于建筑物或需要保护的货架上部(图 4-4)，由推力释放机构扣紧，不影响下部叉车或人员对货架的操作、使用与维护，具有较好的统一性、完整性和美观性。装置通过吸气式火灾探测报警系统提供火灾报警和启动信号，能对早期火灾进行预警，为灭火系统的启动、火灾的抑制争取宝贵时间，系统使用效果突出。

2）发展现状

细水雾灭火系统分为低、中、高压三种系统。以前受我国制造加工业的技术水平所限，尽管泵组和阀组的价格昂贵，10 MPa 以上的高压细水雾灭火系统也只能进口，但这一情况

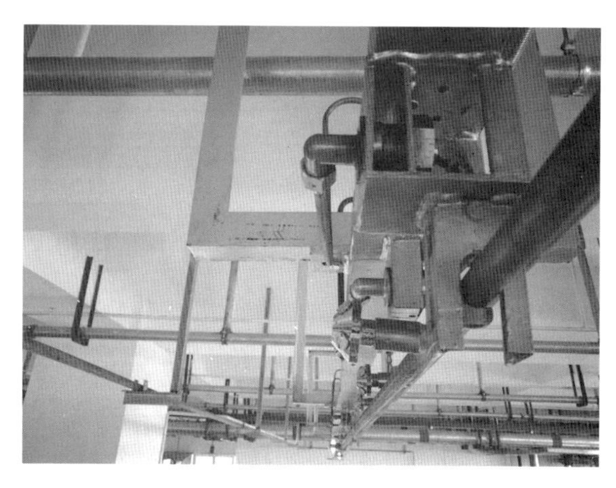

图4-4　高架仓库设置可折管网式细水雾灭火系统实景

目前正发生转变。国内一些高科技企业已经可以自主研发制造高压泵组和阀组，细水雾灭火系统的整体成本呈下降趋势，将占领更多低端市场。

常见的细水雾灭火系统按供水方式可分为泵组式、瓶组式和泵组与瓶组结合式；按系统安装方式可分为固定式和半固定式。半固定式细水雾灭火系统由车载泵组和喷射机构组成，使用场合灵活但作用面积小，由于靠人力进火场操作，不适用于大型火灾。而固定式细水雾灭火系统的管网永久性固定在被保护对象周围，如果被保护对象附近经常需要进行人工或机械操作，管网会造成阻碍，这也在一定程度上限制了细水雾灭火系统的应用。

目前，所有对细水雾灭火系统的研究都集中在如何提高泵的压力、阀组的可靠性、喷头的雾化效果等方面，如何对细水雾管网加以改造以适应不同应用场合并没有引起足够的重视，所以这方面没有标准、规范等可循。

3）实践案例

以大型物流仓储为例，仓库货架高度为 6～10 m，目前国内外的通用保护手段是在仓库顶棚布置大流量快速响应喷头，火灾自动报警系统采用光电式感烟探测器或空气采样探测器。假如火灾从货架底部开始，燃烧到能被探测到的程度或者使快速响应喷头玻璃泡破裂的程度，这时候货架的货物已经被烧毁，而且快速响应喷头出水量大，有可能对没有燃烧的货架上的物品造成损害。而在保存贵重物品的货架周围设立可折管网式细水雾灭火系统可以达到快速灭火的效果，且水量少，不会对周围货物造成损害。这种细水雾灭火系统还可以应用于生产车间内火灾危险性较大、空间狭小，但需要经常操作的重点保护对象。

（1）操作步骤。

① 根据被保护对象的火灾危险性决定采用哪种细水雾灭火系统，如大型物流仓储中最多的是丙二类物品，备选方案可以是中、高压细水雾灭火系统。

② 在货架上放置丙二类物品，布置火灾探测报警系统，在货架附近安装细水雾泵组。

③ 预制细水雾主管网、支管网，设计制作主管网与支管网的活动关节。

④ 设计支管网隐蔽布置机构，该机构平时将细水雾分支管网隐蔽在不影响生产操作的空间中；发生火灾时，在双回路火灾探测报警联动细水雾雨淋阀组启动的同时释放细水雾分支管网，使分支管网就位，细水雾喷头（图 4-5）喷放细水雾灭火。

图 4-5　分支管网上安装细水雾喷头

（2）技术关键。

① 分支管网的活动关节内设便于高压水流动的空腔，活动关节既能承受高压又能旋转。

② 隐蔽布置机构的夹具和释放装置要保证平时将分支管网牢固地固定在隐蔽空间，在火灾发生时快速释放分支管网并使其移动到位。

③ 分支管网上安装的细水雾喷头要能在管网到位后对准被保护对象。

④ 双回路火灾探测系统能够联动细水雾雨淋阀组。

可折管网式细水雾灭火系统已在普洛斯上海园中路物流园推广应用，得到工程建设单位及相关人员的充分认可，对一线安全、消防和设备维护管理人员进行操作演练和宣讲，工程建设单位表现出较强的进一步安装、使用意向，可见该技术具有较强的实用性和工程应用前景。

4）未来展望

随着细水雾灭火系统的不断应用与技术的进一步发展，以及其较自动喷水灭火系统、气体灭火系统等无法替代的特点，细水雾灭火系统在高架仓库的消防保护中越来越受到重视。因此，突破现有细水雾灭火系统的管网设置问题，研制用于高架仓库的可折管网式细水雾灭火系统具有必要性和良好的工程应用前景。

3. 室外钢结构防火防腐一体化材料

1）技术概述

新研制的防火防腐一体化材料取得了消防产品3C认证，其技术指标在世界范围内处于领先水平，能满足高铁车站站台雨棚柱的防火实际要求。新型防火防腐一体化材料在防止有机材料衰减方面已做了配套产品体系的开发，防火涂料优异的屏蔽性兼顾长效防腐中涂的作用，配套高性能水性面漆能大幅度延缓防火涂层的老化，防腐防火一体化产品体系的耐久性在15年以上。水性产品体系解决车站易燃易爆物品存储及使用的苛刻限制，产品体系相容性好，并取得第三方检测报告，附着力优异，第三方检测报告附着力为3.6 MPa（拉拔法），实际工程应用证明完全可以满足高铁350 km时速产生的震动对材料附着力的要求。防腐防火一体化产品施工性能优异，VOC挥发极少，能达到国家安全环保施工的要求，膨胀型钢结构防火涂料一道无气喷涂干膜厚度为800～1 000 μm，将施工效率提高一倍，节约了天窗点施工的配合措施费，大大节约了人力施工成本，经济效益显著。防腐防火一体化产品漆膜外观平整光滑，荷载小，不用批腻子找平，从根本上解决了钢结构热胀冷缩与腻子不匹配造成涂层开裂的问题。

2）发展现状

高铁车站雨棚柱的耐火等级为二级，即耐火极限为2.5 h。目前，投入运营的高铁车站只运营动车组列车，动车组列车所选用的材料均是阻燃材料，不会自燃产生热量传导，立柱钢结构表面温度不会迅速升温。

防火防腐一体化材料适用于铁路客站雨棚钢结构防腐层的维修和保养，高性能的钢结构膨胀型环保防腐防火涂料可实现防腐防火一体化，达到长效防腐、防火，确保施工的便捷、环保，保护车站建筑结构。防腐防火一体化涂层体系中，防火涂料干膜厚度为3 mm，耐火极限为2.0 h，可厚膜涂装，一道干膜厚度为800～1 000 μm。同时，一体化涂料施工适应铁路特有的夏季高温高湿、冬季低温的天窗点施工环境，也适应低表面处理的施工条件。

3）实践案例

2020年6—8月，上海市金山卫站、亭林站、叶榭站对雨棚钢结构进行防腐防火一体化材料维保重涂（图4-6）。

图4-6　防火防腐重涂施工现场

4）未来展望

秉承“安全、绿色、开放、合作”的发展理念，聚焦钢结构、混凝土基础设施和大型建筑外墙防腐蚀三大重点领域，以一批研发生产基地和业务熟练的专业施工队伍为支撑，始终瞄准科技前沿，持续加大研发投入，不断壮大科研团队，着力拓展合作平台，积极促进成果转化。通过加强对已实施项目的定期检测，积累相关的资料和经验，进一步加大对防火防腐一体化材料的深入研究、研制，使之在更广的建筑领域得到应用，发挥更大的经济效益，保障人们的生命安全。

4.3.2 性能化防火设计技术

性能化防火设计是新型的防火系统设计思路，是一种建立在诸多理性条件上的科学的设计方法。该方法汇集了当前建筑防火领域最先进的技术，是最前沿、最活跃的研究领域。

1. 技术概述

性能化防火设计指根据工程使用功能和消防安全要求，运用消防安全工程学原理，采用先进适用的计算分析工具和方法，通过对建筑环境中特定火灾场景的火灾风险的量化和分析，对建设工程消防设计、方案进行综合分析评估，判断建筑抵御火灾的性能指标是否满足预设的消防安全目标，从而优化消防设计方案。性能化防火设计是建立在火灾科学和消防工程学基础之上的一项应用技术，它的出现是火灾科学和消防工程学发展到一定阶段的必然结果。

随着人们对现代建筑形式的不断创新与高层建筑的普及，如何保证建筑的耐火性能以及如何确保火灾情况下人员的生命安全成为消防安全的重大课题。据统计，火灾中人员由于不能及时安全疏散，受烟气影响而窒息的案例极多，这造成巨大的生命和财产损失。现有规范对建筑的消防安全设计虽有严格的要求，但对不同功能、不同新形式的建筑的消防要求仍存在许多漏洞。性能化防火设计相对于传统设计更具有灵活性，能够依据建筑形状、结构形式、使用功能与内部可燃物分布等具体情况，运用科学的理论基础、合理的预测与工程分析，模拟出火灾情况下建筑与人员的安全情况，从而提出合理的、科学的最优消防设计方案。性能化防火设计作为一种先进的、前沿的消防设计理念，在国际范围内得到普及。

2. 发展背景

设计规范中的大多数规定是依照建筑物的用途、规模和结构形式等提出的，并且详细地规定了防火设计必须满足的各项设计指标或参数，不需要设计人员进行复杂的计算和分析，容易理解和掌握。但每座建筑的结构、用途及内部可燃物的数量和分布情况千差万别，因此按照规范统一给定的设计参数，通过菜单处方式的处理得到的设计方案不一定是最合理和最有效的。特别是随着科学技术和经济的发展，各种复杂的、多功能的建筑迅速增多，新材料、新工艺、新技术和新的建筑结构形式不断涌现，对建筑的消防设计提出了新要求，出现了许多规范难以解决的消防设计问题。

性能化防火设计是社会经济发展的必然趋势，它的出现与火灾科学和消防安全工程学的发展分不开。自19世纪末英国出现利用金属受热膨胀原理制成的感温火灾自动探测装置以来，消防工程技术已有100多年的发展历史。随着计算机技术在社会各领域的充分应用，消防工程技术也得到了快速提升，各种智能化的火灾探测和自动灭火系统不断涌现。特别是随着大容量、高性能计算工作站的出现，科学计算的能力越来越强大，对大量复杂火灾数据的快速分析和处理成为现实。这些都为性能化防火设计的发展提供了基础。

美国、英国、日本、澳大利亚等国家从20世纪70年代起就开展性能化防火设计的相关研究，如火灾增长分析、烟气运动分析、人员安全疏散分析、建筑结构耐火分析和火灾风险评估等，并取得了一些具有实用价值的成果，各国纷纷制定性能化防火设计规范和指南等文件。

3. 三大设计要素分析方法

1）烟气流动与控制

对于建筑中火灾烟气的流动情况及其规律，国内外学者主要采用两种手段进行研究：实验和计算机数值模拟，实验手段包括缩尺寸实验台、相似模型实验等。由于不同的建筑形式和体量、内部分隔方式与布局都将影响建筑火灾烟气的流动特性，很难通过实验手段针对所有不同的建筑条件和火灾工况来开展实验。随着计算机技术的进步，采用计算机模拟来研究建筑火灾烟气流动逐渐成为一种普遍而有效的方法，各类计算流体力学软件受到研究者和工程人员的青睐。建筑火灾过程的计算机模拟方法当前主要有区域模拟和场模拟两种，在火灾安全科学和工程领域中这两种模拟方法已被广泛接受和应用，场区模拟和场区网模拟则是在其基础上的进一步发展。

区域模拟的基本思想如下：将模拟房间分成上、下两个区域，即上层热烟气层和下层冷空气层，并由水平界面分开；假设各层的气体温度、密度和其他物性是均匀的，由火焰所产生的热羽流进入上层热烟气层后立即与该层内的气体均匀混合；下层冷空气层的状态则与四周的环境相同；上、下层间的质量交换通过热羽流进行。区域模拟就是要给出热烟气层的高度和气体参数随时间的变化规律。

场模拟是运用计算流体动力学的方法在整个研究区域内获取速度场、温度场、压力场等物理量。场模拟的基本思想如下：以纳维-斯托克斯（N－S）方程组与各种湍流模型为主体，再加上多相流模型、燃烧与化学反应流模型、自由面流模型以及非牛顿流体模型等，构成求解问题的数学模型；把研究区域内原来在空间和时间上连续的物理量的场用一系列有限个离散点（节点）上值的集合来代替；通过一定的离散方法，建立起这些离散节点上变量值之间关系的代数方程组；求解代数方程组，最终获取整个研究区域内的各种场。

2）人员疏散

防火安全设计最重要的目标就是保证城市建筑内人员的生命安全。设计人员必须保证城市建筑内所有人员能够有足够的时间安全到达安全区，使他们不受到瞬间或者累积危险状态的威胁。

保障人员安全主要保证建筑中所有人员在危险到来前能够到达安全的区域，通常采用人员疏散完毕时间 RSET 和火灾危险状态到来时间 ASET 作为判定参数。如果 ASET>RSET，则人员疏散是安全的，反之则不安全。

火灾燃烧产生的危害主要包括毒性气体、烟气以及大量的热量。因此，在计算火灾危险状态到来时间 ASET 时，涉及的人员生命安全判定标准包括毒性气体的耐受极限（CO，HCN，O_2，CO_2，HCl 等的浓度水平）、热烟气的遮光性水平和高温、人员接受的热辐射、结构失效等。ASET 可以通过火灾烟气模拟分析获得，而 RSET 可以通过人员疏散模拟得出。

人员疏散仿真模拟是性能化防火设计的手段之一。基于保证火灾状况下建筑内人员安全疏散的最终目的，通过假设火灾场景并利用计算机进行量化分析，能够预测人员在火灾状况下将如何逃生。根据模拟结果，能够对建筑的疏散能力作出客观、科学的评价，为改善建筑消防安全性能提供重要依据。

按照模型的基本原理，可将人员疏散模型分为两类："滚珠"模型与"行为"模型。"滚珠"模型仅考虑建筑各部分的疏散能力，将每个疏散人员当作只对外部信号自动产生相应行为的无意识的客体。因此，疏散人员的疏散方向和疏散速度仅与人群密度、出口疏散能力等物理因素有关。"行为"模型在考虑建筑空间物理特征的同时，还考虑了不同个体之间的相互影响及环境对个体的影响，将每一个疏散人员当作一个主动因素，将其对各种火灾信号的响应及个体行为等作为影响模拟结果的因素之一。

3）结构耐火性能

预测建筑构件在火灾作用下的失效是火灾安全设计的一个重要部分。建筑构件既有结构构件，如梁、柱、承重墙等，也有非结构构件，如内部的分隔构件、外墙等。结构构件失效可能引起建筑的坍塌，严重的会造成重大人员和财产损失；非结构构件失效则会导致火灾向外蔓延，引起建筑其他部分起火。建筑构件的防火目标包括保持结构构件的承重能力、避免火灾蔓延到建筑其他部分（特别是不能蔓延到安全区）、保护人员安全疏散及消防队员灭火。建筑构件破坏的判定标准涉及对其稳定性、完整性和隔热性的要求。

规范对建筑结构构件耐火极限的定义为：对建筑构件按时间-温度标准曲线进行耐火试验，从受到火的作用时起，到失去支持能力、完整性被破坏或失去隔火作用时所用的时间，用小时表示。当进行结构抗火设计时，一般可将结构构件分为两类：一类为兼作分隔构件的结构构件（如承重墙、楼板等），这类构件的耐火极限应由构件失去稳定性、失去完整性和失去隔热性三者中的最短时间确定;另一类为纯结构构件(如梁、柱、屋架等),该类构件的耐火极限则由构件失去稳定性这一单一条件确定。

规范规定的耐火极限是通过单一构件在标准试验下得到的。标准耐火试验必须遵循一定的升温条件、压力条件、约束条件、受火条件和试件要求等。通过对不同类型构件进行加载,对构件进行一定的耐火保护,即喷涂一定厚度的涂料,在标准升温条件下,确定构件的耐火时间。

标准耐火试验存在以下缺陷。① 忽略了实际火灾温度场。根据已有的针对建筑内火灾影响因素的研究,实际火灾受到以下因素的影响:起火室的面积和高度,通风条件,起火室的类型、构造和可燃物,起火室内装修材料和是否设有喷淋系统。在标准耐火试验中,这些不确定因素都被忽略。②只对单一构件进行试验,忽略了结构整体效应。结构构件是复杂的二维、三维结构的组成部分,而在标准耐火试验中,只对单一构件进行测试,荷载重分布等有利影响被忽略,且周围结构对受热构件的约束能也被忽略。因此,规范规定耐火极限所采用的标准升温曲线并不能真实地反映实际火灾温度场,单一构件试验也不能真实反映实际结构在火灾下的性能。

性能化结构抗火设计中结构抗火性根据建筑物的实际危险而定,通过模拟真实火灾环境对整体结构进行计算分析,而不是简单地采用标准升温曲线对单一构件进行分析。性能化结构抗火分析帮助设计者了解结构在真实火灾中的性能,在此基础上,设计者可通过对结构细部的调整,提高整体结构在火灾中的稳定性。

4. 楼梯间疏散与电梯辅助疏散[8]

受建筑高度的影响,超高层建筑最大的消防设计难点是人员疏散和内外部救援。超高层建筑发生火灾时,传统疏散模式是人员采用核心筒内的防烟楼梯间进行疏散。《建筑设计防火规范》(GB 50016—2014)(2018 年版)规定,建筑高度大于 100 m 的公共建筑,应设置避难层(间);通向避难层(间)的疏散楼梯应在避难层分隔、同层错位或上下层断开。避难层作为建筑内部最安全可靠的区域,可供人员在长距离疏散后休息调整或等待救援。然而,由于建筑层数多,垂直疏散距离长,人员疏散到室外安全区域往往需要数十分钟。火灾时超高层建筑内的人员更容易因体力不支、恐慌等原因减缓疏散速度,甚至易发生踩踏等事故。因此,在超高层建筑消防设计中,应更多地考虑采用辅助疏散手段,提高其疏散能力和疏散安全性。

电梯辅助疏散可以很好地解决超高层建筑的垂直疏散问题,提高人员疏散安全性和内部救援的效率。我国现有的超高层建筑中,楼梯间疏散仍作为主要的疏散方式,但在一些项目中,已采用“楼梯间疏散为主,电梯疏散为辅”的疏散策略,将电梯作为辅助疏散手段,同时不减少楼梯间数量与宽度。

下面以某超高层项目为例，介绍电梯辅助疏散技术在实际工程中的运用。

上海某超高层建筑高度超过 490 m，地上 101 层、地下 3 层，全楼共设 8 个避难层(89F，78F，66F，54F，42F，30F，18F，6F)，全楼设有办公(图 4-7)、酒店、餐饮、观光等功能，主塔楼最大预期人员数量约为 22 000 人。观光层和餐厅位于 90—100F，最大预期人员数量为1 885 人。项目竖向交通系统设置有 4 组疏散电梯及 8 台消防电梯(表 4-1 和表 4-2)。建筑以楼梯间疏散为主，辅以电梯疏散。

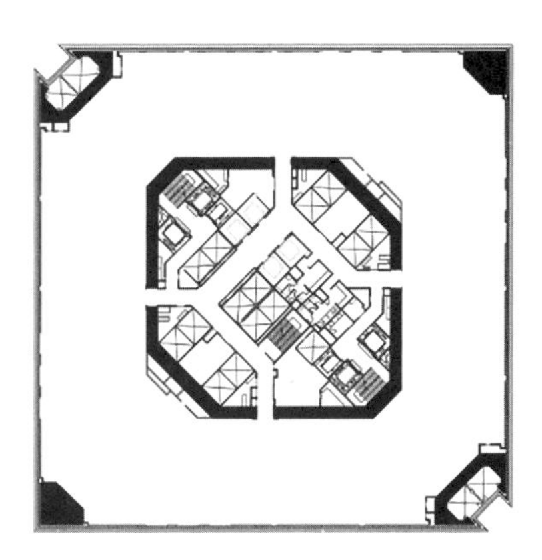

图 4-7　标准办公层平面示意

表 4-1　　疏散电梯技术规格

服务楼层	电梯编号	轿箱规格	电梯数量/台	电梯载重量/kg	最大载客数(单层)/人	最大速度/(m・s⁻¹)
1F，30F	SE1-1—SE1-4	双轿箱(使用下层轿箱)	4	2 000	26	6
2F，54F	SE2-1—SE2-4	双轿箱(使用上层轿箱)	4	2 000	26	10
1F，78F	SH2—SH3	单轿箱	2	1 300	18	10(上升)，7(下降)
1F，89F	GE1—GE2	双轿箱(使用下层轿箱)	2	1 800	24	8(上升)，7(下降)
	GE3	双轿箱(使用下层轿箱)	1	1 650	22	6

表 4-2　　紧急情况下消防电梯的布置

服务楼层	电梯编号	电梯数量/台
B3—B1，1—89F	FS1，FS3，FS4，FS6	4
89—96F	FS7—FS8	2
96—100F	FS9—FS10	2

实际上，在发生普通火灾时，只需要根据火灾情况，将火灾楼层及上、下相邻两层的人员通过楼梯间疏散至避难层等待进一步指示即可。因此，全体人员通常不需要立即离开大楼，建筑内部最大规模的全楼疏散发生概率较小。但对于一些极少数的极端事故，

经过管理员确认，若确有必要则可以考虑全楼疏散。全楼疏散时，受火灾影响楼层（办公层）或受火影响区域（酒店、顶部区域的餐厅和观光层）内的人员将先开始疏散，这时可考虑通过疏散电梯辅助疏散。

利用3D仿真模拟软件STEPS，分别对人员采用楼梯间疏散和电梯辅助疏散进行模拟，遵循以下假设条件：①疏散过程中，所有楼梯及安全出口保持畅通；②人员按照预定疏散方案，有序进行疏散；③人员的体能及心理状态在疏散过程中保持相对稳定，可维持平均行走速度和对出口的理性选择；④人员通过楼梯间疏散或疏散电梯辅助疏散，不考虑消防电梯及外部营救；⑤各区域待疏散人员为设计满员值。

1）楼梯间疏散

该超高层建筑内部设有足够容量的安全疏散楼梯间，楼梯间连接所有楼层，人员可以通过疏散楼梯疏散至首层。疏散楼梯是该项目最重要的垂直疏散方式。火灾报警系统启动后，大楼内的人员立即使用距离其最近的疏散楼梯向下进行疏散，到达下方约每12层设置一层的避难层。人员以疏散至避难层作为阶段性疏散结束的标志，在避难层稍事休息，进而通过疏散楼梯继续向下疏散。在疏散期间，人员必须听从大楼管理人员的指挥。应当注意的是，人员不可以将避难层作为最终的安全区域。所有疏散者应最终离开大楼并到达位于大楼外的最终安全区域。

观光层餐厅内最大预期人数为1 885人，全体人员通过疏散楼梯疏散至89F避难层所需的时间为10 min 38 s。为避免疏散时过度拥挤及不必要的恐慌，该项目观光层疏散方案总原则如下：发生火灾时，观光层的游客首先疏散至89F避难层，然后再从该避难层疏散至建筑外。

主塔楼内最大预期人数约为22 000人，计算模拟结果显示，使用楼梯间疏散，全体人员至街道层所需时间为2 h 8 min。在疏散开始后，楼梯间使用率达100%，因此分阶段疏散并不能减少疏散时间。只有通过减少大楼人员数量、增加楼梯间宽度或楼梯间数量，才能对疏散时间有所影响。

2）疏散电梯辅助疏散

在以疏散电梯辅助楼梯间疏散的模拟中，指导思想是令楼梯间及疏散电梯的疏散能力均被充分利用。选择使用楼梯间或疏散电梯疏散，希望位于大楼高层（30F以上）的人员尽可能使用穿梭电梯疏散，下层的人员可使用楼梯间疏散。

疏散电梯在避难层与首层间穿梭，采用疏散电梯作为辅助疏散手段之后，在同一时间段内，可以大幅增加已疏散人员的占比（表4-3和图4-8）。使用疏散电梯辅助疏散可以很好地解决超高层建筑的垂直疏散问题，提高人员疏散的安全性和内部救援的效率。

表 4-3 疏散时间对比

已疏散人员百分比	使用楼梯间疏散用时/min	使用疏散电梯作为辅助手段用时/min
25%	29	15
50%	63	29
75%	98	49
90%	119	79

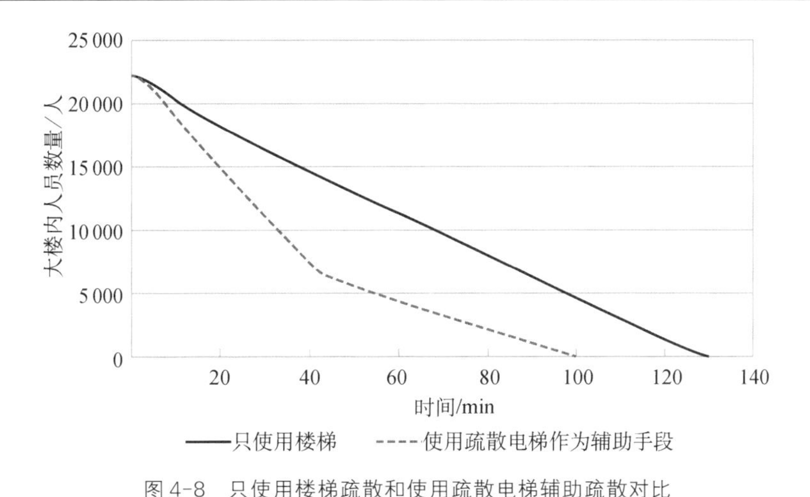

图 4-8 只使用楼梯疏散和使用疏散电梯辅助疏散对比

5. 未来展望

近年来,性能化防火设计已成为国际上火灾科学研究的重点。国内外研究成果和实践经验表明,性能化防火设计是一种先进、有效、科学、合理的防火设计方法,特别是在解决大型复杂建筑的防火设计问题方面,弥补了依据传统标准规范进行设计的不足。

性能化防火设计是对建筑进行消防安全分析,针对特定的建筑对象建立消防安全目标和消防安全问题解决方案,采用被广泛认可或被验证为可靠的分析工具和方法对建筑对象的火灾场景进行确定性和随机性定量分析,以判断不同解决方案所体现的消防安全性能是否满足消防安全目标,从而实现合理的消防安全设计目的。目前,性能化防火设计在国内各类新型建筑中的应用越来越多。发展性能化防火设计,对促进我国消防科技的发展、提高我国建筑消防安全水平、提升我国建筑与消防行业应对国际竞争的能力具有十分重要的意义。

4.3.3 电气火灾监控技术

随着城市化的发展,各类电气设备和家用电器的使用量大幅增加,相应的电气火灾事故也随之增多,给社会经济和人民生命财产造成了巨大的损失。在电气火灾防护方面,常规方式是对已经形成的火灾进行报警。针对如何更好地提前预警，将电气火灾扼杀在萌芽状态，电气火灾监控系统提供了有效的解决方案。电气火灾监控系统主要用于对需要被保护线路的运行监控，当所监测线路的运行参数超过阈值时将发出火警信号，起到防患于未然的重要作用。作为消防物联网技术的一个重要分支和一种可有效预防火灾的方法，电气火灾监控系统得到了广泛研究与应用。

1. 技术概述

1）电气火灾情况

电气火灾，一般指电气线路、用电设备、器具以及供配电设备出现故障时释放的热能（如高温、电弧、电火花释放的能量，电热器具的炽热表面）在满足燃烧条件后引燃本体或其他可燃物而造成的火灾，也包括由雷电和静电引起的火灾。

引发电气火灾的常见电气故障有短路、过载、接触不良打弧、温度过热和剩余电流超限等。其中，最典型的三种故障为短路、过载和接触不良打弧，占80%左右。

应急管理部消防救援局提供的数据显示，2019年全年共接报火灾23.3万起，亡1 335人，伤837人，直接财产损失为36.12亿元，发生较大火灾73起，重大火灾1起。其中，城乡居民住宅火灾虽然只占总数的44.8%，但共造成1 045人死亡，占总数的78.3%，远超其他场所亡人数的总和。值得关注的是，住宅火灾中电气引发的火灾数居高不下，已查明原因的火灾中有52%系电气原因引起，各类家用电器、电动自行车、电气线路等引发的火灾越来越多，仅电动自行车引发的较大火灾就有7起。

《中国职工状况研究报告（2019）》指出，2017年火灾情况中电气系火灾主因，电气原因引发的火灾占总数的35.7%，其中电气线路问题占电气火灾总数的62.2%，电器设备故障占31.3%，其他电气方面原因占6.5%。在65起较大火灾中，电气引发的有35起；在6起重大火灾中，电气引发的有3起。

《中国文化遗产事业发展报告（2018—2019）》指出，从博物馆和文物建筑消防安全大检查来看，电气火灾隐患尤为突出，因电气故障引发的文物建筑火灾事故占比超过50%。[9]

2）电气火灾监控系统[10]

电气火灾监控系统指当被保护电气线路中的被探测参数超过报警设定值时，能发出报警信号、控制信号并能指示报警部位的系统，由电气火灾监控设备和电气火灾监控探测器组成。电气火灾监控系统属于消防产品，从2015年6月1日起，修订版《电气火灾监控系统》（GB 14287—2014）替代旧版正式实施。与火灾自动报警系统的区别在于，电气火灾监控系统是专门针对电气线路故障和涉电意外的前期预警系统，在应用时通常只监不控，但如果监测到短路或者温度超限等严重的电气火灾隐患时，可通过内部的分断装置切电或联动分离脱扣器等电力分合装置进行断电控制，从而避免损失；传统火灾自动报警系统是发生火情后报警，联动或控制对象是广播、喷淋、排烟等逃生灭火器件。

3）国内外发展历程

（1）国外电气火灾监控。美国、日本等发达国家比我国提前数十年进入电气化时代，人均发电量、用电量是我国同期的若干倍。发达国家都经历过电气火灾高发的时期，因而十分重视电气火灾防范，通过制定政府强制性法规、采用技术防控手段大幅降低电气火灾发生率。现阶段，美国电气火灾占火灾总量平均不到10%。日本的人均用电量约是中国的2.7倍，但电气火灾却仅占其总火灾数的3%左右。美国、日本之所以能有效控制电气火灾，除了出台强制政策要求安装电气火灾预警报警系统外，还因其电气材料及施工质量较好、严格执行电气设计规范和产品质量标准管理，电气供用电系统很少受各类干扰信号污染，在电气火灾发生之前准确发现并消除隐患。

（2）国内电气火灾监控。国内电气火灾监控系统发展起步较晚，20世纪80年代发布《剩余电流动作保护装置的一般要求》等规范。随着90年代大量引进国外先进的电气火灾监测仪器，我国成功研制出针对用电设备的第一代剩余电流保护装置。1993年，《防火漏电电流动作报警器》(GB 14287—1993)颁布；2005年，《电气火灾监控系统》(GB 14287—2005)颁布；2014年，修订版《电气火灾监控系统》(GB 14287—2014)的四个子部分又陆续颁布，至此，基本确定了剩余电流、线缆接头温度过高及接触不良打弧等电气火灾隐患的预防和监测方法。后续发布的应用规范，如《建筑设计防火规范》(GB 50016—2014)(2018年版)、《火灾自动报警系统设计规范》(GB 50116—2013)及上海市发布的《民用建筑电气防火设计规程》(DGJ 08—2048—2016)又明确了常见电气火灾防护产品的设计及应用要求。

2. 发展现状

1）电气火灾防护产品

近几年，一些电气火灾防护产品的国家产品标准及应用规范的发布和实施促进了电气火灾防护产品在市场上的推广和应用，国内市场上的电气火灾监控设备不断发展更新，整体水平和性能有了显著提升，在一定程度上避免了一些特定类型电气火灾事故的发生。现阶段监控产品所采用的技术基本都是电气安全监测与检测方面的成熟技术，许多企业如海湾安全技术有限公司、上海市松江电子仪器厂已经在电气火灾监控系统的开发上深耕较长时间，其产品拥有独立的客户端控制界面，安装于监控中心和漏电报警器端，并且可以将数据输出到电脑主机进行处理。

目前，国内普遍使用的电气火灾防护产品主要有微型断路器(俗称“空气开关”)、剩余电流式电气火灾监控探测器(图4-9)、测温式电气火灾监控探测器以及故障电弧探测器(图4-10)。

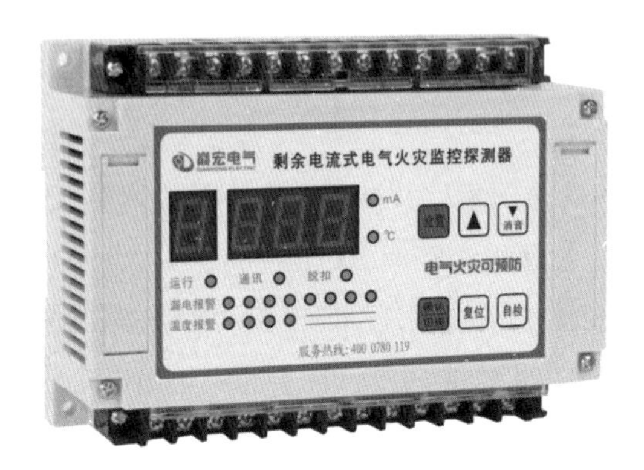

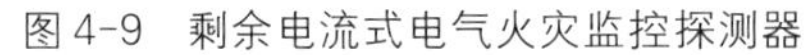

图 4-9　剩余电流式电气火灾监控探测器　　　图 4-10　故障电弧探测器

空气开关可以确保在配电回路发生短路和过载时,及时切断故障回路电源。剩余电流式及测温式电气火灾监控探测器可以实时采集建筑的低压馈线回路和楼层或区域总配电箱的实时剩余电流、断路器端头节点的温度数值,发现剩余电流或温度超限,可通过设置在建筑消防控制室内的电气火灾监控设备发出的声、光报警信号及时提醒相关人员对配电系统及用电设备进行排查和检修,从而在一定程度上降低因线路老化、绝缘层破损或部分用电设备的对地泄漏电流过大而引发电气火灾的可能性。故障电弧探测器安装在末端配电线路上,可以精准探测到末端配电线路因接触不良而产生的打弧故障,从而有效防止因接触不良导致的串联电弧或因绝缘层破损导致的相间电弧引燃故障点附近的可燃物而引发电气火灾。

2) 规范标准

电气火灾监控系统的设计与应用主要依据的国家标准体系较完善。

(1)《建筑设计防火规范》(GB 50016—2014)(2018 年版)第 10.2.7 条规定,下列建筑或场所的非消防用电负荷宜设置电气火灾监控系统:①建筑高度大于 50 m 的乙、丙类厂房和丙类仓库,室外消防用水量大于 30 L/s 的厂房(仓库);②一类高层民用建筑;③座位数超过 1 500 个的电影院、剧场,座位数超过 3 000 个的体育馆,任一层建筑面积大于 3 000 m^2 的商店和展览建筑,省(市)级及以上的广播电视、电信和财贸金融建筑,室外消防用水量大于 25 L/s 的其他公共建筑;④国家级文物保护单位的重点砖木或木结构的古建筑。

(2) 电气火灾监控系统的产品应满足《电气火灾监控系统》(GB 142871—2014)的要求。

(3) 电气火灾监控系统的安装和运行应满足《剩余电流动作保护装置安装和运行》(GB/T 13955—2017)的要求。

(4) 电气火灾监控系统设计、施工及验收应符合各地相关电气火灾监控系统设计、施工及验收的规范。

(5) 电气防火设计方面,上海市发布的《民用建筑电气防火设计规程》(DGJ 08—2048—

2016)明确了电气综合监控系统设计的内容。

3. 实践案例

为了贯彻落实国务院安全生产委员会关于开展电气火灾综合治理的工作要求,充分吸取河南省鲁山县养老院特别重大火灾事故(该事故起火原因系电气线路接触不良发热引燃可燃物,致 39 死、6 伤)的惨痛教训,避免类似事故再次发生,由上海市某区政府出资,对区下辖的养老机构开展了一次用电安全集中升级改造,在辖区内养老机构每个房间的配电回路上加装故障电弧探测器,以确保房间的插座或照明线路上发生接触不良电弧故障时,故障回路的电源能被及时切断,避免因接触不良引发电气火灾事故。

承建单位通过加装在各房间配电回路中的故障电弧探测器,实时采集包括电流、电压、温度及接触不良电弧故障在内的用电安全参数信息。监测信息以无线方式传至用电安全隐患监管服务平台,通过云服务器和特定算法实时分析数据,将结果实时推送给养老机构的相关负责人和监控中心的工作人员。养老机构相关负责人根据手机端 App 反馈的用电安全隐患报警信息对电气火灾风险较高的配电回路优先进行排查和整改,如单位在半小时内未处理掉报警信息,监控中心工作人员会及时与相关养老机构的负责人取得联系或安排公司专业的技术维修人员上门排查隐患并指导治理。

2017 年 11 月 26 日,监控中心发现某敬老院发生"电弧报警",工作人员及时联系敬老院主管(图 4-11),并安排隐患排查小组赶赴现场,开展隐患排查治理。隐患排查小组成员到达现场后,运用专业的检测设备对电气线路进行隐患排查。经排查发现,该敬老院

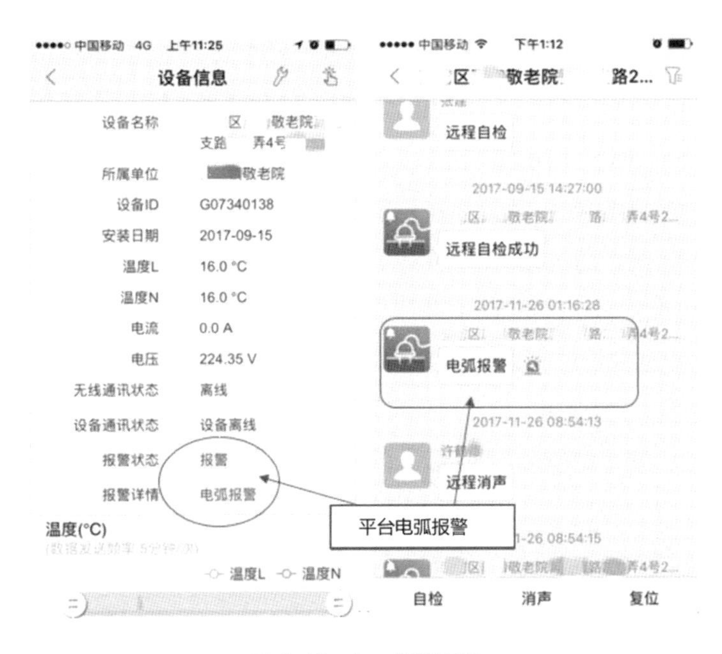

图 4-11　App 报警页面

209 室空调插座面板边上有发黑痕迹，拆开空调插座面板发现 L 线、N 线有绝缘层破损烧灼现象(图 4-12)，由于及时发现隐患并报警，成功地排除了一个潜在的电气火灾隐患。

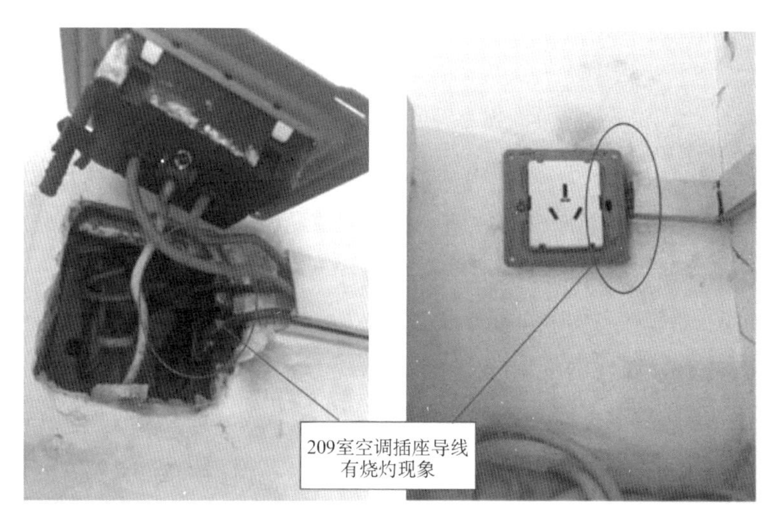

图 4-12　发生“电弧报警”的插座

目前，该区 44 个养老机构 2 000 间老人房已全部安装故障电弧探测器，在托管期间承建单位服务团队及时发现电弧报警、电压报警等安全隐患百余次，切实提高了养老机构的电气火灾防范能力。

4. 未来展望

1) 应用愿景

(1) 提升城市电气火灾防控能力。电气火灾监控技术的广泛应用将帮助社会单位有效将电气火灾扼杀在萌芽状态，消除潜在安全隐患，优化政府监管部门对单位的管理手段，从而提升城市电气火灾防控能力，为城市整体消防安全提供一种解决方案。

(2) 助力电器市场产品优化。基于电气火灾监控系统产品的大面积应用，可以利用大数据分析监控用电设备的状态情况，追溯评价电器产品质量，倒逼电器生产企业提高产品质量。同时，通过大数据分析也能为电器产品的设计优化提供参考依据。

2) 建议

(1) 加大推广力度。应加大对网络化、智能化电气火灾监控产品的推广力度，这些产品包括具有无线数据传送功能的独立式电气火灾监控探测器、新型电气火灾防护产品(如灭弧式短路保护器)等；应加大在文博单位、养老机构、学校、医院等重点场所的推广力度，降低此类场所电气火灾发生的概率。

(2) 制定相关标准。针对现有监控系统没有统一的通信接口和接口协议，给设备的维修和更换带来困难的问题，需通过制定标准规范市场，以形成一个更完善的监控系统，更好地服务于社会单位、各级政府监管部门。

(3) 鼓励产品创新。随着计算机技术及通信技术的发展，电气火灾监控系统呈现网络化、智能化、小型化等特点，应鼓励产、学、研紧密合作开发，不断研发投用更可靠有效的产品；出台标准或规范，鼓励企业开发针对高压配电柜的电气火灾监控及防护产品。

4.3.4　消防物联网技术[11]

城市规模不断扩张，但人力、物力资源相对有限，通过物联网技术可以实现对城市中各类对象的全方位、全要素、全过程、全天候、精细化、智能化监测，弥补传统公共安全管理中的不足和缺陷。在作为智慧城市建设重要组成部分的智慧消防领域，物联网技术占据了极为重要的位置，在火灾防控、灭火救援等方面发挥了重要作用。

1. 技术概述

消防物联网指通过物联网技术实现各类消防信息物联监测，构建高感知度的消防基础环境，实现实时、动态、互动、融合的消防信息采集、传递和处理，为社会单位、消防技术服务机构、消防产品厂商、消防管理部门、社会公众等提供信息化的消防管理和监督手段。

在日常工作生活中，消防物联网能有效监测自动消防设施运行状态、重点部位、各类重大危险源、消防人员、消防装备等，反映社会公众、社会单位、消防技术服务机构等的行为情况；能在火灾发生后，通过联动视频提高火灾确认率；能在灭火作战时，通过物联数据辅助优化灭火战术。

消防物联网的技术架构主要分为感知层、传输层、支撑层和应用层(图 4-13)。

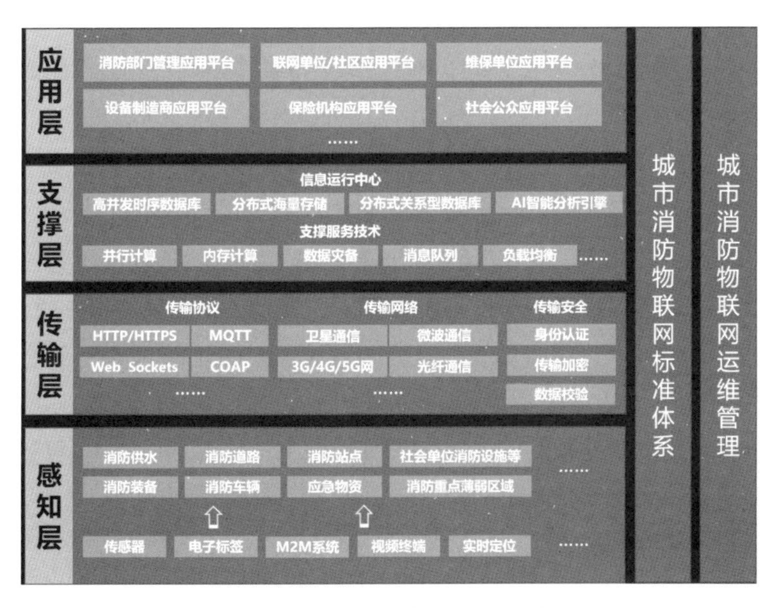

图 4-13　城市消防物联网技术架构

从火灾风险防控角度来看，消防物联感知对象大致可分为公共消防资源、消防安全重点单位、消防安全重点薄弱场所(区域)，监测要素详见图 4-14。

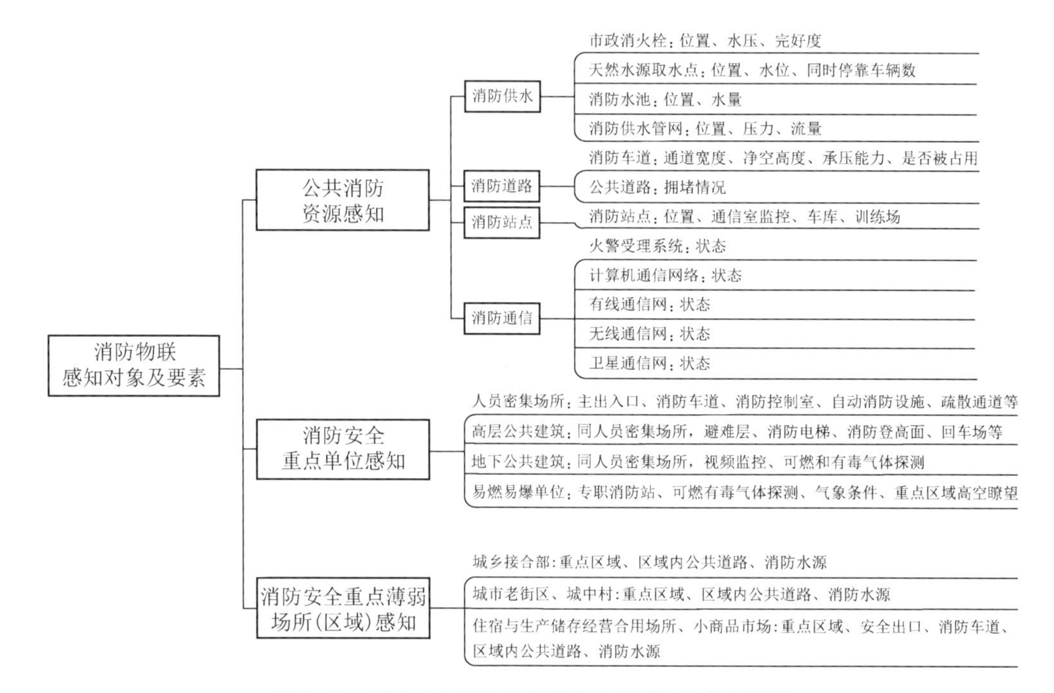

图 4-14　城市火灾风险防控消防物联感知对象及要素

2. 发展现状

1) 国外消防物联网的发展

2005 年，国际电信联盟(International Telecommunication Union，ITU)发布的《ITU 互联网报告 2005：物联网》指出，无所不在的"物联网"通信时代即将来临，射频识别技术、传感器技术、纳米技术、智能嵌入技术将得到更加广泛的应用。随着物联网技术的发展，其在消防领域的应用也得到拓展，国外的智慧消防建设以美国最具代表性。2012 年，美国国家标准与技术研究院(National Institute of Standards and Technology，NIST)发起 Smart Fire Fighting 研究项目，提出了智慧消防框架，主要研究内容为智慧建筑技术与机器人、智能消防员装备与机器人、智能灭火仪器与设备。项目主要成果是作为智慧城市重要组成部分的智慧消防试验平台，该平台将用于消防信息物理系统(Cyber Physical Systems，CPS)的开发。由智能传感器和通信设备组成的 CPS 可有效应用于个人防护设备、便携移动设备、固定设施等，实现更好的态势感知。可以说，建筑防火安全监测、早期灭火、智能疏散系统、灭火指挥调度、个人防护设备等均应用了这一技术。

2) 国内消防物联网的发展

相对于国外，我国的智慧消防建设则相对较晚，2016 年我国各城市才开始推进相关建设。2016 年 6 月，湖北省宜昌市举办全国创新社会消防管理会议，在官方层面正式宣布由传统消防转型为智慧消防；2017 年 10 月，公安部消防局下发了《关于全面推进智慧消防建设的指导意见》；2017 年 12 月，江苏省南京市召开智慧消防现场会。目前，各地智慧消防建设也取得了一定的成果，江苏省镇江市建立了城市消防设施联网监测系统，实现消防设施的监测维保和日常巡检等功能；吉林省松原市打造的城市消防远程监控系统升级版实现报警反馈、压力监测、自动巡检、分析研判，对单位消防工作实施动态监管；河南省基于城市物联网远程监控系统的建设，探索一般单位火灾报警系统报警后，自动调取相关区域的监控视频，确认是否发生火警；截至 2019 年 2 月底，浙江省已归集 22 家物联网企业的 60 余项物联网数据，实现对全省 81 万家单位和站点的信息采集。

国内消防物联网建设中，城市消防远程监控系统扮演了重要角色。根据《城市消防远程监控系统技术规范》(GB 50440—2007)，该系统是对联网用户的火灾报警信息、建筑消防设施运行状态信息、消防安全管理信息进行接收、处理和管理，向城市消防通信指挥中心或其他接处警中心发送经确认的火灾报警信息，为消防部门提供查询，并为联网用户提供信息服务的系统(图 4-15)。[12] 上海市于 2002 年建成城市消防远程监控系统，系统投入使用至今。随着消防物联网的不断演变发展，城市消防远程监控系统的内涵也在不断拓展。

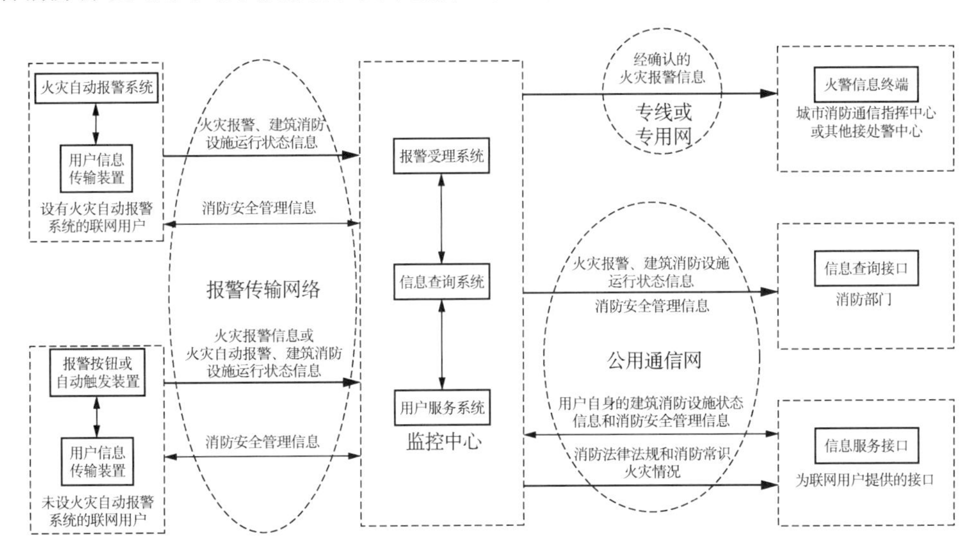

图 4-15 城市消防远程监控系统构成

(资料来源：《"智慧消防"的建设与发展》，王文博)

3) 标准规范

2007 年 10 月，建设部发布《城市消防远程监控系统技术规范》(GB 50440—2007)，明确了该系统的设计、施工、验收及运行维护要求。

2011 年 7 月，国家质量监督检验检疫总局和中国国家标准化管理委员会发布《城市消防远程监控系统》的前 6 部分,分别是用户信息传输装置、通信服务器软件功能要求、报警传输网络通信协议、基本数据项、受理软件功能要求和信息管理软件功能要求;最后两部分为消防设施维护管理软件功能要求、监控中心对外数据交换协议,于 2015 年 6 月发布。

2018 年 1 月,上海市发布《消防设施物联网系统技术标准》(DG/TJ 08—2251—2018),对本市工业、民用、市政等建设工程的消防设施物联网系统的设计、施工、验收和运维管理予以明确。

2018 年 5 月,上海市发布《住宅小区智能安全技术防范系统要求》(DB 31/T294—2018),对视频监控消防通道、电气火灾监控、火灾探测器、可燃气体探测等配置都予以明确。

2019 年,相关人员开展《城市消防远程监控系统技术规范》(GB 50440—2007)的修订工作,修改了体系架构,拓展了系统监控范围和使用用户,增加了移动端应用设计等。

3. 实践案例

1) 建筑消防设施监测案例

(1) 上海白玉兰广场。上海白玉兰广场(Shanghai Magnolia Plaza),地处上海市北外滩黄浦江沿岸地区,是浦西第一高楼,占地 5.6 万 m^2,总建筑面积为 42 万 m^2,包括一座办公塔楼和一座酒店塔楼,办公塔楼高 320 m,共 66 层。2017 年,上海市消防总队借其竣工建成,深入试点包括消防物联网、空气监测报警、楼宇 PORT、逃生地图 App 等系统在内的智能楼宇消防管理机制,24 h 动态监控、综合研判楼宇内的消防安全态势。整套火灾防控系统通过物联网感知与现代通信技术,动态采集、实时互联、有效整合楼宇内“水、电、气、风”等要素状态信息,将日常消防巡查、检查情况扫码上传,保证日常巡检的频次和质量,并通过数据分析,实时掌握楼宇内设施器材的完好率和故障异常频发点。一旦发生异常,楼宇内部消防系统、智能物联网手机 App 以及消防微信平台将第一时间发出报警信号,同步推送给物业消防管理员、微型消防站队员和消防设施维保人员,实现第一时间定位火警区域、第一时间启动响应程序、第一时间到场应急处置。

(2) 国家会展中心(上海)。国家会展中心(上海)[National Exhibition and Convention Center(Shanghai),NECC(Shanghai)],是集展览、会议、办公及商业服务等功能于一体的会展综合体,也是上海市的标志性建筑之一,于 2016 年 12 月 1 日全面运营,总建筑面积超 150 万 m^2,自 2018 年以来,连年作为中国国际进口博览会的会场。出于安保需要,结合 2018 年出台的上海市地方标准《消防设施物联网系统技术标准》,上海市消防总队推进研发国家会展中心消防智能安全与管控平台,安装消防设施感知点位 11.2 万余个,包括消防水系统、防排烟系统、气体灭火系统、防火分隔系统、电气火灾监测系统、可燃气体监测系统等,并设置防火巡查电子标签 530 余个,全面掌握场馆消防设施状况和日常巡查信息,实现实时感知、动态汇聚、智能分析、推送处置。平台分角色服务于消防监管人员、物业人员和维保人员，形成火灾隐患及时发现、快速处理、在线跟踪的消防管理工作闭环，为大型安保活动提供了强有力的科技支撑。

2）智能安防社区监测案例

上海市徐汇区田林十二村是1985年建成的售后公房小区，居住户数为2 078户，实有人口近5 000人，共有41幢建筑，85个单元，2个助动车棚。

2018年，作为“智慧公安”智慧社区的试点项目，田林十二村通过“五感知、一识别”的物联网技术实现智慧消防监测。“五感知”即烟雾感知、电流感知、水压感知、巡查感知和火眼感知，“一识别”即通过人脸识别实时监测值班人员在岗情况。智能无线感烟探测器安装在80岁以上老人及70岁以上独居、失能老人家中和助动车棚，采用LoRA技术，信息由网关通过4G信号发送至云服务器。电气火灾监控系统在住户家中安装配置测温式传感装置、剩余电流传感装置和智能电气火灾监控器，在助动车棚安装故障电弧探测器、测温式传感装置、剩余电流传感装置和智能电气火灾监控器，信息由中继采集模块通过4G信号发送至云服务器。采集的物联告警信息通过App短信、微信等方式分层级发送给业主本人家庭、小区物业居委会、街道安全管理部门和区安全管理部门，加强小区消防安全管理工作。

2018年11月27日晚，田林十二村61号楼102室电气火灾监控器报警，发现问题后，平台管理人员会同居委会、物业到现场察看，经过与户主沟通后，对其用电设备使用的插座进行检查，发现电热水壶使用的插座盒电源线绝缘层老化破损严重，有对地短路现象，随时可能引起火灾。修复插座后，电气火灾监控器显示正常。

3）消防部门物联网平台建设案例

上海市长宁区消防救援支队积极推进“智慧消防”建设，先后开发了长宁智慧消防大数据平台及消防物联网数据对接平台，在建筑消防设施物联网数据汇聚、分析和应用上做了有益探索。消防物联网数据对接平台的定位是消防部门向社会单位采集数据、与社会单位进行实时数据互动的平台。平台用户包括社会单位、消防物联网服务商和消防部门工作人员。社会单位在平台上认领建筑、完善基础信息、掌握数据对接情况，服务商在平台上按照统一数据标准上传数据、批量管理、获得数据对接报告等，消防部门实现建筑管理、服务商管理和通知管理等（图4-16）。平台由中国质量认证中心上海分中心和上海软件测评中心予以评测认证，保证公平、公开、公正。同时，平

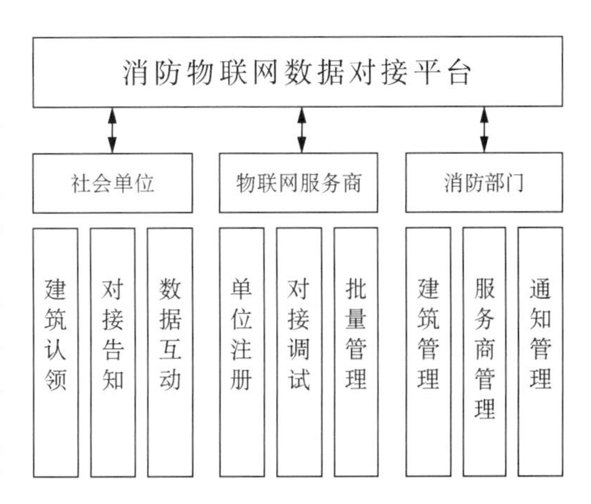

图4-16　长宁消防物联网数据对接平台功能模块
（资料来源：上海市长宁区消防救援支队）

台数据传输标准也申请了团体标准和地方标准，为规范传输标准、提高数据质量提供了保障。

4. 未来展望

1）应用愿景

（1）提升城市火灾防控和消防救援能力。城市消防物联网建设通过准确掌握各类消防数据，有效提高各类主体的处置能力。从服务社会单位日常管理、监管部门日常监管到灭火救援作战联动、掌握火场信息等，为日常社会面火灾防控、战时消防救援指挥提供翔实的数据支撑，从而建立起立足于城市消防现状和需求特点的先进公共安全保障体系，为城市的可持续发展建设提供一个更好的消防安全环境。

（2）推进跨领域数据共享服务与协同管理。通过统一的顶层平台和标准建设，推动城市消防物联网应用的信息资源挖掘与分布式处理，实现数据的统一与共享，推动医疗、电力、煤气、气象、环保、交通等其他领域和消防领域信息互通，在应对重大化学品泄漏事件、危化品爆炸事件、恐怖袭击事件、严重气候灾害时，有效进行协同处理、协同决策；在日常城市火灾风险防控、消防安全监管中形成多部门的有效合力。

（3）推动智慧城市融合应用与协调发展。城市消防物联网的建设与应用，通过基础设施、设备的大规模数字化不断影响相关社会行业的处置模式，进而对相关行业建设物联网产生强烈的推动作用。通过共同建设行业物联网应用，深化信息融合，由下至上推动智慧城市的发展与建设。

（4）助推消防产品全流程规范流通应用。基于城市消防物联网的建设和应用，既可以密切监控城市消防器材的配置、更新情况，减少公共消防漏洞；又可以通过对消防器材配置和更新的分析，精准获得社会对消防器材的需求，促使企业生产更有规划性。在生产销售、采购安装、使用维护等环节通过物联数据使全流程有数据留痕，逐步规范经济活动。

2）建议

（1）提供相关制度保障。为了维护消防物联网建设秩序，提升建设效率，应进一步完善运行管理机制，健全制度保障体系，从法律法规层面给予支撑。加强对关键技术的研究，形成验证、测试和仿真等系列标准；加快通用、先导关键标准的制定、实施和应用；推进接口、协议、安全、标志、传感等消防物联网领域的标准化工作，形成城市消防物联网标准体系，避免因技术标准不一而导致的重复投资、重复建设问题；积极参与相关国际标准制定，整合国内研究力量形成合力，推动国内自主创新研究成果走向国际。

（2）推动技术融合发展。通过边缘计算与物联网相融合，实现计算的泛在部署，在物联前端实现自主分析、预测、决策并高效运行，灵活地构建数据流，实现分布式应用；推进物联网、5G、云计算、大数据、人工智能等技术的深度融合应用,建成智慧协同、实用高效的消防业务应用体系,以多触点、网格化、大数据的管理理念,实现消防管理的技术升级,打通不同部门间的沟通屏障,实现数据流、业务流、管理流的高度融合。

(3) 争取专项经费支持。建立健全"投、保、贷"等扶植激励机制,加大地方财政支持力度,充分发挥国家科技计划、科技重大专项的作用,统筹利用好战略性新兴产业发展专项资金,集中力量,支持消防物联网的建设与发展,同时鼓励社会对消防物联网相关产业进行投资。在财政条件允许时,建立城市消防物联网发展专项资金,有力支持城市消防物联网工作的全面展开,推动城市消防工作跨越式发展。

(4) 鼓励广泛应用创新。消防物联网建设和应用能持续健康运行需要科技研发体系和机构的支撑,研究机构、咨询机构、评测部门、标准研究组织等为总体规划与技术路径选择提供专业支持。通过加大科技研发投入力度,加快研发消防物联网新型关键技术;通过建立技术联盟、标准联盟、产业联盟等,联合攻关,开发低成本的可靠产品;通过鼓励试点多维应用创新,如楼宇内智能疏散、火警监控联动等,不断解决痛点,满足消防实际需求。

(5) 主动融入城市大脑。应主动将消防物联网建设纳入智慧城市城市大脑建设,通过数据流融合、业务流融合,消除体制机制性障碍,加强部门之间、部门与地方之间的统筹协调与融合发展,切实提高整合内外消防资源的能力。将具有高价值、高效能、强实时的物联数据融入城市运行管理体系中,通过设定物联数据分级响应机制有效提升区域消防安全管理水平。[13]

4.3.5 消防大数据技术

智慧城市的建设离不开大数据,智慧城市能够产生大数据。大数据是智慧城市建设的基础,在推动政府数据共享、提高政府数据决策能力上发挥着日益重要的作用。在城市火灾风险防控领域,通过实时对海量数据进行挖掘分析,可以实现高度不确定性和时间压力下的快速分析决策,可以宏观把握消防现状,科学预测火灾形势,驱动监管模式变革,助力提升城市整体消防安全治理和防灾减灾能力。

1. 技术概述[14, 15]

消防大数据指利用科技信息化手段全面采集和整合各类消防相关的数据资源,并通过挖掘分析形成有价值的结果,以更好地加强日常消防安全管理,积极响应消防应急救援,为公众提供便捷的消防服务等。这些数据资源包括但不限于消防安全重点单位、公共场所、公共消防设施、各类重大危险源、消防设施生产企业、消防技术服务机构、消防执法、灾情、消防站、消防救援装备、灾害现场、战勤保障物资、社会应急救援与保障力量等。

传统消防安全评价技术手段很难预测相对复杂的安全形势，无法动态感知消防监管对象，决策部门制定政策方针时缺乏理论基础和科学依据，消防大数据分析能为此提供参考，帮助决策者宏观把握消防现状，科学预测火灾形势，提升火灾防控效能。

消防大数据平台架构与整体信息化架构类似，通过多维数据采集，整合分析加工，最终输出给业务应用(图 4-17)。

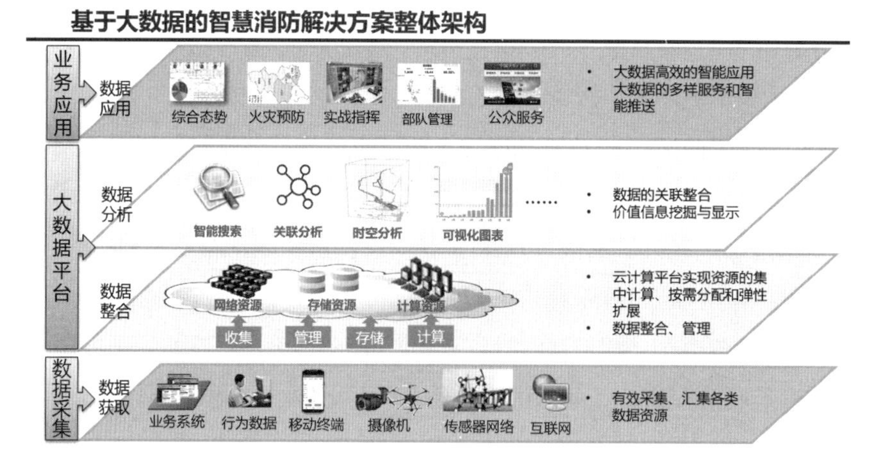

图 4-17　基于大数据的智慧消防解决方案整体架构
(资料来源：上海消防研究所)

从消防信息化总体框架结构(图 4-18)可以解析出消防大数据的来源，其中消防感知网络层的各类数据将为消防大数据分析应用打牢“强数据”基础。

2. 发展现状

从全国乃至全球的消防大数据看，消防监管长期面临底数不清的问题，监管对象错综复杂且不断变化，依托大数据理念与信息化技术，围绕消防业务质效，从数据入手寻找消防工作的规律，提炼有价值的信息，把火灾风险防控做实做精做细，国内外均做出有益探索。

国外消防大数据探索。美国纽约市消防部门于 2010 年左右启动消防类大数据的建设工作，为美国国内和全球消防同行开展此项工作提供了模板依据。他们根据不同的影响因素，将通过各种渠道收集到的数据划分为 60 个可能会产生火险的类别，给 33 万幢建筑物标注了风险指数。影响因素包括区域居民平均收入、建筑物年龄、是否存在电气性能问题等。通过计算火灾发生的概率，提醒重点优先关注对象，确定安全排查范围。2013 年，纽约消防局继续深化工作，基于汇集的消防、建屋、规划等多个政府部门的 2 100 万条历史数据，开发了综合建筑检查数据分析系统(CBIDAS)，以火灾风险预测为核心，通过计算机智能模型自动预测生成高风险建筑名单，创建每日风险地图，指导消防部门将有限的安全检查力量投放

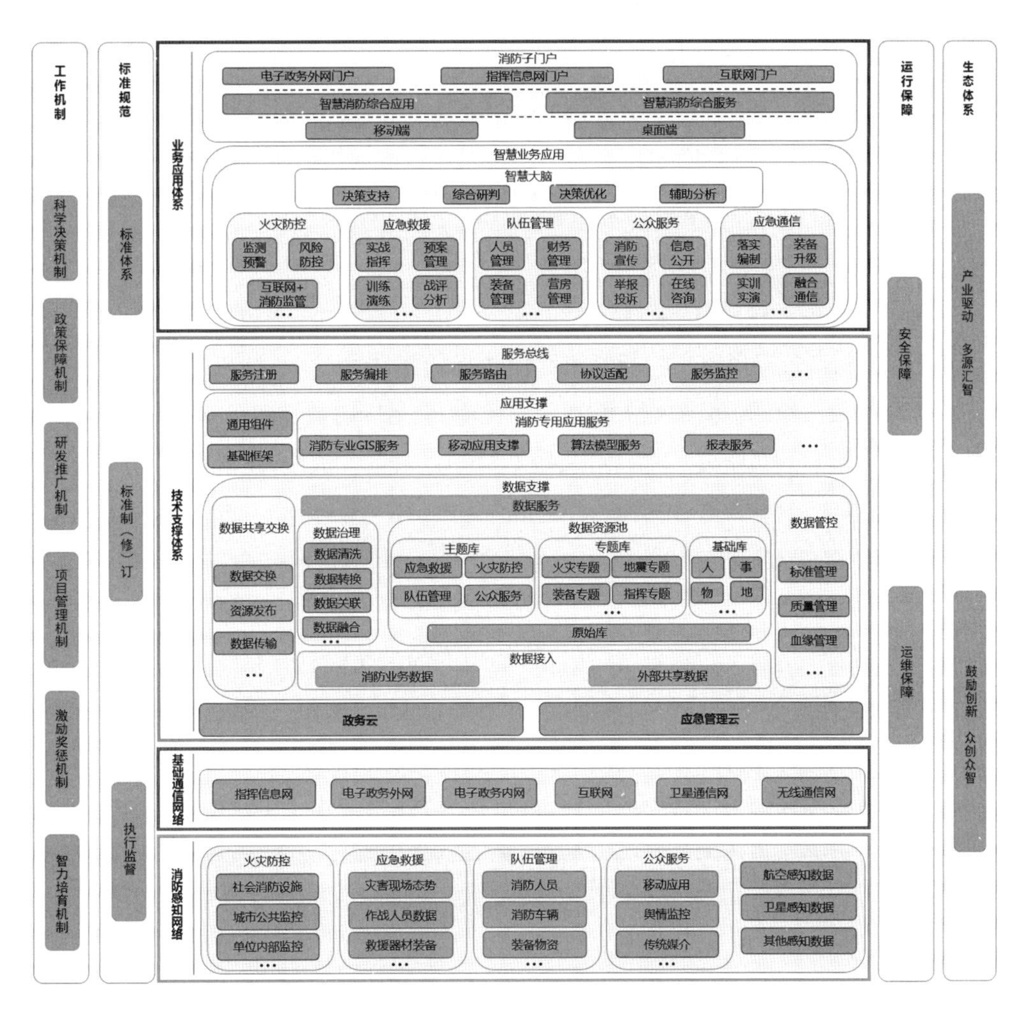

图 4-18 消防信息化总体框架结构

（资料来源：《消防救援队伍信息化发展规划(2019—2022)》）

到高火灾风险的建筑，取得了良好的成效。

国内消防大数据探索。近几年，各地消防部门均在消防大数据平台建设方面开展了有益的探索。上海市于 2015 年启动消防大数据一期建设项目，基于各类数据初步探索建筑风险研判；湖南省于 2017 年建设全省统一消防大数据库，应用于消防大数据指挥平台和火灾监控预警平台；湖北省于 2017 年开始建设省级消防大数据平台，嵌入“湖北政法云”平台；重庆市于 2017 年起开展内部数据标准制定工作，编制了《消防基础数据元集》《消防基础数据元代码集》《信息资源目录》和《数据清洗规则》，为下一步数据建库、清洗工作打下基础；河南省基于城市物联网远程监控系统，运用定制的多因素综合风险评估算法模型，对单位的消防安全等级进行评估。

具体到上海市，上海市消防部门于 2015 年启动消防大数据项目，2018 年打造出智慧消防建设的雏形，经过四年的摸索已经汇集梳理出消防业务系统的各类数据，打通了防火和灭火的条线隔阂，与部分委办局进行业务数据的交换共享，形成了消防大数据试点应用平台（一期）、智慧消防平台（一期）以及实战指挥平台等，实现了对火灾防控相关数据的基本分析和展现，但尚未涉及有关数据清洗与数据标准化的基础工作，暂时难以建立健全数据更新维护机制。

3. 实践案例

1）苏州市“火眼＋微消防”案例

2015 年，苏州市公安消防支队借鉴纽约消防局的实践经验，通过与国内有关大数据算法研发单位合作及与纽约消防局相关数据专家交流，立足国内数据实际条件，成功开发了火眼大数据火灾风险预测系统（以下简称“火眼”系统）。目前，“火眼”系统的主要预测性能指标灾前预测覆盖率（Pre-Arrival Coverage Rate，PACR）已经持平或超过纽约消防局的 Firecast 系统，并在具体应用领域取得了良好成效。这是大数据预测在消防安全中的典型应用。

“火眼”系统基于消防大数据平台，通过贯通现有的消防信息化系统，汇聚公安消防、安监、交通、工商、社保等数十个部门的数据，通过对历史火灾、单位、建筑、隐患等数十种业务数据库的海量数据进行综合评估分析，利用人工智能进行机器学习、训练生成预测模型，并结合近期及实时数据预测未来特定时间段内辖区单位建筑的火灾发生概率，从而大幅提高单位及消防部门日常防火检查工作的针对性，提升全社会消防安全管理的工作效率与总体水平。图 4-19 简要说明了大数据火灾风险预测的概念流程。

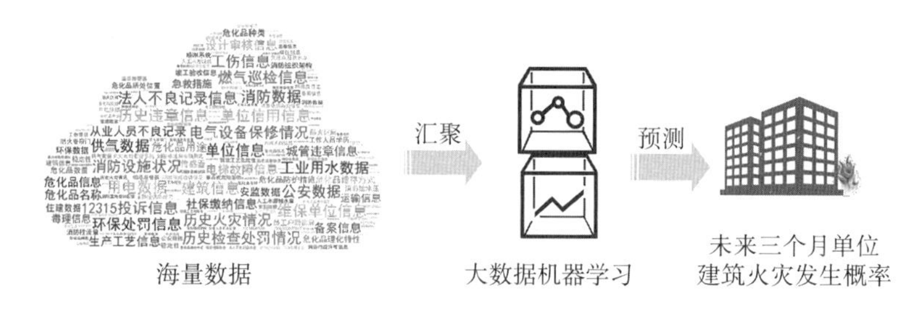

图 4-19　基于海量历史数据的机器学习与火灾风险预测

（资料来源：苏州市消防救援支队）

“火眼”系统每季度批量生成预测清单，由防火处统一下发给各消防大队和派出所，实现有限警力精准投放，指导监督员和民警有针对性地开展检查干预；同时，“火眼”系统可以自动将预警信息通过苏州微消防服务平台推送给相关单位，督促单位加强自查自纠。经过校验，2016 年第四季度，在“火眼”系统已覆盖的 9.6 万幢建筑中，42％的单位火灾发生在“火眼”系统所预测的高风险单位的前 5％中，“火眼”系统所预测的火灾风险较低的 30％建筑中实际发生的单位火灾仅占单位火灾总数的 3％。2018 年，“火眼”系统覆盖范围内发生401 起单位火灾，有160起（占比近40%）发生在预测风险较高的单位的前5%中。2018年，“火眼”系统覆盖范围内单位火灾起数较2017年全年下降100起，降幅约为20%。2019年，“火眼”系统覆盖范围内发生单位火灾250起，有49起（占比19.6%）发生在预测风险较高的单位的前5%中。借助于“火眼”系统的预测，“灾前检查率”从2016年的30%提升至2019年的58%。

未来“火眼”系统将拓展大数据预测的广度与深度，继续从其他政府部门及上级单位汇集更多相关数据，力争将基础数据提升一个量级。“火眼”系统2.0版本将从单一的火灾风险预测拓展为包括火灾发生风险与人员财产损失风险等多重指标在内的综合火灾风险预测，将更多的火灾隐患消灭在萌芽状态；同时，通过完备的数据积累与及时的数据支撑，提高消防部队的灭火救援响应速度、提升灾害事故现场的科学决策能力。

“微消防”是基于移动互联网、利用腾讯微信企业服务架构向单位提供消防服务的移动消防安全服务平台，可供百万级用户使用。单位通过张贴二维码实现日常消防巡查，单位管理人员可通过“微消防”实时掌握巡查人员的工作状态和单位内部消防安全管理现状，“九小场所”负责人每日会收到“微消防”推送的自查内容提示，监督员和民警可通过“微消防”实时掌握所管辖区域各单位消防安全责任主体履职情况。通过精细化管理，“微消防”既成为单位落实主体责任的有力抓手，又成为“火眼”系统的有效数据补充。自2016年年底上线以来，“微消防”已覆盖全市10 838家消防安全重点单位，张贴二维码的消防设施共计10 288 816个，“九小场所”模块于2017年7月初上线，已有206 285个场所的负责人通过认证后开展自查。重点单位管理人员每天都会运用“微消防”对单位消防设施开展巡查、检查，并扫描设备二维码同步上传检查记录，每日检查扫码数近40万次。

2）上海市“一网统管”案例

上海市近年来重点推进政务服务“一网通办”、城市运行“一网统管”两张网建设[11]，依托统一的网格、系统、终端，将公共安全、公共管理、公共服务、应急处置等事项纳入同一个技术平台，对城市运行状况实施监测、预测、预警、干预，推动城市治理模式、治理方式、治理体系的变革重塑。上海市消防救援总队坚持“应用为要、管用为王”的建设原则，着眼“高效处置一件事”，紧紧围绕灭火救援和火灾防控两条主线，高效融入上海市城市运行管理中心“一网统管”“三级架构、五级应用”的总体框架，积极探索超大型城市消防治理现代化新路子。

市级层面，突出“抓总体”，采用“1＋2＋10＋N”消防智能管理运行体系（图4-20）。其中，“1”指“一张图”全量展示消防全要素数据，“2”指日常模式与实战模式相结合，“10”指目前已完成的10个消防管理运行模块，“N”是下一步拟建设的消防专题应用场景。

区级层面，突出“联”和“管”。各区纷纷主动融入属地城运体系，充分发展消防大数据汇

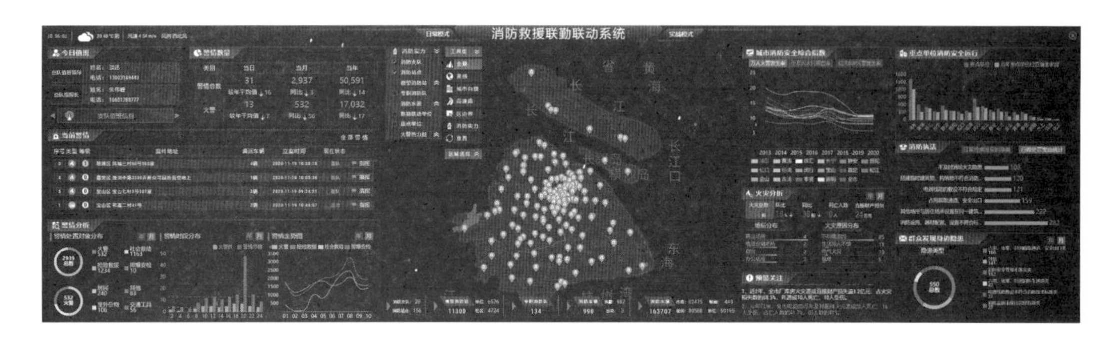

图 4-20　消防救援联勤联动系统大屏幕
（资料来源：上海市消防救援总队）

集分析应用(图 4-21)，具体落地实施消防智能化应用，分别在长宁区和徐汇区探索“单位消防管理能力评价”和“区域火灾风险评估”场景。其中，“单位消防管理能力评价”充分汇集消防部门内部的火灾历史数据、消防执法数据、隐患投诉举报数据、单位硬件设施数据、单位安全管理数据及其他部门的共享数据，运用大数据建模，对消防安全重点单位进行评分管控。这样，消防部门可以更加精准地开展单位监管，属地政府和相关行业部门对单位可实现重点关注，社会单位可自我对标提升安全管理水平。“区域火灾风险评估”充分运用“一网统管”平台上城市网格管理消防部事件办理、12345 热线火灾隐患，以及火灾、重大火灾隐患、消防执法等各类数据，实现建模分析、大数据运算，监测区域、重点行业火灾风险，并根据设定的预警值实现分色分类预警，提示相关地区政府、行业部门关注、防范、化解消防安全重大风险，提升城市火灾防控水平。

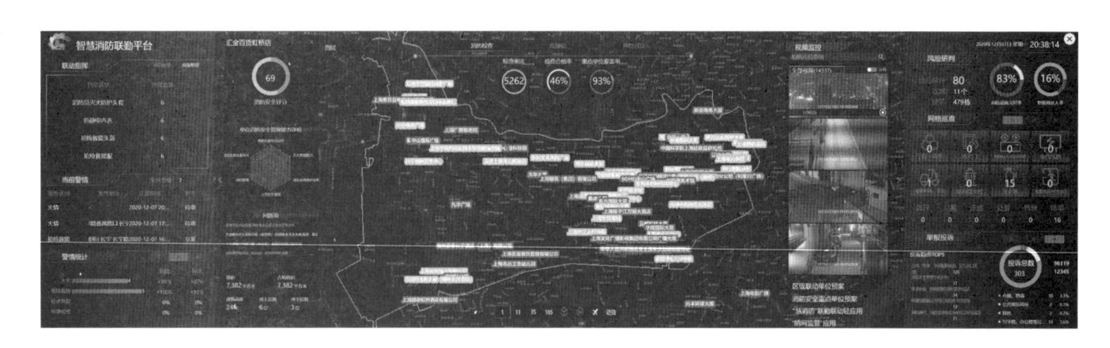

图 4-21　长宁区智慧消防联勤平台
（资料来源：长宁区消防救援支队）

街镇层面，突出“统”和“战”。各区积极探索街镇一级的消防智能化应用，特别是普陀区消防救援支队在区大数据中心、区城市运行管理中心的支持下，依托区一网统管“智联普陀”3.0 平台，在曹杨新村街道试点建设消防综合应用模块(图 4-22)。该模块致力于通过“信息共享、快速反应、联勤联动”的理念，合力打造智能化应用体系，推动消防工作由人力密集型向人机交互型转变，由经验判断型向数据分析型转变，由被动处置型向主动发现型转变。

图 4-22　区一网统管“智联普陀”3.0 平台消防综合应用模块
（资料来源：普陀区消防救援支队）

4. 未来展望

依托不断动态生成的海量数据，未来城市火灾风险防控将拥有更多智慧的手段，城市公共安全管理数据不再局限在事故统计数据、伤亡人数数据、救援参与数据等内容。从海量数据中找出有价值的信息，从数据中分析城市火灾风险管理的漏洞，有效预防风险、预警形势。

1）应用愿景

（1）提升城市火灾风险分析预警能力。运用大数据构建精细化风险防控解决方案，以物联感知、历史火灾、隐患排查等融合大数据为支撑，对单位、区域以及重点安保对象实行动态监测，利用云计算/边缘计算等方式，构建风险评估指标体系和预警预测模型，实现消防隐患早发现、早识别、早处理，宏观把握消防现状，提升火灾防控效能。[16]

（2）实现多方联动、资源共享、齐抓共管。海量的数据将使火灾防控和灭火救援工作机制发生根本性改变，打破单纯依靠消防部门抓消防的观念，逐步实现社会各方联动、资源共享共用，形成齐抓共管的合力。通过互联网、物联网、数联网，发动群众参与、促进部门协同，推动专项整治，提升全民消防意识。

（3）优化城市各类消防资源布局配置。通过历史灾情分布与水源等消防设施布局对比分析，建立数据模型，发现消防热点、盲点区域，优化消防资源布局；通过对城市建筑物分布和特性、历年火灾频发场所等信息，评估建筑物火灾风险、区域火灾风险，发现执法盲区，科学设定警力配比。

（4）纳入城市管理驾驶舱辅助决策。助力构建物联、数联、智联的政府协同治理支撑平台，将消防作为重要组成要素指标纳入城市运行管理中心驾驶舱，供领导实时掌握。在重大事件发生时，基于城市可视化全景图，调度多部门的资源，如人员、车辆、物资、机构协同作战，为城市管理者洞察城市风险隐患、宏观把舵提供数据支撑。

2）建议

（1）营造数据氛围，培育数据人才。在新形势下，提高维护公共安全的能力水平，就要培育以尊重事实、推崇理性、强调精确、注重细节为主要特征的“数据文化”。建立多层次、多类型的大数据人才培养机制，建立懂大数据、人工智能等新技术的技术业务融合型人才队伍体系；培育用户思维，用好大数据工具，服务人民大众、经济社会发展中的各种市场主体等“用户”。

（2）紧抓标准建设，规范数据安全。重复收集数据不仅会浪费行政资源，“数出多源”还可能造成人为的数据冲突，因此需要在数据交换、数据接口、开放模式、数据安全、网络安全等不同环节强化标准体系建设，发挥标准的规范引领作用。同时，数据量增大必然带来数据安全和数据开放问题，需要建立数据安全开放标准相关的数据安全治理和监管制度。

（3）融入城市大脑，推动开放共享。消防部门需要主动对接政府行业部门，融入城市大脑，将火灾风险防控纳入综合治理平台和智慧城市建设总体框架；积极推动数据共享，增强部门之间数据协调联动；积极推动数据开放，通过开放数据，让企业、社会组织和公民个人等各种社会主体在平台上利用政府开放数据来进行创新应用；探索区块链技术应用，以整体性数字政府理念规划信息化项目。

（4）鼓励广泛创新，解决痛点问题。通过营造数据氛围、培育数据人才，鼓励各类消防大数据应用场景探索，如火灾风险防控综合评估模型建立与应用、用电用气数据定位疑似群租或三合一场所、定位执法盲区等。通过数据开放共享，鼓励更多社会力量参与研究消防问题，如利用消火栓、消防站点信息提出合理的消防资源布局意见，研究区域、建筑物消防风险分级预警等。

4.3.6 人工智能技术

有人将人工智能称为人类历史上的第四次工业革命，前两次工业革命将人类从体力劳动中解放出来，第三次工业革命通过信息技术把全世界紧密地联系在一起，而人工智能则是要将人类从繁重的脑力劳动中解放出来。基于信息通信技术网络、以人工智能为引擎的技术革命正将我们带入一个万物感知、万物互联、万物智能的智能世界。人工智能的应用领域十分广阔，如医疗、教育、出行、金融、智能安防、智能穿戴、智能家居、智慧校园等。消防物联网的建设和消防大数据的积累为人工智能技术在消防领域的应用奠定了基础。

1. 技术概述

1）基本概念

(1) 定义。人工智能(Artificial Intelligence, AI)是一门研究、开发用于模拟、延伸和扩展人的智能的理论、方法、技术及应用系统的新的技术科学。人工智能是计算机科学的一个分支，实际还涉及心理学、哲学和语言学等学科，范围已远超出计算机科学的范畴，研究内容包括机器人、语言识别、图像识别、自然语言处理和专家系统等。人工智能研究的一个主要目标是使机器能够胜任一些通常需要人类智能才能完成的复杂工作。

(2) 三要素。算法、算力和数据是人工智能的三大技术要素。算法，基本都是开源的，目前算法研究还非常活跃。算力，就是计算能力，算力的增加遵循摩尔定律，需要搭建图形处理单元(Graphics Processing Unit, GPU)计算平台，目前全球大IT企业都可以提供开放的强大计算能力支持。随着5G、传感器的普及，数据会呈现爆发式增长。如果说算法是AI引擎的设计，算力是引擎的马力，数据则是引擎的燃料。

(3) 人工智能、机器学习、神经网络和深度学习的关系(图4-23)。人工智能包含两部分：一部分叫人工学习，也就是专家系统；另一部分叫机器学习，就是机器自己学习。机器学习包含神经网络，神经网络中有浅度学习和深度学习。过去芯片集成度低，只能模仿很少的神经元，现在集成度提高，可以模仿很多的神经元，当很多神经元被组成多层的网络时，就称它为深度学习。

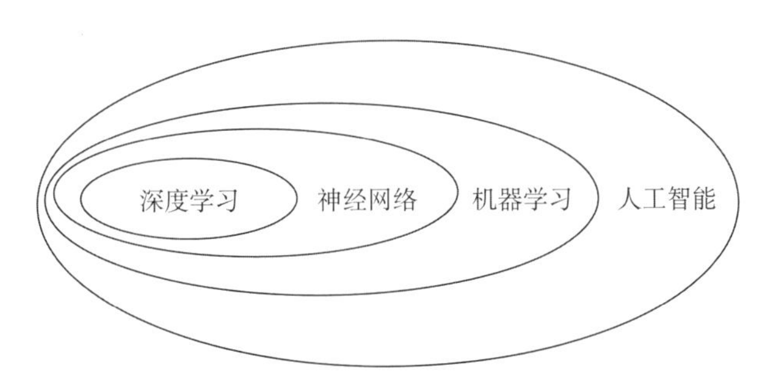

图4-23 四个概念的包含关系

(资料来源：《暗知识：机器认知如何颠覆商业和社会》，王维嘉)

(4) 人工智能能解决的实际问题。世界上有很多问题，其中只有一小部分是数学问题；在数学问题中，只有一小部分是可计算的；在可计算问题中，只有一部分是理想状态的图灵机可以解决的；在这一类问题中，只有一部分是今天的计算机可以解决的；而人工智能可以解决的问题只是计算机可以解决的问题中的一部分(图4-24)。

2）技术架构

人工智能技术架构如图4-25所示。通过摄像头、可穿戴设备、传感器采集的数据，预处

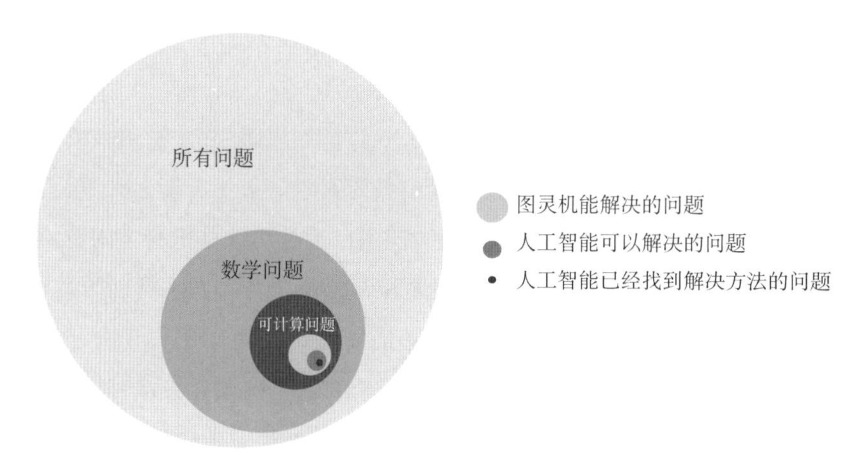

图 4-24　人工智能能解决的问题
（资料来源：《谷歌方法论》，吴军）

理并上传云端，进行深度学习训练；将非结构化数据处理形成结构化数据，提取关键规则，基于本地部署 AI 算力和算法，实现本地智能决策。

基于公有云/私有云/混合云等数据中心基础设施部署人工智能核心技术能力（包括数据治理，建立统一数据湖，大数据挖掘、分析、建模，结合专家系统和知识图谱的机器学习能力），形成数据智能。

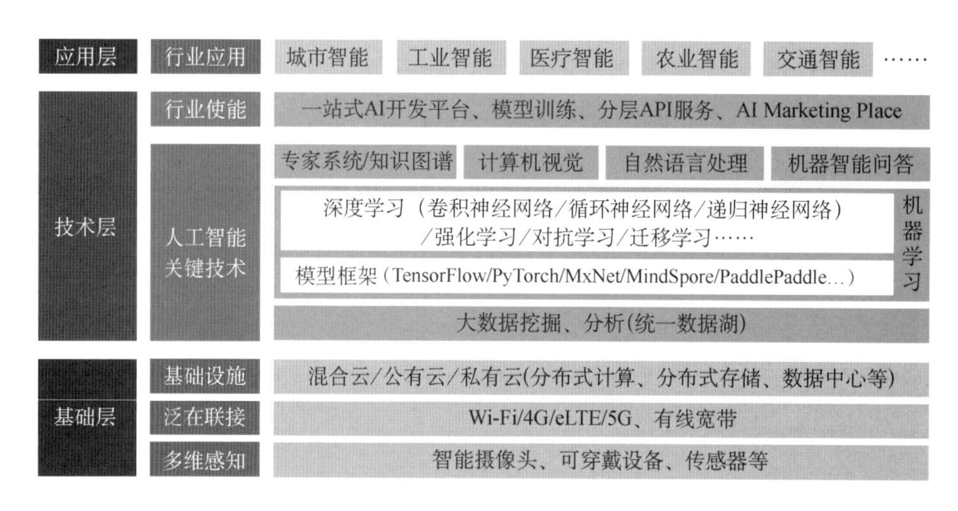

图 4-25　人工智能技术架构
（资料来源：《迈向万物智联新世界：5G 时代 · 大数据 · 智能化》，5G 与高质量发展联合课题组）

建立深度学习神经网络模型，结合行业场景，通过大规模分布式训练，形成深度神经网络领域算法，结合智能载体，如情感机器人，形成行为认知智能。行业使能层可以通过沉淀领域算法资产，提供丰富的场景化应用程序接口（Application Programming Interface，API）

服务，赋能不同行业场景，形成行业智能应用。[17]

目前，我国人工智能领域已覆盖了工业机器人、服务机器人、智能硬件等硬件产品层，智能客服、商业智能等软件服务层，视觉识别、机器学习等技术层，数据资源、计算平台等基础层。通过机器自我学习，完成对语音、视频、图片等非结构化数据的识别，从而将人从低效工作中解放出来，这是现阶段人工智能最主要的应用。

3）发展历程[18]

从1956年提出概念，到2016年大规模爆发，在这60年里，人工智能经历了三起两落（图4-26）。当前正处在第三次浪潮，这次浪潮最大的特点是深度学习与大数据的结合使得人工智能有真实的落地场景。

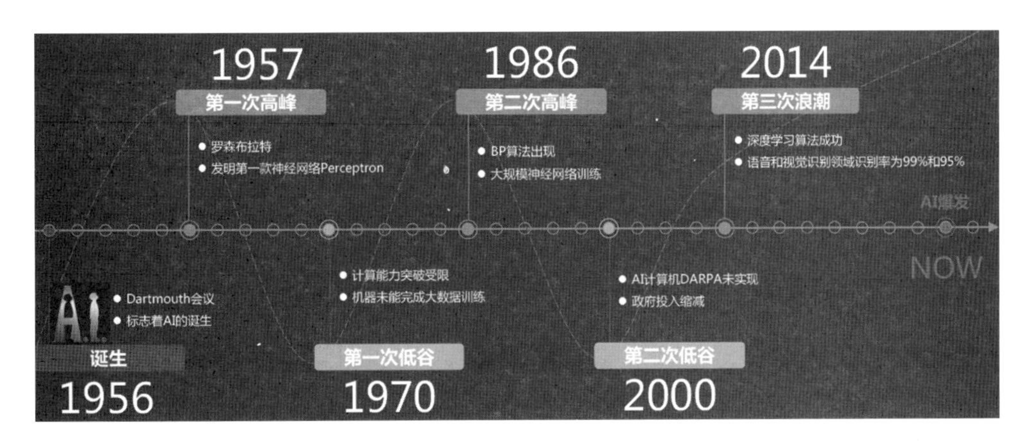

图4-26　人工智能发展史

（资料来源：https://xcx.iyong.com/2596628652474688/displaynews.html?id=3327013614109504）

4）技术关联

从数字中国新型基础设施整体架构（图4-27）中，可以看出5G、物联网、云计算、大数据和人工智能等数字化技术的关系。新型基础设施的核心架构将以5G连接为基础，以大数据为核心，融合人工智能、IoT、视频等技术，实现服务化、组件化输出，继而支撑政府、金融、制造等行业应用的创新与升级。

2. 消防领域人工智能技术发展现状

机器人、语言识别、图像识别、自然语言处理和专家系统等人工智能技术领域的研究在消防行业均有应用。但总体来看，技术应用还处在初期阶段，需要更好的市场培育和场景探索。

在火灾救援方面，人工智能在高效处置灾情、避免人员伤亡上可发挥关键作用。日本总务省消防厅推进开发的“机器人消防队”由自上空拍摄现场情况的小型无人机、收集地面信

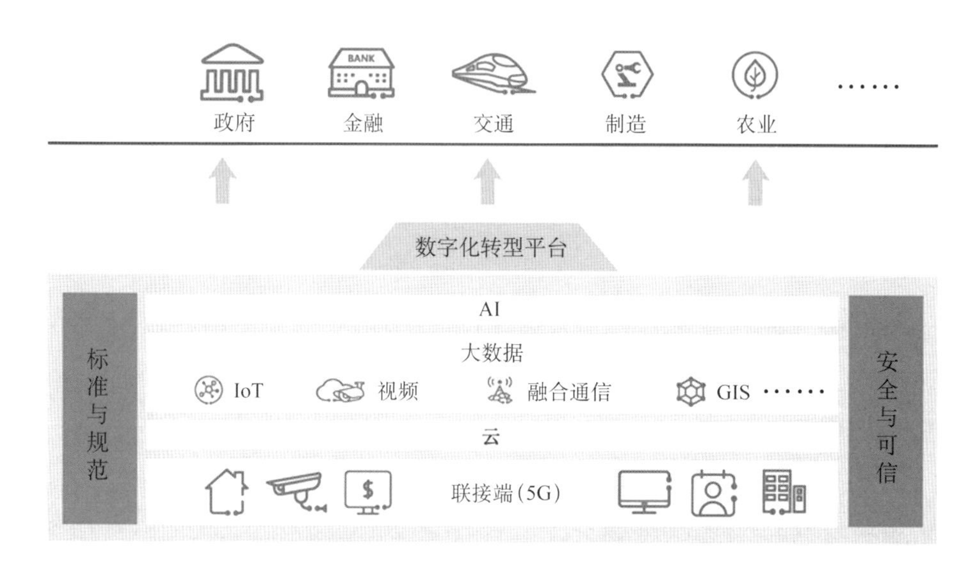

图 4-27 数字中国新型基础设施整体架构

（资料来源:《迈向万物智联新世界:5G 时代·大数据·智能化》,5G 与高质量发展联合课题组）

息的侦察机器人、可自动行走的水枪机器人组成。美国国家航空航天局推出的人工智能系统 Audrey,通过消防员身上所穿戴的传感器获取火场位置、周围温度、危险化学品和危险气体的信号、区域卫星图像等全方位的信息,基于机器学习的预测为消防人员提供更多的有效信息和团队建议,最大程度地保护消防员的安全。在我国,灭火、侦查及排烟消防机器人技术和产品已相对成熟,并已经进入实战应用,在高效处置灾情、避免人员伤亡并减少财产损失等方面发挥着越来越重要的作用。

在消防安全管理方面,基于人工智能技术的火灾风险评估和实时预测由于数据匮乏还在算法研究层面,基于图像识别等技术的隐患识别等场景应用已逐渐得到推广。图像识别有助于消防控制室值班人员管理,可以通过将值班人员与消防控制室职业资格证书库的数据进行比对,验证值班人员是否持证上岗,并实时监测其在岗情况;能通过火灾图像探测准确识别火灾,并且联动火灾现场视频做复核,减少误报带来的额外工作量;还有助于对消防车道占用情况的识别,结合人脸识别和车辆号牌识别信息,及时发送提醒消息,实现对消防车道的 24 h 不间断管理。

3. 实践案例:阿里云“消控宝”

2020 年 4 月 20 日,阿里云在官网正式上线数字消防监控轻量级套装——消控宝,该产品基于摄像头和自研 AI 算法,实现对消防通道占用、消防控制室人员离岗等多种消防隐患场景的智能识别与监测,预警信息在 15 s 内通过钉钉送达责任人,为消防监管部门、各类消防监管单位提供由“人为监控”向“智能监控”转变的技术手段(图 4-28)。

图 4-28 “消控宝”业务流程

（资料来源：《阿里云发布“消控宝”，可 15 秒内预警消防隐患，与钉钉联动、一键上云……》，微信公众号“消防百事通”）

传统巡检和监控方式存在很多盲区，例如，隐患何时产生、持续多长时间、什么时候解决等，而通过“消控宝”联动的钉钉 AI 智能机器人助手可实现消防隐患全过程感知，隐患产生、持续、解除全过程记录，便于及时调度和响应。

针对每周产生的隐患数、违规行为高发区域等，“消控宝”会自动形成报告并推送给消防管理人员和社会单位，做到针对性管理。同时，“消控宝”算法配置在云端，用户可直接在云端配置消防隐患监控类的火焰识别、电动自行车入电梯识别等多种算法，实现多场景消防隐患监控，有效解决日常消防隐患依赖人工巡查效率低、响应慢、随机性高、排查流于表面的问题，探索消防管理新模式。

4. 未来展望

1）应用愿景

（1）助力提高火灾风险防控智能水平。消防物联网技术是实时监测城市消防设施状态的手段，大数据技术是从海量数据中寻找规律、预测风险，那么人工智能技术则是在采集数据时就作出智能判断、大大提升预警效率的技术手段。未来人工智能的定位绝不只是用来解决特定领域的某个简单具体的小任务，而是真正像人类一样同时解决不同领域、不同类型的问题，进行判断和决策，也就是所谓的通用型人工智能。相信彼时在城市火灾风险防控领域，人工智能必将带来更多智慧和可能。

（2）有效提升社会整体消防管理能力。人工智能技术的应用，一方面，提升了火灾风险预警能力；另一方面，也因为实时智能提示，形成震慑效应，督促个人、社会群体进行自我约束，避免其产生消防安全违法行为。数据智能正在重建社会的安全和秩序，催生出一个更加安全的中国社会。预计 2025 年，非结构化数据量在总数据量中的占比将达 95%，全球企业对人工智能的采用率将达 86%。过去，政府数据占总数据量的 80%；5G 时代，社会数据将占总数据量的 80%。这将推动形成从政府主导转变成政府与社会协同共治的社会消防治理局面。

2）建议

（1）拓展数据收集渠道，提供人工智能训练原料。人工智技术需要大量数据训练，因此需要结合应用场景，在文本处理、图像识别、语音识别、信息检索等领域针对性拓展数据（包括各类火灾隐患、消防安全违法行为等）收集途径和方式，不断提升智能识别预警能力，探索消防执法创新模式。同时，为城市智能算法公共服务体系提供更多消防领域的算法模型。[19]

（2）加强试点示范应用，推动更多应用场景落地。目前，人工智能在城市火灾防控领域的应用场景主要集中在图像识别上，包括火焰烟气识别报警、消防车道占用识别、常闭式防火门启闭状态识别等，应加强对重点公共区域安防设备的智能化改造升级，努力推动更多火灾防控智能化应用场景落地。鼓励人工智能与消防物联网有效结合，实现智能决策与修正火警、智能检测联动、智能评估建筑物安全风险和智能预测火灾风险等。

（3）培育科技融合人才，营造先进技术学习氛围。应积极营造人工智能、5G、云计算、大数据、物联网等先进技术的学习氛围，从政府到企业，从决策领导层到年轻干部，通过培训、调研、讲座等多种形式，提升技术普及度，加强创新人才培育。同时，结合应用场景探索，积极引入人工智能人才专家，通过发动专业人员人工标注数据，训练深度学习算法，推动场景落地，有效发挥人工智能在火灾防控中的应用。

4.3.7 BIM，VR，AR，MR 等三维可视技术

随着经济和城市化的发展，全国各地涌现出大量的高层、超高层和地标性建筑，如大型商业综合体、大型综合交通枢纽、“鸟巢”、“水立方”等，这对建筑物的防火设计和消防安全管理提出了更高的要求。近年来，BIM 技术的发展和在工程实践中的深入应用，在建筑全生命周期中实现了各专业信息的共享和协同，也为建筑消防设计和消防安全管理提供了新的思路和方法。此外，VR，AR，MR 和基于人工智能技术的快速三维建模等三维可视技术也因其丰富的交互性、拓展性和体验感，在城市火灾风险防控的宣传、演练、远程协作等场景中发挥着重要作用。

1. 技术概述

1）BIM 技术

（1）BIM 的概念内涵。

BIM 指在建筑的全生命周期中创建和管理建筑信息时需要应用的三维、实时、动态的模型软件和数据库，它包含建筑、设备、管线及各种建筑组件的几何信息、时间信息、空间信息、地理信息及工料信息。BIM 是一个可用于建筑规划、设计、施工、运营、改造等建筑全生命周期管理的大型数据库，其核心是建立虚拟的建筑工程三维模型，通过数字化为模型提供完

整、与实际情况一致的建筑工程信息库。

BIM 技术具有可视化、协调性、模拟性、优化性、可出图性、一体化性、参数化性和信息完备性八大特点。BIM 技术适用于规模大和复杂的工程,也适用于一般工程;适用于房屋建筑工程,也适用于市政基础设施等其他工程。

BIM 对建筑全生命周期涉及人员均有用,包括设计阶段的建筑师、结构工程师、水暖电工程师,施工阶段的总承办商、分包商,投入使用后的业主、物业管理人员等(图 4-29)。

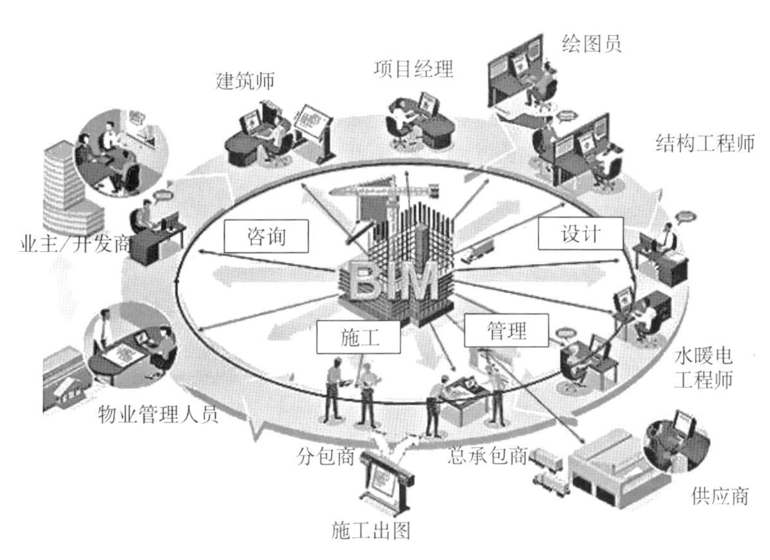

图 4-29 BIM 在建筑工程行业中的应用

(资料来源:《BIM 技术在建筑消防工程的应用展望》,微信公众号"消防百事通")

(2) BIM 在消防领域的应用。[20]

建筑消防信息模型指基于 BIM 进行消防信息建模,通过数字信息仿真模拟建筑物中消防设备及消防相关建筑构件的真实信息,如防火墙、防火门、防火卷帘、室内消火栓、火灾报警器、消防水泵等。建筑消防信息模型可用于消防设计审查、消防监督检查管理、消防设备维护管理、单位实时监控、消防预案训练、消防救援指挥、火灾模拟疏散逃生等场景,为政府监管部门、建设单位、施工单位、物业管理提供直观的建筑精细信息。

2) VR, AR, MR 技术

(1) VR, AR, MR 的概念内涵。

① VR 指利用计算机技术模拟产生一个为用户提供视觉、听觉、触觉等感官模拟的三维空间虚拟世界,用户借助特殊的输入/输出设备,与虚拟世界进行沉浸式交互。VR 关键技术包括动态环境建模技术、实时三维图形生成技术、立体显示和传感器技术、应用系统开发工具、系统集成技术。VR 技术可应用于影视娱乐、教育、设计、医学手术预演、军事演习等。

2016 年是 VR 产业的元年，谷歌、索尼、HTC、微软、Facebook 等国际巨头相继入局 VR 领域。[21]

② AR 是在 VR 的基础上发展起来的新技术，这种技术可以通过全息投影，将计算机生成的虚拟物体、场景或系统提示信息叠加到真实场景中，操作者可以通过设备互动，实现对现实的增强。AR 关键技术包括跟踪注册技术、显示技术、虚拟物体生成技术、交互技术、合并技术。AR 技术可应用于教育、健康医疗、广告购物、展示导览、信息检索、工业设计交互等。[22]

③ MR 指结合真实和虚拟世界创造新的环境和可视化的三维世界，物理实体和数字对象共存并实时相互作用，用来模拟真实物体，是 VR 技术的进一步发展。该技术通过在虚拟环境中引入现实场景信息，在虚拟世界、现实世界和用户之间搭起一个交互反馈的信息回路，增强用户体验的真实感。图 4-30 展现了 VR，AR 和 MR 的关系，目前大多数设备都只实现了图中非常小的一部分。

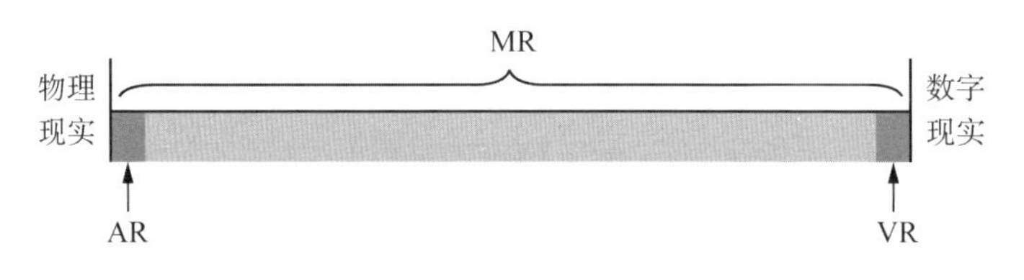

图 4-30　AR，VR 和 MR 的关系

（资料来源：《HoloLens 与混合现实开发》，闫兴亚、张克发等）

（2）VR，AR，MR 在消防领域的应用。

在消防领域，VR 和 AR 技术主要被应用在消防演练、消防设施操作学习、火灾调查模拟学习、公众消防宣传培训等场景中。例如在虚拟场景中模拟事故现场，以沉浸式方式进行演练体验。

在消防领域，MR 技术可以被应用在远程指导、远程协同、虚拟化培训等场景中。例如消防设施的维护保养，通过 MR 与专业技术人员互动，实现远程指导维护，大大提高了设施维修的及时率。

3）基于人工智能技术的快速三维建模技术

融入了人工智能技术的建模算法给三维建模行业带来了优化升级，可帮助实现智能数据预处理、智能重建精修与智能化数据应用。目前，文物保护、城市建设、文化娱乐、机器识别等诸多泛测绘类应用中都有人工智能三维建模的投入与使用。基于建筑消防设计图纸，应用基于机器学习的图像识别技术，实现建筑物及其消防系统快速、便捷的三维自动建模。利用基于机器学习的形状补全方法，使用深度神经网络估计物体种类和全局结构。导入二维图纸后,系统将会在几分钟甚至数秒内生成具备一定精度的三维建筑模型,实现自动、高效的模型转换,为“智慧消防”多个应用领域提供强有力的科技手段。

2. 消防领域三维可视技术发展现状[23]

目前,国内已经有不少建设项目利用 BIM 技术协助进行消防设计、施工及运营维护。例如,上海中心大厦和上海迪士尼度假区均在项目的各个阶段利用 BIM 技术解决设计和施工上的难点问题,上海迪士尼度假区还在尝试将 BIM 技术运用于日常运营管理。总体上来说,国内建筑行业信息化趋势不可逆转,BIM 技术作为这场建筑行业变革的关键技术必将越来越成熟和规范。

目前,国内消防领域应用 VR, AR, MR 技术的项目不断增多,这些技术主要应用于火灾场景复原、火灾现场人员疏散模拟、火灾现场烟气扩散模拟、消防预案制作、消防仿真训练、火灾事故调查训练、消防宣传培训演练等工作中,普及度还有待进一步提升。

基于人工智能技术的快速三维建模技术在消防领域的应用尚处于起步阶段,相关数据、算法、算力均需更多研究和积累,应鼓励对更多应用场景和案例的探索。

3. 实践案例

1) 上海中心大厦的 BIM 应用[24]

上海中心大厦(Shanghai Tower)是上海市的一座巨型地标性摩天大楼,总建筑面积为57.8万 m^2,建筑总高 632 m。项目于 2008 年 11 月 29 日开工建设,2014 年年底土建工程竣工,2017 年 1 月投入试运营。

项目从开工之初就全面规划和实施 BIM 技术,通过构建数字化信息模型,打破设计、建造、施工和运营之间的传统屏障,实现项目各参与方之间的信息交流和共享,有效支持项目决策者对项目进行合理的协调、规划、控制,实现项目全生命周期内技术和经济指标的最优化。据不完全统计,参与上海中心大厦项目的 BIM 技术人员超过 100 人,涵盖土建、钢结构、幕墙、机电、室内装饰等多个专业。

在灾害应急方面,上海中心大厦利用 BIM 及相应灾害分析模拟软件[25],模拟灾害发生的过程,并制定灾害发生后疏散、救援的应急预案(图 4-31)。BIM 可以为救援人员提供紧急状况点的详细信息,提升应急救援行动的成效。

项目中,针对钢结构构件、机电安装工程、部分装配式装修工程,通过 BIM 和射频识别(Radio Frequency Identification, RFID)技术的结合,解决了工序搭接错误、现场预留空间不足、专业间碰撞、材料堆场杂乱、构件丢失、质量验收等问题,一定程度上改变了建筑工程相对粗放的管理模式。此外,项目还将重要构件或者关键区域内设备的关键信息以二维码的方式标识,使用手持移动平台到现场扫描该标识,能从上载的 BIM 数据库中提取相关信息,

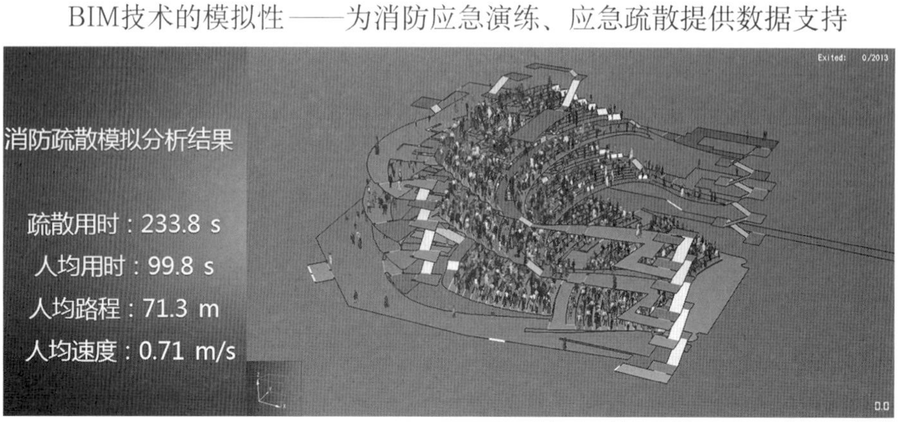
BIM技术的模拟性——为消防应急演练、应急疏散提供数据支持
Exited: 0/2013
消防疏散模拟分析结果
疏散用时：233.8 s
人均用时：99.8 s
人均路程：71.3 m
人均速度：0.71 m/s

图 4-31　上海中心大厦利用 BIM 及灾害分析模拟软件模拟灾害发生后疏散

提高现场解决问题的效率。

上海中心大厦已建设消防报警系统、应急广播系统、消防排烟系统、应急指示系统等，结合正在深入开发的智慧运营平台，将 BIM 的空间定位、运维逻辑，智能大厦管理系统(Intelligent Building Management System, IBMS)的状态监测、数据汇总分析，物业管理系统的用户通知等功能应用到消防应急工作中，实现更为智慧高效的消防应急工作模式。

2) 南宁市消防工作中的 BIM 应用

南宁市建设的消防三维智慧指挥平台(图 4-32)，通过建立覆盖完整城区的详细三维模型，导入全市数千一类和重点消防单位的内部 BIM 结构，对接重点单位的视频、烟感或其他消防传感器，整合城市各种消防救援力量资源(包括车辆、人员)，建立智能化、可视化的消防指挥调度系统，实现统一实战指挥，高效有序开展救援行动。

南宁消防三维智慧指挥平台

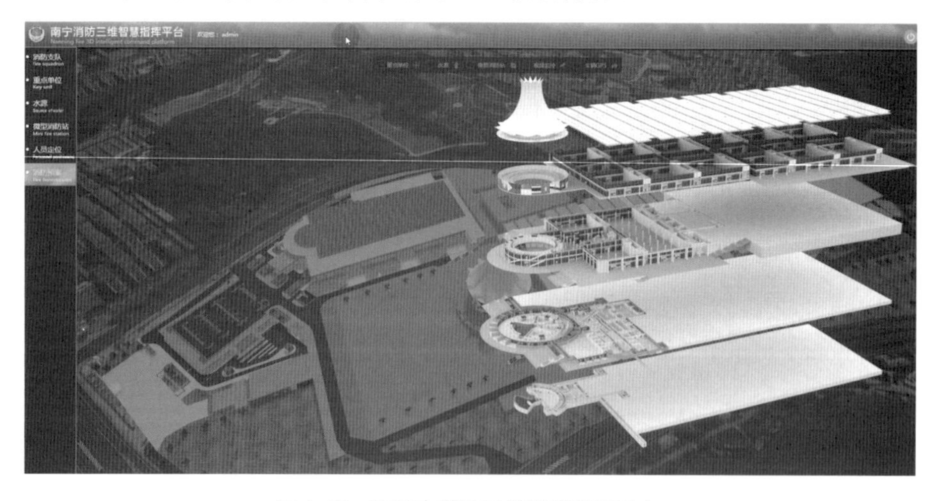

图 4-32　南宁市消防三维智慧指挥平台

该平台支持二维 GIS 数据、三维 GIS 数据、实景三维模型(倾斜摄影)和 BIM 的无缝融合显示。基于城市三维仿真模型,对接消防物联网及其他相关城市管理资源,构建完整的静态城市模型和动态运行模型的重叠对接体系,并结合大数据分析,为指挥调度提供智能辅助决策。

3) 火灾事故调查 VR 训练系统

上海市消防救援总队积极探索将 VR 技术应用于火灾事故调查培训,利用计算机构建一个三维虚拟世界,重现一个"要素齐全"的火灾现场,给初级火灾调查人员一个"沉浸式教学环境",使其掌握火灾事故调查的基本工作程序和要求。

系统的培训流程按照火灾事故调查的一般程序要求设置,包括出警前准备、现场保护、询问走访、调取监控录像、照相取证、现场勘验等环节,并设有考核计分功能。

出警前准备场景中,学员在指挥中心接收出警指令,可在指挥中心大屏上学习系统的操作方法,接着进入装备室选取开展火调工作的装备器材及文书。

进入火灾小区后,系统可完整模拟火调工作的各种形式,如通过模拟交流对话,落实民警的现场警戒和保护;通过张贴现场封闭告知单,确定现场保护范围;等等。现场自由行走过程中,学员可与见到的所有人物对话,获取调查线索并将对话内容作为询问笔录。询问走访还可以通过拨打电话询问参与灭火的消防员、第一报警人以掌握有关案情线索。系统还设置了视频监控调查的情节,学员可在小区门卫室监控操作台上模拟查看和调取小区视频监控录像。

照相取证环节,学员需要使用相机进行方位、概貌、重点部位、细目等照相。现场勘验环节,学员可以通过观察确定起火部位和起火点,照相固定痕迹物证,也可以使用挖掘工具清理和查找物证,进行物品复原,使用钳子提取物证送检,甚至使用万用表现场检测故障回路(图 4-33)。

图 4-33　火灾事故调查 VR 训练系统现场勘验画面
(资料来源:上海市消防救援总队)

学员结束互动后，系统的考核模块将自动给出学员此次练习的得分。管理平台可随时查询学员学习情况，并利用预设题库开展在线理论考核测试等。

4）VR消防仿真训练系统

随着建模与仿真技术的快速发展，计算机灭火救援模拟训练因其特有的优点越来越受到消防部门的重视。计算机模拟不再仅仅是火灾科学基础研究的主要手段，也为模拟真实灾害环境下的抢险救援组织指挥、增强消防救援队伍对突发事故现场的临场处置能力提供了重要技术手段。

VR消防仿真训练系统是基于先进的VR技术、实时三维渲染技术构建的3D消防模拟系统（图4-34）。利用专业的沉浸式VR设备和技术打造VR消防训练场景，为消防灭火救援和训练提供可视化仿真训练平台。系统针对不同场所发生的火灾或特殊灾害事故，利用计算机技术模拟生成各种环境条件下的虚拟事故场景，受训对象依据应急救援战术原则进行指挥决策，调动和部署抢险救援力量，形成战斗方案，控制事故的发展和蔓延。计算机系统依据战术知识库，针对受训对象的战斗方案进行一定的逻辑推理，生成对相关方案的智能化评判结果，虚拟事故场景也随着战斗方案的执行实时产生动态的仿真效果，为受训对象创建一个具有高度沉浸感的训练环境。

图4-34　VR消防仿真训练系统
（资料来源：上海市消防救援总队训练与战勤保障支队-训保支队）

4. 未来展望

1）应用愿景

（1）优化建筑全生命周期管理。BIM技术的应用将极大提高建筑消防设计质量、设计效率、验收效率，并方便投入使用后的运维管理；结合消防物联网，可以促进未来建筑消防设施的三维可视化安装、运行、监控、维护等全生命周期管理，从而真正提升消防安全管理的可视化、智能化水平；同时，可以进一步探索精细化的消防监督管理模式。

（2）提升群众消防安全意识。VR，AR，MR相关消防安全产品中的不断增加，将极大提高群众的消防安全意识、疏散逃生能力。VR，AR，MR与BIM结合将极大提高建筑消防安全管理相关人员的建筑消防安全管理、维护保养能力，提供更加精细化的建筑消防安全管理解决方案。

（3）助力数字孪生城市建设。BIM、VR、AR、MR、基于人工智能技术的快速三维建模技术等三维可视技术的应用将极大地助力数字孪生城市建设，数字化模拟城市全要素生态资源，构建各类沉浸式智慧城市交互体验场景。作为一种革命性的人机交互方式，VR具有成为下一代计算平台的巨大潜力，推动智慧城市深度发展。

2）建议

（1）鼓励应用探索，注重技术融合。受技术兼容性问题影响，三维可视技术在各类消防需求场景的应用较单一，应大力引导市场注重多种技术融合。例如，AR技术与模型算法结合，帮助消防执法人员开展智能执法，提高执法效率。同时，随着对数据、算法、算力的研究和积累，应积极鼓励基于人工智能技术的快速三维建模技术在消防领域的广泛应用。

（2）培养相关人才，形成有效市场。鼓励有关机构主动对接高校进行三维可视技术人才培养，帮助学生提升实践技能和场景落地能力；在消防部门内部，引入相关技术培训，与研发单位共同打磨产品内容，形成可用好用并可复制的案例。

4.4　城市火灾应急救援处置

应急救援处置指针对可能或正在危及生命、财产安全，造成环境破坏等的突发事件所采取的紧急措施或救助行为。城市火灾应急救援处置是在政府组织下，由专业消防员与社会救援力量配合，对受伤人员和处于危险情境的人员开展的紧急救援行动，以及对公共财产的抢救，以实现最大程度减少公众伤亡和社会财产损失的目的。城市火灾应急救援处置既是消防力量处置火灾事故的作战行动，又是城市安全风险防控的重要环节，同时也体现出地区城市治理水平。为完成城市火灾应急救援处置工作，必须在有序的领导、指挥与组织下，按照规范的操作程序与运行机制，实现包括应急救援各项工作所需的人力资源、物质资源、制度资源和保障机制在内的所有构成要素的高效运转，城市火灾应急救援处置就是包括这些因素在内的一个有机整体。[26]

本节以上海市为例，将上海市发生的火灾界定为上海市城市火灾，不仅包括中心城区所发生的火灾，还包括近郊区和远郊区发生的所有火灾。尽管上海市的郊区可能还存在农村的样态，但无论是居民生活还是管理上，都与城市密不可分。

4.4.1 城市火灾应急救援处置的特点

城市火灾应急救援处置是消防应急救援的重要内容，能体现出各类应急救援力量处置火灾事故的措施对策。由于城市火灾具有突发性、多发性、破坏性和复杂性，其应急救援处置具有以下特点。

（1）城市火灾应急救援处置时间紧迫。无法准确预测城市火灾发生的时间、地点和性质，火灾又往往会在短时间内造成严重的影响，这就在时间上对消防救援提出了十分严格的要求。通常我们所谓的“15 min消防”，即发现起火到消防队伍展开战斗出水不超过15 min，其中包括报警、接警出动、途中行驶、战斗展开等环节，每个环节都按“秒”级标准要求。2013年1月6日20时，上海市浦东新区沪南公路一农产品市场起火，最近的消防队由于距离较远，到场用时12 min，从发现起火到整体战斗展开用时超过15 min，最后火灾导致4 000 m^2 的市场被烧毁，5人在火灾中死亡。此外，在缺乏必要防火分隔的情况下，一般建筑从起火到形成立体火势仅需十多分钟，其他因爆炸或外部火源引发的火灾成灾时间可能更短。因此，时间紧迫是城市火灾应急救援处置最显著的特点。

（2）城市火灾应急救援处置类型繁多。城市建筑本身具有多样性，按照其功能可分为8大项、26小项，其中以“高、低、大、化”（即高层建筑、地下建筑、大型综合体、石化企业）最为突出，这就要求消防队伍根据地区特点，配备专门装备，培养专业人才，不能一味地使用一套装备和战法：应对高层建筑火灾，需要大功率的消防车以确保压力稳定；应对城市综合体火灾，需要大流量的消防车以确保供水充足；应对地下建筑火灾，需要大型排烟设备；应对化工类火灾，需要大量使用泡沫、干粉等灭火剂。火灾发生的规模、性质和特点，以及消防救援的复杂性，决定了行动方案、救援方式、救援手段具有多样性。

（3）城市火灾应急救援处置风险较高。建筑内一旦发生火灾，火焰与浓烟将迅速蔓延，城市综合体的中庭、地下建筑的通风管道都是火灾快速蔓延的途径，原本简单的环境在浓烟、高温中变得复杂；部分建筑内甚至还拥有大量有毒和危险化学品，随时有发生爆炸和中毒的风险，极易造成消防人员伤亡。此外，高温导致建筑承载能力降低，建筑物结构倒塌也是近年来威胁消防人员生命安全的重要因素。2014年2月4日10时，上海市宝山区民科路一厂房起火，两名消防人员就因建筑倒塌壮烈牺牲。消防人员不仅要考虑如何有效开展火灾扑救和人员搜救，更重要的是要在复杂的环境中确保自身安全。

（4）城市火灾应急救援处置极易引发网络舆情。近年来由于互联网技术的飞速发展，新媒体逐步取代传统媒体，对于突发公共事件尤其是火灾事故，各大新媒体平台往往第一时间发布、传播视频、图片，内容经过互联网被放大，极易引发网络舆情。当前，绝大多数灭火救援行动在聚光灯下开展，除了要按照相应规程处理之外，还要满足舆论影响，这会对火灾处置造成一定影响。2020 年 5 月 20 日 10 时，上海市虹口区九龙路一老式居民楼起火，由于火灾发生位置正对陆家嘴金融圈，地理位置十分敏感，又恰逢上班高峰时段，网络舆情瞬间爆发，大量记者、自由媒体人涌入火灾现场，对灭火救援工作造成较大影响。

4.4.2 城市火灾应急救援处置发展现状

城市火灾应急救援处置是政府和社会应对城市火灾的总体安排与部署。其主要内容就是针对可能发生的对公众生命和财产安全、环境安全、社会和谐与稳定构成破坏性影响的各类火灾事故，采取科学合理的应急救援，具体内容主要包括应急救援处置力量、公共消防设施、消防车辆装备以及行业单位责任。

1. 应急救援处置力量[27]

“事在人为”，人是构成应急救援处置力量的关键。我国应急救援处置力量主要包括国家综合性消防救援队伍、各类专业应急救援队伍和社会应急力量。改革转制以来，形成了以国家综合性消防救援队伍为主力、各类专业应急救援队伍为协同、社会应急力量为补充的应急救援处置力量新体系（图 4-35）。

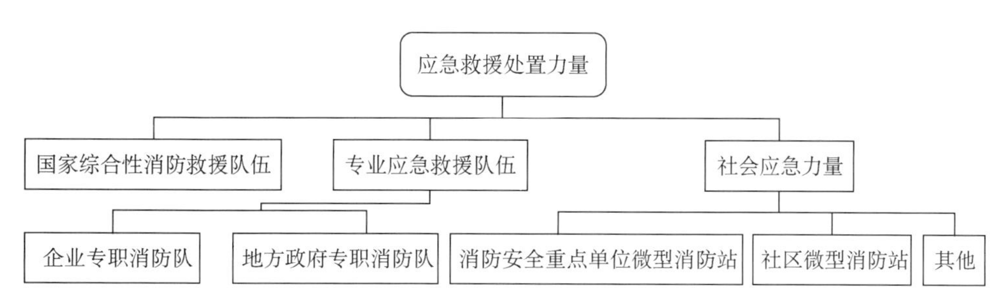

图 4-35 应急救援处置力量构成

1）国家综合性消防救援队伍

从新中国成立到 20 世纪 90 年代，消防队伍主要是一支与火灾作斗争的专门力量。从公安部队到民警与现役制混编，再到 1982 年纳入武警序列，消防部队体制发生过多次变迁，但其职能始终没有发生大的变化，始终是火灾预防与火灾扑救。2018 年 3 月，党中央作出组建应急管理部门的重大决策；同年 10 月，中共中央办公厅、国务院办公厅印发《组建国家综合性消防救援队伍框架方案》。2018 年 11 月 9 日，在国家综合性消防救援队伍授旗仪式上，习近平总书记亲自为国家综合性消防救援队伍授旗并致训词，明确了国家综合性消防救援队伍承担着防范化解重大安全风险、应对处置各类灾害事故的重要职责。

2019 年 12 月 31 日，上海市消防救援总队正式挂牌。截至 2021 年 12 月，上海市消防救援总队有国家综合性消防员 6 239 人，下辖 21 个消防救援支队、9 个消防救援大队、168 个(已建成)消防站；全市共有消防车 976 辆，防护装备 9.3 万套，抢险救援器材 1.25 万件套。上海市消防救援总队建立了高层、地铁、城市综合体、石油化工、船舶、水域和地震 7 个专业队。

2）各类专业应急救援队伍

目前，负责城市火灾扑救的专业应急救援队伍主要由地方政府专职消防队和企业专职消防队组成，统称为专职消防队。专职消防队伍需要 24 h 全天候随时待命，按照应急管理消防机构的训练要求，制订训练计划并组织实施，通常沿用国家综合性消防救援队伍的准军事化管理训练模式。

3）社会应急力量

城市火灾事故应急救援处置中的社会应急力量主要是志愿消防队、具有注册资质的公益救援队、青年志愿者协会等民间救援组织。2015 年，公安部消防局下发《消防安全重点单位微型消防站建设标准(试行)》《社区微型消防站建设标准(试行)》，微型消防站成为志愿消防队的具体体现。微型消防站在志愿消防队伍的基础上建立，是志愿消防队的进化和升级，依托单位志愿消防队伍和社区群防群治队伍，以救早、灭小和“三分钟到场”扑救初起火灾为目标，配备必要的消防器材。微型消防站分为消防安全重点单位微型消防站和社区微型消防站两类，是消防安全重点单位和社区建设的最小消防组织单元。[28]

2. 公共消防设施[29]

城市公共消防设施是城市基础设施的重要组成部分，公共消防设施的状况直接影响火灾扑救的成败。近年来，城市消防规划和城市公共消防设施建设已成为社会普遍关注的焦点，各级政府和相关部门不断加大城市公共消防设施投入力度，强化城市公共消防设施管理维护，从而推动城市公共消防设施建设长足发展。城市公共消防设施主要包括消防站、市政消火栓和消防车道。

1）消防站

根据规模不同，消防站可分为普通消防站、特勤消防站和战勤保障消防站三类。普通消防站又可分为一级普通消防站、二级普通消防站和小型消防站。截至 2021 年 12 月，上海市建成 168 个消防站，分布于 16 个行政区及 3 个专业支队。其中，浦东新区 27 个、黄浦区 7 个、徐汇区 7 个、长宁区 3 个、静安区 6 个、普陀区 6 个、虹口区 4 个、杨浦区 8 个、闵行区 11 个、宝山区 11 个、嘉定区 12 个、金山区 8 个、松江区 15 个、青浦区 11 个、奉贤区 8 个、崇明区 11 个(表 4-4)；化工支队 4 个、特勤支队 7 个、水上支队 2 个。

表 4-4　　上海市各区消防站数量

行政区	消防站数量/个	行政区面积/km²	站点平均管辖面积/km²
浦东新区	27	1 210	44.81
黄浦区	7	20	2.86
徐汇区	7	55	7.86
长宁区	3	38	12.67
静安区	6	37	6.17
普陀区	6	55	9.17
虹口区	4	23	5.75
杨浦区	8	61	7.63
闵行区	11	371	33.73
宝山区	11	271	24.64
嘉定区	12	464	38.67
金山区	8	586	73.25
松江区	15	606	40.40
青浦区	11	670	60.91
奉贤区	8	687	85.88
崇明区	11	1 185	107.73

2）市政消火栓

城市消防用水主要依靠城市供水系统，城市消防给水投资主要用于城市给水管网、市政消火栓、消防水池等消防供水设施建设。其中市政消火栓是城市火灾应急救援处置最主要的水源来源。

截至 2019 年，上海市共有市政消火栓 65 646 个，其中浦东新区 14 024 个、黄浦区 2 525 个、徐汇区 3 249 个、长宁区 1 300 个、静安区 1 465 个、普陀区 2 713 个、虹口区 1 506 个、杨浦区 2 696 个、闵行区 8 128 个、宝山区 5 404 个、嘉定区 2 894 个、松江区 3 412 个、金山区 5 288 个、青浦区 4 655 个、奉贤区 4 097 个、崇明区 2 290 个（表 4-5）。按照市政消火栓间距不超过 150 m 估算，每平方千米需要 14 个市政消火栓。总体来说，上海市市政消火栓建设较好，郊区应该是今后市政消火栓建设的重点区域。

表 4-5　　上海市各区市政消火栓数量

行政区	市政消火栓数量/个	行政区面积/km²	每平方千米市政消火栓数/个
浦东新区	14 024	1 210	11.59
黄浦区	2 525	20	126.25
徐汇区	3 249	55	59.07

（续表）

行政区	市政消火栓数量/个	行政区面积/km²	每平方千米市政消火栓数/个
长宁区	1 300	38	34.21
静安区	1 465	37	39.59
普陀区	2 713	55	49.33
虹口区	1 506	23	65.48
杨浦区	2 696	61	44.20
闵行区	8 128	371	21.91
宝山区	5 404	271	19.94
嘉定区	2 894	464	6.24
金山区	5 288	586	9.02
松江区	3 412	606	5.63
青浦区	4 655	670	6.95
奉贤区	4 097	687	5.96
崇明区	2 290	1 185	1.93

3）消防车道

消防车道的主要作用是当发生火灾时，保证消防车能在短时间内到达火场。城市消防车道建设直接影响城市的交通状况，与城市火灾预防、抗灾疏散、减灾援救等密切相关。消防车道规划建设旨在切实保证消防车道畅通，有效实施灭火救援活动，从而加强城市消防安全。上海市消防车道经过多年的整治已改观不少。政府实行统一规划，加大城市老城区道路整改投入力度。通过合理规划消防车道设置，逐步改善和维护城市公共通道，缩短救人灭火时间、减少灾害损失和人员伤亡等。截至 2020 年年底，上海市城市道路长度为5 536 km。此外，各级各部门重点开展清理消防车道障碍物专项整治行动，消除占用消防车道、道路堵塞等消防安全隐患，进一步夯实城市防火抗灾的基础。通过消防车道建设，不仅为快速处置和抢救人民生命财产安全赢得了宝贵时间，还切实强化了城市居民的安全防范意识。

3. 消防车辆装备

消防装备是消防人员同城市火灾作斗争的重要工具。据统计，2014—2018 年我国消防装备市场规模复合年均增长率为 21%，据此粗略预测 2022 年我国消防装备市场规模将达1 977亿元。目前，我国消防车保有量接近 5 万台，相对美国和德国均超过 7 万台保有量而言，仍然有一定的提升空间。城市消防车辆装备投入是灭火救援活动的重要支撑和保障。消防车辆和消防装备是同消防站发展紧密相连的，消防站配备消防车辆和消防装备的情况如表 4-6—表 4-9 所列，目前上海市的 976 辆消防车就是按照站点类型或任务进行配置的。

表 4-6　　消防站消防车辆配备数量

<table>
<tr><th rowspan="2">消防站类别</th><th colspan="3">普通消防站</th><th rowspan="2">特勤消防站、战勤保障消防站</th></tr>
<tr><th>一级普通消防站</th><th>二级普通消防站</th><th>小型消防站</th></tr>
<tr><td>消防车数量/辆</td><td>5～7</td><td>2～4</td><td>2</td><td>8～11</td></tr>
</table>

表 4-7　　各类消防站常用消防车辆配备数量(单位:辆)

<table>
<tr><th colspan="2" rowspan="2">消防车类别</th><th colspan="3">普通消防站</th><th rowspan="2">特勤消防站</th><th rowspan="2">战勤保障消防站</th></tr>
<tr><th>一级普通消防站</th><th>二级普通消防站</th><th>小型消防站</th></tr>
<tr><td rowspan="4">灭火消防车</td><td>水罐或泡沫消防车</td><td>2</td><td>1</td><td>1</td><td rowspan="2">3</td><td rowspan="2">—</td></tr>
<tr><td>压缩空气泡沫消防车</td><td>△</td><td>△</td><td>△</td></tr>
<tr><td>泡沫干粉联用消防车</td><td>—</td><td>—</td><td>—</td><td>△</td><td rowspan="2">—</td></tr>
<tr><td>干粉消防车</td><td>△</td><td>△</td><td>—</td><td>△</td></tr>
<tr><td rowspan="3">举高消防车</td><td>登高平台消防车</td><td rowspan="2">1</td><td>△</td><td>△</td><td rowspan="2">1</td><td rowspan="3">—</td></tr>
<tr><td>云梯消防车</td><td rowspan="2"></td><td rowspan="2"></td></tr>
<tr><td>举高喷射消防车</td><td>△</td><td>△</td></tr>
<tr><td rowspan="7">专勤消防车</td><td>抢险救援消防车</td><td>1</td><td>△</td><td>△</td><td>1</td><td>—</td></tr>
<tr><td>排烟消防车</td><td>△</td><td>△</td><td>△</td><td>△</td><td>—</td></tr>
<tr><td>照明消防车</td><td>△</td><td>△</td><td>△</td><td>△</td><td>—</td></tr>
<tr><td>化学事故抢险救援消防车</td><td>△</td><td>—</td><td>—</td><td>1</td><td>—</td></tr>
<tr><td>防化洗消消防车</td><td>△</td><td>—</td><td>—</td><td>△</td><td>—</td></tr>
<tr><td>核生化侦检车</td><td>—</td><td>—</td><td>—</td><td>△</td><td>—</td></tr>
<tr><td>通信指挥消防车</td><td>—</td><td>—</td><td>—</td><td>△</td><td>—</td></tr>
<tr><td rowspan="9">战勤保障消防车</td><td>供气消防车</td><td>—</td><td>—</td><td>—</td><td>△</td><td>1</td></tr>
<tr><td>器材消防车</td><td>△</td><td>△</td><td>—</td><td>△</td><td>1</td></tr>
<tr><td>供液消防车</td><td>△</td><td>—</td><td>—</td><td>△</td><td>1</td></tr>
<tr><td>供水消防车</td><td>△</td><td>△</td><td>—</td><td>△</td><td>△</td></tr>
<tr><td>自装卸式消防车</td><td>△</td><td>△</td><td>—</td><td>△</td><td>△</td></tr>
<tr><td>装备抢修车</td><td>—</td><td>—</td><td>—</td><td>—</td><td>1</td></tr>
<tr><td>饮食保障车</td><td>—</td><td>—</td><td>—</td><td>—</td><td>1</td></tr>
<tr><td>加油车</td><td>—</td><td>—</td><td>—</td><td>—</td><td>1</td></tr>
<tr><td>运兵车</td><td>—</td><td>—</td><td>—</td><td>—</td><td>1</td></tr>
</table>

（续表）

消防车类别		普通消防站			特勤消防站	战勤保障消防站
		一级普通消防站	二级普通消防站	小型消防站		
战勤保障消防车	宿营车	—	—	—	—	△
	卫勤保障车	—	—	—	—	△
	发电车	—	—	—	—	△
	淋浴车	—	—	—	—	△
	工程机械车辆	—	—	—	—	△
消防摩托车		△	△	△	△	—

注：1. 表中带“△”车种由各地区根据实际需求选配。
2. 各地区在配备规定数量消防车的基础上，可根据需要选配消防摩托车。

表 4-8　　普通消防站和特勤消防站主要消防车辆的技术性能

车辆技术性能		普通消防站				特勤消防站	
		一级普通消防站		二级普通消防站/小型消防站			
比功率/$(kW\cdot t^{-1})$		应符合现行国家标准《消防车 第1部分：通用技术条件》(GB 7956.1—2014)的规定					
水罐消防车出水性能	出水压力/MPa	1	1.8	1	1.8	1	1.8
	流量/$(L\cdot s^{-1})$	40	20	40	20	60	30
登高平台消防车、云梯消防车额定工作高度/m		≥18		≥18		≥30	
举高喷射消防车额定工作高度/m		≥16		≥16		≥20	
抢险救援消防车	起吊质量/kg	≥3 000		≥3 000		≥5 000	
	牵引质量/kg	≥5 000		≥5 000		≥7 000	

表 4-9　　普通消防站、特勤消防站灭火器材配备标准

灭火器材	普通消防站			特勤消防站
	一级普通消防站	二级普通消防站	小型消防站	
机动消防泵（含手抬泵、浮艇泵）/台	2	2	2	3
移动式水带卷盘或水带槽/个	2	2	2	3
移动式消防炮（手动炮、遥控炮、自摆炮）/门	3	2	2	2
泡沫比例混合器、泡沫液桶、泡沫枪/套	2	2	2	2
二节拉梯/架	3	2	2	3

（续表）

灭火器材	普通消防站			特勤消防站
	一级普通消防站	二级普通消防站	小型消防站	
三节拉梯/架	2	1	1	2
挂钩梯/架	3	2	2	3
低压水带/m	2 000	1 200	1 200	2 800
高压水带/m	500	500	500	1 000
消火栓扳手、水枪、分水器、接口、包布、护桥等常规器材工具	按所配车辆技术标准要求配备			

注：分水器和接口等相关附件的公称压力应与水带相匹配。

4. 行业单位责任[30]

随着人们消防安全意识的提高，以及《消防法》《消防安全责任制实施办法》等法律制度相继出台和更新，灾后追责法律体系不断完善。国家为了落实消防安全、确认事故责任人，对消防安全责任的要求越来越严格。

《消防法》规定，任何单位都有维护消防安全、保护消防设施、预防火灾、报告火警的义务；任何单位都有参加有组织的灭火工作的义务；机关、团体、企业、事业等单位应当加强对本单位人员的消防宣传教育。单位行业消防安全管理人和消防安全责任人、单位员工、消防控制室值班人员都有属于本职岗位的职责任务。例如，消防控制室值班人员应熟知本岗位职责和制度、本单位的消防设施、消防控制室设备操作规程、灭火和应急疏散预案。2013 年 10 月 11 日凌晨 2 时，北京市喜隆多商场发生大火，大火烧了八个多小时，直到上午 11 时才被扑灭，过火面积约为 1 500 m^2，两名参与救火的消防员不幸牺牲。该起火灾主要原因是消防监控室值班人不会操作设备，失职渎职最终酿成大灾，法院判决涉案的 2 名麦当劳门店负责人和 3 名喜隆多商场相关负责人犯重大责任事故罪，分别判处 5 人有期徒刑 2 年至 3 年 6 个月不等，教训十分惨痛。

虽然各单位的性质、场所条件、经营范围不同，发生火灾后的处置流程也应当各有侧重，但都应包括下列五项主要内容。一是迅速报警。任何人发现火灾都应当立即报警。任何单位、个人都应当无偿为报警提供便利，不得阻拦报警。二是全力疏散遇险人员。人员密集场所发生火灾，该场所的现场工作人员还应当负责立即组织、引导在场人员疏散。三是尽力扑救初起火灾。任何单位发生火灾，必须立即组织力量扑救。邻近单位应当给予支援。任何单位和成年人都有参加有组织的灭火工作的义务。四是报告事故。按照国家有关规定立即如实报告负有安全生产监督管理职责的部门，不得隐瞒不报、谎报或者迟报，不得故意破坏事故现场、毁灭有关证据。五是善后处理。如做好火灾伤亡人员及其家属的抚恤安置，积极承担赔偿责任，与火灾各方当事人沟通解决争议，恢复生产经营等。

4.4.3 城市火灾应急救援处置体系构建[31]

城市火灾应急救援处置体系建设必须具有明确的指导思想、建设目标与原则、建设任务等。“以人为本”是应急救援处置体系建设总的指导思想。应急救援处置体系建设的总体目标就是构建指挥统一、组织合理、运转高效的城市火灾应急救援处置体系。“统一领导、分级负责，整合资源、政府主导、属地为主、社会参与”是应急救援处置体系建设的最基本原则。应急救援处置体系应包含组织指挥体系、应急响应等级、应急救援处置行动、应急相关保障等部分。

1. 组织指挥体系

组织指挥体系是各级应急救援处置的最高决策者，负责应急救援处置的统一指挥，对各子系统下达命令、提出要求。组织指挥体系是整个应急救援处置系统的核心，负责统筹安排应急救援行动，协调应急救援组织与机构间的行动和关系。组织指挥体系组成如图 4-36 所示。

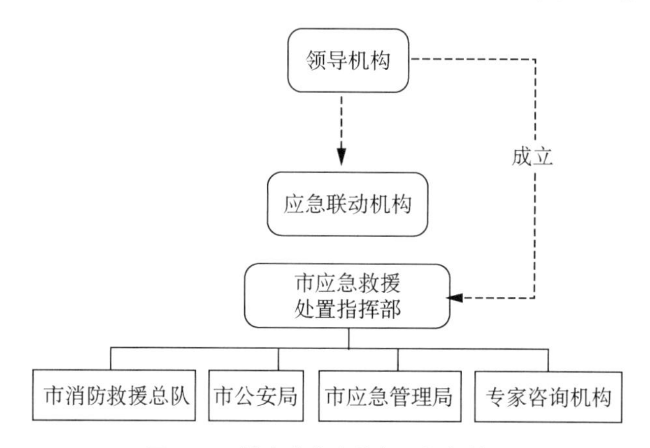

图 4-36 城市火灾事故组织指挥体系

1）领导机构

上海市突发事件应急管理工作由市委、市政府统一领导；市政府是本市突发事件应急管理工作的行政领导机构；市应急管理局决定和部署本市突发事件应急管理工作。

2）应急联动机构

市应急联动中心作为本市突发事件应急联动处置的职能机构和指挥平台，履行应急联动处置一般和较大火灾事故，组织联动单位对重特大火灾事故进行先期处置等职责。

3）市应急救援处置指挥部

重特大火灾事故发生后，市政府根据市消防救援总队建议和应急救援处置需要，成立市突发火灾事故应急救援处置指挥部(以下简称“市应急救援处置指挥部”)，对本市重特大火灾事故应急救援处置工作进行统一指挥。总指挥由市领导确定,成员为相关部门、单位领导,其开设位置根据应急救援处置需要确定。

4）主要职能部门

(1) 市消防救援总队。

① 统一组织和指挥火灾事故现场扑救,优先保障遇险人员的生命安全。参与扑救军事设施、上海市水域范围内及规定以外的其他火灾事故。

② 指挥火灾事故现场供水、供电、供气、通信、医疗救护、交通运输、环保、气象等有关联动单位和其他应急救援队伍协助做好灭火救援工作。

③ 负责火灾事故调查工作,负责对“失火罪、消防责任事故罪”两类刑事案件进行调查,协助相关部门对失火案进行调查。

(2) 市公安局。

① 负责火灾事故现场的警戒和秩序维持工作。

② 协助疏散或抢救火灾事故现场的遇险(难)人员。

③ 负责火灾事故处置现场交通保障,开辟救援“绿色通道”。

④ 视情开展火灾事故现场空中侦察、人员装备空运、伤员救助等工作。

⑤ 负责对除“失火罪、消防责任事故罪”之外与火灾事故相关的刑事案件进行调查。

(3) 市应急管理局。

① 组织协调灾害救助工作,组织指导灾情核查、损失评估、救灾捐赠工作,管理、分配中央下拨及市级救灾款物并监督使用。

② 统一协调各类应急专业队伍,建立应急协调联动机制,协调市级有关部门组织火灾突发事件的应急联动处置。

(4) 专家咨询机构。

市消防救援总队视情成立由相关专业人员组成的火灾事故专家咨询组,为火灾处置工作提供咨询建议和技术支持。

2. 应急响应等级

应急响应等级反映了每起灾情的严重程度,不同应急响应等级对应不同的指挥级别、处置力量、保障措施等。上海市火灾事故应急响应等级分为四级:Ⅰ级、Ⅱ级、Ⅲ级和Ⅳ级,分别对应特别重大、重大、较大和一般火灾事故(图 4-37)。

(1) Ⅰ级应急响应。当启动Ⅰ级响应时,在国务院有关部门的领导和指导下,市应急救援处置指挥部或其他有关应急指挥机构组织、指挥、协调、调度全市应急力量和资源,统一实施应急救援处置,各有关部门和单位密切配合,协同处置。

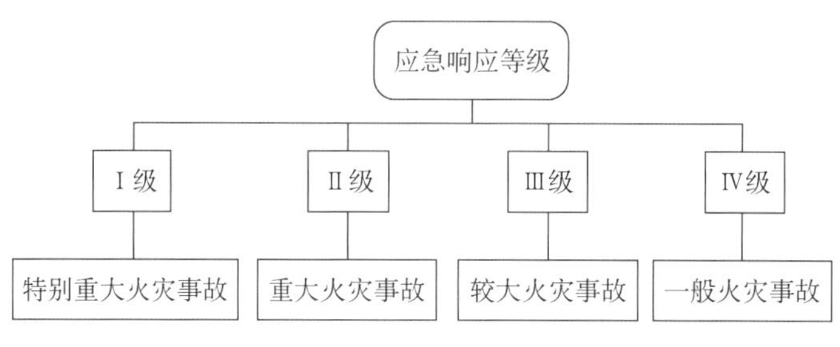

图 4-37 城市火灾事故应急响应等级

(2) Ⅱ级应急响应。当启动Ⅱ级响应时,由市应急救援处置指挥部或其他有关应急指挥机构组织、指挥、协调、调度本市有关应急力量和资源,统一实施应急救援处置,各有关部门和单位密切配合,协同处置。

(3) Ⅲ级应急响应。当启动Ⅲ级响应时,由事发地属地政府、市应急联动中心或其他有关应急指挥机构组织、指挥、协调、调度有关应急力量和资源实施应急救援处置,各有关部门和单位密切配合、协同处置。

(4) Ⅳ级应急响应。当启动Ⅳ级应急响应时,由事发地属地政府和消防部门组织相关应急力量和资源实施应急救援处置,超出其应急救援处置能力时,及时上报请求救援。

3. 应急救援处置行动

应急救援处置行动指具体对灾情实施救援的全过程,不同救援力量根据各自职责开展救援,按照应急救援处置的时间顺序,依次分为先期处置、中期处置、后期处置(图 4-38)。

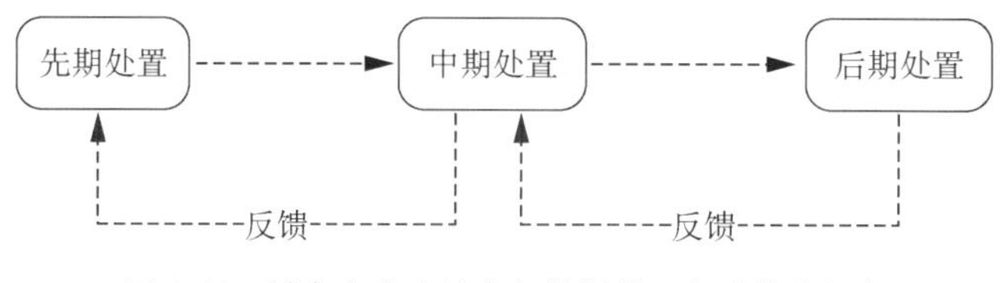

图 4-38 城市火灾事故应急救援处置行动基本程序

1) 先期处置

(1) 市应急联动中心通过组织、指挥、调度、协调各方面资源和力量,采取必要的措施,对各类火灾事故进行先期处置,迅速控制火势,消除危险状态,力争减少人员伤亡,避免重大财产损失。

(2) 市应急联动中心通过“119”“110”报警电话,统一受理个人和单位对本市行政区域内的各类火灾事故的报警。受理后,迅速调派专业救援力量,并跟踪核实,视情启动相应的应急预案,并向有关联动单位的指挥机构下达指令,组织、协调、指挥、调度有关联动单位进行先期处置。

（3）市应急联动中心负责收集、汇总火灾事故有关情况，根据现场实际或有关专家意见，进行综合评估，确定火灾事故的等级。在处置重特大火灾事故时，根据处置需要，通知有关联动单位指挥人员和专家进驻市应急联动中心实施指挥或辅助决策。

（4）火灾事故发生的单位和社区微型消防站及其他社会消防救援力量均有参与先期应急处置的责任，要组织群众有序展开初起火灾扑救、自救互救和人员疏散。

2）中期处置

（1）经过先期应急救援处置仍不能控制的火灾以及重特大火灾，尤其是当火灾事故可能造成严重后果时，应立即提高火灾等级，启动突发火灾事故应急处置程序，扩大响应范围，市应急联动中心视情报请市委、市政府。市应急救援处置指挥部进入运作状态，具体领导和统一指挥应急救援处置工作。

（2）市应急救援处置指挥部进入运作状态后，要在先期应急救援处置的基础上，迅速评估态势，并向有关单位和部门发布指令、接转指挥关系，履行突发事件应急救援处置的组织指挥职责。

（3）发生重特大火灾事故，进入应急救援处置程序后，根据市应急救援处置指挥部指令，市应急联动中心负责调动灭火救援队伍和相关社会力量，确保应急救援处置行动有效高效进行，并采取下列措施：

① 组织抢救和救助被困人员，疏散、撤离、安置受到火势威胁的人员。

② 迅速消除火灾事故的危害、划定危害区域、维持火场治安。

③ 针对火灾事故可能造成的损害，封闭、隔离或者限制使用有关场所、停止可能导致损害扩大的活动。

④ 提供生活必需品，并抢修被损坏的公共交通、通信、供水、供电、供气设施。

（4）按照“分级负责”和“条块结合”原则，建立以事发地属地政府为主，有关部门和相关地区协调配合的领导责任制和现场指挥机构。根据需要，由事发地属地政府或区域行政主管机构设立应急救援处置现场指挥机构，其主要职责和任务是：

① 根据市应急救援处置指挥部指令、火势发展情况和相关预案，指挥、协调参与现场救援的各单位行动，迅速控制或切断危害链，把损失降到最低限度。

② 实施属地管理、组织治安、交通保障，做好人员疏散和安置工作，安抚民心、稳定市民群众。

③ 协调各相关职能部门和单位，做好调查、善后工作，防止出现“放大效应”和次生、衍生、耦合事件。

④ 尽快恢复社区正常秩序，应急、恢复与救助行动能同时进行的，应当同时进行。

⑤ 及时掌握火灾事故处置重要情况，按照有关规定向市应急救援处置指挥部和市委、

市政府总值班室报告,并通报有关机构。

(5)参与现场应急救援处置的应急联动单位、应急救援队伍和有关部门必须在第一时间赶赴现场,在现场指挥机构统一的指挥下,根据相关预案和处置规程,密切配合,协同作战,组织实施抢险救援和应急救援处置。现场指挥机构设立前,各应急救援队伍按照各自职责和分工,坚决、迅速地实施灭火救援,相互协同,全力控制现场态势。要避免火灾事故可能造成的次生、衍生和耦合事件,防止连锁反应,迅速果断地控制或切断火灾事故危害链。

3)后期处置

(1)现场清理。

① 火灾扑灭后,市公安局负责受灾区域的警戒和维护社会稳定等工作。

② 火灾事故单位负责火灾事故调查后的现场清理工作,对于因火灾事故导致建筑物倒塌、气体泄漏、水管爆裂、断电漏电、环境污染等情况,应当立即告知供水、供电、供气和环保等部门。

③ 市绿化市容局会同相关部门组织现场清理等工作。

④ 市卫健委负责做好现场的疾病预防控制工作。

⑤ 市水务局负责组织相关单位抢修损坏的水务设施。

⑥ 燃气集团、上海石油天然气公司负责抢修损坏的燃气输送管道等设施。

⑦ 市电力公司负责抢修损坏的电力设施。

(2)善后工作。

① 火灾事故处置结束后,市民政局和各级政府主管机构等有关职能部门要迅速组织实施救济救助工作。

② 区政府和区域行政主管机构要组织有关职能部门及时调查统计火灾事故的影响范围和受损程度,评估、核实所造成的损失情况以及开展应急救援处置工作的综合情况。及时将情况报告上级部门,并向社会公布。

③ 区域行政主管机构要责成事故单位做好灾民安置工作,确保受灾市民群众的基本生活,并在当地政府的统一领导下,做好灾民及其家属的安抚工作。

④ 区政府、区域行政主管机构、相关职能部门负责做好物资和劳务的征用补偿工作,尽快制定有关灾害事故赔偿的规定、确定赔偿数额等级标准,按照法定程序进行赔偿。对因参加灭火救援而伤亡的人员,给予相应的褒奖和抚恤。

⑤ 区政府、区域行政主管机构、相关职能部门在对受灾情况、重建能力以及可利用资源评估后,要制订灾后重建和恢复生产、生活的计划,突出重点,兼顾一般,进行恢复、重建。

(3)火灾事故调查。

① 除军事设施、国有森林、铁路和矿井地下部分、核电厂的火灾事故由其主管部门负责

外,其他均由市消防救援总队负责调查。

② 市消防救援总队负责调查火灾原因,统计火灾损失,依法对火灾事故作出处理。

(4) 信息发布。

① 发生重特大火灾事故时,市政府新闻办根据有关规定,对火灾事故现场媒体活动实施管理、协调和指导。

② 重特大火灾事故以及可能产生较大社会影响的一般火灾事故信息,由市政府新闻办按照规定,统一向社会发布,并做好舆情应对工作。

③ 重特大火灾事故应急救援处置结束,由市政府决定和公布。较大、一般火灾事故应急救援处置结束,由市应急联动中心决定和公布。

4. 应急相关保障

应急保障是应急救援处置体系必不可少的组成部分,贯穿于应急救援处置的每一个环节,通常城市火灾处置应急保障主要包括信息保障、通信保障、工程保障、应急队伍保障、交通运输保障、医疗卫生保障和物资保障(图 4-39)。

图 4-39 城市火灾事故应急救援处置相关保障

(1) 信息保障。相关部门和单位负责提供火灾扑救所必需的基本情况、图纸等技术信息资料。必要时,指派专家或提供技术支持,协助做好灭火救援工作。

(2) 通信保障。市通信管理局负责协调承担应急通信保障任务的相关电信企业,并实施应急通信的指挥、调度。火灾事故发生地的区县政府和区域行政主管机构负责协助做好现场灭火救援通信保障。

(3) 工程保障。市水务局、市电力公司、燃气集团和上海石油天然气公司负责对水、电、气的运行和供应进行调控及大型机械设备保障,防止火灾事故蔓延和扩大。

(4) 应急队伍保障。市民防、卫生、通信、供水、供电、供气、市政等部门和上海警备区、上海消防救援总队等单位根据各自职责,建立专业应急队伍。

(5) 交通运输保障。发生重特大火灾事故后,市公安局要及时对现场实行道路交通管制,并根据需要和可能,组织开设应急救援“绿色通道”;道路设施受损时,市政部门要迅速组织有关部门和专业队伍进行抢修,尽快恢复良好状态,必要时,可紧急动员和征用其他部门及社会交通设施装备;上海海事局负责组织指挥其管辖水域紧急交通运输;事发地区政府协助做好紧急交通运输保障工作。

(6) 医疗卫生保障。发生火灾事故后，卫生部门要迅速组织医护人员对伤员进行院前应急救治；根据伤员伤势情况，尽快将伤员转送至专业医疗机构进行救治；根据需要，提供心理危机干预服务。

(7) 物资保障。上海市发展和改革委员会、上海市商务委员会、上海市经济和信息化委员会按照相关指令，依托市应急物资储备保障体系，负责组织协调应急救援处置工作中相关应急物资的调度和供应。

4.4.4 城市火灾灭火救援作战行动效能评估[32]

城市火灾应急救援处置在消防行动方面的体现就是灭火救援作战行动，其效能评估就是对灭火救援作战行动的效能评估。灭火救援作战行动效能评估是保证灭火作战系统运行效果，以及灭火救援活动运行机制正常、高效运转的“反馈装置”。它既是目标运行过程的最后环节，又是下一个目标运行过程的开端，具有承上启下的作用。

1. 灭火救援作战行动效能评估特点

评估会带有一定的经验判断成分，尤其对于火灾扑救而言，其主观判断的成分会更加明显。总体来说，对灭火救援作战行动效能的评估有如下特点。

(1) 概率性。由于灭火救援的不确定性，效能指标必须用具有概率性质的数字来表示。例如，当作战行动的目的是获得某个预定结果时，可取“获得预定结果的概率”为效能指标；当作战行动的目的是尽可能减少损失时，可取概率平均值或数学期望值为效能指标。

(2) 相对性。评估灭火救援效能往往是为了与其他评估对象对比，或者是要估计完成一个任务需要的灭火救援力量。如果评估目的是前者，评估出来的效能只要是相对值即可；如果需要根据任务估计对灭火救援力量的需求，其结果也是一个相对值。

(3) 时效性。灾害现场情况瞬息万变，面对规模大、危害性强、伤亡大的火灾，灭火救援行动环节多，火场信息量大，因此评估效能时要考虑可用度和可靠度两个方面，其效能值随时间的变化而变化，同样的措施在不同时间将产生不同的作战效能。

(4) 局限性。灭火救援作战行动效能评估无法包含所有效能信息，许多起重要影响的因素(如消防人员的士气、能力等)从根本上说是很难被量化的。同一活动在不同人物要求条件下效能也不一样。各种评估方法都有一定的假设或先决条件，同时还受到主观评定因素的影响。因此，评估结果或多或少有一定局限性，不存在完全公平和全面合理的评估结果。

2. 灭火救援作战行动效能评估指标

灭火救援作战行动效能构成要素是构成灭火救援作战行动效能的必不可少的条件和重

要组成部分,是灭火救援作战行动效能评估的对象和内容。灭火救援作战行动效能构成要素之间应该具有层次性、逻辑性。根据灭火救援作战行动效能的特征和内涵,可将灭火救援作战行动效能构成要素分为三个方面:一是作战目标,二是作战过程,三是作战效益。

通过对作战目标的评估,考察灭火救援作战行动的总体意图、阶段性目标制定的正确性和达成程度;通过对作战过程的评估,考察灭火救援作战行动程序是否科学合理;通过对作战效益的评估,考察灭火救援作战行动的成果和代价(图 4-40)。灭火救援作战行动效能的高低取决于各构成要素的整体作用。选取以上三个构成要素作为评估指标,既能很好地体现灭火救援作战行动效能的内涵和特征,又便于实际应用和考察。同时,这三项指标能够包含灭火救援作战行动的主要影响因素,既主观又客观,既体现充分性又体现必要性,能够较全面准确地反映灭火救援作战行动效能。

3. 灭火救援作战行动效能评估标准

科学的评估应制定评估指标分级标准,并对各级标准进行定性或定量的描述。根据对灭火救援作战行动效能的影响程度,将每一个指标划分为三个级别,即优秀、良好和一般,并对每一个指标的分级标准进行详细介绍。如果分级标准是以定性方式给出,要明确指标的各项要求,应易于理解和区分;如果是以定量方式给出,应在具体的数量、时间上作出要求,便于实际操作和应用。

4. 灭火救援作战行动效能评估应用

在实际中应用灭火救援作战行动效能评估,要将模糊的评估标准量化为具体分值,必须确定各指标的权重。确定权重的方法有很多,如专家打分法、调查统计法、序列综合法、公式法、数量统计法、层次分析法等。

为便于实际操作和应用,将取值标准规定为百分制,评估标准划分的三个等级优秀、良好、一般对应分值分别为 80～100 分、60～80 分、0～60 分(表 4-10)。

表 4-10 评估指标等级对应分值区间

评估指标等级	优秀	良好	一般
对应分值区间/分	80～100	60～80	0～60

以战斗展开指标为例,主要从以下三个方面评估:停车位置、供水线路和战斗展开时间。假如某次灭火救援作战行动战斗展开时间整体在 3 min 30 s 之内,可以将其等级定为优秀,即分值在 80～100 分,再结合停车位置是否适当、供水线路铺设是否合理等情况,最终将分数确定为 81.8 分。以此类推,假设某次灭火救援作战行动评估得分如表 4-11 所列,将表中每个指标得分乘以权重再相加,最后结果为 70.29 分。

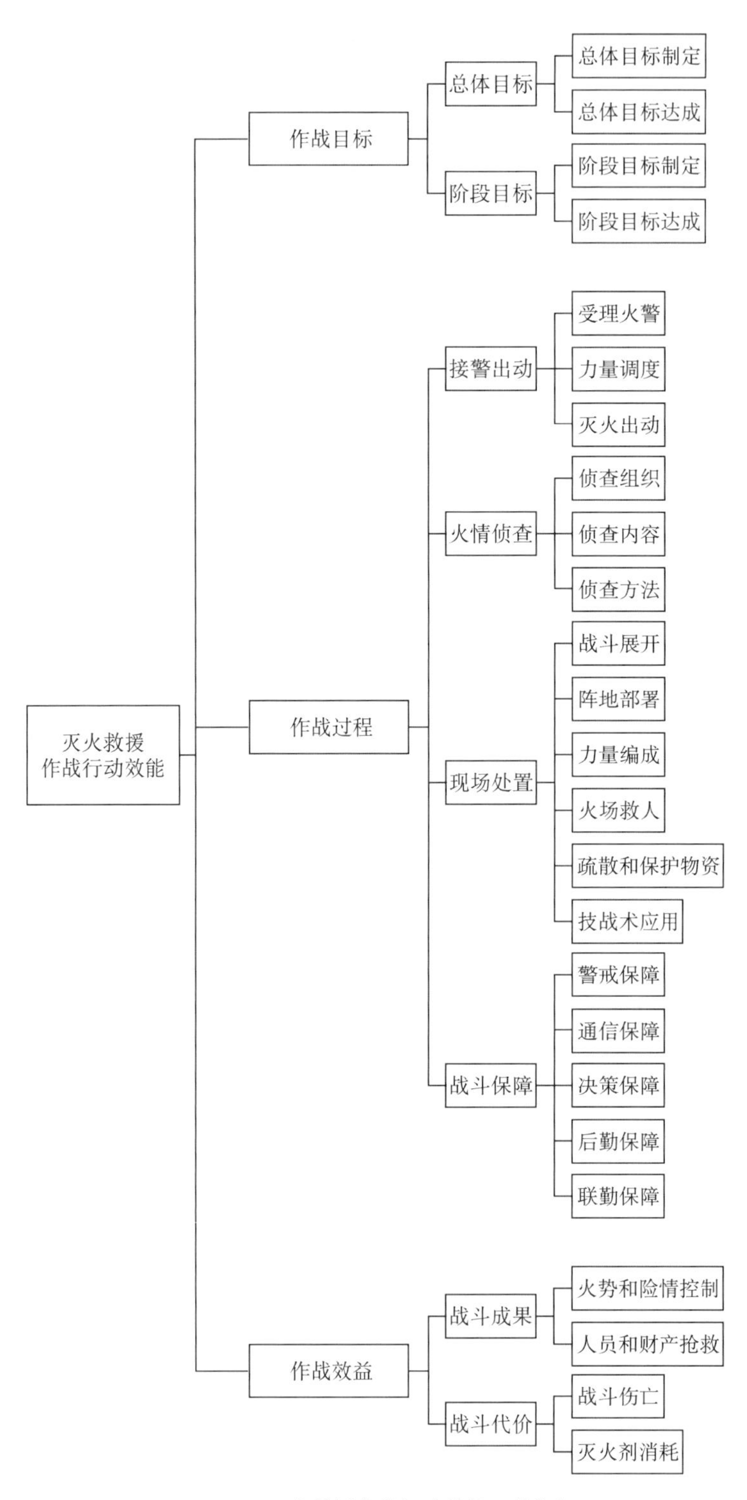

图 4-40　灭火救援作战行动效能评估指标

表 4-11 某次灭火救援作战行动评估结果

指标	权重	得分/分
总体目标制定	0.081	79
总体目标达成	0.062	65
阶段目标制定	0.097	70
阶段目标达成	0.072	55
力量调度	0.043	45
灭火出动	0.025	52.1
侦查内容	0.022	62.1
侦查方法	0.026	70.8
战斗展开	0.018	81.8
阵地部署	0.027	65
力量编成	0.053	65.1
技战术应用	0.059	65.7
警戒保障	0.027	95.7
通信保障	0.029	95.8
后勤保障	0.071	75.6
火势和险情控制	0.097	70.1
人员和财产抢救	0.050	50.5
战斗伤亡	0.084	90.5
灭火剂消耗	0.057	78.1

将灭火救援作战行动效能划分为四个等级：A 级（作战行动效能好）、B 级（作战行动效能较好）、C 级（作战行动效能一般）、D 级（作战行动效能差）。各等级对应评估得分如表 4-12所列。得分 70.29 分对应灭火救援作战行动效能一般的等级标准。因此，该次灭火救援作战行动效能评估为 C 级，即一般水平。

表 4-12 评估结果与作战行动效能等级关系

作战行动效能等级	作战行动效能水平	对应分值/分
A	好	90～100
B	较好	80～90
C	一般	60～80
D	差	0～60

参考文献

[1] 全国人大常委会法工委刑法室，公安部消防局. 中华人民共和国消防法释义[M]. 北京：人民出版社，2009.

[2] 公安部消防局. 消防监督检查[M]. 北京：警官教育出版社，1999.

[3] 王文远. 对“法律解释”的解释[J]. 中国公证，2006(2)：34-37.

[4] 中共中央党校函授学院. 行政法学[R]. 北京：中共中央党校函授学院，2005.

[5] 胡传平，杨昀. 浅谈我国推进火灾公众责任保险的意义和措施[J]. 消防科学与技术，2007，26(2)：205-208.

[6] 中国消防协会. 消防安全技术实务[M]. 北京：中国人事出版社，2019.

[7] 顾金龙，薛林. 大型物流建筑消防安全关键技术研究[M]. 上海：上海科学技术出版社，2019.

[8] 顾金龙. 城市综合体消防安全关键技术研究[M]. 上海：上海科学技术出版社，2017.

[9] 苏杨，张颖岚，于冰. 中国文化遗产事业发展报告(2018—2019)[M]. 北京：社会科学文献出版社，2020.

[10] 谢正荣，单立辉，时庆兵，等. 电气火灾早期预警及监测前沿技术探讨[J]. 建筑电气，2019(8)：39-44.

[11] 顾金龙，薛林. 城市消防物联网研究与应用展望[M]. 上海：上海科学技术出版社，1990.

[12] 中华人民共和国公安部. 城市消防远程监控系统技术规范：GB 50440—2007[S]. 北京：中国计划出版社，2007.

[13] 杨尊琦. 大数据导论[M]. 北京：机械工业出版社，2018.

[14] 迈尔-舍恩伯格，库克耶. 大数据时代[M]. 盛杨燕，周涛，译. 杭州：浙江人民出版社，2013.

[15] 董西成. 大数据技术体系详解：原理、架构与实践[M]. 北京：机械工业出版社，2018.

[16] 涂子沛，郑磊. 善数者成：大数据改变中国[M]. 北京：人民邮电出版社，2019.

[17] 周志敏，纪爱华. 人工智能：改变未来的颠覆性技术[M]. 北京：人民邮电出版社，2017.

[18] 杨静. 智周万物：人工智能改变中国[M]. 北京：人民邮电出版社，2019.

[19] 王喜文. 5G 为人工智能与工业互联网赋能[M]. 北京：机械工业出版社，2019.

[20] 陈南，雷群. 基于 BIM 的消防应用系统(模型基础篇)[M]. 北京：中国建筑工业出版社，2017.

[21] 艾媒咨询研究院，张毅. VR 爆发：当虚拟照进现实[M]. 北京：人民邮电出版社，2017.

[22] 刘向群，郭雪峰，钟威，等. VR /AR/MR 开发实战：基于 Unity 与 UE4 引擎[M]. 北京：机械工业出版社，2017.

[23] 宋乐. 基于 BIM 的可视化消防设备运维管理系统研究与应用[D]. 西安：西安建筑科技大学，2018.

[24] 陈继良，丁洁民，任力之，等. 上海中心大厦 BIM 技术应用[J]. 建筑实践，2018(1)：110-112.

[25] 王孙骏. 物联网信息化 BIM 技术在上海中心大厦的工程应用[J]. 建筑技艺，2018(9)：19-23.

[26] 李建华. 灾害事故应急救援处置[M]. 北京：中国人民公安大学出版社，2015.

[27] 朱均煜. 城市微型消防站灭火救援能力评估与建设研究[D]. 广州：华南理工大学，2017.

[28] 刘激扬. 微型消防站可持续发展及建设探讨[J]. 消防科学与技术，2016，35(4)：579-581.

[29] 张岩. 城市消防站功能区布局与装备配备优化研究[D]. 长春：吉林大学，2014.

[30] 付喆. 网络新闻环境下的城市火灾应急救援能力评价研究[D]. 武汉：武汉理工大学，2018.

[31] 上海市人民政府. 上海市处置火灾事故应急预案(2015 版)[EB/OL]. https://www.shanghai.gov.cn/nw32024/20210106/0692be5537de481080a9831aebd81dbf.html.

[32] 夏登友. 灭火救援效能分析与评估[M]. 北京：化学工业出版社，2018.

5 城市典型场所及对象火灾风险防控

城市化促使大量人口向城市聚集，给城市火灾风险防控带来新的压力和挑战。城市火灾风险防控体系是一个完整的系统，包括火灾预防、控制和灭火等多个方面的措施，每个措施的有效性都会对火灾防控的效果产生影响。本章结合上海市的城市特征，对一些典型场所和对象的火灾风险进行梳理和综合分析，针对火灾风险防控各个环节的问题提出解决方案和对策建议。

5.1 城市典型场所火灾风险防控

5.1.1 概述

城市火灾风险防控能力是生产力、科技发展水平及社会管理能力的综合反映。实践证明，城市的加速发展阶段也是其火灾事故相对高发的阶段。工业化的集中和加速发展使城市规模越来越大，发生重特大火灾事故的风险也相应增加。在灾害科学研究中，风险往往与致灾因子、暴露和脆弱性等要素联系在一起。致灾因子是导致城市灾害发生的直接原因，包括引发火灾的各种因素。承灾体即灾害体，指暴露在灾害风险下的各类要素，包括火灾下的建(构)筑物、设施设备、室内财产及人群等。暴露是致灾因子与承灾体相互作用的结果，反映暴露于灾害风险下的承灾体数量。脆弱性指承灾体易于受到影响和破坏，并缺乏抗拒干扰、恢复初始状态的能力。理论上，致灾因子产生的可能性和不确定性导致灾害风险造成的损失具有不确定性；人们可以通过对承灾体脆弱性程度进行干预，在一定程度上控制损失的大小。[1]因此，对火灾风险的防控就是对火灾发生及损失的影响和制约，即预防和减少火灾灾害；也是近年来城市防灾理论中经常提及的加强“韧性城市”建设，提高城市抵御火灾的“免疫力”和应对火灾及次生灾害的能力。

1. 火灾风险防控措施的主要内容

火灾风险源于其致灾因子的危险性和危害性，其防控措施就以消除这两个特性为目标，通常包括技术类、管理类和应急处置类三个方面的措施。

1）技术类防控措施

此类措施主要用于提高建（构）筑物、设施设备、环境等自身抵御火灾的能力。

（1）确保设计、施工质量，提高建（构）筑物自身防火能力。建筑消防安全是一种本质安全，它是从源头上消减和控制致灾因子以防止火灾发生的一个重要措施，重点是提高建设工程消防安全质量。建设工程生产环节多、建设周期长、参与单位多、过程管理复杂，影响其质量的因素众多，过程中的任何问题都可能产生建设工程质量缺陷。因此，提高建设工程消防安全质量管理最重要的是落实建设工程消防安全质量终身负责制并实施建设工程标准化管理。在满足使用功能的前提下，建设工程的设计、审查、施工及验收只有符合消防技术标准的各项要求，才能保证工程质量，满足建筑投入使用后的消防安全条件。

（2）科学配置、维保消防设施和器材，保持消防设施完好有效。消防设施和器材是现代建筑火灾风险防控的重要手段，它可以及时发现火灾并报警，控制火灾蔓延，排出高温烟气，扑救建筑内火灾，为疏散人员和消防救援创造有利条件，从而减少人员伤亡和经济损失。第一，消防设施和器材的设置必须与保护对象相匹配，否则就无法起到相应的保护作用。例如，有些单位在甲、乙类仓库内设置了自动喷水灭火系统或气体灭火系统，但是大多数甲、乙类物品并不适合用水灭火，而现有的设计规范中也没有对保护危险品仓库储存对象的自动喷水灭火系统设计参数或气体灭火系统设计参数作出规定，在这种情况下采取上述防控措施就是无效的。第二，消防设施、器材的完好有效是其在火灾中发挥效能的前提，当其长期处于故障状态或达到报废年限时，就会失去防火保护的作用。

（3）加强电气火灾预防及监控措施，降低电气火灾风险。近年来电气火灾居高不下，经上海市消防救援部门统计，2014—2018 年，上海市共发生电气火灾 8 752 起，造成 110 人死亡、直接经济损失 2.78 亿元，分别占总数的 38.1%，43.5%，60.2%。预防电气火灾已成为火灾风险防控的重要环节。关于电气火灾风险防控的具体措施及要求详见“5.2.2 电气火灾”的论述。

除了上述常用的技术类火灾防控措施外，还有化工装置防火、火灾风险评估、消防物联网及大数据应用等火灾技术防控手段。

2）管理类防控措施

这类措施主要从落实主体责任、规范作业流程着手，减少责任不落实、管理缺失、人员违规作业、技能不足等带来的火灾风险。

（1）落实消防安全责任，树立消防安全意识。实践证明，各级政府、政府部门、各类单位及个人落实消防安全责任，各司其职、各负其责，有利于树立和强化全社会的消防安全意识，有利于调动社会全体成员做好消防安全工作的积极性，有利于提高社会整体抗御火灾的能力。

(2) 实施消防标准化管理，实现程序管控。对单位实行消防标准化管理，是建立和落实“管理自主、隐患自除、责任自负”的工作机制，全面落实单位消防安全责任制，加强单位消防安全管理制度化、规范化，从管理上消除火灾隐患的有效手段。消防标准化管理包括对每个岗位的火灾危险性及安全要求进行规范，明确、规范单位消防控制室、水泵房、风机房、配电间、人员密集部位、火灾危险性大的场所等重点部位的管理要求、人员配备；制定并严格执行相应的消防安全制度、消防安全操作规程和用火、用电安全管理制度；制定灭火和应急疏散预案并实施演练；落实防火检查巡查和隐患整改；等等。

(3) 落实消防安全培训及宣传，提高相关人员的消防安全意识和技能。消防安全宣传和教育培训是提高全民消防安全素质的重要方法和手段，通过帮助人们提高消防安全意识、掌握消防安全常识和必要的防火灭火、逃生救援技能，提升社会火灾抗御能力，构建良好的消防安全环境。[2]其中，培训应以员工、学生、警校学员、消防专业人员等特定群体为主要对象，侧重于消防技能实效性的培训；宣传则应面向社会全体人员，侧重于长期地、潜移默化地提高受众的消防安全意识，普及基本消防安全常识。

3) 应急处置类防控措施

这类措施主要是提高城市消防救援、单位组织灭火救援及火灾疏散引导的能力，减少因救援力量不足或火灾应急处置不当造成的火灾扩大蔓延和人员、财产再损失。

(1) 建设城市消防应急救援体系。城市消防应急救援体系是城市安全应急体系中的一个重要部分。建立一个科学、灵活、长效的城市消防应急救援体系，提高火灾等突发公共事件的应急救援能力，是完善城市突发事件应急管理机制的重要内容。关于城市消防应急救援体系建设的相关举措详见“4.4 城市火灾应急救援处置”。

(2) 强化单位火灾应急处置。火灾应急处置能力是评价一个单位抵御火灾能力的重要指标。编制符合单位现状、针对性强的灭火和应急疏散预案，并加强培训和演练，可以在建筑起火时，帮助单位及时发现火情，实现有效指挥，在最短时间内展开扑救、组织疏散，避免贻误灭火时机和失控漏管，最大限度地减少财产损失和人员伤亡。社会单位应严格按照《社会单位灭火和应急疏散预案编制及实施导则》(GB/T 38315—2019)的要求，根据建筑和场所的用途、对象的性质以及可能导致灾情的严重程度，编制相应不同等级的预案及典型场所(对象)预案，明确各层级、各岗位的职责任务，规范明确应急程序，具体细化保障措施。

(3) 完善消防应急处置基础设施。消防应急处置基础设施是城市消防安全的基础条件，包括消防安全布局、消防站、消防供水、消防通信、消防车道和消防装备，其建设水平与城市防灾减灾救援能力的高低密切相关。为提高城市抗御火灾和处置灾害事故的能力，应按照城市发展总体目标和相应的消防安全要求，充分结合城市建设、产业调整等特点，科学编制消防规划，优化、整合城市公共消防基础设施资源，并加强对现有公共消防设施的维护保养,切实提高城市综合应急救援能力和城市抗灾“韧性”。

2. 火灾风险防控措施的制定原则

(1) 防控措施应符合国家法律法规和消防技术标准的规定。国家有关法律、法规、消防技术标准和安全管理规定是制定防控措施的最根本依据,也是最基本要求。对建筑防火措施、消防设施等设置不符合规范要求或失效的,以及消防安全管理不符合消防法律、法规和消防技术标准规定的,应按火灾隐患整改制定相应的防控措施,使其符合法律、法规、技术标准、管理规定。需注意的是,当采用国外标准、地方标准、团体标准、企业标准时,其要求不得低于国家标准的要求。

(2) 防控措施应科学合理,具有针对性、可操作性和时效性。鉴于火灾的致灾因子及其产生的后果具有随机性、隐蔽性,且互相交叉影响的特征,在制定防控措施时,不仅要针对某一火灾风险采取对应的防控措施,还需从整体防控的角度科学合理地优化、组合防控措施。需要注意的是,采取的防控措施应具有针对性、可操作性强,并符合单位实际,与工艺水平、使用需求相适应,达到安全、技术、经济的合理统一。其中,整改措施还应具有时效性,应在规定的时间内整改完毕。

(3) 防控措施应同步考虑系统和体系化的建设。考虑到当前大型城市中各类风险与火灾风险的叠加、交叉影响,城市应对灾害的“脆弱性”愈加明显,“头痛医头、脚痛医脚”的单部门发力、单风险类别的专项整治手段无法适应大城市尤其是特大城市的火灾风险防控需求。因此,需要在识别致灾因子的基础上,进一步分析风险影响因素及相互关系,判断主要因素、次要因素,并按照各影响因素、火灾危险度、防控目标等,采用不同层级的综合防控体系,以满足实际防控需求。

(4) 防控措施应避免仅以管理措施替代技术措施。目前,火灾风险防控中存在一种错误理念,即当按照消防技术标准规定设置消防设施、防火措施有困难时,通过采用更严格的消防安全管理措施来代替技术防控措施,并美其名曰“技防不足、人防替代”。但这样做存在很大的风险。由于不符合消防技术标准要求,“火灾隐患”已然出现,仅靠消防安全管理措施替代必要的技术类防控措施,并不能使承灾体得到真正的防护,现场已具备危险物质释放和暴露的条件,只要有人违规作业或误操作就能使危险物质与能量接触引发火灾。例如,“2·3”沈阳市皇朝万鑫国际大厦火灾就是因为采用了可燃外保温材料,当有人违法燃放烟花时,火源与可燃、易燃外保温材料接触而引发大火。如果采用不燃外保温材料,即便有人违法燃放烟花,也不可能引发火灾。

5.1.2 高层民用建筑

根据《建筑设计防火规范》(GB 50016—2014)(2018 年版),高层民用建筑指建筑高度大于27 m的住宅建筑和建筑高度大于24 m的非单层其他民用建筑;按火灾危险性可分为一类、二类高层民用建筑。

1. 高层民用建筑概述

据不完全统计,截至2017年,我国有高层建筑34.7万幢、百米以上超高层6 000多幢,数量均居世界第一。高层建筑大多集中在大城市,例如,重庆市有1.9万幢,北京市有2万多幢,上海市有3万多幢。以上海市为例,截至2017年年底,已建成的高层建筑共有36 534幢。从类型看,高层公共、工业建筑有4 572幢,高层住宅建筑有31 962幢(超高层建筑有274幢)。从区域看,浦东新区高层建筑最多,有8 638幢(其中超高层建筑127幢);其次为闵行区,有高层建筑5 143幢(其中超高层建筑6幢)。

2007—2017年,全国共发生高层建筑火灾3.1万起,造成474人死亡,直接财产损失为15.6亿元。其中,特别重大火灾3起,重大火灾4起,较大火灾24起。从火灾原因看,高层建筑火灾近四成由电气线路引发。[3]

2. 典型高层民用建筑火灾案例

1) 伦敦市格伦菲尔公寓火灾[4]

(1) 火灾经过。

2017年6月14日,英国伦敦市的格伦菲尔公寓发生火灾(图5-1)。该起火灾造成至少80人死亡、70人受伤,是英国20世纪以来最严重的一起火灾。

图5-1 伦敦市格伦菲尔公寓火灾

(2) 起火原因。

格伦菲尔公寓共24层,高70 m,楼内共120套公寓。经查,该起火灾的直接原因是4层公寓内的电冰箱着火。但冰箱火灾几分钟之内即被消防人员扑灭,导致火势迅速蔓延至全楼的是该建筑在2015—2016年翻新工程中增加的外墙保温系统。该保温系统绝热材料采用PIR泡沫板(聚异氰脲酸酯泡沫板),饰面层采用铝制聚乙烯夹芯板(燃烧性能为B_2级),

绝热层与外饰层之间留有 50 mm 的空腔(图 5-2)。冰箱起火后,可燃外保温材料迅速被点燃,并通过空腔快速向 4 层以上蔓延,形成大面积的从外立面向内的立体燃烧。

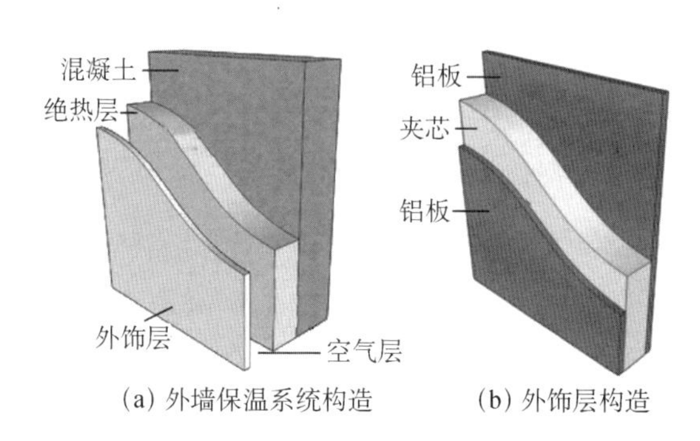

图 5-2　伦敦市格伦菲尔公寓改造后的外保温系统结构

(3) 火灾分析。

① 可燃外装饰保温材料是造成火灾迅速蔓延的主要灾害因素。因此,各国对建筑外保温材料的燃烧性能都有相应的规定。在我国,《建筑设计防火规范》(GB 50016—2014)(2018 年版)规定,高层住宅不得使用可燃外保温材料;欧盟标准规定 18 m 以上的建筑不得使用可燃外保温材料;美国标准规定 12 m 以上的建筑不得使用可燃外保温材料。

② 消防设施、器材维保不善,火灾时未能发挥作用。经查,该公寓火灾探测器和警报装置在火灾发生时失效,未能及时发现火情并警示楼内人员疏散;灭火器年久失效,无法扑救初起火灾。此外,大楼每层的公共部位未设置自动喷水灭火系统,导致火灾发生后无法及时扑灭蔓延到公共部位的火灾,使火灾进一步向全楼蔓延、扩大。

③ 安全疏散设施设置不合理,不利于人员疏散。根据媒体曝光的建筑平面图(图 5-3),

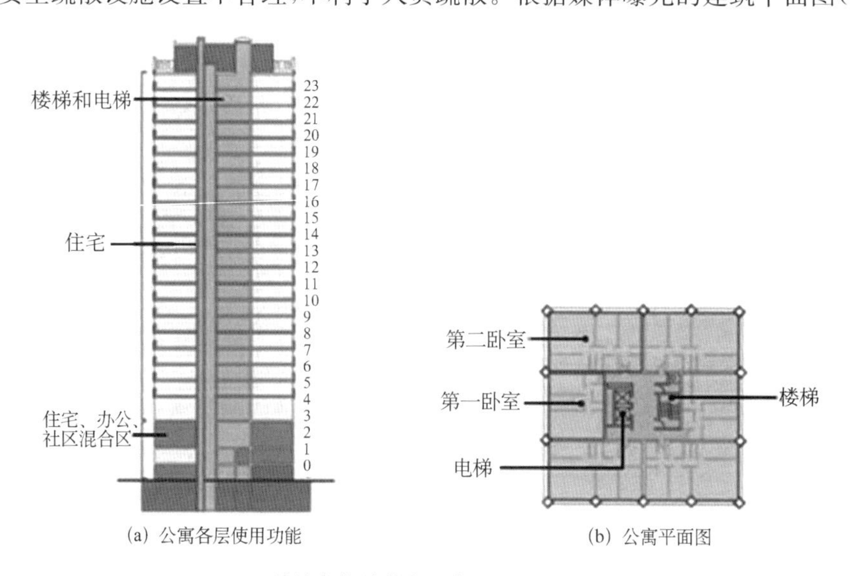

图 5-3　伦敦市格伦菲尔公寓的功能分区及平面图

该建筑标准层仅设有 1 个封闭楼梯间作为安全出口。火灾发生后，高温有毒烟气通过封闭楼梯间旁的普通电梯等竖井向上蔓延，由于楼梯间数量不足且不具备防烟能力，人员疏散及灭火救援困难。我国《建筑设计防火规范》(GB 50016—2014)(2018 年版)规定，54 m 以上住宅每层每个防火分区应设 2 个防烟楼梯间及 1 部消防电梯供人员疏散和灭火救援使用。

④ 消防安全管理不到位，火灾初期应急处置失当。据媒体报道，该公寓 2012 年的火灾风险评估报告指出建筑内消防设施四年未经维护检修，灭火器均已过期，火灾时无法使用或不能发挥正常灭火功能。此外，在火灾初期，公寓管理者未及时引导居民疏散，而是告知居民户门可抵挡 30 min 火焰侵袭，要求户内未发生火灾的居民关闭门窗原地等待消防队救援，直到火灾发生 3 h 后才开始引导居民疏散，但此时火灾已蔓延失控，大量人员被困，最终消防队仅救出 65 人。

2) 南昌市“2・25”重大火灾[5]

(1) 火灾经过。

2017 年 2 月 25 日，南昌市红谷滩新区唱天下量贩式休闲会所(以下简称“唱天下会所”)发生重大火灾事故(图 5-4)，造成 10 人死亡、13 人受伤。

图 5-4 南昌市唱天下会所火灾

(2) 起火原因。

起火建筑为海航白金花园 5 号楼，为一类高层综合楼(图 5-5)，起火部位为裙楼 1 层唱天下会所改建工地。大楼设室内外消火栓系统、火灾自动报警系统、机械排烟系统、消防应急照明和疏散指示系统、灭火器等，消防控制室位于地下一层。经查，该起火灾由唱天下会所改建工程施工人员违法进行金属切割时产生的高温熔渣引燃废弃沙发造成。火灾发生前，大楼火灾自动报警系统主机机械排烟系统处于“自动禁止”状态，机械排烟系统手动操作盘设置在“手动禁止”状态。尽管该起火灾由违法动火作业引发，但造成火势迅速蔓延和重大人员伤亡的主要原因是消防设施被停用、疏散通道被堵塞、消防设施管理维护不善，以及施工现场堆放大量废弃沙发而动火切割作业时未采取消防安全措施等。

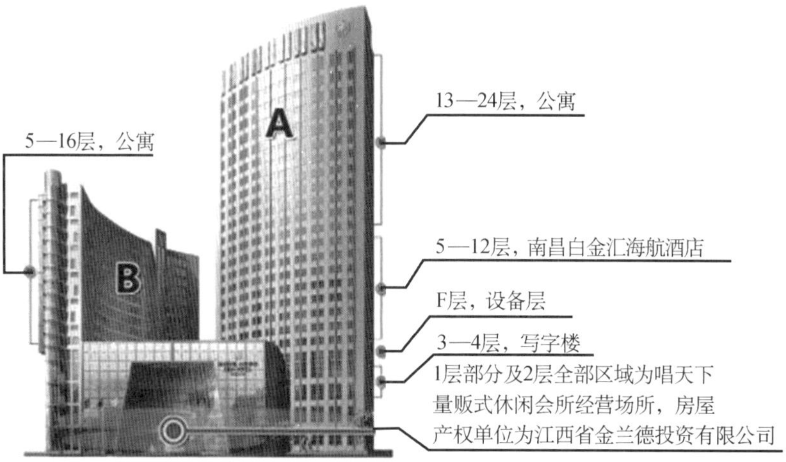

13—24层，公寓
5—16层，公寓
5—12层，南昌白金汇海航酒店
F层，设备层
3—4层，写字楼
1层部分及2层全部区域为唱天下量贩式休闲会所经营场所，房屋产权单位为江西省金兰德投资有限公司

图 5-5　海航白金花园 5 号楼楼层功能分区示意
（资料来源：《南昌市“2・25”重大火灾事故调查报告》）

（3）火灾分析。

① 未依法落实消防安全责任。唱天下会所未经批准组织改建装修施工，并将拆除工程肢解发包给不具资质的个人，未明确双方对施工现场的消防安全责任，未对施工现场进行安全管理和监督；施工前，擅自拆除火灾自动报警系统控制器，关闭自动喷水灭火系统阀门，移除场所内灭火器，堆放大量杂物在 2 层 5 号、6 号疏散通道楼梯间前室内，堵塞疏散通道，造成火灾中人员疏散困难。

② 未落实施工现场安全管理责任。工程承包人应取得建设工程承包资质，按规承揽工程，不应将工程层层转包、分包给同样不具备资质的个人；施工人员不应在不具备特种作业资质的情况下擅自进行动火作业，应履行动火作业审批手续、清理动火区域可燃物、配备相应的灭火器材、落实安全监护措施。

③ 未依法依规实施严格的消防安全管理。南昌白金汇海航酒店有限公司（消防安全重点单位）作为大楼管理单位未与施工单位共同采取措施，保证使用范围的消防安全；每日防火检查不认真、不细致，未在火灾发生前发现 4 层 1 号疏散通道楼梯间防火门上方固定亮子的防火玻璃缺失及 4 号疏散通道楼梯间北侧防火门未关闭的问题；未按期进行消防设施检测、测试，未能确保防排烟系统在火灾发生时有效启动；未按要求严格管理消防控制室，消防控制室操作人员仅有 1 人持证上岗，却未能掌握保证防排烟系统在火灾发生时有效启动的操作技能；聘请无资质消防技术服务机构负责酒店的消防维保服务。

④ 消防技术服务机构未依法依规履行职责。江西三星气龙消防安全有限公司指派无

相应从业资格人员从事消防技术服务，帮助唱天下会所拆除了火灾自动报警系统主机，关闭了消防喷淋水阀；南昌文英消防安装工程有限公司未取得相应资质，擅自从事消防技术服务活动并获利，未能发现并提出防排烟系统在火灾发生时不能有效启动的问题。

3. 高层民用建筑火灾风险分析

1）高层民用建筑火灾风险

高层建筑体量庞大、功能复杂、人员密集、危险源多、火灾荷载大，给火灾风险防控带来严峻挑战。从高层的建造年代、使用功能、火灾危险性及扑救难度来看，高层建筑的火灾风险主要集中在“高”“大”“旧”“多”“乱”这五个方面。

（1）高——超高层建筑大量涌现。随着经济发展和建筑技术的进步，大城市超高层建筑（即超过 100 m 的建筑）大量涌现。以上海市为例，小陆家嘴区域聚集了上海市最高的 4 幢建筑，分别为上海中心大厦（高 632 m，总建筑面积为 57.8 万 m^2）、上海环球金融中心（高 492 m，总建筑面积为 38.16 万 m^2）、东方明珠广播电视塔（高 468 m）、上海金茂大厦（高 420.5 m，总建筑面积为28.7万 m^2）。随着建筑高度的增加，其主要火灾风险表现如下。

① 垂直扑救难度大。尽管我国已研发成功了 101 m 的登高作业消防云梯车，但消防云梯车登高作业受气象影响较大，当地面风力超过 3 级时，其登高作业风险明显增大。从目前高层建筑火灾案例来看，现有消防救援手段并不能适应高层的建设发展，亟须开展相关研究。

② 建筑构件耐火性能降低。当建筑高度超过 200 m 时，因地震、基础及风荷载等因素，钢结构或钢-混凝土混合结构成为建筑主要结构类型。但钢构件与混凝土构件相比，耐火性能较低，在高温情况下强度下降快。在 350℃，500℃，600℃时，钢构件强度分别下降 1/3，1/2，2/3。目前，已建成的超高层建筑中，因改建、室内装修施工不当而破坏原钢结构防火保护层的现象时有发生，需要引起警惕。

③ 人员疏散时间长。高层建筑因其高度问题，使用人员多，发生火灾后，人员疏散的垂直距离长，疏散至室外安全场所的时间相应变长。超高层建筑火灾风险更高。因此，我国消防技术标准规定超过 100 m 的高层民用建筑应设置避难层。

（2）大——大型综合体成为高层商业建筑的主流发展模式。当前，高层商业建筑功能从“单一”向“综合体”发展，商业、餐饮、娱乐、电影、儿童培训等及与交通联络设施（如地铁）连通的多业态、多主体的商业综合体已成为主流，建筑内各场所使用功能变化频繁。此类建筑每层面积大、进深大，首层直通室外的楼梯数少；建筑内可燃物多，火灾荷载大，滞留人员多，其火灾风险分析与防控详见“5.1.3 城市综合体”。

(3) 旧——部分高层建筑进入老龄期。

① 部分高层建筑建造年代跨度大,历史遗留问题多。《高层民用建筑设计防火规范》(GBJ 45—82)(试行)于 1983 年 6 月 1 日起实施,《高层民用建筑设计防火规范》(GB 50045—95)是在 1995 年出台的,而在此之前我国已建成许多高层建筑。例如,上海市在 1980 年已建成高层建筑 121 幢,1995 年建有高层建筑1 484 幢(图 5-6)。以我国近代早期高层建筑为例,上海海关大楼(高 79.2 m)建成于 1927 年,20 世纪 30 年代"远东第一高楼"上海国际饭店(地下 2 层、地上 24 层,高 83.8 m)建成于 1934 年,这些建筑的建造时间均早于我国消防技术标准出台时间,先天隐患多。

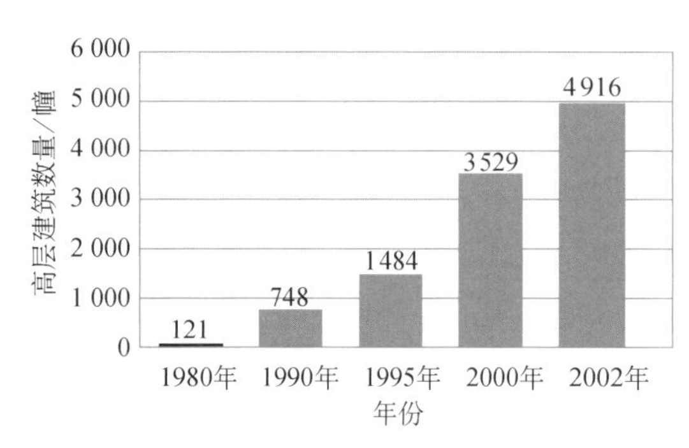

图 5-6 上海市主要年份高层建筑数量

(资料来源:上海市工程建设规范《公共建筑节能设计标准》宣贯资料)

② 部分建筑消防产品使用时间长,达到报废年限。据统计,上海市 2000 年以前建成的高层建筑占总量的 46%,消防设施老化,缺乏日常维护保养,火灾时难以保证安全运行。《火灾探测报警产品的维修保养与报废》(GB 29837—2013)规定,"火灾探测报警产品使用寿命一般不超过 12 年"。目前,不少高层建筑火灾报警系统产品已经接近或超过使用寿命,亟须更新换代。此外,高层建筑内配置的灭火器也有报废年限,达到报废年限的灭火器不得再次充装。

③ 老高层建筑因性能化设计场景破坏等形成新的火灾隐患。一些以性能化设计和专家评审方式作为设计审批依据的高层建筑,因故改建频繁,平面布局和房间使用功能变更破坏原有性能化设计边界条件,导致隐患频现。此外,人们对火灾隐患的认识不断增强,随着消防技术标准的不断修订,一些老高层建筑有了新的火灾隐患。

(4) 多——高层建筑中可燃材料多、改建多、多主体共存。

① 20 世纪建造的高层建筑大量使用可燃、易燃外保温材料。据不完全统计,因建筑外保温系统消防标准制定较晚,我国在建筑节能综合改造初期,使用了约 30 亿 m^2 易燃、可燃保温材料,一旦墙体保护层脱落、破损,遇到明火就会使火灾迅速蔓延,形成大面积立体燃烧。[6] 如"2·9"北京市中央电视台电视文化中心火灾、"11·15"上海市静安区胶州路公寓大楼火灾等。

② 建筑改建多,员工流动性大。部分高层建筑内部改造频繁,改造中破坏建筑原防火分区分隔措施,堵塞、占用公共安全疏散通道或楼梯,擅自分隔形成消防设施布置盲区等火灾隐患突出。此外,城市道路、景观更新日趋增多,一些市政道路拓宽、公交站点优化占用原高层建筑外围消防车道及登高场地,整改相当困难。

③ 多主体导致消防管理缺失。部分高层建筑产权关系复杂，租赁单位多，产权与使用权分离，消防安全管理责任不明确，消防安全管理存在盲区，火灾隐患突出，隐患整治“回潮”问题多，日常消防设施维护管理不到位。[7]

(5) 乱——高层住宅消防安全管理无序。

① 消防设施及防火分隔措施损坏较为严重。一是涉及专项维修资金的使用，居民对消防设施维护保养费用使用意见不一导致消防设施维保不力，消防设施损坏、组件缺失及故障的情况长期存在；部分高度超过 100 m 的高层住宅，住户内的喷头和火灾探测器因居民二次装修被拆除或损坏。二是管道井的防火封堵、楼梯间或前室的防火门破坏严重；住宅内部分管道井楼板处的防火封堵设施因网络、电信施工接线作业遭受二次破坏。三是在一些高层住宅内，部分居民擅自将开向消防前室的住户防火门拆除，更换为防盗门，破坏了消防前室的防火、防烟功能，对疏散不利。

② 内疏散通道被堵塞，消防车道、消防车登高操作场地被占用。一是部分居民在疏散通道(楼梯、安全出口等)内堆放杂物、车辆，影响人员疏散；部分居民将自家电动车停放在楼道内充电，易引发火灾且不利于人员疏散。二是部分小区内原有车位配置与当前需求不相匹配，导致居民停车占用消防车道、消防车登高操作场地的现象频频发生。

③ 有些物业消防安全管理能力差，部分居民消防安全意识弱。一是有些物业单位因经费不足、消防安全责任制不落实、与开发商交接不全、资料缺乏等，对公共部位消防设施、灭火器材维护保养不力，使其长期故障或“带病作业”，有的灭火器本应报废却还在使用；消防控制室值班人员无证上岗；冬季为防止消火栓管道冻裂漏水，一些物业公司将消火栓管网的进水阀门关闭、排空管道水，导致消火栓管网处于无水状态，火灾时无法使用。二是高层住宅小区内部分居民消防安全意识弱，将住宅私自改造为“群租房”“培训机构”，增加了高层住宅的火灾隐患。

2) 高层民用建筑常见火灾隐患

高层民用建筑主要存在以下六类火灾隐患。

(1) 消防设施类隐患。例如，高层建筑未按照消防技术标准要求设置消防设施；建筑消防设施故障、损坏或瘫痪，不能保持完好有效；消防控制室设备故障，控制功能及联动运行不正常；等等。

(2) 安全疏散类隐患。例如，疏散楼梯和安全出口的形式或数量不符合标准，特别是擅自改变使用性质导致楼梯数量、宽度不足；避难层(间)堆放杂物或擅自改变用途，避难区内设有可燃物；占用、堵塞、封闭疏散通道、安全出口；应急照明、疏散指示标志和楼层指示标识的设置不符合标准；疏散走道、楼梯间内装修材料不符合标准，其防火门损坏；等等。

(3) 管道井类隐患。例如，电缆井、管道井等竖井未独立设置，井壁耐火极限不足、管井检查门未采用丙级防火门，竖井未在每层楼板处进行严密封堵，电缆桥架或管线穿越井壁处未进行防火封堵；竖井内堆放杂物，井壁、检查门破损；等等。

（4）电气燃气类隐患。例如，电气线路乱接乱拉或敷设不符合标准，电气设备负荷超标或安装不规范；消防用电负荷不符合消防技术标准，未落实任何情况下不得切断消防电源的安全保障措施；使用燃气的场所、部位不符合标准；燃气管线、用具的敷设、安装等不符合标准；公共建筑使用燃气的部位未设置燃气泄漏报警装置和紧急切断装置；电气、燃气设施设备的维护保养、检测等管理措施不落实；用火、用电、用气不规范，动用明火作业时，未落实现场监护和安全措施；等等。

（5）灭火救援设施类隐患。例如，一些高层商务楼、商场为追求外立面广告、景观等效果，在消防登高面设置广告牌、电视屏、景观灯具，影响消防登高救援、扑救作业面；因道路拓宽、停车位占用等原因导致室外消火栓被掩埋、水泵接合器周边室外消火栓缺少或消防车道、登高场地被占用等。

（6）消防安全管理类隐患。例如，单位消防安全责任制不落实，未设立或明确消防安全管理机构，未制定消防安全制度及操作规程；单位消防安全检查巡查不落实，不能及时整改火灾隐患；建筑外墙门窗违规设置影响逃生和灭火救援的障碍物；单位未按照标准组建微型消防站，未开展针对性消防训练，不具备“早发现、早处置”的扑救初起火灾能力；单位未定期组织消防安全培训和消防演练；物业单位未对高层住宅共用消防设施进行维护管理、未提供消防安全防范服务；等等。

4. 高层民用建筑火灾防控主要措施

（1）合理规划，把好高层建筑消防安全“源头关”。

① 合理规划，严格控制超高层建筑的建设。应从规划上减少、控制超高层建筑的建设，尤其是超过 250 m 的高层民用建筑。确有需要新建的，除落实《建筑设计防火规范》(GB 50016—2014)(2018 年版)和《建筑高度大于 250 米民用建筑防火设计加强性技术要求(试行)》的要求外，其消防设计还应结合当地灭火救援能力情况，采取更加严格的防火措施，并经专家评审同意，切实增强超高层建筑火灾防控能力。

② 严格设计，把牢高层建筑消防安全质量源头关。除严格遵守消防技术标准外，应研究采取更高要求的消防措施，确保“新、改、扩”建筑的消防安全质量，从源头上消除火灾隐患，防火于未“燃”。例如，提高超高层建筑部分承重构件、竖井井壁的耐火极限；钢结构防火涂料宜采用厚涂型，当局部钢结构屋架采用薄型防火涂料时，涂层表面不得涂覆油漆等其他涂料；加强酒店污衣井、厨房、首层门厅等特殊场所防火措施；建筑内自动喷水灭火系统不宜采用隐蔽式喷头，喷头与玻璃幕墙外墙的水平距离不应大于 1 m；设置气体灭火系统的场所

宜在吊顶内设置喷头用于二次灭火;等等。

(2) 加强管理,把好高层建筑消防安全的"质量关"。

① 细化重点部位、岗位的标准化管理要求。应严格落实消防法律法规和《高层民用建筑消防安全管理规定》的规定,按照不同场所要求落实标准化管理的要求,细化人员密集场所、消防设备用房、避难层、火灾危险大的部位等重点部位管理要求和操作规程,加强从业人员技能培训。其中,超高层公共建筑(即建筑高度超过 100 m 的公共建筑)的消防安全经理人应具备注册消防工程师资格。

② 加强消防设施、灭火器材的维护保养。应根据法律法规和消防技术标准的要求定期对消防设施、灭火器材进行维护保养,对已接近报废期限的火灾报警设备、灭火器或因破损已不具备防火、灭火功能的消防产品进行更换,确保消防设施和器材的系统功能和产品性能满足消防技术标准要求、临警好用。

③ 确保防火分隔设施的完好有效。应定期巡查、检查建筑内防火门窗、防火卷帘、管道井楼板和防火墙(隔墙)孔洞防火封堵设施的完好情况,发现破损及时修复,杜绝二次装修或电线、通信线路改造时对原有防火分隔措施的破坏和对防火门窗进行可燃装饰的行为,确保防火分隔完好有效。

④ 保证消防救援的可靠安全。改造、装修及使用中,要注意维护疏散和扑救条件,严禁在作为消防登高作业面的外立面上设置广告牌、电视屏、景观灯具等,严禁在疏散通(走)道上设置镜面材料、可燃易燃材料。同时,要加强对避难层防火分隔及相应救援、疏散设施的维护保养,禁止避难层另作他用。

(3) 严控火源,降低高层建筑火灾发生概率。

① 加强火源管理,确保用电用火安全。对建筑火灾而言,火源指所有发热、发光的物品,既有我们常说的燃气燃油设备、明火(如燃具、锅炉、空调溴化锂机组等),也包括电气线路、大功率电器设备、表面高温灯具、日光灯等冷光源的电子镇流器等。因此,应严格控制火源,加强电气防火改造和检测(如防止故障电弧、漏电、剩余电流、过载、过欠压、超温等),检查电气线路敷设情况,防止电气线路穿越或敷设在燃烧性能为 B_1 级或 B_2 级的保温材料中,确需穿越或敷设时应采取穿金属管并在金属管周围采用不燃隔热材料进行防火隔离[8];加强用火用气管理。

② 减少建筑可燃物,降低火灾荷载。一是加强对外墙保温防护层的检查,及时修复外墙保温防护层出现的破损、脱落和开裂,并告知业主不擅自在外墙保温防护层上打洞开口。二是穿越外墙保温防护层的电缆井、管道井、空调孔洞等要使用不燃防火材料严密封堵,同时宣传安全使用空调和及时维护检修,防止空调起火引燃外墙保温防护层,导致建筑火灾。三是加强外墙保温防护层的保护措施,如设置标识提示外墙采用的保温材料燃烧性能及防

护要求，警示不得在可燃保温层建筑外墙周边燃放烟花爆竹或堆放可燃物等。四是规范既有高层建筑外保温改造工程的施工工艺及消防安全防范措施，严防火灾发生。

（4）合理使用，处理好老旧高层建筑改造利用环节。

老旧高层建筑存在火灾隐患，既有历史原因，也有后期监管不力、擅自改变使用功能或专家评审边界条件改变的原因，因此在改造中不宜改变原设计的使用功能或设计参数，如确有需求应按现行消防技术标准执行。同时，对老旧高层建筑的改造利用面临着构件老化、局部破损导致其耐火极限难以判定，增设楼梯破坏原建筑结构刚度，高层核心筒的楼梯难以改造，以及文物、优秀历史建筑保护需求等困难。在这种情况下，需对被保护的老旧高层建筑进行火灾风险评估，以确定其存在的火灾隐患以及火灾发生的可能性、后果的严重性，进而提出有针对性的、可实施的消防改造措施，以确保安全。这种做法，在美国 NFPA 标准中也有相应要求。但目前我国尚未出台老旧建筑的消防安全评估标准，建议制定和完善相关标准，建立评估指标体系，规范评估程序、内容、可行性验证、最优决策程序等。

（5）利用平台，提升高层建筑火灾风险防控水平。

① 全面推进消防物联网、“一网统管”平台的建设。通过物联网技术手段将社会单位、高层住宅小区的消防设施纳入远程自动监控，提供真实、客观、及时的消防设施日常运行数据，实现建筑消防设施的全生命周期管理，督促建筑物管理单位落实消防主体责任。同时，建立统一数据管理平台、整合数据分析平台，设立火灾风险分级防控的大数据库平台，建立火灾风险预警评估模型，智能化评估高层建筑的消防安全风险，在数据分析和安全管理方面专业人士各司其职、通力合作；推进应急响应机制快速发展，将事前预测预警、事中及时反馈、事后应急响应有机结合起来。

② 不断提高单位和社区的火灾应急处置能力。一是深入推进单位和社区的微型消防站建设水平，严格按照微型消防站的建设标准配置相应的人员、装备、器材，在辖区消防中队的指导下结合灭火应急预案定期组织开展经常性实战训练，提高扑救初起火灾的能力。二是结合单位实际，制定、修改、完善单位的消防应急预案，尤其是完善、演练大型公共场所、医院、养老设施、避难层等典型场所应急预案，同时加强单位员工应急预案培训，熟练掌握消防应急处置技能，全面提高对初起火灾的应急处置能力。

（6）实化责任，提高高层住宅小区消防安全管理水平。

① 健全法律、法规，将高层住宅的防火措施纳入公共消防设施的管理范围。目前，《上海市消防条例》《上海市住宅物业管理规定》等法律法规已对小区共用消防设施损坏需动用专项维修资金进行维修、更新和改造的情形作出了相关规定，但并未将住宅内管道井封堵设施、楼梯间及其前室防火门的维护保养费用纳入专项维修资金的使用范围，导致这些消防措施的维护保养形同虚设。此外，未有相关法律法规将开向前室的住户乙级防火门、超高层住

宅的住户内消防设施纳入物业管理范围，导致居民擅自拆除户内消防设施、防火门的现象屡禁不止。建议完善消防法律法规，将开向消防前室、楼梯间的住户防火门纳入公共消防设施的管理范围，将管道井封堵设施、楼梯间及其前室防火门的修缮纳入专项维修资金的使用范围，以确保高层住宅防火措施完好有效。

② 加大“生命通道”管理。对小区内消防车道、消防救援登高场地、安全出口、楼梯间等“生命通道”以及消防前室、避难层的消防安全管理进行检查。为避免违章停车、私自搭建等影响消防车通行和作业的行为，物业单位应规范设定停车位，划出消防车道和消防救援场地标识予以提示，加强对消防车道和消防救援场地周围架空线路、绿化树枝的管理，加强巡查和对住户的消防安全宣传教育。同时，加强对住宅内楼道、避难层的检查，及时劝阻、纠正锁闭、占用、堵塞安全出口、楼梯间和避难层的行为，确保楼道畅通，避难层不作他用。

③ 强化消防网络化管理。一是落实高层住宅消防安全楼长制，提高高层住宅消防安全管理水平。二是改进消防宣传方式，增加消防宣传受众人数，让居民熟悉疏散逃生方法和路线、维护消防设施和标识，提高居民消防安全意识和能力。

5.1.3 城市综合体

“城市综合体”是将商业、办公、居住、酒店、展览、餐饮、会议、文娱和交通枢纽等城市功能在空间上进行组合，并在各功能间建立一种相互依存、相互补益的能动关系，从而形成一个多功能、高效率、复杂而统一的综合体。[9] 例如，商务综合体一般在中央商务区(Central Business District，CBD)，以酒店和写字楼为主导；商业综合体多在区域中心，以购物中心为主导；生活综合体一般在郊区和新城，居住功能比例高于30%；等等。本书所说的城市综合体，功能需要有三种或三种以上，且这些功能是能带来经济效益的主要功能(而非其他功能的补充或配套)。

1. 城市综合体概述

据不完全统计，截至2019年，全国50座主要城市中建成、在建、待建城市综合体项目已有2 000多个，其中上海市的城市综合体数量位居全国首位。据消防部门统计，2021年上海市建筑面积在3万 m^2 以上的城市综合体共计306个；其中，建筑面积在5万 m^2 以上的有178个。2020年，上海市新开业建筑面积在3万 m^2 以上的城市综合体有27个，其中，建筑面积在20万 m^2 以上的有2个，共42.6万 m^2；建筑面积在10万～20万 m^2 的有7个，共97.68万 m^2；建筑面积在5万～10万 m^2 的有10个，共67.2万 m^2；建筑面积在3万～5万 m^2 的有8个，共30.9万 m^2。目前，上海市开发的城市综合体业态主要以高档住宅、大型购物中心和高档写字楼为主，已经建成和正在修建的城市综合体在全国都颇具影响。

“徐家汇中心”城市综合体(图5-7)位于徐家汇商圈的核心地带,建筑布局以综合体的形式为主,将会建造三栋超高层建筑,高度分别是380 m,180 m和130 m。其中,商务办公为33万 m^2,公寓式酒店约为3万 m^2,酒店为8.3万 m^2,商业餐饮为12.4万 m^2,文化设施为2.4万 m^2。建筑底部以商业和SOHO酒店式公寓为主,中部以办公为主,上部主要以五星级酒店为主;地下主要以商业和停车为主,设停车位2 900个,并结合轨道交通9号线和11号线打造交通枢纽中心。[10]

图5-7 “徐家汇中心”城市综合体效果图

上海市芳草地项目(图5-8)位于宝山区淞南镇,紧邻新江湾产业区。整个项目的北区部分为一个约7万 m^2 的综合体建筑,包含酒店、商业、餐饮、娱乐、办公等功能。该综合体的建筑特色为在北区4栋高层建筑及低层商业裙房上方设置了一个ETFE膜结构环保天幕(与北京水立方、北京芳草地为同种材质结构),围合形成一个室内空间,实现绿色节能的微气候环境,但同时对消防设计提出了极大的挑战。该项目的共享空间与《建筑设计防火规范》(GB 50016—2014)(2018年版)中规定的中庭、商业步行街、下沉式广场等三种建筑形式有

图5-8 上海市芳草地项目效果图

相似之处，但也有很大的不同。共享空间的面积、高度、开口率（排烟窗、排烟口）巨大，使之具有半室外空间的特征，其通风和救援条件都要优于一般商业建筑中的中庭、商业步行街和下沉式广场。由于现行规范没有对这种建筑空间设计的相关规定，最后该项目采取特殊设计并经专家论证的方式来满足消防安全需求。

据《2018 年全国火灾统计分析报告》，2013—2018 年，全国共发生商业场所火灾 9 255 起，死亡 114 人，直接财产损失为 10.7 亿元。从火灾原因看，电气引发的占 51.3%，用火不慎引发的占 14%，生产作业引发的占 3.2%，吸烟引发的占 3%，自燃引发的占 1.4%，玩火引发的占 1.2%，放火引发的占 1.2%，其他原因引发的占 12.9%，原因不明的占 3.3%（图 5-9）。城市综合体历来是城市火灾风险防控“重点中的重点”、应急灭火救援“难题中的难题”。

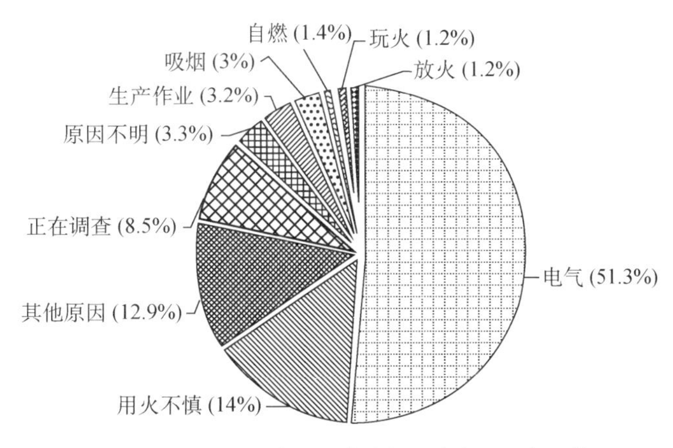

图 5-9　2013—2018 年全国商业场所火灾原因占比情况

2. 典型城市综合体火灾案例

1）北京市喜隆多商场火灾[11]

（1）火灾经过。

2013 年 10 月 11 日 2 时 59 分，北京市石景山区喜隆多商场发生火灾，大火烧了 8 个多小时，由于火灾发生在凌晨，商场工作人员及商户无伤亡，但两名参与救火的消防员不幸牺牲，火灾造成的直接财产损失为 1 308 万余元。

（2）起火原因。

火灾由 1 层的麦当劳餐厅内电动车充电短路引起。火灾初起时，麦当劳餐厅内的工作人员最先发现火情并试图扑救，但没能控制火势向上蔓延。麦当劳餐厅没有在其首层外墙开口部分的上方设置宽度不小于 1 m 的防火挑檐或高度不小于 1.5 m 的窗间墙，火焰倒卷向建筑上部蔓延，形成了立体燃烧。火灾现场遗存物证明，火灾烧损最严重的部分就是麦当劳餐厅及其上方的 2—4 层（图 5-10）。

图 5-10 北京市喜隆多商场火灾

（3）火灾分析。

麦当劳餐厅在消防设计上不合规范是造成火势剧烈的主因之一，此外，喜隆多商场建筑构件存在的安全隐患也是加速火势蔓延的原因之一。

① 商场耐火等级偏低。按规范要求，一、二级耐火等级的建筑，其建筑物构件都必须是非燃烧体。喜隆多商场建筑物构件既有非燃烧体，也有可燃体。商户之间的隔墙，有的用三合板，有的用竹帘，也有用装货的纸包装箱码高为墙的，大大加快了火灾的蔓延速度，加大了物质燃烧时产生的烟雾和毒气。外墙上的可燃广告牌成为火舌从低层向高层爬升的导火索。商户之间的室内广告牌多是可燃材质，许多是塑料板，这些广告牌在火灾中成为火势蔓延的渠道。

② 商场周围消防车道不畅。喜隆多商场坐北朝南，前面临街，西侧有通道，背面和东侧面与同样繁荣的天宇尾货城毗连，与楼体相连的还有一家网吧、一家旅馆和一座电玩城，背面和东侧面均没有消防车道。重要的公共场所都应有消防救援预案，就喜隆多商场而言，最佳救援方案是内攻为主、控制外围、内外结合，防止火势蔓延。但由于商场背面和东侧没有消防车道，在消防力量的部署上就无法从这两个立面上进行正面水攻。

③ 内部火灾隐患重重。喜隆多商场内可燃物较多，火灾荷载大，燃烧时释放的热量多，势必造成建筑构件遇热后承重能力下降，导致楼板坍塌。商场在经营过程中，没有采取限制或减少火灾荷载的措施，商户之间防火分隔不善，这也是造成火灾迅速蔓延扩大的重要原因。火灾荷载多，火灾时产生的烟雾和毒气多，商场无防烟楼梯、无排烟设备，大大增加了救援难度。纵观以往的商场大火，大多发生在夜间，这与夜间值守人员不足、监控不力、人员扑救初起火灾能力不足不无关系。喜隆多商场火灾同样折射出这些问题。假如商家时刻做好预防工作，保留适当的夜间值守人员，有效监控，遇火情迅速扑灭，则可避免类似大火的发生。

2）吉林市商业大厦重大火灾[12]

（1）火灾经过。

吉林市商业大厦始建于1987年，总建筑面积为4.2万m^2，共5层。2010年11月5日9时17分32秒，吉林市消防支队调度指挥中心接到报警，称船营区河南街商业大厦一层服装区发生火灾。经过12 h的英勇奋战，大火于17时30分被控制，于21时30分被扑灭（图5-11）。火灾共造成19人死亡、24人受伤，过火面积为15 830 m^2。

图5-11 吉林市商业大厦火灾

（2）起火原因。

根据现场勘验、调查询问和公安部消防局沈阳火灾物证鉴定中心对起火点提取的熔珠的鉴定结论（低温环境中形成的短路迸溅熔珠），该火灾由斯舒郎精品店西侧仓库内的电气线路短路引起。

（3）火灾分析。

① 报警晚导致火灾蔓延，增加了火灾损失。该次火灾从发现起火到消防队到场展开灭火共约20 min。火灾已发展到猛烈阶段，贻误了火灾扑救的最佳时机，导致火灾扑救困难，火灾损失增加。多年来，全国发生的群死群伤等恶性火灾事故大多存在报警晚或不及时的问题。《消防法》已明确规定“任何人发现火灾都应当立即报警”，各级人民政府、职能部门、公安机关、消防机构也采取了多种渠道宣传及时报火警，但效果不明显。如果火灾发生后依法及时报警，有些恶性火灾是能够避免的。

② 违章关闭消防电源导致消防设施启动后又停止动作。火灾发生后，大厦的电工为防止电气火灾危害，关闭了全部电源，致使消防电源也被关闭，导致消防设施启动后又停止动作。火灾事故调查组对火灾报警控制器进行封存，并对报警主机“黑匣子”进行了详尽解读，“黑匣子”记录说明感烟探测器、消防泵、喷淋泵、防排烟设施、卷帘门有动作，但由于断电，除感烟探测器继续延续一段时间报警、火灾报警控制器的打印机打印记录外，其他消防设施停止动作，未能有效阻止火灾蔓延扩大，酿成惨痛的后果。虽然大厦的电工取得了法定的资格证书，但实际业务能力仍有待提高。火灾时应保证消防供电这一最基本、最重要的常识都不清楚，当引以为戒。

③ 建筑地上一层二区起火部位上方自动喷水灭火系统管网进水阀门关闭，导致高位水箱未发挥扑救初起火灾的作用。

④ 消防控制室人员未按消防控制室应急程序处理火灾事故。消防控制室人员得知火

灾发生后，未及时拨打“119”火警电话报警，而是忙于现场灭火，操作消防设施时，因断电已无法操作。

⑤ 吉林市商业大厦员工存在检查消除火灾隐患的能力弱、组织扑救初起火灾能力不够强、组织人员疏散逃生能力不足等问题。

3. 城市综合体火灾风险分析

1）城市综合体火灾风险

（1）体量大，可燃物多，火灾荷载大。城市综合体由于复合了多种使用功能，建筑容量和规模较大，相较单一功能的建筑而言，其内部存在的可燃物数量就会增多。商业综合体为了提升档次和效果，会采用大量易燃装修材料（如木材、塑料泡沫、软包材料等），火灾发生时容易产生大量有毒气体，影响人们逃生疏散，甚至威胁人们的生命安全。[9] 尽管《建筑内部装修设计防火规范》（GB 50222—2017）中要求商场装修材料应为难燃、不燃材料，但在实际工程中，开发商为了节省开销，并没有严格按标准设计、施工，留下火灾隐患。例如，2008 年乌鲁木齐市德汇国际广场火灾造成重大人员伤亡及财产损失就与起火时商场内可燃物较多、火灾荷载大有关。

（2）功能多样，空间复杂。城市综合体内部各功能区相互关联，零售和餐饮是城市综合体的主要经营业态。从投入使用的城市综合体来看，业态分布并非固定不变，受市场因素影响，部分城市综合体由设计时的主营零售业态向餐饮、娱乐等体验式群体消费业态转型，一般根据市场需要每年都会有 10％～20％的业态调整，如果在这些业态调整中擅自改变使用性质、区域功能和防火边界条件，容易产生火灾隐患。在业态调整过程中不可避免地会存在边施工边营业的现象，如果缺乏有效的监管机制和措施，往往会存在违规动火、消防设施停用等火灾隐患，影响整个城市综合体的消防安全。

（3）人流量大，疏散困难。城市综合体因为丰富的功能而使室内空间分隔多变，带来疏散困难。在商业综合体内，由于顾客或商家平时的交通流线往往以电梯、自动扶梯为主，不大使用建筑内的疏散楼梯，部分商户在布置商铺环境时，会在疏散楼梯间的入口附近用商品或者展示架进行遮挡，导致火灾发生时慌乱的人群无法轻易找到这样隐蔽的安全出口，影响安全疏散。造成疏散困难的另一个原因是城市综合体防火分区复杂，疏散通道往往与购物、消费常用通道不一致，疏散指示标志灯的导向不清晰，营业员等工作人员应急情况下不能起到疏散引导员的作用。此外，城市综合体中不同业态场所运营时间不同，导致借用或共用通道无法全时段通畅。一个功能区停止使用就要关闭部分出口或通道，导致借用这些出口的功能区缺少安全出口。例如，商场中设置影院、KTV 等娱乐场所，仅在商场正常营业时能够确保上述场所至少有两个安全出口，这些场所一旦在商场非营业时段发生火灾，人员疏散就成了大问题。[13]有些城市综合体将商业零售区调整为餐饮区、儿童游乐区,更有甚者将避难层改作他用,增加了火灾风险。

(4) 共享空间多,容易造成火灾蔓延。商业综合体一般都会设有中庭以丰富室内空间,在中庭还会设有供人们使用的自动扶梯,有些扶梯甚至会跨越好几个楼层(图 5-12)。这些部分的防火设计是非常重要的,安全合理地设置防火分区、防烟分隔与室内空间的通透性、商业动线的连贯性很难两全。《建筑设计防火规范》(GB 50016—2014)(2018 年版)中关于"中庭"的防火分隔要求有好几种,但是相较于普通防火分区的分隔要求有一定程度的降低,也是对实际使用需求的妥协,但是这些"妥协"都是建立在中庭不得设置可燃物的基础上的。一旦中庭部位设置了可燃物,火灾发生后,火势将迅速蔓延至建筑每一楼层,中庭产生的烟囱效应使热烟气通过中庭向上流动,致使上层人员的逃生受到影响。

图 5-12 某商场中庭

(5) 地下空间开发利用多。由于城市地面空间的紧张及用地减少,尤其是城市中心区在仅有的不大的面积内容纳了越来越多的城市功能,人们将各项城市功能整合并向地下发展。随着城市立体化再开发、建设,沿三维空间发展的,地面、地下连通的,综合交通、商业、娱乐、市政等多功能的大型城市综合体层出不穷。新建城市综合体很多都毗邻或者直接连接轨交站点,地下空间与站厅层连通(图 5-13)。上海市已建成的地下商圈超过 190 万 m^2,且正以 8%的年递增速率增加。例如,综合体聚集的徐家汇商圈地下空间为 12 万 m^2,与 3 条轨道线路交汇,高峰期客流近 100 万人次,发生火灾时受烟气、停电、人员疏散困难等因素影响,易酿成重大事故。许多城市综合体将超市设置在地下一层、二层,超市本身的可燃物荷载大,还必然附带有一定面积的仓库和冷库,往往会把部分地下车库或设备层改为仓库,而原有的喷淋强度不符合仓库防护要求,一旦发生火灾,人员逃生难度大,烟热难以排除,火灾易蔓延至其他部分,扑救难度也极大。

图 5-13 地下空间与轨交站点连通示意

（6）多产权责任主体，管理混乱。部分年代较久的城市综合体，特别是多业主的商场，业态复杂、管理缺位、责任模糊。从消防安全管理现状分析，单一产权的高层建筑管理好于多产权的综合性建筑，单位直属部门管理的建筑好于委托物业公司管理的建筑，委托物业统一管理的建筑又好于多业主无物业管理的建筑。目前，上海市约有 1/3 的多业态城市综合体已经将产权出售，主要用于零售、餐饮、办公等业态。这些由多家业主共同持有的多业态城市综合体普遍存在内部业态设置混乱，消防安全责任制不落实，消防设备维保、检测资金难以落实，小产权者层层转租、承包后各自的消防安全责任不明确等突出问题。例如，位于徐家汇中心地带的汇银广场建于 20 世纪末期，建筑高度近 100 m，建筑面积约为 9 万 m^2，以商业和办公为主，共有 120 多个业主，有的产权还是原基地动迁单位，建成至今未成立业主委员会，仅以低于市场最低价的费用外聘了一家物业单位代为管理，管理范围仅限于公共部位的保安、保洁工作，无余力协调各方做好日常消防管理工作。

2）城市综合体常见火灾隐患

（1）擅自改变原有消防设计，大幅降低建筑消防安全水平。在使用城市综合体的过程中，业主方为追求效益等，擅自改变建筑原始的防火分区、安全疏散等消防设计，使得建筑消防安全水平明显降低。以下四种情况比较常见。

① 中庭和中庭回廊违规布置可燃物和摊位。中庭和中庭回廊是建筑中上下贯通的高大净空场所，为避免火势竖向蔓延，法律法规对其提出了严格要求，这些场所不应设置可燃物。然而有的业主方为追逐经济效益，突破规划商业面积，在中庭和中庭回廊内布置可燃物、摊位、临时经营场所。例如，在中庭内布置儿童游乐场所、临时促销摊位、可燃装饰物，在中庭回廊内布置小摊位、可燃装饰物。

② 扩大前室内布置可燃物和摊位。城市综合体内通常会有办公大堂和酒店大堂,扩大前室普遍与大堂合用。大堂作为建筑的第一感官区域,设计奢华气派,空间开阔,有的业主方在扩大前室内布置可燃物和摊位。例如,在扩大前室内设置便利店、咖啡店、临时促销摊位等。

③ 城市综合体步行街违规加盖板。城市综合体的步行街原设计无盖板,部分业主方在后续运营过程中为挡风遮雨防日晒,在步行街上方加设盖板,破坏了防火间距、排烟排热、安全疏散等原有消防设计。

④ 破坏特殊消防设计。考虑到建筑设计的形态多样,功能需求多,上海市有比较多的城市综合体由于在设计时采用了新工艺、新产品、新技术,或采用国外的设计标准,进行了特殊的消防设计。这些项目在投入运营后,管理单位应该严格遵循设计之初的边界条件,确保整个综合体符合消防安全。然而运营过程中,部分业主方和物业方往往为了商业利益,破坏原本的特殊设计。例如,特殊设计经常会用到的"防火隔离带"应该为一个没有任何使用功能的不燃化区域,然而在后期监管中会发现这些区域经常被挪为他用,改为商业用房甚至餐饮用房。

(2) 燃气安全存在问题。由于受网络购物的冲击,城市综合体的商业零售区域呈萎缩趋势,商业部分基本上靠餐饮来拉动人气,随之而来就暴露出大型城市综合体燃气、电气安全管理较为薄弱的问题。目前,城市综合体基本都在挤出地方开餐厅,烧烤、火锅、各式料理品种齐全。不少城市综合体都在提高餐饮比例,将餐饮占比从20%提升至50%。部分业主将燃气或电气设备作为加热烹饪设施,燃气设备直接设置在楼梯间、前室内,煤气管道直接穿越防火分区敷设,加上餐厅的热厨区大多无法靠建筑外墙设置且未设置自动灭火装置和自动切断燃气管道装置,一旦发生爆炸、火灾,情况难以得到有效控制,极易威胁有关人员的财产和生命安全。中式餐饮的油烟管道不及时清洗也是比较常见的火灾隐患,这些油烟管道需要穿越多个区域才能通至室外,通常使用石棉隔热,石棉吸附油污后无法清洗,频繁更换成本高且难以更换,导致火灾危险性大。

(3) 电气设备使用不当。电线老化、超负荷或短路引发升温,从而引燃周围可燃物。大功率的灯具在工作时,表面温度较高,极易引燃周围的可燃物;供电电压超过电器额定电压,引起电器跳火;灯座与灯头接触部分或接线头由于腐蚀或接触不良而发热和产生火花等引发电气火灾是引起商场火灾最主要的原因。大型商场内往往安装有广告灯、照明灯、彩灯,中央空调用电量大,大量电器的使用致使用电量剧增,往往超过原设计的供电容量,进而增加了各种电器过载或使用不当引起火灾的概率。商场员工通常使用电器对食品进行加工,这类电器功率高,使用频率也较高,容易引起火灾。有些商场的服装区还为顾客提供服装熨烫等服务,通电的电熨斗在无人看管的情况下极易成为危险源。

(4) 消防设施不完善。城市综合体内自动喷水灭火系统、防排烟系统、火灾自动报警系统等消防设施在发现火灾、控制火灾方面起着至关重要的作用，但是部分商家消防意识淡薄，对安全问题重视程度不够，造成消防设施投入不够和不完善。有些城市综合体虽然花费了巨资进行消防设施的建设，但在后期使用中对消防设施维修保养不够。例如，防火卷帘由于后期保养不足无法下落。在火灾情况下，某一项消防设施的缺损就可能使火势得不到控制，人们的生命财产安全便会遭受重大损失。

（5）疏散设施不足。大型城市综合体属于人员密集场所，当火灾发生后，人们急于寻找出口，加之情绪不稳定以及心理恐慌等因素，在疏散时容易相互拥挤甚至发生踩踏事件，极易导致群死群伤事故。大型城市综合体内摆放货架较多，疏散线路错综复杂，人员在疏散时往往分不清疏散方向，无法立即找到安全出口进行疏散。此外，部分商家为了管理方便，将部分疏散出口堵塞，后期施工时还会擅自改动疏散距离及疏散宽度，疏散指示标志、应急逃生器材也无法按照规范进行设计，存在很大的安全隐患。

（6）消防安全管理混乱。从近些年来的火灾事故看，人为因素引发的火灾事故占了相当大的比例，其中人员违章吸烟、商家违章用电、施工人员违章操作等都是商业综合体火灾发生的直接原因。在消防管理方面，商业综合体应该将职责明确到责任人，应定期组织商场内人员进行消防培训，掌握相关消防知识，还应制定疏散预案。如果上述措施落实不当，便会导致商业综合体内存在火灾隐患，且得不到及时排除，一旦发生火灾，火灾无法得到及时控制，人员也无法及时疏散，可能造成重大的财产损失以及人员伤亡。

4. 城市综合体火灾防控主要措施

（1）制定有针对性的法律法规、技术标准和管理制度。针对目前多业态大型城市综合体责任主体不明确、管理责任不落实、标准制度不健全等问题，政府及相关管理部门应加快法律、法规、技术标准和管理制度的制定和完善。一是应尽快完善国家有关法律法规，鼓励出台地方性法律法规，充分发挥组织、领导作用，协调有关职能部门，明确多产权建筑的消防安全责任主体。例如，上海市利用已颁布的《上海市物业管理条例》，增强业主委员会的作用，对提升多产权建筑的消防安全起到积极作用。二是可以根据城市综合体的特殊性尽快制定相对应的规范标准。要克服现有规范标准相关内容分散、针对性不强的问题，及时整合归纳各专业规范中涉及的内容，结合大型城市综合体调研情况，在现行规范的基础上针对薄弱环节适当提高要求，在满足商业需求的同时不降低消防安全标准。三是要充分总结现有的管理较好的城市综合体的成功经验和做法，向社会推广实施，逐步建立健全大型城市综合体标准化消防安全管理制度。

（2）落实企业的主体责任，发挥物业消防管理的牵头作用，完善组织制度和组织机构。城市综合体特别是多产权单位应明确消防安全责任人，建立健全更加严格的消防安全规章制度和消防责任体系，并且落实好日常巡检、月度检查、隐患报告等各项措施。此外，在日常运行时城市综合体应加强用火用电管理，对于边使用边装修的铺位，要将装修区域同其他区域进行防火分隔，规定装修施工时间。对于商场内动火作业的，要严格执行动火作业制度；加强对内装修隐蔽工程中电气线路敷设的管理。对于城市综合体内达到一定面积的使用燃气的餐饮场所，物业应要求其安装灶台自动灭火系统，提升餐饮区域的消防安全。物业应要求商业综合体增加电气火灾监控系统；督促企业落实消防设施维护保养制度，定期组织对各功能区进行检查，发现问题及时维修，确保设施完整好用；完善营业厅、疏散通道、楼梯间等处消防应急照明和疏散指示标志的安装和维护，保证疏散指示标志易识别且能保持视觉连续；严格控制超市仓库的面积，不得擅自将其他功能区域改为仓库；对于建筑中特殊区域(中庭、主疏散通道、地铁连通道等)，应明确其消防设计要求，严禁擅自改变其使用功能。

(3) 通过信息化管理加大对城市综合体的监管。大型城市综合体的运营和管理等分属政府各个职能部门和不同类型企业，各方消防管理措施规定存在局限性，很难实际操作。应通过物联网、大数据等信息化管理手段，整合业态变化、实时客流、消防设施运行状况等信息，加大对大型城市综合体的监管。一是可以应用先进技术，强化动态监管，将互联网技术引入大型城市综合体的消防安全管理中，强化对消防设施和单位人员的动态监管。二是运用信息科技创新监管方式，将信息数据库、信息录入、统计查询以及提供突发事件消防救援路线等功能整合，为准确预警安全事故、提高突发事件处置能力提供科技保障。三是可以建立消防安全管理联动平台，将大型城市综合体的不同监管部门职责纳入其中，特别是对于相互交叉又分别联动的消防设施，应能通过消防联动平台做到统一监控和管理，理清消防责任的界限，促进对日常工作的监管和对违法行为的纠正。四是要完善社会监督机制。地方政府对待火灾隐患应解放思想、转变思路，注重舆论监督力量，对重大火灾隐患既不积极整改也不采取措施的单位，除依法实施行政处罚外，还应主动利用新闻曝光，发动群众监督，防微杜渐。

(4) 建立有效的应急力量，加强人才队伍的建设。建立有效的应急力量，全面提升应急救援实践能力。提升企业消防安全管理人的能力水平，逐步建立适应大型城市综合体消防安全管理要求的高水平“明白人”队伍。一要针对大型城市综合体完善系统化、整体化的消防管理与应急处置体系。建立健全单位安全管理和应急组织，建立初起火灾应急处置体系；充分发挥单位微型消防站作用，配备适用的便携式快速灭火设备；加强与辖区消防中队的应急联动。二要制定详细的消防安全方案。制定自防自救预案，积极开展人员疏散、灭火逃生、初起火灾扑救等应急演练，通过应急技能等方面的知识竞赛和技能演练，规范消防控制室值班人员火警处置程序，提高人员设施操作水平和快速处置突发事故的能力。三要加强管理人才培训，针对消防安全内容教育培训，编制系统性的培训教材，同时对重点岗位人员培训时间、普通员工人员培训比例进行明确，指导和帮助企业开展员工入职、晋职培训，督促企业建立健全内部消防安全培训体系，提高消防安全自主管理水平。

大量城市综合体的不断发展已成为当前城市商业发展的主要趋势，但由于其建筑体量大、业态复杂且不断更新，人流密集，用火用电多，管理要求高，灭火救援难度大，我们需要加强对其消防安全的要求，规范对城市综合体建筑消防安全的监管，不断完善大型城市综合体消防安全监管的长效机制。

5.1.4 城市地下空间

自 1863 年世界上第一条地铁在英国伦敦市开通之后，全球跨入了开发利用地下空间的阶段。进入 21 世纪以后，地下空间被公认为与宇宙、海洋相并列的第三大空间资源。“十二五”以来，中国城市空间需求急剧膨胀与空间资源有限这一矛盾日益突出，城市地下空间的开发数量快速增长，体系不断完善，类型也呈现出多样化、深层化和复杂化的发展趋势。特大城市地下空间开发利用的总体规模和发展速度已居世界同类城市的前列。其中，上海市已位列全国地下空间开发综合实力第一名。据 2017 年统计测算，上海市地下空间开发总面积为 1.1 亿 m^2，年均增长量为 400 万～500 万 m^2，年均投资达 1 000 亿元。但与此同时，城市地下空间的公共安全风险，尤其是消防安全风险日益凸显。

1. 城市地下空间概述

1）城市地下空间的定义及分类

城市地下空间指为了满足人类社会生产、生活、交通、环保、能源、安全和防灾减灾等需求而开发、建设与利用的地表以下空间。城市地下空间的类型，依据其使用功能不同，大致可以划分为以下六大类。

（1）地下防灾防护空间，主要有指挥所、战略物资储备部、民防工程、地下避难所等。

（2）地下交通空间，如地下轨道交通、地下交通枢纽、越江（越海）隧道、地下停车场等。

（3）地下公共空间，如地下商业街、地下城市综合体、地下娱乐场所等。

（4）地下市政设施空间，如地下综合管廊、地下变电站等。

（5）地下工业空间，如地下厂房、仓库等。

（6）地下居住空间，如地下旅馆等。

2）城市地下空间的发展现状

我国城市地下空间开发利用在功能上以地下交通为主流，城市地铁运营规模居世界首位；城市地下大型交通枢纽及商业综合体的建设已经成为许多大城市地下空间开发利用的亮点，并达到了国际先进水平。

（1）城市地铁运营规模居世界首位。在 1969 年 10 月 1 日北京市开通第一条地铁线路至今的52年里，我国城市轨道交通经历了从无到有、由线转网、由小网向大网的快速发展过程，在满足人民出行需求、缓解城市交通拥堵、促进经济社会发展等方面发挥了重要作用。截至2019年年底，我国共有40座城市开通城市轨道交通，运营线路总长6 730.27 km，步入城市轨道交通大国的行列。根据《城市公共交通分类标准》(CJJ/T 114—2007)，城市轨道交通可分为七种制式：地铁、轻轨、单轨、现代有轨电车、磁浮交通、市域快轨和自动导向轨道系统。截至2019年年底，我国地铁的运营长度达5 187 km，在城市轨道交通中占比为77.1%。我国用50年的时间，赶上了欧美地区用150年发展形成的地铁运营规模。2017年，中国地铁运营长度已超过亚太地区的一半(53.8%)；从世界范围内看，中国地铁运营长度已占全世界的27.9%。初步推测，2025年年末全国城市轨道交通运营规模将超过1万km，2030年年末甚至可能接近1.5万km，届时中国地铁运营长度在全球地铁中的比重将超过50%。此处数据暂未包含中国香港、中国澳门、中国台湾地区。[14]

(2) 大型地下综合体建设项目多、规模大、水平高。中国许多城市结合地铁建设、旧城改造和新区建设规划建造大型地下综合体，以提高土地集约化利用水平，解决城市交通和环境等问题，同时也塑造了城市新形象。以上海市为例，目前已建成上海虹桥综合交通枢纽、上海浦东国际机场、上海南站、上海人民广场和十六铺等大型综合交通枢纽工程。此类综合体一般包含轨道交通系统、地下停车场、商业和相互连通区域等多个复合对象，体量一般较大，轨道交通带来的客流量也大，建筑面积往往在几万至几十万平方米，地下有3～4层，建筑结构复杂。例如，人民广场地处上海市的文化、旅游和商业中心，结合轨道交通1，2，8号线换乘站形成了一个包括3座地铁车站、2个地下商场、1个地下停车场和1座地下变电站的大型地下综合体。

(3) 隧道建设举世瞩目。从20世纪70年代上海市第一条水底公路隧道打浦路隧道投入运行，到上海外环线越江沉管隧道、大连路隧道、复兴东路隧道、延安东路越江隧道以及外滩观光隧道等陆续建成，城市越江(越海)隧道工程不断涌现。上海长江隧桥工程采用的是“南隧北桥”方案，全长约25.5 km。“南隧”即长江隧道，长约8.9 km。工程总投资超过120亿元，长江隧桥工程是一项举世瞩目的大工程。①

2. 典型城市地下空间火灾案例

城市地下空间的快速开发利用、向多功能和大型化方向发展的趋势给城市消防安全提出了新的课题和挑战。地下空间如发生灾害事故，将比其他地面建筑更易造成人员伤亡。

1) 英国伦敦市地铁君王十字车站火灾[15]

1987年11月18日19时29分，英国伦敦市地铁君王十字车站发生火灾，造成31人(含

---

① http://www.gov.cn/govweb/jrzg/2008-05/08/content_965082.htm.

1名消防中队长)死亡、大量人员受伤,这是世界地铁史上继1903年巴黎市地铁大火(亡84人)之后的又一起群死群伤灾难性事故。君王十字车站是当时英国最大的地下交通枢纽之一,共有5条地铁线路在站内交汇,并与铁路系统衔接。地铁线路分别建于地下的五层,由人行通道、楼梯和自动扶梯连通。1987年该站平均每天有25万余名乘客通过,高峰期间(7:30—10:00和16:00—18:30)站内约有10万名乘客。起火原因为吸烟乘客将点燃的火柴梗扔到当时正在运行的4号自动扶梯上,掉入右侧踏步和踢脚板之间的缝隙,引燃自动扶梯运行导轨上的润滑油、碎屑、踏板背面的油脂以及扶梯下积聚的可燃物,使自动扶梯首先起火,然后扩大蔓延成灾。

2) 美国旧金山市近郊奥克兰隧道火灾[16]

1983年4月7日,在奥克兰隧道西口附近,一名醉酒的驾驶员驾车与前方公共汽车相撞起火,后面高速行驶的油罐车撞在这两辆车上,油罐里的汽油泄漏出来,当时刮着强烈的西风,大火沿隧道向东蔓延,火势猛烈,进入隧道的车辆接连被烧。奥克兰市出动50名消防人员,向隧道注入大量泡沫,将大火扑灭,火灾烧毁各种车辆7辆,造成7人死亡、9人受伤。

3) 日本名古屋市地下街地铁火灾[16]

1983年8月16日,名古屋市中心街和中央公园地下街的市营东山地铁线荣车站地下8 m处132 m^{2}的箱形混凝土结构变电所起火,地下街和月台3 000 m^{2}范围内浓烟滚滚,地下街一片混乱。30名工作人员将500名顾客和行人引导到地面,消防队调来37辆消防车、3辆排烟车。大火烧了3 h多,造成停电4 h、152辆车停驶、3名消防队员死亡、3名救援队员受伤。

4) 阿塞拜疆巴库地铁火灾[16]

1995年10月28日夜,巴库地铁发生了一场列车失火的重大惨剧,造成558人死亡、269人受伤。总统宣布29日和30日为全国哀悼日,以悼念死难者的亡灵。大火从列车的三、四节车厢交接处开始烧起来,由于司机缺乏经验,把车停在了隧道里,对乘客逃生和救援工作十分不利。加上20世纪60年代生产的车厢使用的大部分材料都是可燃、易燃物,火灾时产生了大量有毒烟气,从死难者的遗体状态看,大部分乘客不是被烧死的,而是因吸入有毒烟气窒息死亡。

5) 贵州省黔东南苗族侗族自治州镇远县湘黔铁路朝阳坝2号隧道火灾[16]

1998年7月13日10时12分,1913次货运列车正由湖南省开往云南省昆明市,行至贵州省黔东南苗族侗族自治州镇远县朝阳坝2号隧道时,突然发生两次起火爆炸,烈焰喷涌而出。200 m外的稻田被烧焦,强烈的冲击波把隧道50 m外的树木连根拔起,有的民房被冲倒。3名隧道穿行人员和1名扒车人员当场死亡,20多名工作人员受伤。突然而至的灾祸中断了大西南地区的运输动脉达20 d,每天的直接运营损失就达280万元。共有55节列车编组的1913次列车,前37节停在隧道内,后18节甩在隧道外。洞内的13节液化气槽车共装有 339 t 液化气，一旦全部爆炸，整个隧道和山头将被夷为平地，后果不堪设想。镇远县消防大队、贵州省消防总队先后赶到，仅用 30 min 就扑灭了洞外建筑物的明火，而洞内一片狼藉，冷藏车正冒黑烟、列车车辆飞出，铁轨变形，第三节冷藏车横在洞内挡住去路，列车已经翻倒，液化气槽车还在泄漏。指挥部决定拖出 13 节槽车，此时洞内有气有火，随时有可能爆炸。14 日，在拖车过程中连续发生了第三、四次大爆炸，隧道成了“死亡地带”。15 日，矿山防暴队开始用大功率鼓风机向隧道内送风，8 时 35 分隧道再次发生强烈爆炸，西洞口被震坍 4/5，山坡上的树木连根折断，50 kg 的沙袋被抛向百米外的山上，5 km外的镇远县城也感到明显震动。18 日，北京燕山石化公司专家赶来增援，18 日晚开始往洞内逐步铺设水带射水降温；至 22 日晨，4 节货车及 1 节液化气槽车被安全拖出洞外；31 日上午，最后一个罐车被成功拖出隧道。8 月 2 日 15 时 20 分，湘黔铁路恢复通车。

6）韩国大邱市地铁纵火案[17]

2003 年 2 月 18 日 9 时 55 分，韩国大邱市地铁 1079 号列车上一名 56 岁男子点燃随身携带的装满易燃物的塑料瓶，造成 198 人死亡、146 人受伤、289 人失踪。车内起火后，车站的电力系统立即自动断电，列车车门因断电无法打开。由于车辆调度的失误，在 1079 号列车发生火灾后，1080 号列车从相反方向驶来，由于两车的站台间距只有 1.4 m，1079 号列车大火迅速蔓延到 1080 号列车上，造成两列列车 12 节车厢被烈火浓烟吞噬(图 5-14)。

图 5-14　韩国大邱市地铁火灾现场

（资料来源：左图来自 https://bkimg.cdn.bcebos.com/pic/f31fbe096b63f624f7f0adee8d44ebf81b4ca3aa?x-bce-process=image/watermark,image_d2F0ZXIvYmFpa2U4MA==,g_7,xp_5,yp_5/format,f_auto，右图来自 https://bkimg.cdn.bcebos.com/pic/77c6a7efce1b9d161e4f0e8cf9deb48f8d546457?x-bce-process=image/watermark,image_d2F0ZXIvYmFpa2U4MA==,g_7,xp_5,yp_5/format,f_auto）

3. 城市地下空间火灾风险分析

从国内外地下空间的火灾实例可以看出城市地下空间火灾的特点，在总结经验教训的基础上，加强城市地下空间火灾风险分析研究，进而制定有针对性的防控对策，有效降低城市地下空间的火灾风险，促进城市地下空间的开发和利用。（城市地下空间内属于大型商业综合体的场所火灾风险分析和防控措施具体见“5.1.3 城市综合体”。）

由于地下空间具有相对狭窄和封闭、出口较少、通风和采光差等特点，一旦着火，人员疏散和消防扑救都非常困难，且可燃物会产生大量有毒烟气，不易消散，其产生的危害远比地面建筑火灾烟气危害大得多。据相关文献资料统计，地下空间建筑火灾的发生率是高层建筑火灾发生率的 1/8，但火灾损失是高层建筑火灾损失的 1/5，死亡人数是高层建筑火灾的 1/4。由此可见，地下空间较地上建筑的火灾危险性更大。

（1）地下空间火灾易产生大量有毒烟气。地下空间的可燃装修材料和地下商业用房内的可燃商品等燃烧后散发出大量热烟气，并且由于地下空间的封闭，物质燃烧时不能及时补充新鲜空气，影响了燃烧速度和充分性，容易形成不完全燃烧，从而产生更大量的烟气和有毒气体。地下空间机械排烟效果普遍较差，且地铁的排烟系统与车站隧道的通风排气系统兼用，火灾时需要根据火灾发生部位的不同联动开启及关闭相关风口，联动关系和工况复杂，难以达到理想的排烟效果。消防队配置的移动机械排烟设备应用于地下空间火灾排烟作用甚微，不能及时消散的烟气很快可以充斥整个地下空间，造成人员恐慌、中毒窒息、丧失意识等，加剧了烟气的危害。

（2）地下空间火灾人员疏散困难。地铁、地下商业用房及地下交通枢纽等场所内客流量大、人员密集程度高、大多数人员对现场情况不熟悉。例如，上海市轨道交通 2020 年全网日均客运量近 774 万人次，极端日均客流超 1 200 万人次，有 34 座常态化限流车站。如果在高峰或营业时间发生火灾，人员疏散难度高，易造成拥挤踩踏。根据 2004 年 7 月 18 日上海市地铁火灾测试，在地铁站台层模拟 2.8 MW 火灾，并附以 25 枚烟幕弹，点火 6 min 后，站厅、站台层充满浓烟，能见度几乎为零。烟雾浓度的增加导致行进速度减慢，疏散所需的时间随之大大增加。根据日本的试验，不熟悉地形的人员戴上墨镜在地下空间行走，水平部分的步行速度为0.33 m/s，比普通条件下的步行速度降低 75%；楼梯段的步行速度为 0.29 m/s，比普通条件下的步行速度降低 55%。当浓烟高温笼罩地下空间时，人员疏散速度更低。人员从地下各层向地面疏散，热烟雾也从地下向上升腾，与疏散人流方向相同，增加了烟雾对疏散的影响。[18]高温浓烟还会对人的生理、心理造成强烈的刺激，使人产生恐惧心理和逃生欲望，争先恐后地涌向安全通道，造成混乱、踩踏。同时，地下空间由于自然采光条件差，火灾时主要靠应急照明，照度往往不足，人群难以辨别方向，增加了人员的恐惧心理，影响疏散安全。此外，地铁运营时增加的限流隔离栏杆和安检设施、闸机等一定程度上改变了地铁设计时的疏散宽度和路径，也增加了地铁的人员疏散难度。

（3）地下空间火灾扑救困难。当地下空间发生火灾时，扑救人员与疏散人群方向相反，造成一定程度的人员对冲，可能延误救灾的最佳时机。灭火救援装备难以充分发挥作用，灭火战斗难以快速展开，高温气浪使战斗员难以接近着火点，灭火剂的使用受限，进入口少导致消防队员之间难以进行战术配合。特别是地下空间烟气不能快速排出，增加了救援难度。火场烟雾弥漫、应急照明照度低等给救援人员侦察火情、判别着火点带来困难，使其无法实施有效的指挥和救援。

(4) 地铁列车的火灾风险特殊。地铁由车站、区间隧道、运行列车等组成。地铁车站火灾可分为站厅、站台和列车火灾。站厅、站台火灾和其他地下空间火灾情况类似，列车火灾最为特殊。应充分考虑列车火灾以及列车停在区间隧道内的极限情况。列车发生火灾时停车的位置不同，造成的火灾风险不同。按管理预案，列车在轨道交通区间隧道中发生火灾事故时应尽可能驶至车站、救援站或驶离隧道，这是运营及设计的原则性要求。多年来的运营表明，列车停在区间隧道发生火灾事故确实少见，但 1995 年的巴库地铁火灾就是一起列车在区间隧道发生火灾并且停在隧道致群死群伤事故的实例。在对 1970—2011 年 47 起国内外比较重大的轨道交通隧道和铁路隧道车辆火灾事故(轨道交通隧道火灾事故较少，因考虑铁路隧道车辆火灾和轨道交通隧道火灾相似，故将其也纳入研究)进行统计研究后发现，因列车技术故障(电气、制动等)和列车脱轨、碰撞导致的火灾有 32 起，其中列车在区间隧道内失火未成功行至车站的有 10 起，约占该项火灾原因事故总数的 31%。[19] 因此，在防控轨道交通车辆火灾中，应当考虑列车不能成功进站的场景。这种情况的后果最严重，救援也最困难。列车在区间隧道时，由于隧道空间狭小，乘客不能通过车厢门向外疏散，而只能通过列车前后两端的紧急安全门疏散到隧道，然后再沿着隧道向就近车站疏散。按照计算参数，人在车厢内的平均步行速度为 50 m/min，安全门疏散梯平均通过能力为 29 人/min，区间隧道内的人流步行速度为 45 m/min。以每节车厢满载 310 人计算，每列车 6 节车厢共 1 860 人，两车站之间的区间隧道平均长度取 900 m，如果在区间隧道中间，乘客通过列车前后两端的紧急安全门朝不同方向疏散，全部人员疏散完毕的最短疏散时间也大于 40 min。[18] 如果只通过一个紧急安全门疏散，时间就会更长。根据《地铁设计规范》(GB 50157—2013)，区间隧道发生火灾时，应迎乘客疏散方向送新风，逆乘客疏散方向排烟。火灾时朝排烟方向疏散的乘客就会遭受被烟雾吞噬的危险。

(5) 地下交通枢纽工程空间高大互通，易引起火灾快速蔓延。地下交通枢纽以人员的便捷通行和快速流动为基本功能需求，通常包含多条地铁及交通线路、换乘大厅等大空间，这种功能需求使得交通共享空间互通，难以进行物理防火分隔，互通的建筑空间不利于控制火灾烟气流动和火灾蔓延。

(6) 地下交通隧道内易燃易爆危险物品运输车辆及普通车辆的意外事故是引发火灾爆炸事故的主要原因。前面提到的美国旧金山市近郊奥克兰隧道火灾和贵州省镇远县湘黔铁路朝阳坝 2 号隧道火灾均为此类事故。由于车辆装载易燃易爆物品、隧道狭长、扑救空间受限,此类火灾的扑救非常困难。

(7) 纵火和恐怖袭击。由于地铁敏感度高,一旦发生火灾爆炸事故,极易引起重大人员伤亡和社会广泛关注,因此成为恶意纵火和恐怖袭击的首选攻击目标。例如,2003 年 2 月的韩国大邱市地铁纵火案;2005 年 7 月,英国伦敦市地铁遭遇恐怖袭击,多个地铁站发生连环爆炸,地铁停运。目前,地铁安检工作存在一定程度的漏洞,未能达到“逢包必检,逢液必查”的要求,不能有效杜绝易燃易爆危险物品违规带入地铁等区域。

(8) 地下旅馆、娱乐场所等使用的装饰织物阻燃性能堪忧。大量火灾事故表明,许多公共场所依然大量使用非阻燃制品,某些公共场所甚至有阻燃制品和非阻燃制品同时存在的现象。《公共场所阻燃制品及组件燃烧性能要求和标识》执行情况尚不理想。装饰织物虽经现场阻燃处理但有效期问题一直未得到重视。这类场所由吸烟引燃织物并扩大成灾的风险较大。

4. 城市地下空间火灾防控主要措施

(1) 强化社会层面的联勤联动机制。相关负责单位应积极参与全市“3+X”应急会商平台,召集社会联勤联动单位,定期通报、总结地下空间突发事件应对情况。根据《上海市地下空间突发事件应急预案》确定的联动单位职责分工,选择最大体量、设置最难灾情,定期开展拉动演练,提高有关人员面对火灾事故的心理适应能力、接受指挥的服从能力和应急处置能力。

(2) 严禁地下空间生产、经营、使用、储存、展示甲、乙类易燃易爆化学危险物品,严格执行地铁安检相关制度,加强安检力度,配备新一代安检设备,严防易燃易爆化学危险品违法违规带入地铁等地下空间。

(3) 地下商业用房内的餐饮场所宜使用电加热设施,使用天然气作燃料时应当采用管道供气。燃气的使用和管理可参照《大型商业综合体消防安全管理规则(试行)》的有关规定执行。

(4) 严格控制地下空间内可燃性内装修材料的使用和商业用房内经营物品的种类,严格执行阻燃材料的烟密度等级要求。建议地下空间严格执行国家标准《公共场所阻燃制品及组件燃烧性能要求和标识》(GB 20286—2006)的要求。目前,地下旅馆已成为除轨道交通外的地下空间火灾群死群伤的主要风险源,建议政府部门能够坚决杜绝在地下空间开办旅馆,从源头上彻底消除此类火灾高风险点。

(5) 建议提高地下空间应急照明照度和疏散指示标志设置密度及尺寸,地铁设置悬挂式导乘标识和消防疏散指示标志结合的标志灯。

(6) 制定切实符合地下空间特点和不同火灾场景类型的火灾应急疏散预案。例如,地铁列车发生火灾时并不能行驶至站台或隧道内发生危险品车辆紧急事故等极端火灾场景均应被重点考虑并制定应急预案，根据需要邀请专家团队对灭火和应急疏散预案进行评估、论证。单位专职消防队员、志愿消防队员、保安人员应当定期进行消防安全培训和预案演练，熟练掌握初起火灾灭火和本岗位疏散引导技能，有效提高单位第一时间处置初起火灾的能力，最大限度地疏散人员，减少人员伤亡。消防演练方案宜报告当地消防救援机构，接受相应的业务指导。

(7) 建议在地下空间各防火分区或楼层靠近疏散楼梯的墙面的适当位置设置疏散引导箱，配备过滤式消防自救呼吸器、毛巾、疏散用手电筒等疏散引导用品，明确各防火分区或楼层区域的疏散引导员。

(8) 建议依托消防技术服务机构，推行地下空间火灾风险评估。引入第三方评估机构，每年对地下空间运营消防安全情况进行评估，包括对建筑消防设施进行检测、对本单位火灾隐患情况进行全面梳理评估；推行公共地下综合责任保险，拓展综合责任保险覆盖面。

(9) 强化消防专业特种装备建设。在保持对消防装备的经常性投入的同时，积极建立消防科研部门、消防器材生产厂家与消防救援机构联合研发机制，收集、整理、分析国内外在地下空间方面的极端灾情案例，跟踪、配备高效通信、灭火、运输、破拆器材，研发、制造高效应对地下空间极端灾情的特种消防装备。

5.1.5 石油化工企业

《石油化工企业设计防火标准》(GB 50160—2008)(2018 年版)对石油化工企业的定义为：以石油、天然气及其产品为原料，生产、储运各种石油化工产品的炼油厂、石油化工厂、石油化纤厂或其联合组成的工厂。但在实际工作、生活、统计中，石油化工企业往往是一个大的概念，不仅仅包括炼油厂、石油化工厂、石油化纤厂等，还包括精细化工企业。《精细化工企业工程设计防火标准》(GB 51283—2020)将精细化工企业定义为：以基础化学工业生产的初级或次级化学品、生物质材料等为起始原料，进行深加工而制取具有特定功能、特定用途、小批量、多品种、附加值高和技术密集的精细化工产品的工厂。本小节中所述的石油化工企业包含上述两类企业。

1. 石油化工企业概述

据统计，上海市石油化工企业涉及原油加工、炼焦、合成纤维、工程塑料、涂料和染料等多个行业，可生产 3 万多种化学、化工产品。上海市现有上海化学工业区、金山、高桥和吴泾 4 个大型化工产业基地，化工企业 1 万余家，化工装置 243 套，储罐 1 029 个，危化品总储量近 3 000 万 t，最大的化工生产装置年产乙烯 119 万 t，最高的化工装置高度超过 100 m，最大的原油储罐储量达 10 万 t,这些都是威胁城市安全的重大危险源。

2015—2017 年,上海市共发生石油化工类火灾 20 起,伤 3 人,直接财产损失为 43.1 万元,人员伤亡和直接经济损失都不大。但 2018 年,上海赛科石油化工有限责任公司"5·12"爆炸事故造成 6 人死亡、直接经济损失 1 166 万元;上海赛科石油化工有限责任公司"11·26"中毒窒息死亡事故造成 2 人死亡、直接经济损失约 360 万元。近年来发生的辽宁省大连市"7·16"火灾、福建省古雷镇"4·6"火灾、天津市滨海新区"8·12"爆炸、江苏省响水县"3·12"爆炸等事故都造成了巨大的人员伤亡和财产损失,教训极为深刻,我们需要高度重视石油化工类火灾事故。

2. 上海高桥石化"5·9"石脑油罐火灾[20]

1) 火灾经过及起火原因

2010 年 5 月 9 日 11 时 20 分左右,中国石油化工股份有限公司上海高桥分公司(以下简称"上海高桥石化")炼油事业部储运 2 号罐区石脑油罐发生火灾事故(图 5-15),事故造成 1613#罐罐顶掀开、浮盘沉入罐底,1615#罐壁上部变形、罐顶局部开裂,未造成人员伤亡,直接经济损失为 62.55 万元。火灾发生后,经有关部门调查认定,油罐铝制浮盘腐蚀穿孔,导致石脑油大量挥发,油气在浮盘与罐顶之间积聚;罐壁腐蚀产物硫化亚铁发生自燃,引起浮盘与罐顶之间的油气与空气混合物发生爆炸。

图 5-15　石化装置储罐火灾

2) 火灾分析

(1) 石油化工企业易燃易爆化学品种类多、储量大,易发生燃烧爆炸。上海高桥石化加工原油 1 130 万 t/年,化工实物量为 100 万 t/年,炼油产品中有汽油、液化石油气、航空煤油等,在炼化过程中还存在硫化氢、苯、甲苯、氢气、乙烯、丁二烯、石脑油等诸多化学易燃易爆品。发生爆炸事故的 2 号罐区由 15#,16#,17#等罐区组成,其中 16#罐区又分为延焦罐区、碳六罐区、石脑油罐区、加氢裂化原料罐区等九个罐区,共有油罐 28 个,容量为 13.2 万 m^3,1613#罐发生火灾时储存有约 1 345 t 石脑油。

(2) 完好的消防设施设备对石油化工企业火灾扑救、控制火灾蔓延、冷却保护具有重要作用。油罐设有固定冷却喷淋设施和半固定泡沫灭火装置,1613#罐发生闪爆燃烧后,上海高桥石化现场操作人员启动了各个储罐的冷却喷淋设施,但发现 1615#罐冷却喷淋管线损坏,在火灾初期无法对 1615#罐进行冷却保护,致使 1615#罐罐壁、罐顶损坏变形,好在厂区大功率消防水泵、完善的消火栓系统和大量消防水储量保障了后续灭火用水。

(3) 环形消防车道为战斗展开、有效扑灭火灾提供了条件。火灾发生后,上海高桥石化企业专职消防队的15辆消防车赶赴现场灭火,公安消防部门接警后调动近50辆消防车赶赴火灾现场,罐区设置的环形消防车道为多车辆、多人员战斗展开提供了有利条件。

(4) 采取化工工艺处置是石油化工企业火灾扑救的首选措施。化工装置在设计之初就考虑到关阀断料、开阀导流、排料泄压、火炬放空、紧急停车等工艺防护措施。这些工艺措施在扑救生产装置、设备、管道火灾中往往会起到关键性作用,运用得当,可以解决其他方法不易解决的问题。因此,在扑救化工装置火灾时应优先考虑采取工艺措施。[21]上海高桥石化发生火灾时,1613♯罐正在接收蒸馏装置生产的常顶轻油和1615♯罐转油物料。火灾发生后,现场操作人员立即报警,开启临近油罐的冷却喷淋设施并转出了临近油罐内的物料,及时调整了罐区的收付油流程,针对蒸馏、重整等有关装置采取了降量生产等措施,防止了火灾扩大,确保了装置的消防安全。

(5) 日常消防安全管理到位是减少和预防火灾发生的重要保障。大型石油化工企业属于消防安全重点单位,应开展每日防火巡查、每月防火检查和消防设施维护保养等工作,确保消防设施设备时刻处于完整好用状态。上海高桥石化发生火灾时,1615♯罐冷却喷淋管线损坏,未起到应有的冷却保护作用,说明该企业在日常消防安全管理当中还存在不足。

(6) 消防安全认识存在一定程度的滞后。一般观点认为内浮顶储存甲$_B$、乙$_A$类液体可以减少储罐火灾危险,即使发生火灾也只是在浮顶与罐壁间的密封装置处燃烧,火势不大且易扑救。但在实际中,浮顶与罐壁间做不到完全密封,浮顶与罐顶间往往存在油气空间。《石油化工企业设计防火标准》(GB 50160—2008)(2018年版)规定,"储存甲$_B$、乙$_A$类液体应选用金属浮舱式的浮顶或内浮顶罐,对于有特殊要求的物料或储罐容积小于或等于200 m^{3}的储罐,在采取相应安全措施后可选用其他型式的储罐","储存沸点低于45℃的甲$_B$类液体宜选用压力或低压储罐"。事故中的石脑油沸点为35~156℃,且石脑油中含硫较高,对罐体腐蚀严重,产生的硫化亚铁易自燃。综合考量,石脑油应选用压力或低压储罐储存。

3. 石油化工企业火灾风险分析

1) 石油化工企业火灾风险

石油化工企业由于自身特点和产业调整集聚(图5-16),发生火灾或泄漏事故后情况复杂、火灾扑救难度大,容易造成重大人员伤亡和财产损失。

(1) 企业自身火灾风险大。

① 易燃易爆、有毒有害。石油化工企业主要从事危险化学品生产、使用、储存、运输等工作,原料、半成品、产品多数具有高易燃易爆性、毒害性和腐蚀性。例如,上海化学工业区

图 5-16　石油化工企业鸟瞰

29.4 km^{2}范围内有石油化工企业 46 家，涉及易燃、易爆、有毒有害化学危险品（以下简称危化品）约 103 种，在线当量在 2 259 万 t 左右，占物料总量的 91.6%，其中剧毒化学品占9.4%，危化品年生产或使用量在 100 t 级以上的有 94 种，1 万～10 万 t 的有 17 种，10 万 t 级以上的有 38 种。[22]

② 生产工艺风险高。石油化工企业生产工艺复杂，具有高温、高压等特点，加上多数介质具有程度不等的腐蚀性，生产设备、容器、管道易遭到破坏，从而引起介质的泄漏，一旦发生火灾、爆炸事故，极易导致火灾扩散蔓延，造成较大人员伤亡及经济损失。

③ 储存面广量大、风险大。石油化工企业内储存危化品数量较大、品种多，物品储存既集中又分散，理化性能各异（图 5-17）。例如，上海化学工业区有储罐 900 余个，储罐总容积为 1 456 751.2 m^3，其中单罐构成危险化学品重大危险源的储罐有197 个；仓库 87 个，其中丙类及以上火灾危险性仓库 78 个。一旦在装卸、运输、灌装等作业环节违章操作或者由于设备腐蚀、制造缺陷、法兰未紧固等原因造成储罐、槽车、管道、阀门等渗漏，遇明火或激发能量极易发生爆炸燃烧事故。同时，禁忌类物料混存，储存场所温度高、通风不良、不符合物料的相应仓储条件，也可能引发火灾、爆炸、中毒事故，且容易造成连锁反

图 5-17　某石化公司球形储罐区

应，酿成重特大火灾事故。

④ 流动危险源威胁大。各石油化工企业间依托槽车运输危化品的情况比较普遍，例如，上海化学工业区日均进出危化品车辆超过 2 000 辆次，却没有设置危化品车辆专用通道，导致危化品车辆之间、车辆与行人之间碰撞等的可能性增加。另外，危化品运输车辆停放于室外，夏季高温暴晒增加不安全因素。

⑤ 检(维)修隐患多。石油化工企业需要定期对生产装置、储罐等进行检修。在检修和开停车时，如果未对装置、储罐、管道进行吹扫，或采用非惰性气体置换，或置换不彻底，容易形成爆炸性混合物，此时若存在违章作业等不合法合规现象，就可能引发火灾爆炸事故。同时，配套服务外包多、涉及单位杂、管理难度大。以中国石化上海石油化工股份有限公司为例，参与年度检修维修外包单位近 200 家，外包劳务工近 1.5 万人，容易形成责任真空。另据火灾统计数据显示，石油化工企业事故中有 46%系操作不当或动火引发。

⑥ 生产装置及设备老化。随着时间推移，装置设备老化问题日益突出，成为引发火灾爆炸事故的又一潜在威胁。例如，上海市最晚开发建设的上海化学工业区也已有 25 年历史，部分化工装置设备设施老化，已进入安全事故高风险期。又如，上海高桥石化炼油 1 号蒸馏装置始建于 1956 年，历经 5 次改扩建，年产能由 50 万 t 提升至 500 万 t，但部分设施设备却未及时更换，一定程度上埋下事故隐患。近年来，高桥石化、金山石化等区域接连发生多起设备引发的事故。

⑦ 化工火灾复杂多样。石油化工企业火灾和爆炸往往会同时出现或互相引发，加上化学品的毒性、燃烧的高辐射热、装置建筑的倒塌等，使得化工火灾复杂多变，处置不当极易造成大量的伤亡和财产损失。

(2) 产业聚集易引发连锁反应。自 20 世纪 50 年代上海吴泾化工有限公司成立以来，在化工产业“基地化、大型化、一体化”的发展趋势下，上海市已形成上海化学工业区、闵行吴泾、浦东高桥和金山化工四大主要化工生产产业区。同时，上海市的许多工业园区都引进了以精细化工为主的化工企业。

① 布局规划不合理。区域内部缺乏规划，未能从企业性质、火灾危险性评估、风向影响等方面统筹考虑企业布局，未充分考虑工业园区石油化工企业总体布局规划需求；未考虑爆炸燃烧对固定消防设施和远程控制线路的破坏影响；危险品储存罐体设置要求不明确，远远不能满足爆炸等极端事故的防控需要；园区内安全距离的规划和设计偏低，以防火间距替代安全距离，产业布局密集且不合理。浦东高桥和闵行吴泾两个区域虽已纳入产业结构调整，但部分石油化工企业尚未关停完毕，随着城镇化建设提速，这些企业周边的安全距离被后期建设的其他建筑侵占的现象突出。上海化学工业区金山分区和奉贤分区紧邻乡、镇、村建设，发生事故易对周邻住宅和居民生命造成威胁。上海化学工业区内的科思创聚合物(中

国)有限公司与上海华林工业气体有限公司、上海赛科石油化工有限责任公司与璐彩特国际(中国)化工有限公司、赢创特种化学(上海)有限公司与罗姆化学(上海)有限公司之间没有物理分隔,发生事故后互相之间影响较大。

② 消防基础设施建设不足。虽然形成了化工聚集区域,但早期建设时主要以企业自主管理为主,没有统一的消防规划和消防基础设施建设,消防基础设施欠账严重。例如,上海化学工业区的金山分区和奉贤分区消防基础设施建设滞后,未按标准建设市政消火栓,致供水线路铺设长,作战力量消耗多,战斗展开慢,限制了大流量灭火车辆和装备效能,延误有效控火时间。另外,企业间消防设施共用、专职消防队共建,虽然符合相关规范要求,但实际增加了风险、降低了企业安全等级。例如,上海化学工业区内上海联恒异氰酸酯有限公司、上海亨斯迈聚氨酯有限公司、上海化学工业区升达废料处理有限公司共用消防泵,多家企业专职消防队采取协防、多企业联合模式建队。

③ 一体化程度高,风险叠加。诸如上海化学工业区这样的新型大型化工园区,水、电、热、气统一规划、集中建设,企业彼此相连,上、下游关联紧密。例如,上游赛科乙烯工程,中游上海联恒异氰酸酯项目、科思创聚碳酸酯项目,与下游赢创多用户基地、华谊集团精细化工基地等主体化工项目,形成了一个完整的产业链。一旦一家企业发生事故,如果不能及时有效地快速响应并采取有效的处置措施,极有可能引发连锁安全生产事故,在一定程度上叠加了火灾风险。

图 5-18　化工企业间的输配管线

④ 危化品管道输送连锁反应大。化工园区内企业间危化品运输一般以管道输送为主(图 5-18),道路运输为辅,以公共管廊的形式把关联企业连接在一起。例如,上海化学工业区的公共管廊相当复杂,上面布置的各种管线输送 PX、丙烯腈、苯乙烯、原油、丙烷、丙烯等易燃易爆和有毒有害介质。在易燃易爆物料输送过程中,法兰连接及阀门处可能会产生泄漏,遇火源就有引起火灾、爆炸的危险;管道维修时施工人员操作失误或误切管道也可能造成事故,一根管道出现事故甚至引发其他管道出现安全事故。

(3) 企业消防安全责任落实不到位。

① 主体责任不落实。企业内部责任制不健全,管理制度不完善,存在“重经济发展,轻安全管理”“安全管理制度有、日常管理落实不到位”等现象,特别是一部分小型化工企业和

承包商单位，人员素质参差不齐，习惯性违章现象仍然存在，日常消防监督管理过分依赖于消防职能部门，消防安全管理存在流于形式的现象，不能有效发现并清除火灾隐患。

② 应急处置力量建设不够。企业专职消防队、微型消防站、工艺处置队伍建设不受重视，满足于建队凑数，消防队伍实力和专业能力不足，量少质弱，缺乏专业性，灭火救援能力较低，无法达到初期有效处置的预期。

③ 安全操作规程执行不力。化工生产和储存工艺复杂，流程繁多，为此制定了各种安全操作规程。但操作规程明确规定的内容却未被严格执行，部分操作人员要么不懂、要么心存侥幸明知故犯，违反操作规程引发的事故频发。例如，赛科"5・12"储罐闪爆事故，承包商擅自使用非防爆动力锂电钻和铁质撬棍拆除浮盘，导致苯罐发生闪爆。

2）石油化工企业常见火灾隐患

（1）企业总体布局问题较多。一些石油化工企业存在选址不当，企业总体布局不合理，内外防火间距不足或占用防火间距，防火分区划分、消防车道、疏散通道设置不符合规范等问题。

（2）消防设施问题比较突出。未按照消防技术标准设置消防设施，或设置不符合消防技术标准要求；消防设施保养不到位，故障、损坏或瘫痪，或不在自动状态，不能保持完好有效。

（3）习惯性违法问题常现。企业消防安全管理不严，安全教育培训制度未有效执行，消防安全检查流于形式，安全责任不落实，各种习惯性违法违章行为时有发生。

（4）消防值班值守落实不到位。消防控制室未按要求落实 24 h 双人持证上岗制度；消防控制室、微型消防站值班人员不足，消防设施、器材操作不熟练或者不会操作。

（5）施工现场管理不规范。施工作业现场管理责任不明晰，人员混杂；动火作业审批程序存在缺陷，该提档的未升级；防爆检测不符合规定；动火作业、监护人员未持证上岗；作业现场未配置灭火器材；氧气、乙炔钢瓶随意放置、安全距离不足；等等。

4. 石油化工企业火灾防控主要措施

（1）强化地方党委政府领导责任。坚持"党政同责、一岗双责"，推进地方党委政府、化工企业管理机构落实消防安全领导责任，科学制定消防规划和整体布局，深化不合理布局石油化工企业"关、停、搬、转"工作；将基础消防建设纳入统一规划，同步建设实施；组织开展区域消防安全评估，定期研究消防工作、解决消防难题；实化运行消防安全委员会，层层签订目标责任书；建立健全消防工作责任约谈、亡人及有影响的火灾事故政府调查新机制，强化落实消防工作责任。

（2）建立完善部门齐抓共管机制。推动行业部门落实"三个必须"要求，细化明晰各部门消防工作职责，加大管理部门的联防联勤力度，发挥各自作用，进一步加强对施工现场、危化品储运、消防产品、压力容器等的监管，完善落实定期会商、隐患抄告、联动执法、信息反馈等机制，定期通报研判火灾形势，研究制定针对性防控措施，充分发挥各部门在消防安全管理中的重要作用，形成消防监督管理合力。

(3) 突出企业自主管理。坚持安全自查、隐患自除、责任自负，持续深化单位消防安全"四个能力"建设，培育单位自主管理"明白人"，强化企业自身消防安全管理。推行石油化工企业消防安全标准化管理，健全消防管理机制，鼓励消防安全管理人取得注册消防工程师执业资格。落实消防设施年度维保、定期开展防火检查巡查等要求，采用消防物联网技术，利用信息化手段及时采集、实时监测、动态掌控、主动预防消防安全隐患，强化检维修、危化品装卸、装置开停车、仓库储罐等重要节点和高危区域的管控。深化第三方力量参与企业消防安全评估和消防安全管理，把单位内部的安全隐患消除在萌芽阶段。鼓励火灾高危单位参加火灾公众责任保险，推动保险机构对投保单位实施消防安全评估、提供火灾预防服务。

(4) 抓好宣传教育培训。以构筑火灾防控体系为目标，深入贯彻《全民消防安全宣传教育纲要》，着眼于提升企事业单位"四个能力"，发挥新媒体自媒体作用，大力开展"119"消防宣传月活动、日常消防知识宣传教育培训，抓好消防安全责任人、专兼职消防管理人员、微型消防站人员、动火作业人员、消防设施操作人员等消防重点岗位人员培养，不断增强单位员工消防安全意识和自防自救能力。

(5) 落实火灾防范措施。

① 合理规划布局。石油化工企业搬迁和新建时严禁以防火间距代替安全距离，选址要严格落实安全距离要求，不管化工工艺关联度多高，不同法人石油化工企业之间应进行物理分隔，严格限制设立厂中厂。同时，要深刻吸取天津市滨海新区"8·12"爆炸、江苏省响水县"3·12"爆炸教训，明确法规要求是最低标准，石油化工企业爆炸影响范围大，建设时企业与企业间、企业与居民区之间的安全距离要尽可能放大，尽量避免相互影响及次生灾害事故。

② 落实防火技术措施。

a. 平面布置。根据石油化工企业生产特性、工艺要求、运输及安全卫生要求，结合当地实际合理划分生产区、储存区、公用工程、行政办公和生活区域，严格按照规范要求留有足够的防火间距，设置好消防车道、应急疏散路线。

b. 防火分区。石油化工企业应当根据自身的火灾危险性，确定厂房、仓库的防火分区面积和装置、储罐区的占地面积，确保满足标准规范的要求，以有效防止火灾蔓延。

c. 防爆措施。合理划分爆炸危险区域，爆炸危险区域内电气设备、线路敷设应达到防爆等级要求；建(构)筑物防爆泄压设施的位置、面积及材质应符合技术标准要求。

d. 防雷防静电。企业内存在可燃气体和易燃、可燃液体的建筑、装置、容器、管道、装卸设施均应设置防雷、防静电接地装置并保持完好，且定期委托具有相应资质的检测机构进行检测。防静电连接、人体静电导除装置应完好有效。

e. 工艺及设备。尽量不使用或少使用易燃、可燃物料，以不燃物料或难燃物料代替易燃物料，采用惰性介质作为保护介质，严格按照生产操作规程控制操作温度、压力，严格执行物料投放顺序、比例和速度要求，设置必要的连锁保护装置，以提高安全性。落实易燃易爆介质相关设备管道的定期检查维修、压力容器管道的定期检验等措施，严防设备管道“跑、冒、滴、漏”引发爆炸火灾事故。

f. 耐火保护。易燃易爆企业的厂房、仓库的耐火等级不应低于二级。甲、乙类化工装置、管廊的钢结构承重框架、设备支座应按标准要求进行耐火保护，且耐火极限不低于1.5 h。

g. 防流淌设施。石油化工企业火灾中，由于设备在火灾爆炸时损坏，大量易燃可燃液体四处流淌，造成大面积流淌火灾的案例比较多。因此，甲、乙、丙类易燃可燃液体库房和液化烃的储罐区应当按照要求设置防止流淌火灾的设施。

h. 泄压排放设施。石油化工企业要根据生产规模，合理设置泄压排放设施（图 5-19），满足单位在满负荷生产状态下的紧急泄压排放，避免事故扩大。

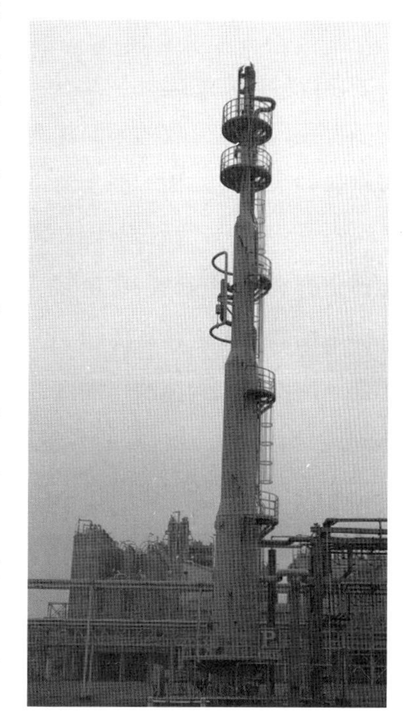

图 5-19　泄压排放设施——高空火炬

③ 加强消防基础设施建设。石油化工企业要同步规划、同步建设消防基础设施，按照要求设置消防供水设施、消火栓系统、泡沫灭火系统、消防喷淋冷却系统、火灾自动报警系统、可燃气体探测报警等消防设施设备，并做好日常检查和维护保养，确保完好有效。

④ 建好多种形式的消防队伍。按照标准建设并实质化运行企业专职消防队、微型消防站、工艺处置队，专职消防队应以单个企业建站为主。同时，要配置足够的消防车辆和装备器材，加强训练、演练，以最大化提升企业初期控火能力。

(6) 加强事前、事中、事后监管。

① 引进和培养石油化工专业消防人才。强化消防监督队伍业务培训，选派骨干人员到先进地区学习；加强石油化工理论学习和研究，邀请全国石油化工专家进行专业指导，广泛开展学术研讨和总结交流，提升石油化工企业火灾防控和灭火救援处置水平。

② 加强消防监督执法。综合火灾信息、消防设施运行信息、隐患投诉举报信息、历史监督检查情况信息等，科学研判消防安全管理现状，提高消防监管的针对性，及时公开各类信

息，提高监督执法效能。

③ 开展火灾事故延伸调查。坚持火灾原因与责任教训并查，加强火灾调查成果转化应用，深入分析火灾暴露出的深层次问题，加大“一案三查”及结果运用，研究并提出破解石油化工火灾防控工作难题的硬招、实招。

5.1.6 商场市场

商场市场包括百货商店、专业商店、自选商场、商业购物中心，以及在工商行政管理机关办理市场登记的农副产品市场、日用工业品市场和综合市场。其中，以批发、零售形式为主的鞋帽服装、农副产品、五金建材和海鲜水产等低端商贸市场因存在较多火灾隐患，成为城市公共安全消防高风险场所。

1. 商场市场概述

随着我国改革开放的不断深入，城市内商场市场的规模、数量不断上升，为繁荣我国市场经济起到了积极作用。据上海市消防部门统计，截至 2020 年年底上海市有低端商贸市场 1 268 家；其中，70%为农副产品类，24%为服装、鞋帽等工业消费品类，6%为五金、建材等工业生产资料类；浦东新区、嘉定区、闵行区、静安区、杨浦区数量较多，占总数的 59%。例如，七浦路服饰商业街区建筑面积约为 30.28 万 m^2，在静安区内占地面积约为 25 hm^2，集中在海宁路—河南路—天潼路—浙江北路之间，共包含 10 幢商厦，经营面积约为 20.28 万 m^2，为华东地区具有较大影响力的专业服装批发兼零售集散地。大宁久光百货建筑面积约为 35 万 m^2，地上建筑面积约为 18 万 m^2、地下建筑面积约为 17 万 m^2，商业面积约为18 万 m^2。此类商场市场建筑面积大，很多市场内违章搭建及改造频繁，防火分隔不到位；商场市场内可燃物多，火灾荷载大，用火用电量大；商铺多、人员聚集，客流量大。一旦发生火灾，热烟气极易蔓延，火灾疏散及消防救援困难，易造成较大人员伤亡和损失。

2. 上海农产品中心批发市场“1·6”火灾

1）火灾经过及起火原因

2013 年 1 月 6 日 20 时 32 分，位于浦东新区沪南路 2000 号的上海农产品中心批发市场发生火灾（图 5-20）。该起火灾过火面积约为 7 000 m^2，市场西南大厅、南北干货区、肉类批发区烧毁烧损，造成 6 人死亡、多人受伤。[23]经查，该火灾起火部位为西南大厅 NA14 商铺，起火原因为电气故障。

2）火灾分析

（1）单位消防安全责任制不落实。对于多产权建筑管理中出现的突出问题、难点问题，未能建立明晰的消防安全责任体系，缺乏行之有效的消防安全管理制度。

图 5-20 上海农产品中心批发市场火灾
（资料来源：左图来自 http://news.enorth.com.cn，右图来自新华网）

（2）商户的消防安全意识淡薄，且市场管理单位缺少有效的对商户的日常消防安全管控措施。在商户的进场协议中几乎没有消防安全协议内容，对席位经营户在用火、用电、用气、危险品管理以及人员住宿等方面的要求没有相应违约责任追究条款。

（3）防火分隔不到位致使火势迅速蔓延扩大。冷链物流要求对市场原有防火分区进行重新划分，扩大防火分隔的使用面积，未能切实阻断火势蔓延。经查，2011 年西南大厅的肉类批发区改建未按消防技术标准对南北干货区和肉类批发区进行有效防火分隔，部分隔墙仅高 5 m 左右，未分隔到顶。火灾中，随着火势蔓延至肉类批发区，其内的聚氨酯泡沫保温层被烧坍塌，室内设备也被烧损。

（4）擅自改变建筑物使用性质，搭建临时住宿，不仅把商铺当作仓库，还把商铺当作宿舍，多重火灾隐患叠加。该火灾伤亡人员位置主要集中在 NE 和 NF 区域内，大部分为水产交易席位。因经营需要，需 24 h 有人员看护，故市场内仍存在经营、储存、住宿合用的"三合一"现象，从业人员安全意识淡薄，市场管理缺乏有效管控，加之火势蔓延迅速，导致人员伤亡。

（5）消防设施设备未保持完好有效。该市场火灾自动报警系统未保持完好有效，起火时未能及时报警，延误了火灾处置及人员疏散。

（6）商铺内搭设阁楼，导致火势迅速蔓延。起火的 NA14 商铺内采用木夹板等可燃材料搭设阁楼，存有大量的南北干货，阁楼间分隔大多为木板甚至是铁丝网且未分隔到顶。起火点位于阁楼楼梯下方，起火后南北干货区阁楼上的物品在较短时间内被引燃，导致火势迅速向北侧商铺阁楼蔓延，燃烧产生的高温烟气流迅速向西、北扩散。

3. 商场市场火灾风险分析

1）商场市场火灾风险

（1）多产权单位责任主体不明确，消防管理混乱。这是目前多产权、多经营商市场最突出的问题。许多商场市场产权复杂，存在几家甚至几十家产权单位，以致责任主体不明，难以形成统一有效的管理。由于产权分散，相关业主对物业开展的消防工作不支持、不配合，面对消防部门检查时得过且过，火灾隐患屡改屡犯。例如，七浦路服饰商业街区是上海市中心城区唯一的大型专业服装批发市场，从业人员近3万，年贸易额为300亿～500亿元，共有店铺6 686家(其中小产权5 366个)(表5-1)，“小门面，大商场”，日常管理各自为政、隐患整改困难。部分物业管理单位未能很好地履行职责，消防车道、疏散通道被占用，消防设施未保持完好有效，一直存在动态火灾隐患。

表5-1　　七浦路服饰商业街区各市场基本情况统计

序号	市场名称	开业时间	建筑高度/m	建筑层数(地下)/层	经营建筑面积/m^2	店铺数/家	小产权/个
1	上海豪浦服饰城	2006.04	23	6(1)	27 000	450	230
2	上海七浦路服装批发市场	2006.02	23	6(1)	34 500	1 130	1 130
3	上海新七浦服装市场	2001.09	23	5(1)	25 000	1 030	1 000
4	上海新金浦服装批发市场	2003.01	22	5(1)	16 070	558	510
5	上海白马服装市场	2005.07	97	26(1)	18 000	435	435
6	上海超飞捷服装批发市场	2002.01	23	6(1)	16 500	533	533
7	上海联富服装市场	2006.09	23	4(2)	46 929	1 653	948
8	圣和圣时尚汇	2006.01	30	5(2)	7 848	482	331
9	七浦兰城商厦	2012.12	22	5(1)	4 000	265	249
10	上海凯旋城服饰批发市场	2001.03	20	4(0)	7 000	150	0
合计	—	—	—	—	202 847	6 686	5 366

(2) 空间复杂，人员聚集，疏散困难。商场市场人员成分复杂，流动性大，人员密度高。据不完全统计，一般大型商场市场每天的人流量可达10万人次，加之建筑体量大，疏散距离长，一旦发生火灾，受烟气、停电等影响，顾客找不到周边疏散通道、方向，极易出现拥堵和踩踏，无法及时逃离火场，造成人员伤亡。商场市场的管理服务人员、顾客的火场自救意识也参差不齐。根据对上海市某商场的问卷调查，人们的火灾自救行为还停留在用湿毛巾捂住口鼻、倚墙逃走等，自救知识掌握尚少，更无法在火灾中帮助他人逃生。同时，商场市场中各功能区相互关联，借用通道、共用楼梯现象比较普遍，但各场所运营时间不同步，导致借用或共用通道、出口无法24 h保持畅通。[24]

(3) 可燃装修多，商铺间防火分隔差，先天防火条件不足。商场市场内不同商铺会根据其个性化需要进行后续改造和装修，有些租户为达到豪华和“吸睛”的目的，采用可燃易燃材料进行装饰，增大了火灾荷载，一旦引燃不仅燃烧猛烈，蔓延迅速，还会释放出大量有毒气体。大型商场市场内部竖向管井多、横向通道多，火势蔓延速度快。中庭等共享空间使各楼层间相互连通成为一个整体，是高温有毒烟气快速流动的主要途径。[25]因此，规范要求中庭为非功能区且应采用不燃、难燃材料装修。但部分商场市场常年在建筑中庭开设展销会，在扩大门厅、中庭内搭建可燃展台，摆放柜台、经营摊位等，将原本限定的非功能区变成功能区，增加了火灾荷载，影响了原防火分隔措施。

(4) 擅自改变建筑使用功能，突破原消防设计边界条件。据统计，以往商场市场内餐饮面积设计比例在15%左右，近年来餐饮场所改造面积逐年提高，许多商场市场中餐饮面积占比已达到40%～50%，甚至有部分业主擅将中庭、公共走道改为餐厅区域，改变了原设计的使用性质和消防设计边界条件，使原有防火分隔、安全疏散设计等防火措施失效。商场市场中餐饮场所扩容导致用火用电量增大，燃气管道铺设变长、范围变大，甚至穿越防火分区、设备用房等，导致防火墙被破坏；还有商户将煤气表、管道、调压阀等设置在楼梯间、前室内，形成重大火灾隐患。加上餐厅的厨房大多无法靠建筑外墙设置，使用燃气的区域通风排气条件差，一旦燃气泄漏，后果不堪设想。

(5) 地下商业空间过度开发使用，疏散、排烟、扑救困难，高风险突显。随着城市立体化再开发，建筑沿纵向空间发展，许多大型商场市场地上、地下连通，集交通、商业、娱乐、市政等多功能于一体，在满足人们对商品消费需求的同时，其潜在的火灾危险性也大幅度增加。

2) 商场市场常见火灾隐患

(1) 部分单位消防安全责任意识淡薄。

① 消防安全责任制未落实。部分商场市场尽管明确了消防安全管理的责任人、管理人，制定了消防安全制度、操作规程等，但从实际来看，责任制的落实仅停留在嘴上、挂在墙上、浮在面上，没有落实到日常消防安全管理中；消防安全管理人普遍存在业务素质不高、管理水平低、主观能动性差等问题。

② 消防安全制度不切实际。部分商场市场的消防安全管理规定制度不符合经营实际，没有具体执行部门、没有责任人、没有奖惩措施。商场与各部门之间、商场与小业主之间签订的《消防安全责任书》既无考核考评的具体指标，也无落实的具体方式方法，更无明确的奖惩措施。

③ 微型消防站队员的业务素质普遍不高。部分队员对配备的消防装备性能指标不了解，使用不熟练，对商场市场建筑结构、疏散体系不熟悉，处置突发火灾能力弱。商场市场消防控制室值班人员流动性大，持证上岗的情况较差，消防安全管理业务不熟悉，防火巡查发现不了火灾隐患，不会操作消防设施，火灾应急处置能力不足，难以适应消防安全管理的实际需求。有的甚至在值班期间擅离职守，延误火灾应急处置，导致火灾损失扩大。

(2) 商场市场自身建筑防火先天不足。

① 原有防火分区分隔措施因不利于后期使用而被破坏。一些商场市场内采用回廊式

中庭,中庭回廊四周布置商铺。一些设计单位在设计时,没有考虑到后期商场的使用需求,在划分中庭防火分区时,将商铺与中庭回廊之间的玻璃隔墙、商铺门设置为防火玻璃隔墙及甲级防火门,或直接在商铺与中庭之间的玻璃隔墙内设置防火卷帘。这种防火分区分隔形式给商场后期使用带来不便,部分商铺不知道这种分隔措施的意图,二次装修时用普通玻璃、玻璃门取代了原有防火分隔措施,破坏了防火分区。一些单位甚至为追求商业利益最大化,擅自在中庭内增设商铺,改变了防火分区,一旦着火,火势极易蔓延,烟气难以排出。

② 人员疏散距离过长,疏散宽度过窄。许多商场市场底部商业部分体量大,沿街长度均在100 m以上,纵深在50 m以上。部分疏散楼梯间在首层不能直接通向室外,只能经室内通道通向室外;有的商场市场内疏散距离过长,甚至达到60 m,远超规范规定的疏散距离不得超过30 m的要求。还有一些商场市场在建造时,设计单位为满足建设单位提出的商业营业面积最大化要求,将人员疏散楼梯数量和梯段宽度设计为最小值,给后期使用、改造带来困难。[26]

③ 功能业态布置与规范实施要求相悖。规范对商业营业厅内的人员密度有明确规定,商业营业厅的容纳人数随着楼层的递增而逐步减少。歌舞娱乐场所和多功能厅等宜布置在地面三层及以下楼层,而部分商场市场在改造中为最大化地发挥三层以上商业营业厅的使用效率,往往将影城、KTV等布置在较高楼层,使用面积在2 000～6 000 m^2,以吸引顾客人流到三层以上商业营业厅,造成了较高楼层所需疏散宽度大于下面楼层,防火分区、防火分隔措施不满足规范要求。

(3) 擅自改变性能化设计场景,破坏原设计的疏散体系,产生先天性火灾隐患。

① “准安全区”效果理想化。“准安全区”指当火灾来临时,人员暂时疏散到的安全区域。其成立的条件是将商场市场内作为“准安全区”的主疏散通道周围的商铺处理成一个个独立的防火单元,用防火隔断措施将商铺与商铺之间、商铺与“准安全区”的公共通道隔离开,商铺及“准安全区”的通道内分别设置火灾报警、自动灭火和机械排烟设施(系统相对独立),严格保证疏散通道公共空间不设置任何可燃物、固定可燃装修等。只有基于这些条件,“准安全区”才是安全的;但在大型商场市场实际经营中无法保证“准安全区”的各种防火措施条件,“准安全区”只是一个理想的模型。[27]

② “借用疏散”的性能化设计。由于商场市场占地广、商铺多、人流量大,室内大部分疏散楼梯间分布在建筑四周靠外墙的部位。如此一来,对于商场市场中部的防火分区而言,疏散宽度及疏散距离就不容易满足规范要求了。性能化设计中对疏散距离、疏散宽度的一个解决办法为“借用疏散”,即考虑到相邻防火分区同时着火的概率较小,疏散不满足规范要求的防火分区,可设置开向相邻防火分区或邻近室内步行街的甲级防火门作为辅助安全出口。但是这种方法对借用疏散的两个防火分区之间的防火分隔措施要求较高,分隔措施一旦破坏,会造成火势快速蔓延,假设就不再成立。

(4) 电气设备老化、消防设施设备未保持完好有效。引起商场市场火灾的各类因素中,电气故障占较大比重,而在火灾发生后消防设施设备设置不符合要求或存在故障又给火灾快速蔓延提供了有利条件。

① 电气线路消防隐患主要表现为:电气线路老化,用电混乱,商户新增的电气线路或电气设备质量无法保证,线路敷设或设备安装等施工不规范,甚至直接在可燃材料上安装开关、灯具或插座;商场市场对商铺用电情况不监管,导致后期使用中用电设备负荷大增,超过原线路、配电箱的供电负荷;电气防火措施不落实,短路、过负荷、浪涌等保护装置未按规范要求设置;等等。

② 消防水系统主要问题表现为:消防水泵、喷淋消防泵无法自动启动,部分商场市场市政进水管仅一路供水或枝状供水,管径小,湿式报警阀组接线未按规范要求设置联动。

③ 火灾自动报警系统主要问题表现为:火灾报警控制器或联动控制器停用、故障或未保持完好有效,点型感烟或温感探测器覆盖不全、存在探测盲区。

④ 防烟与排烟设施主要问题表现为:自然排烟窗面积不足、可开启外窗被遮挡、排烟阀被遮挡、无法正常开启正压送风系统或机械排烟系统、联动逻辑关系混乱。

⑤ 消防疏散设施主要问题表现为:商铺装修遮掩、损坏疏散指示标志或消防应急照明灯具,疏散指示标志灯和消防应急照明灯具的维护保养不力,导致无法正常使用。

(5) 商场市场开发使用布局不合理,经营、储存混合,占道经营。以七浦路服饰商业街区为例,仅上海联富服装市场在3—4层附设跃层仓库,其他市场均无一定比例的配建仓库,周边无相应的物流及停车场地配套。商场市场设计时未考虑实际商铺使用和运行情况,导致小商铺“店、库合用”,不符合消防技术标准要求,加上部分小商铺业主只顾经济效益,防火意识淡薄,容易形成重大火灾隐患。

① 占道经营普遍。因摊位较小,大部分商铺为增大营业面积占道经营,导致疏散困难。例如,某小商品市场客流量很大,一层摊位面积多数在5 m^2左右,通道的宽度仅为1.5 m,摊主在经营中习惯将货物堆在过道中,导致原有通道变窄,影响疏散。

② 可燃物多。商场市场经营范围广泛,所售商品及其包装以可燃物居多,部分经营者为囤积更多货物,除搭建货架外,还在商铺后面或上方分隔出空间作为“小仓库”,形成“前店后库”“以库代摊”的现象。一旦发生火灾,火势极易蔓延,并产生令人窒息的有毒烟气。

③ 易燃易爆品管控混乱。部分商场市场中易燃易爆品的种类繁多,如建材类市场中的油漆、稀释剂,小商品类市场中的指甲油、摩丝和小包装的丁烷气体(打火机用)等。这些商场市场内商品流动性大,存量不定,难以控制,火灾风险极高。例如,云南省昆明市“3·4”东盟联丰农产品商贸中心火灾就是因为违规使用、存储酒精引发酒精爆燃,最终导致12死10伤的惨剧。

4. 商场市场火灾防控主要措施

1）技术类防控措施

（1）严控擅自变更使用功能的行为。鉴于《建筑设计防火规范》（GB 50016—2014）（2018年版）中对商业营业厅与歌舞娱乐游艺放映场所、儿童活动场所、电影院等特殊功能场所的防火分区划分、人数计算、防火分隔措施及独立疏散楼梯设置的要求均有不同，如果将原商业营业厅改为上述场所，将出现建筑原有防火设计不满足改变使用性质后的场所的消防设计需求。因此，要严格控制对各功能区使用性质的改变，改变使用功能前要充分考虑原消防设施设备、安全疏散是否符合现有使用功能的要求等。特别是新改作娱乐场所、儿童游乐厅、多功能厅等有特殊楼层限制的，以及经专家评审并投入使用的超大型商场市场，要逐条梳理其特殊消防设计及相关针对性技术措施。[25]

（2）抓好建筑防火源头管控。

① 商场市场建筑的防火间距、消防车道、灭火救援场地、灭火救援登高面、灭火救援窗等应严格按照规范设计及施工，实际使用中不得遮挡、占用。

② 商场市场的耐火等级应不低于二级；吊顶和其他装饰材料不准使用可燃材料；对原有建筑中可燃的木结构和耐火极限低的钢架结构，必须采取措施提高其耐火等级；商场市场内的货架和柜台应采用金属框架和玻璃板组合制成。

③ 商场市场消防用电负荷根据其规模为一级或二级负荷；消防用电设备的供电线路应采用二路电源放射式供电，两路电缆在桥架内敷设时，应分设在不同桥架或在桥架内设防火隔离板；配电线路及用电设备的敷设、安装、调试等均应符合规范要求。

④ 按照规范要求划分防火分区、防烟分区。对于电梯间、楼梯间、自动扶梯等贯通上、下楼层的空洞，应安装防火门或防火卷帘进行分隔；对于管道井、电缆井等，其每层检查口应安装丙级防火门且每隔2～3层楼板处用相当于楼板耐火极限的非燃材料进行分隔。

⑤ 商场市场要确保足够数量的安全出口，并多方位地均匀设置，保证人员通行和安全疏散通道面积。

⑥ 商场市场消防设施设备（包括火灾自动报警系统，室内外消火栓系统，自动喷水灭火系统，防排烟系统，火灾应急照明、应急广播、灯光疏散指示标志，防火门、防火卷帘等防火分隔系统）应按照国家有关规范设置并保持完好有效。

2）管理类防控措施

（1）落实日常消防安全管理责任。按照《消防法》规定，商场市场要认真落实“党政同责、行业监管、单位主责、齐抓共管”的消防安全责任制。商场市场应以正式文件形式，确定消防安全责任人、消防安全管理人，设置或者确定消防工作归口管理部门，明确各级、各部门、各岗位的消防安全职责、消防安全负责人；同时，应建立消防安全管理体系，明确各店铺、各业态场所消防安全管理要求以及奖惩管理办法。商场市场的产权及使用单位应结合本单位消防安全实际，建立、落实各项消防安全制度和保障消防安全的工作规程，并公布实施；建立特殊消防设计管理制度，并按照专家意见落实针对性技术防范和加强性消防管理措施；商场市场的商管、物业及工程部门应建立消防安全联动管理机制，招商招租应考虑商场市场消防安全特殊要求，并建立相应的消防安全准入机制。此外，应加强防火巡查和检查，并应将特殊消防设计及加强性消防管理措施作为防火巡查、检查的重点内容；聘请符合从业条件的单位对商场市场进行消防安全评估，对消防设施进行维护保养，鼓励聘用注册消防工程师，加强单位消防安全管理的技术保障力量。

(2) 落实重点管控措施。严格落实防火分隔措施，商场市场内影院、KTV等娱乐场所与其他区域应有完整的防火分隔并应设有独立的安全出口和疏散楼梯。餐饮场所食品加工区的明火部位应靠外墙设置，并应与其他部位进行防火分隔。有顶棚的步行街、中庭应仅供人员通行，严禁设置店铺摊位、游乐设施及堆放可燃物，灭火救援窗严禁被遮挡，标识应明显。餐饮场所使用可燃气体作燃料时，可燃气体燃料必须采用管道供气，其排油烟罩及烹饪部位应设置能联动自动切断燃料输送管道的自动灭火装置。建筑内的敞开式食品加工区必须采用电加热设施，严禁在用餐场所使用明火，厨房的油烟管道应当定期进行清洗。[28] 建筑内各经营主体营业时间不一致时，应采取确保各场所人员安全疏散的措施。具有电气火灾危险的场所应设置电气火灾监控系统。积极探索将物联网技术引入商场市场消防安全管理，强化对消防设施和单位人员的动态监管。

(3) 加强用火用电管理。商场市场用火、用油、用电、用气设备部位多，建筑采用的新技术和新材料多，要加强对设施设备和重点部位的检查、巡查，明确可燃、易燃装修材料管理，要将消防设施维护保养委托给具有资质的社会消防技术服务机构实施，严格控制各功能区使用功能的变更。加强日常用火用电管理，严禁非技术人员在营业时间进行违章动火操作施工，商场市场内电气线路和设备的安装、修理必须符合安全用电的防火要求，由专业人员操作，严禁乱拉乱接临时电气线路。商场市场内的餐饮场所必须配置灶具自动灭火装置，并定期对油烟管道进行清洗。

3) 火灾应急处置措施

(1) 完善预案编制。商场市场应在全面分析火灾危险性、危险因素、可能发生的火灾类型及危害程度的基础上，制定灭火和应急疏散总预案、分预案和专项预案，并将预案以正式文本的形式发放给每一名员工，对员工进行相关培训、演练。其中，总预案应明确应急机构人员组成及工作职责，明确火灾现场通信联络、灭火、疏散、救护、保卫等任务的责任部门、责任人和职责，明确火警处置、应急疏散组织、扑救初起火灾的程序和措施；分预案及专项预案应针对营业和非营业等不同时间段，明确各防火分区或楼层区域的志愿消防员、疏散引导员，能够快速响应扑救初起火灾、组织人员疏散。有条件的单位应用BIM、大数据、移动通信等信息技术，制订数字化预案及应急处置辅助信息系统，提高扑救初起火灾的能力。同时，应在公共区域开展消防安全宣传，重点提示该场所火灾危险性、安全疏散路线、灭火器材位置和使用方法；确认发生火灾后，应提示、引导人员快速疏散；应组织单位员工在入职、转岗等时间节点参加消防知识培训，掌握场所火灾危险性，会报火警、会扑救初起火灾、会组织逃生和自救。

（2）提高应急处置能力。从单位层面来说，应当以安保部门人员为主、以相关部门人员为辅组建微型消防站，发挥专业部门的专业优势，提升微型消防站的工作能力。美国、德国、英国、日本、新加坡等发达国家对志愿消防队建设极为重视，形成了较为严密完善的组织指挥体系。以德国为例，全国有消防员 110 余万人，其中志愿消防员 98.6 万人，约占总量的 90%，队员平时各有各的职业，按照常住地、工作地就近编组，一旦发生火灾，接到指令后迅速赶赴火场参加扑救。[29]这就需要政府相关部门制定出台相关政策，加快完善微型消防站组织管理体制、运行服务模式、风险防范和权益保障机制，提供保证和维持志愿消防服务的必要条件，维护微型消防站及其人员的合法权益，大力引导社会公众参与微型消防站工作。微型消防站应落实岗位职责、值守联动、管理训练制度，明确单位内部的人员分工组成，建立健全档案台账；加强灭火力量编成、组织指挥，开展针对性的模拟训练、实地拉动和实战演练；统筹、整合各类资源，有效落实突发事件应急处置过程中的人员疏散、安置等保障工作，做到消防安全巡查队、消防知识宣传队和灭火救援先遣队“三队合一”。同时，要将微型消防站的器材维保、日常运作等纳入物业管理单位的年度预算，建立专项经费并充分调动队员的工作积极性、主动性和创造性，共同推进微型消防站建设，确保其高效运作。

5.1.7 老旧居民小区

随着时代的变迁，上海市作为国际大都市，城市面貌日新月异，各类新式建筑、摩天大楼拔地而起，黄浦江两岸灯光璀璨、高楼林立。但是，上海市仍然存在着一定量的老式建筑，且主要集中在中心城区。这些建筑不但包括豫园、城隍庙、静安寺等古建筑，还包括很多以棚户、简屋为代表的老旧居民住宅楼，如黄浦区大部分街道，虹口区提篮桥、四川北路等街道，静安区南京西路等区域的老旧居民小区。这些老旧居民小区人口密度高、建筑结构差、布局混乱、消防基础设施缺失，火灾风险高，一旦成灾易形成火烧连营之势（图 5-21—图 5-23）。近年来，随着城建规划和旧区改造力度的加强，相当多的危房、简易房已被拆

图 5-21　上海市某老旧居民小区航拍

除，但还有大片老旧居民住宅楼由于种种原因无法列入动迁、拆除或改造范围。

图 5-22　某老旧居民小区内部情况

图 5-23　某老旧居民小区火灾现场

1. 老旧居民小区概述

建设部曾将旧住宅区定义为房屋年久失修、配套设施缺损、环境脏乱差的住宅区。“十二五”期间，北京市政府将老旧小区改造工程的对象定为 1990 年之前建成的住宅建筑。《上海市旧住房综合改造管理办法》明确旧住房指城市规划予以保留、建筑结构较好、但建筑标准较低的住房。根据《上海市房屋建筑类型分类表》，20 世纪 90 年代初，上海市把居住用房屋分成六类：公寓、花园住宅、职工住宅、新式里弄、旧式里弄和简屋。二级旧里是旧式里弄中的一种。一般来说，连接式或石库门砖木结构住宅，建筑样式陈旧，设备简陋，屋外空地狭窄，一般无卫生设备，被称为一级旧里；普通零星的平房、楼房以及结构较好的老宅基房屋为二级旧里。本书所研判的老旧居民小区主要以旧式里弄和简屋为主。

2017 年，全国居(村)民住宅发生火灾 12.5 万起，约占火灾总数的 44.3%；造成 1 071 人死亡，占全国亡人总数的 77.1%。2016 年，全国住宅火灾造成 1 269 人死亡，直接财产损失为 7.5 亿元，占全部火灾损失的 20.1%。[30]

2. 上海市上南路 800 弄上钢二村火灾

1）火灾经过

2013 年 12 月 8 日凌晨，浦东新区上南路 800 弄上钢二村 17—18 号居民楼发生火灾(图 5-24)，市应急联动中心接警后先后调派 28 辆消防车、150 余名消防救援人员赶赴现场参与火灾扑救，战斗历时约 2 h。该起火灾造成 9 户居民住房单元不同程度受灾，火场过火层数为 3 层、面积约 200 m^2。期间，该楼第三层发生过一次天然气爆燃事故，产生的热浪将两名消防救援人员冲出，导致一名救援人员轻伤。经查，发生火灾的 17—18 号住宅于 1957 年建成投入使用，建成时为一座砖混结构的三层非成套职工住宅(也称老公房)，多家共用厨房、卫生间。1996年为改善职工住房条件，单位对该小区住宅楼进行了成套改造和扩建加层。考虑到原有建筑基础及相关受力构件的承重能力，扩建的第四、五层均采取砖木混合结构，即卧室部位楼板为木格栅楼板、厨房及走道楼板为钢筋混凝土现浇楼板、承重墙及非承重墙均为粉煤灰砌块墙、屋顶承重构件为钢筋混凝土圈梁和木屋架坡屋面。但该楼后期使用中改建情况较严重，为扩大使用面积，各层居民均将阳台（底层天井）与卧室之间的墙体拆除，将阳台（底层天井）封闭改建为卧室使用。火灾从三楼某室通过阳台改建后的窗口向楼上相邻住户进行垂直蔓延，并通过其门口走廊向本层相邻住户进行水平蔓延。火灾损失较为严重的是第五层，这是因为加建后的木结构坡屋顶及阁楼形成的建筑闷顶使火灾在短时间内水平蔓延并蓄热，导致结构损坏。

图5-24　上钢二村火灾现场

2）火灾分析

（1）小区的消防车通道设置不合理。该小区主要出入口无法进出大型消防车，影响了灭火救援进程。

（2）住宅楼入口处的天然气管道未设置截断阀，导致火灾情况下无法关闭管道，燃气泄漏发生爆燃。

（3）住宅第三、四、五层居民擅自将外阳台包覆作为室内使用场所，造成窗间墙高度小于规范允许值，这是火势迅速蔓延的一个重要因素。此外，第五层居民加建的阁楼采用大量可燃构件，与原有坡屋顶结构形成一个完整的建筑闷顶，是造成第五层火灾迅速水平蔓延直至结构穿顶、屋顶部分坍塌的主要原因。

（4）走道内大量搭建的橱柜、随意敷设的电线、堆放的杂物是造成火灾水平蔓延的重要因素。

3. 老旧居民小区火灾风险分析

从老旧居民小区的建筑特性、使用功能、扑救难度和消防安全管理来看，老旧居民小区的火灾高风险点主要集中在以下九个方面。

（1）部分居民业主消防安全意识淡薄。部分居民消防安全意识淡薄是火灾发生的最根本原因。一是老旧居民小区人员复杂，有的是产权人，有的是租客，居民的安全意识参差不齐；二是部分居民缺乏消防安全知识，防、灭火知识和疏散逃生技能匮乏，未参加过消防安全培训和火灾逃生自救演练，家庭主动配备灭火器材的较少；三是火灾危险性认识不足，部分居民在疏散楼梯间堆放杂物、存放自行车，对堵塞通道等可能引发的火灾危害认识不足。[31]

(2) 房屋建筑老化、结构破损。老旧居民楼建造年代久远，建筑结构简陋，耐火等级一般为三、四级。除了外墙为砖墙外，楼梯、楼板多为木结构，再加上阁楼、家具基本上均为可燃物，抗灾能力极低，一旦发生火灾，火势蔓延迅速。老旧居民楼大多年久失修、老化严重；加上破墙开店、随意加层、违章搭建等情况，房屋结构受到了严重损坏，导致老建筑抵御火灾能力差。

(3) 消防车道不畅。外部及内部消防车道不畅是影响老旧居民小区整体消防安全的突出风险。据统计，居民小区火灾扑救中，大部分灭火救援战斗都只能采用小区门口的市政消火栓进行远距离供水，一定程度上增加了灭火救援行动展开的时间。造成这一问题的原因如下：一是老旧居民小区因早期建设没有同步设置相匹配的停车位，致使私家车无处可停，"被迫"占用消防车道；二是业委会、居委会、物业三方未能就缓解停车难问题达成一致，对居民小区管理不力，个别物业在划定停车位时已堵塞消防车道；三是居民小区周边停车场或夜间空闲场地利用率不高，车辆疏导力度不够。

(4) 小区公共消防设施缺少、损坏。公共消防设施的缺损增大了灭火救援的难度。有的老旧居民小区未设置室外消火栓等必要的消防设施；有的虽然设置了但由于缺少日常维护，埋压损坏的居多，遇到紧急情况需要使用时才发现无水可供，严重影响消防灭火救援行动。公共消防设施缺少日常维护的原因在于多数老旧居民小区没有物业公司，管理费用收缴率较低，消防基础设施的管理和维护经费严重匮乏，导致很多消防隐患难以整改。同时，部分老旧居民小区的居民和委员会对消防工作不重视，缺乏维修保养意识，大大降低了扑灭火灾的效率。

(5) 违章搭建、占用通道等现象普遍。由于老旧居民小区内普遍没有储藏室，一些居民在自己家中或是公共部位随意"发挥"，乱搭乱建。有的在楼内搭建阁楼、增设夹层，这些新增部分的建筑构件耐火极限往往较低，加上电气线路多为临时性拉接，往往是起火点；有的居民擅自将外阳台包覆，造成窗间墙失效，易造成火灾情况下火势垂直向上发展；有的在楼道内乱堆乱放杂物，堵塞了消防通道；有的门面商店直接将仓库搭到居民楼门口，破坏了应有的防火间距，一旦发生火灾，极易造成火势蔓延扩散。街道乡镇、居委会、物业在对住宅小区内部分居民通道堆物等违法违规行为的处理过程中缺乏有效制约手段，导致难以有效执法或执法成本过高。

(6) 电气线路故障及用电隐患。电气线路故障及用电隐患是引发老旧居民小区火灾事故的主因之一。老旧居民小区普遍存在电线和空气开关承载容量偏小的问题，随着居民生活水平的普遍提高，家用电器越来越多，居民用电量剧增，但电表容量却无法及时得到相应的调整。老旧居民楼内拉设的电线几十年没有更换，老化严重，加上居民的乱接乱拉、不规范敷设，电表不堪重负，经常发生电线短路或跳闸现象，形成火灾隐患。同时，存在旧电器"超期服役"的现象。为节省开支，部分居民未及时更新、更换旧取暖器、旧彩电、旧电脑、旧洗衣机、旧充电器等旧家电，导致旧家电在超期服役过程中出现带电作业故障而引发火灾。

电动自行车充电引发的火灾对居民消防安全构成严重威胁，其主要原因如下：一是电动自行车质量把关不严，装配的蓄电池和充电器质量不合格；二是电动自行车防盗报警器 24 h 通电，报警器由于不受电源开关控制，一旦损坏，有可能发生短路，逐渐发热并起火引发自燃事故；三是部分老旧居民小区对电动自行车管理不到位，有的居民为了方便，将其停放在疏散通道上充电，使得“生命通道”变为“死亡之路”。

(7) “三合一”现象严重。多数沿街老旧住宅的底层居民存在破墙开店的做法，这在 20 世纪 90 年代非常流行。这些底层住宅的承重外墙被拆除，房屋出租给别人经营，经营人员多为来沪务工人员，在上海市这种“寸土寸金”的地方，多数经营人员会在内部加建阁楼，作为储存货物或人员居住的场所，有的还将一、二层打通，作为经营、住宿和储存场所。一旦发生火灾，极易造成全家伤亡的事故。

(8) 灭火扑救难度大。老旧居民建筑外面是实体墙，内部通过木质楼梯、地板和夹皮墙与阁楼、闷顶相通，发生火灾后，火势迅速向上蔓延，待大火烧穿房顶后才会被发现。[32] 扑救此类火灾比较困难：一是进攻渠道少；二是近战灭火极易造成消防战士受伤；三是由于道路狭窄、交通拥挤，消防车行驶困难，不能以最快的速度赶赴现场。

(9) 消防监督管理工作涉及部门多。老旧居民小区消防工作涉及监管部门较多，但尚未健全行之有效的联合执法机制，导致消防隐患整改和日常消防管理效果不明显，消防隐患重复举报的现象时有发生。老旧居民楼消防整治是一项综合性工作，牵涉面广，主要涉及供电、供水、供气、市政、房管和物业等部门。

4. *老旧居民小区火灾防控主要措施*

(1) 加强消防平面布局规划。

① 区域分隔。鉴于老旧居民小区的火灾安全特殊性，可以将其作为一个独立的大防火分区，与其周边的区域实现空间上的隔离，可采用一些耐火等级高的实物作为实体分隔，如通过道路、景观绿地、高大建筑物或构筑物来切断火势的蔓延。在老旧居民小区外部建道路，用水系、广场、绿地等进行大范围的分隔，使街区消防安全环境与景观道路设计相结合，融实用、美观于一体。

② 防火墙的修复和增减。原本一些老城厢的防火墙就是其防火安全屏障，但随着时间的推移，原有防火墙受到不同程度的破坏。应根据实际情况，通过新修、增补、加厚、加高等方式来修复和增减防火墙。

③ 重点部位的防火分隔。一些老旧居民小区内部有些特殊的重点部位，如公用厨房、仓库、传统作坊等，这些通常是火灾易发点，需做防火分隔处理，防止火灾蔓延至相邻场所。

例如，可以通过政府实事工程，开展集中厨房改造，将零星布置的小厨房集中到某一区域并做好一定的防火分隔。

④ 消防车道。老旧居民小区消防车道的选择应首先考虑利用小区外围的市政道路，尽量减少对内部交通的依赖。针对周边市政道路狭窄的情况，建议政府对老旧居民小区周边的市政道路进行拓宽以打通消防救援通道。对于小区内部消防车道，应推动制定相关重点地区交通管理规划，确定重点地区交通组织、车辆停放管理方案，实行疏堵结合，协调周边区域停车场夜间向居民优惠开放，有效改善消防车道被占用的现象。

(2) 强化消防基础设施建设。

① 确保市政消防水源。由于老旧居民小区市政管网建造年代久远，消火栓压力和数量不足是通病，因此，需对管网进行结构调整，以满足现今的消防用水需求。主要措施如下：一是在区域不受限的情况下，可设立独立消防给水管道系统；二是可将管网改造为环形网络，配合消火栓需要延伸干管。除此之外，周边若有符合消防需求的天然水源，可单独设立消防取水装置，另建一套消防供水体系。

② 完善建筑内部消防设施。尽管目前老旧居民小区集中的城区通过政府实事工程在公共部位安装了简易喷淋系统，但仅限于公共部分。根据调研，目前老城厢地区私房基本未安装简易喷淋系统，但私房出租的比例比较高，多起亡人火灾事故中受灾者为外来租户，因此，有必要加强对出租私房增设火灾报警设备和简易喷淋消防设施的工作要求。同时，针对火灾报警设备误报警无法复原，喷淋系统压力下降或损坏后接报不及时、维修不到位等情况，建议老旧居民小区将独立式火灾报警设备和简易喷淋系统接入区消防设施联网监测系统，以提高预警能力。

③ 设置消防水喉。根据国家规范要求，市政消火栓一般设置在城市道路一侧，但一些老城厢街区内部一般未设置消防给水管网和室外消火栓。因此，当街区纵深较大时建议设置消防水喉，以便快速进行灭火处置，并根据不同的建筑类型合理布局消防水喉。

(3) 完善相应电力设施的改建工作。老旧居民小区电气火灾非常突出，主要是因为街区内部老化的输电线路架设不规范、家庭线路敷设杂乱和人为用电疏忽。一方面，在区域消防供电中，相对普通城市街区更要保证其供电稳定性，故一般采取两路及两路以上供电。老旧居民小区原来都采用空中架设输电线路的方法，这样既危险，又破坏了区域的整体风貌，建议通过整体地下铺设来解决这个问题。可以与其他市政管线的建设相结合，采用共埋管沟的方法一起铺设。条件确实不允许地下铺设的部分，可采用穿管保护等措施。另一方面，针对家庭内部用电，建议执行强制安装漏电保护开关、断路器等保护装置的政策，确保电气安全。在电气隐患严重的区域，建议安装电力监测和灭弧设备，防止短路火灾、过负荷火灾、接触不良性电弧火灾的发生。

(4) 设置电动车集中充电装置。针对电动车违规充电事故频发的形势，建议社区居委会委托专业的服务机构，在本辖区开展老旧居民小区违章搭建拆除行动，选取电动车集中充电装置的合理布点，在充电站桩内部设置变压器，保证充电时电池电路输出的安全、可靠，并设定专人专管。

(5) 提升灭火救援能力建设。

① 配置特殊消防车辆、器材。应根据老旧居民小区的内部通道特点，加强配置反应灵敏、机动性强、能有效控制一般性初起火灾的小型消防车(如消防摩托车)。对于历史街区而言，消防救援队伍的专业化也是必需的，消防队员不仅要知晓常规消防知识，对老旧建筑、环境也需了解。消防器材的选配应该避免对建筑的破坏，减少火灾扑救后残留水渍对建筑的影响，可以配备细水雾灭火器、高压脉冲水枪等。

② 加强社区微型消防站建设。老旧居民小区灭火救援工作要"打快、打早、打小"，在消防人员到达现场之前有效地控制火势尤为重要。因此，微型消防站起到了关键性作用。一是要建立多元化的消防业务培训制度，组织微型消防站队员熟悉消防设施器材、安全疏散路线和建筑场所火灾危险性、火灾蔓延途径，定期开展灭火救援技能训练和消防演练，掌握常见火灾特点和扑救技战术措施；二是要加强微型消防站的联动工作，应将所有建成的微型消防站统一纳入属地消防支队指挥中心力量调派范围，充分发挥微型消防站的"距离优势"和"地缘优势"；三是要防火巡查、火灾扑救和消防宣传一体化，微型消防站要做到消防安全巡查队、灭火救援先遣队和消防知识宣传队"三队合一"。[33]

(6) 创新多元参与的群众自治机制。

① 提升居委会的自治能力。建议各区、街道乡镇进一步发挥居(村)委会在社区自治管理中的牵头作用，探索建立业委会、居委会人员双向兼职机制，在业委会难以组建的老旧居民小区，可试行由居委会代行业委会职责，确保老旧居民小区消防安全有人管理，确保居民防火公约能够落到实处。

② 提升自我管理意识。积极引导业主大会、业委会修订本住宅小区消防管理公约和议事规则，通过制定消防安全共同约定，明确违规违约行为的处置方式和相应责任，特别是针对群租、违规占用消防车道、楼道乱堆杂物、私拉乱接电气线路、电动自行车违规停放充电等，可由业主大会授权业委会或物业采取代为履行、代为改正的措施，或者采取停水、停电等临时性措施，防止违规行为的不良影响进一步扩大。

③ 建立居住领域消防安全信用管理制度。建立公民居住领域消防安全信用管理制度，将私拉乱接电气线路、长期在疏散通道堆放物品、长期违规停车占用消防车道等行为纳入个人征信体系。[34]

(7) 强化消防安全教育。开展社区防火宣传教育、提高居民的消防意识是发展消防事业的一项基础工作，也是预防和减少老式民宅火灾发生的前提和主要手段。应建立符合上海市特色的公共消防设施体验网络，最大限度地满足市民群众“就近体验、贴近实际”的消防安全服务需求。

① 建设社区消防体验馆。各区应组建公共消防体验设施网络，并定期组织市民参加消防体验馆活动。

② 建立消防公益宣传联播网。通过消防公益宣传终端（电子视频、LED屏），在居民社区、住宅楼宇、居民电梯内滚动播放消防安全公益广告、发布消防安全提示，提升市民群众消防安全意识，使“自己居住的地方应由自己来保护”的自治理念深入人心。

③ 实化运作火灾隐患举报。通过实化运作火灾隐患举报投诉中心，加大举报奖励力度，鼓励市民群众举报身边火灾隐患。深入开展热心消防公益事业评选表彰活动，对主动服务消防公益事业、积极报告火警和扑救火灾做出显著成绩和贡献的集体、市民予以表彰。

④ 推动宣传立法。督促各区政府、各街镇完成小区消防宣传硬任务，并厘清和督促宣传、民政部门履行小区消防宣传职责。

5.1.8 大跨度物流仓库

大跨度空间结构的运用是一个国家建筑科技水平的重要体现，大跨度空间结构也是目前发展和推广较快的建筑结构类型。然而，大跨度建筑暂无明确的法定界定标准，目前建筑界通常将钢结构跨度超过 60 m、混凝土结构跨度超过 30 m、框架结构跨度超过 18 m 的各类建筑统称为大跨度建筑(图 5-25)。大跨度空间结构在公共建筑中主要用于影剧院、体育场馆、展览馆、会堂、航空港等建筑类型，在工业建筑中则主要用于厂房、仓(冷)库、堆场等建筑类型，本小节主要对大跨度物流仓(冷)库做详细剖析。

图 5-25 大跨度建筑内景

(资料来源：https://new.qq.com/omn/20200630/20200630A0A9YT00.html?pc)

1. 大跨度物流仓库概述

据不完全统计，目前上海市有各类物流仓库300余个，主要分布在浦东新区、闵行区、普陀区、嘉定区、松江区、青浦区、奉贤区和金山区等交通便捷的区域，已基本形成以五大重点物流园区（上海洋山深水港物流园区、上海外高桥保税物流园区、上海浦东空港物流园区、上海西北综合物流园区、上海西南综合现代物流园区）和四个重点制造业专业物流基地（上海国际汽车城、上海化学工业区、临港装备制造业基地、上海钢铁及冶金产品物流基地）为主的城市物流带。按层数分，单层物流仓库约190个，地上两层的物流仓库约40个，地上3层及以上的物流仓库约70个；按建筑面积分，2万 m^2 以上的物流仓库约70个，1万～2万 m^2 的物流仓库约80个，1万 m^2 以下的物流仓库约150个；按屋架结构分，钢屋架的物流仓库约200个，非钢屋架的物流仓库约100个；按管理形式分，物流仓库未进行分隔，由1家企业独立使用的约100个，物流仓库分隔后出租给两家及以上物流企业租赁使用的约200个。

近年来，上海市仓储场所火灾事故频发，多起火灾事故造成重大财产损失甚至人员伤亡。2010—2019年，上海市共发生仓储场所火灾约1 500起，伤亡约30人，直接财产损失约为4亿元，其中较大火灾5起，死亡3人，直接财产损失约为1.6亿元。从火灾原因看，电气火灾约700起，占比约为47%；生产作业不当引发火灾约220起，占比约为15%；用火不慎引发火灾约80起，占比约为5%；吸烟引发火灾约50起，占比约为3%。

2. 典型大跨度物流仓库火灾案例

1）上海益嘉物流有限公司物流仓库火灾

（1）火灾经过。

2015年3月17日4时许，位于上海市浦东新区的上海益嘉物流有限公司物流仓库电缆桥架内的电气线路发生故障，引燃周边可燃物并扩大成灾，火灾造成直接财产损失约5 000万元。该物流仓库主要存放食用油、米、面粉等。1号、2号物流仓库为单层彩钢板钢结构建筑。1号物流仓库南北长173.56 m，东西宽50 m，高7.85 m，建筑面积为8 678 m^2。2号物流仓库南北长83.28 m，东西宽55.98 m，高7.85 m，建筑面积为4 662 m^2。1号、2号物流仓库之间搭建雨棚供车辆装卸货物及临时堆放货品使用。[35]

（2）火灾分析。

① 物流仓库内实际存放物品的火灾危险等级超过该物流仓库原设计等级，火灾荷载超出消防设施保护能力。1号、2号物流仓库为大跨度钢结构丁类仓库，墙体为岩棉彩钢板。物流仓库内堆放的食用油、米、面粉等可燃物品为丙类物品，燃烧热值高、火灾荷载大，食用油等可燃液体燃烧形成大面积流淌火，火势迅速蔓延成灾，并致物流仓库顶棚发生坍塌。

② 1号、2号物流仓库之间违规搭建雨棚占用防火间距，并在通道一侧堆放货物。1号

物流仓库的辐射热伴随着热对流和飞火，在雨棚的“帮助”下，火势迅速从1号物流仓库蔓延至2号物流仓库，从而导致2号物流仓库起火。

③ 物流仓库内电缆桥架安装及电缆敷设均不规范。电缆桥架在安装时未设置金属盖板封闭桥架，发生火情后火势从桥架内蔓延而出，引燃周边可燃物并扩大成灾。仓库内照明用电线路未从配电柜内接入，而是直接从电缆桥架内的电缆线路上分接供电。

④ 外环线周边区域消防基础设施建设较为薄弱。该物流仓库位于浦东新区高东镇东集路，处于外环线周边区域。此区域内市政消防水源建设较为薄弱，周边500 m范围内市政消火栓数量少、管径小、压力低，管网供水能力有限，火灾扑救用水受到一定制约。

2）上海微特派快递有限公司物流冷库火灾

（1）火灾经过。

2020年3月20日21时许，位于上海市青浦区的上海微特派快递有限公司冷库在钢结构改造施工时，违规动用明火作业，引燃冷库内泡沫等易燃物导致火灾，事故造成2人死亡、2人受伤，经济损失约为1 000万元。该物流冷库为钢结构单层厂房改建而成，长168 m，宽36 m，高7 m，占地面积约为6 000 m^2，夹层面积约为4 000 m^2，总面积约为10 000 m^2。

（2）火灾分析。

① 动火施工作业人员无证违规开展电焊作业，施工单位未派人员实施现场管理，未对施工组织中的安全技术措施和专项施工方案进行审查，未在施工前对施工人员进行安全教育，相关动火作业参与人员未按照操作规程实施动火作业。

② 在未取得建设工程施工手续的情况下，擅自多次对该厂房进行施工改造，将其改建为物流冷库，工程完工后未申报建设工程验收，未向有关监管部门报备，存在改变建筑使用性质且不符合安全要求的违法行为。

③ 为充分利用该物流冷库立体空间，实现经济效益最大化，在物流冷库内违规扩大仓储面积，加设约4 000 m^2夹层，将原约6 000 m^2的建筑面积扩大为约10 000 m^2，同时也相应增大了火灾荷载，消防设施保护作用范围存在盲区，火灾荷载超出原设计用水量的有效作用范围。

④ 厂房改建为物流冷库后，未按实际火灾危险性设置消防设施和器材，导致原建筑消防设施和器材无法满足实际使用要求。冷库内楼板、梁、柱及屋顶承重构件的耐火极限不符合标准要求，加设夹层对建筑结构的稳定性、空间刚度和安全疏散产生不利影响，在一定程度上对火灾中该物流冷库的垮塌产生影响。

3. 大跨度物流仓库火灾风险分析

随着人民群众消费能力的提升，以及人们更加青睐足不出户就能轻松完成购物、商业交易等行为，物流产业迅猛发展，各类大型物流仓库如雨后春笋般涌现，其中由老旧仓库、厂房改建的物流仓库较多，新建物流仓库较少。物流仓库的建筑形态较为特殊，介于厂房与仓库之间，早期国家层面的消防法律法规和技术标准没有专门的章节和条款对其消防要求进行明确规定，使其游离于消防技术规范标准之外，给企业自身管理和消防监督管理带来一定困扰。上海市消防局 2006 年出台的《上海市大型物流仓库消防设计若干规定》作为内部规范性指导意见，已不适应现代化物流仓储产业发展的现实需求，2016 年《物流建筑设计规范》(GB 51157—2016)出台后，形势有所改观。物流产业的发展成为衡量一个国家现代化程度和综合国力的重要标志，但是物流仓库的消防安全管理水平与物流产业的迅速发展还不匹配，出现了消防安全管理的盲区和空白，物流仓储场所一旦发生火灾，财产损失和人员伤亡往往极大，对社会各方面影响巨大。[36]

1) 大跨度物流仓库火灾风险

(1) 行业特性变化快，动态储物风险高。物流仓库电气线路和电气设备多，其特有的计量、分拣、打码等功能区以及叉车充电间等与仓储区未进行有效防火分隔，甚至直接设在库内，加之货物在库内移动转送快，人员进出频次高，人员、设备以及货物安全管控难。据调研，上海市物流仓库计量、分拣、打码等操作区未与仓储区采取有效防火分隔的占 92%以上。[37]目前，国内针对物流仓储行业管理的整体性、系统性研究还不够深入，管理理念仍然停留于传统仓库管理之上。上海市物流仓储行业受国际政策、市场波动影响明显，季节性积货现象较为突出。经调研，上海市 30%的物流仓库一年中有两个月左右的时间有季节性积货现象，物流仓储企业出于成本控制，均不会短期租赁物流仓库储存临时积压货物，而是想尽办法将货物堆积在现有物流仓库中的通道或搭建的雨棚等位置，导致物流仓储企业占用疏散通道、消防车道、防火间距等违规违法现象。此外，有单个物流仓库被分隔成多区域出租的现象，如临港地区某物流园区建筑面积逾 50 万 m^2，被 20 余家物流公司共同租赁。

(2) 建筑耐火等级低，灭火救援处置难。物流仓库采用钢结构的优势主要是建设周期短，单层建筑的内部空间最高可以做到 30 m，比混凝土结构建设成本低至少 30%，钢结构建筑形式无须设置承重柱，空间利用率比其他建筑结构形式高很多；缺点是钢结构使用寿命为 15 年左右，相对其他建筑结构形式寿命较短，钢结构建筑耐火等级低、单体跨度大，发生火灾容易造成大面积燃烧和坍塌，且扑救困难。现代物流仓库多采用托盘式、贯通式、阁楼式等立体货架或钢结构阁楼平台，不利于灭火处置，容易形成立体燃烧。早期由老式厂房或闲置仓库改建成的物流仓库，未同步建设消防设施，火灾设防等级低，先天性消防隐患突出。

(3) 消防设施老化快，缺乏电气线路监测。物流仓库建筑结构高、空间大，尤其是一些低温、危险品等专业物流仓库，要求安装特殊的消防设施、电气设备。老旧物流仓库内各种电气线路、设备较多，线路敷设复杂，年久老化，没有专业检测机构和实时监控设备，企业巡查人员的日常检查只能停留在明显故障排除和外观检查层面，加之物流仓库内鼠虫常见，潜在隐患较大。部分物流仓库由老式厂房或闲置仓库改建，防火标准低，存在消防设施缺损、电缆桥架铺设和电气线路敷设不规范且严重老化的先天性隐患。据不完全统计，上海市采用钢结构作屋顶的物流仓库中，43%的物流仓库未设置自动喷水灭火系统，47%的物流仓库未设置火灾自动报警系统。

(4) 火灾扑救难度大，疏散困难易坍塌。物流仓库火灾燃烧猛烈，易形成立体火势，特别是物流冷库四壁垂直贯通，有烟囱式的空心夹墙，保温层中有沥青、油毡，库内有软木、纤维板、稻壳和塑料等，一旦起火，纵、横方向的蔓延速度都很快。物流冷库保温层起火阴燃时间较长，阴燃火焰在夹墙内，从外部不易发现，燃烧隐蔽，具有烟雾大、温度高、毒害气体多等特点。物流冷库起火后，空气不足，保温材料燃烧不充分，一氧化碳含量较高，着火后会释放有毒有害气体；使用氨制冷剂的物流冷库，若氨气泄漏，在空气中的浓度达到 15.7%～27.4%时，遇火源还会有爆炸危险。[38]

2) 大跨度物流仓库常见火灾隐患

(1) 厂房改变建筑使用性质后作为物流仓库使用，无合法手续。厂房租金低、空间大，经济效益因素促使厂房被租用改建为物流仓库使用。因存在改变建筑使用性质的行为，施工和验收手续无法通过审查，故铤而走险，私自施工，不办理建设工程手续。

(2) 物流仓库发生季节性积货时，超容量货品违规存放在疏散通道和防火间距等空间部位。例如，对外贸易物流企业受国内节日促销囤货、国外节日放假、港口罢工等因素影响，会出现不同程度的货物积压现象。物流企业在物流仓库内搭建棚，违规扩大仓储面积，占用防火间距，一旦发生火灾事故，搭建的棚将会影响人员疏散逃生、消防车救援以及仓库排烟排热，并助推火势在棚连接的物流仓库间蔓延。

(3) 为充分利用空间并实现经济效益最大化，物流仓库违规设置夹层的现象较为普遍。物流仓库层高普遍不低于 8 m，为设置夹层创造了条件，但设置夹层会导致防火分区面积、人员疏散距离、消防设施和器材配置等方面不符合国家规范标准。

(4) 物流仓库中电气问题引起的火灾占据总火灾起数的一半，主要存在的问题如下：电缆桥架铺设和电气线路敷设不规范，私搭私接线路违规用电，照明设备的选型及其与可燃物的距离不符合国家标准要求，电气设备老化及大功率电器使用不当。

(5) 物流仓库中违规生产作业引起的火灾占据火灾总起数的 15%，特别是违规动火作业行为要引起高度重视。目前，仍有个别单位使用无焊工证的人员进行动火作业，未采取清理动火点周边可燃物、设置接火盘、配置灭火器和监护人员等保护措施，实施动火作业时，易导致火灾事故发生。

(6) 老旧物流仓库在翻新、改建、加固过程中，未相应提升消防设施防火等级。上海市部分建于20世纪80年代甚至房龄更久的仓库目前仍在被使用，此类物流仓库自身原始条件差、建筑耐火等级和消防设施设防标准低，消防设施和器材不符合现行国家规范标准要求，消防车道不畅通，后期改建忽视消防投入，无法满足现行消防技术规范要求。

(7) 雷电灾害引发物流仓库火灾虽属小概率事件，但全国范围内每年依然会发生，不可忽视防雷工作。雷的热效应、机械效应、电效应、静电效应、电磁效应、雷电波侵入等均可引起电气线路和电气设备的绝缘层被击穿而造成短路，导致周边可燃物起火燃烧并扩大成灾。

(8) 物流仓库特有功能区缺少防火分隔或防火分隔不规范。物流仓库特有的计量、分拣、打码等操作区未与仓储区进行有效防火分隔，叉车充电间毗邻库区设置时未做防火分隔。

4. 大跨度物流仓库火灾防控主要措施

(1) 完善园区规划，优化产业布局。统筹优化调整物流仓储园区规划布局，逐步淘汰小、散、远、老的物流仓库，重点发展区域化、规模化的物流仓储园区，促进物流行业集聚提升，支持和推动物流园区做大做强，以此加快物流集聚，形成产业规模，发挥集聚效应，提高物流综合服务能力和消防安全管理水平，同步加强物流园区消防站点、道路、水源、通信等基础设施建设。[39]

(2) 依法办理手续，依规依标施工。物流仓库应严格执行基本建设程序，严禁无证施工。翻新、改建、加固等建设工程应依法依规办理各类手续，竣工验收通过后，应将相关资料报街镇备案，配合网格办等部门的行政监管。施工单位发现建设工程手续不齐全时，应按照《建设工程安全生产管理条例》的要求停止为其施工。

(3) 夯实主体责任，清晰划分权责。明确产权单位和租赁单位相关责任，各司其职做好消防安全工作。当物流仓库实行承包、租赁或委托经营、管理时，产权单位出租给租赁单位的物流仓库应当符合消防安全要求，当事人在订立的合同中依照有关规定明确各方的消防安全责任。两个以上单位管理或者使用的物流仓库，各产权单位、使用单位应当明确各方消防安全责任，并对共用的消防车道、疏散通道、安全出口和其他建筑消防设施确定责任人，实行统一管理。

(4) 细化管理标准，组建志愿队伍。物流企业应制定符合自身实际情况的标准化管理体系，由员工组建义务消防队。物流企业在运营过程中应明确消防安全重点部位、各岗位员工的消防安全责任和义务，定期开展消防安全培训考核；由员工组建的义务消防队实行24 h值班制度，值班人员应熟练掌握应急程序和操作消防控制设备，提高自防自救能力，有效处置初起火情。标准化管理包含但不限于消防安全管理规定、消防设施管理规定、火灾隐患整改管理规定、用火用电用气管理规定、动火作业管理规定、疏散和灭火预案等台账。

(5) 保持防火间距,消除蔓延风险。保持物流仓库的防火间距不被破坏和占用,物流仓库之间的防火间距是保证火灾扑救、人员疏散和降低火灾时热辐射的安全间距,在火灾发生时可以起到阻止火势蔓延、减少火灾损失的作用。物流仓库之间严禁堆放可燃物、搭建棚等连接物、停放无人看管的车辆,始终保证有效防火间距,还应保持消防车道畅通,以免在发生火灾事故时影响灭火救援工作。

(6) 加强设施保养,确保临警有效。物流仓库消防设施、器材配置和管理应符合现行规范要求,并随国家规范标准的修订适时升级。物流仓库应确保消防设施、器材配置合规且完好有效,自动消防设施系统运行正常,处于市政消防水源匮乏地区的物流仓库还应考虑自建消防水池。物流仓库应设置空气采样烟雾报警系统等早期火灾探测系统,这可解决物流仓库内普通感烟火灾探测器报警不及时、探测灵敏度不高等问题。

(7) 利用智能系统,感知实时态势。运用信息化手段检测风险,联动消防控制系统和设施。针对物流仓库普遍存在的消防风险隐患,部署建设消防物联网智慧安全预警管理系统,实现实时、高效的对物流仓库配置的室内外消火栓系统、火灾自动报警系统、自动喷水灭火系统、防排烟系统、电气火灾监控系统等消防重要设施系统和重要节点的动态监管。消防物联网智慧安全预警管理系统需要内嵌智慧用电模块,采集、监控、分析物流仓库内电气设备和线路的电压、电流、剩余电流、线缆温度、计量、功率等数据,可随时通过 PC 端和手机 App 查看各项数据,可远程自动或人工对断路器进行跳闸和合闸。利用消防物联网智慧安全预警管理系统延伸消防感知和预警"触角",通过预警系统抑制火情发生。

(8) 规范风险行为,压实管控策略。物流仓库要做好火源、电源、气源管理,电、气焊等具有火灾危险的动火作业人员必须持证上岗,明确动火作业审批范围、程序、要求等内容,落实现场监护人和防范措施。电缆桥架铺设和电气线路敷设、检修应由具有电工资格的专业人员负责,并应符合消防要求。当必须使用发热器具时,应当固定使用地点,并采取可靠的防火措施,严禁擅自拉接电气线路。货物堆放应符合消防安全规定和技术标准要求,分类分库房进行堆放,进入库房内的燃油型叉车应在尾气排放口处安装防火帽。

(9) 强化预案演练,提升处突能力。按物流仓库消防重点部位类型开展消防演练,物流仓库应当明确存储区、消防控制室、消防水泵房、防排烟机房、变配电间、制冷机房、物流车辆集中停放区等消防安全重点部位,明确每班次、各岗位人员及其报警、疏散、扑救初起火灾的职责,各处消防安全重点部位每年至少演练一次。

5.1.9 "三合一"场所

根据"三合一"场所的使用性质,可将其分为家庭作坊式"三合一"场所、商业类"三合一"场所和餐饮娱乐类"三合一"场所。

1. “三合一”场所概述

改革开放以来，随着个体私营经济的快速发展和市场经济的不断繁荣，我国一些经济较为发达的地区出现了大量将人员住宿与生产、储存、经营等场所混合设置在同一建筑空间内的“三合一”场所。这类场所往往可燃物品多、火灾荷载大、消防设施不足、火灾隐患突出，一旦发生火灾，极易造成人员伤亡。

近些年来，上海市行政执法部门针对“三合一”场所持续开展集中整治专项行动。2015 年，上海市推动 30 处市级督办隐患集中区域、1 057 处规模型“三合一”场所完成综合治理任务，累计搬离、关停、整改达标各类“三合一”场所 2 390 处，推动和配合拆除违法建筑 330.3 万 m^2，清退“三合一”场所违规住宿人员 1.4 万人。2016 年，上海市强力督办 16 处以“三合一”问题为主的隐患集中区域，累计督改火灾隐患 7 420 处，搬离、关停单位 2 859 家，推动和配合拆除违法建筑 1 089.2 万 m^2，清退“三合一”场所违规住宿人员 1 万余人。2017 年，上海市重点排查“三合一”场所违规住人等问题，共排摸整治“三合一”场所近 2 万处，拆除违章建筑 590 万 m^2，清退违规住宿人员 3.5 万人。2017 年 12 月至 2018 年 1 月底，上海市累计排查发现“三合一”场所 1.35 万家，督促整改完毕 8 488 家，清退“三合一”场所违规住宿人员 1.05 万人。[40]

2015 年至 2018 年 1 月，上海市行政执法部门累计搬离、关停及整改各类“三合一”场所 3 万余处，清退违规住宿人员累计近 7 万人。在如此强力的整治下，为何“三合一”场所仍然屡禁不止？究其原因，主要是由于“三合一”场所大多生产方式简单、生产成本低廉，能满足小型商业、生产、居住及储存的经济需求，深受家庭作坊式企业主欢迎。在一些郊区和经济欠发达的区域，“三合一”场所发展快、体量大。虽然每年开展整治行动，清退了大量人员，但是在经济利益的驱使下，仍有大量小型企业和人员对它趋之若鹜；同时，由于缺乏有效的长时间、全覆盖监管手段，“三合一”场所容易反复滋生，整治工作陷入“拉锯战”“游击战”的困难局面，逐渐成为城市消防安全的一个顽疾。

2. 典型“三合一”场所火灾案例

1）上海市虹口区汶水东路 530 号清真精品牛肉面馆火灾

（1）火灾经过。

2017 年 2 月 15 日，位于上海市虹口区汶水东路 530 号的清真精品牛肉面馆发生火灾（图 5-26），事故造成该店老板刘某及两名员工死亡。经当地消防救援机构调查，起火面馆建筑面积为 47.29 m^2，所在建筑为砖混结构的三层临街门面房（局部两层），层高为 3.3 m，总建筑面积为 1 494.71 m^2。该面馆被分隔为南、北两间，北部为用餐区，南部为厨房；厨房建筑面积为20.94 m^2，上部设有木梁阁楼，高约 1.3 m，阁楼分为 4 间（其中 3 间用于住宿，1 间用于敷设油烟管道），在西北角设有 1 个简易木楼梯贯通上下，是典型的“三合一”场所。该起火灾因液化石油气泄漏，遇员工点燃打火机时产生的明火发生爆燃并蔓延扩大而形成。

图 5-26　虹口区清真精品牛肉面馆火灾

（2）火灾分析。

① 擅自搭建阁楼，构件燃烧性能差，人员疏散难。该店建筑面积不到 50 m²，在厨房上方搭建木梁阁楼并分成数间房用于住宿，且以简易木楼梯用于人员上、下，形成“底店上铺”，是典型的“三合一”场所。火灾发生时，高热烟气迅速聚集，人员疏散逃生困难。

② 消防安全管理差，工作人员消防安全素质低。店内液化石油气钢瓶与灶台的连接均采用橡胶软管，且未安装熄火保护装置；液化石油气钢瓶及燃气阀门存在泄漏情况，而面馆经营者及员工未及时发现此情况并进行处置。老板刘某对经营场所缺乏管理，对消防隐患视而不见；员工马某在未察觉液化石油气泄漏的情况下使用打火机点燃燃气灶具引发火灾，严重缺乏对火灾危险性的认识；相关物业管理单位日常管理流于形式，隐患排查不到位，未对面馆存在的火灾隐患及时进行检查督改。

2）上海市宝山区通南路爱玛电动车店铺火灾

（1）火灾经过。

2018 年 8 月 2 日，上海市宝山区通南路 310 号爱玛电动车店铺发生火灾（图 5-27），造成 5 人死亡，过火面积为 50 m²，直接财产损失为 52.491 5 万元。经当地消防救援机构调查，起火店铺属于高层住宅建筑的底层商业网点（一层，店铺面积约为 120 m²），经营者自行搭建高约1.3 m的阁楼用于人员住宿，其余部分用于电动自行车销售和维修，属典型的“三合一”场所。火灾因电动自行车锂离子电池故障燃烧引燃周围可燃物并蔓延而形成。

（2）火灾分析。

① 物品堆放密集，逃生通道被火势封堵。起火店铺仅有一个北侧大门，南侧窗户设有固定的金属栅栏，而起火部位位于店铺西南侧电动自行车锂电池维修、拼装操作间内，上方即为住人的阁楼，且阁楼及楼梯均为木质，火势扩大后瞬间将阁楼楼梯封堵，致使人员无法逃生。

图 5-27　宝山区通南路爱玛电动车店铺火灾

② 火灾荷载大，存放物品发烟量大。店铺操作间内堆放大量锂电池及电动自行车配件，着火后散发浓烟及有毒气体，且燃烧速度快，造成室内人员无法第一时间逃生。

③ 消防安全意识淡薄。商铺虽配置了灭火器，但商铺的业主消防安全意识淡薄，火灾防范、隐患自查自治能力极其不足，忽视搭建阁楼、私拉乱接电线等火灾风险，导致火灾迅速蔓延致人员死亡。

3. “三合一”场所火灾风险分析

1) “三合一”场所火灾风险

(1) 场所使用功能复杂，火灾风险等级较高。“三合一”场所既存在于工业建筑中，也存在于民用建筑中。许多建筑在建造初期用途相对单一，“三合一”场所的入驻使得原建筑使用功能发生改变，由单一功能向多功能场所或建筑转变，建筑原有的消防安全条件无法满足“三合一”场所的安全需求。例如，有些厂房和仓库建造时根据其火灾危险性的不同，依据国家工程建设消防技术标准，对建筑的耐火等级、防火分区、安全疏散、消防设施的设置等都有明确的要求。这些场所改变原有用途作为“三合一”场所使用后，原先的设计标准就需要重新考量。有些早期建造的建筑，耐火等级低、防火间距小、缺少消防设施，本身就存在诸多“痼疾”，无法满足现行的国家工程建设技术规范要求。在一些“三合一”场所较为集中的城中村，隐患长年积存，有违章搭建成片、严重缺乏消防水源与消防设施等问题，而这些地区往往是外来务工人员的聚集地，一旦发生火灾，极易形成火烧连营的态势，造成群死群伤的恶性火灾事故。即使是在耐火等级较高的建筑物内，使用功能增加、各区域之间无防火分隔、疏散设施未进行相应的调整以满足现实需要、采用易燃可燃装修材料、大量使用用电设备和缺乏有效管理等各种不利因素长期累积，给建筑及场所埋下了众多的火灾隐患，导致火灾风险增大。

(2) 违章搭建增加面积，火灾荷载密度增大。有的经营者为了能最大限度地利用空间，在场所内插层扩大使用面积以满足经营需求。为了节约成本，一些场所插层部分的梁、柱等结构构件采用未经防火处理的钢构件，有的甚至使用木材等可燃材料，尤其是木板铺在钢结构上作为楼板的情况较多，这在一定程度上降低了建筑整体的耐火等级。同时，为满足人员日常居住的需要，堆积大量生活用品，使得有限的空间内火灾荷载密度大增，一旦发生火灾，势必导致火势燃烧更加猛烈，人员逃生及火灾扑救的难度也随之增加。

(3) 功能布局无视安全，人员逃生疏散困难。多数“三合一”场所在功能划分时，为方便经营或生产，将生产经营储存等场所设置在建筑的底层或低楼层，而将人员住宿区域设置在上层或较高楼层甚至屋顶，且住宿部分的疏散通道、安全出口设置数量不足、形式不合理，“底店上铺”“前店后铺”的现象较为普遍，场所内通道低矮狭窄、安全出口上锁、采用防盗卷帘代替疏散门等问题屡见不鲜。由于疏散设施设置不合理，发生火灾时人员逃生极易受火势影响，从而导致群死群伤的严重后果。

(4) 防火分隔形同虚设，火势蔓延发展迅速。出于对经营成本的考虑，为方便人员出入，居住场所与生产经营储存场所之间未采用实体墙进行分隔，有的仅仅采用石膏板、木板、玻璃等耐火极限低、防火性能差的材料进行分隔。一旦出现火情，燃烧得不到有效阻隔，极易引燃周边可燃物并向四周蔓延，燃烧过程中产生的大量高温与有毒烟气同时扩散蔓延，火情发展迅速。场所内人员来不及采取有效措施控制火情或逃生，最终导致小火酿成大灾。

(5) 内部消防设施缺损，火灾防控能力减弱。“三合一”场所所在建筑有的年代较为久远，内部消防设施缺损、故障等现象较为普遍。经营者为了节约成本、充分利用空间，遮挡、停用甚至拆除消防设施，或未及时补充、更换、修复缺损及故障的设施，使得建筑的火灾防控能力进一步减弱。一旦发生火灾，不能在第一时间发现并有效控制火情，造成火情处置滞后、无力，极易酿成悲剧。

(6) 电气线路乱拉乱接，超载短路问题凸显。“三合一”场所内电气线路敷设不规范、随意性大，线路明敷时未穿管处理，电线裸露悬挂在外的情况比比皆是。有的长期将电线拉进拉出，或者暴露于室外，电线绝缘层极易磨损和老化，导致线路漏电。此外，除了生产经营过程中使用的用电设备外，建筑内还有大量生活电器，用电超载的现象较为普遍。加之场所空间有限，用电设备散热、防潮措施也难以保证。长此以往，极易造成电气线路超负荷运行、电线发热、接触不良等问题，一旦出现短路、打火等情况，易引燃周边可燃物，引发火灾。

(7) 消防通道占用堵塞，灭火救援难度增大。一些区域型“三合一”场所由于缺乏有效监管，违章搭建临时建筑、露天堆放货品、无序停放车辆等占用防火间距和消防通道的情况较普遍。发生火灾时，消防救援车辆不能正常通行至火灾发生地点开展灭火救援工作，给救援人员侦查处置火情和搜救被困人员带来极大困扰。这些不利因素都极大地阻碍了灭火救援行动的迅速展开，增加了灭火救援工作的难度。

(8) 场所日常管理混乱,不良安全行为频现。当前有很多商品房、商铺建好后以买断产权的形式出售,再由个人出租,导致经营者们有充分的自由使用权,加之物业管理混乱、消防经费投入有限,极易滋生“三合一”场所。此外,场所内从业人员大多消防安全意识淡薄,抽烟、使用液化气钢瓶、违规电焊切割等行为较为普遍。这些消防安全隐患长期积累,增加了发生火灾的概率和引发严重后果的风险。

2) “三合一”场所常见火灾隐患

(1) 建筑防火类隐患。私自改、扩建,导致防火分区面积超过规范要求;使用未达到原建筑耐火等级的构件,致使建筑耐火等级降低或局部降低;违章建筑、露天堆物占用消防车道和防火间距;建筑内住宿与生产、经营、储存等功能区域未进行有效的防火分隔;等等。

(2) 安全疏散类隐患。安全出口设置数量不足,疏散楼梯形式不符合要求;疏散通道宽度不足,疏散距离过长;封闭、占用或堵塞疏散通道、安全出口;火灾时高温有毒烟气聚集,人员不易逃生、不易救援。

(3) 消防设施类隐患。消防设施的配置不符合消防技术规范要求;消防设施停用、故障、损坏、拆除、遮挡、圈占,不能正常使用;场所内未配置必要的手提式灭火器或灭火器的选型与场所可燃物种类不匹配;消防应急照明、疏散指示标志和安全出口标志灯未设置或缺损;等等。

(4) 火灾危险源类隐患。场所内采用易燃可燃材料进行装修,插层或搭建阁楼;电气线路敷设不符合要求,用电器具过多,电线私拉乱接;可燃物数量多且堆放杂乱;生活、生产过程中用电、用火、用气不规范。

(5) 消防安全管理类。部分企业、业主及员工消防责任意识差,没有行之有效的消防安全管理制度并加以落实;人员流动性大,未及时参加消防安全培训,不具备自救逃生、处置初起火灾的能力;日常防火巡查或检查不到位,不能及时发现火灾隐患,整改和消除火灾隐患的能力不足;等等。

4. “三合一”场所火灾防控主要措施

(1) 严格执行国家法律法规和技术标准。

①《消防法》第十九条规定:“生产、储存、经营易燃易爆危险品的场所不得与居住场所设置在同一建筑物内,并应当与居住场所保持安全距离。生产、储存、经营其他物品的场所与居住场所设置在同一建筑物内的,应当符合国家工程建设消防技术标准。”

②《上海市消防条例》第四十二条规定:“生产、储存、经营易燃易爆危险品的场所不得与居住场所设置在同一建筑物内,并应当与居住场所保持安全距离。生产、储存、经营其他物品的场所与居住场所设置在同一建筑物内的,应当符合国家和本市有关消防安全规定。

建筑物的所有人、管理人发现违法设置上述场所的，应当及时劝阻，并向消防救援机构报告。”

③《建筑设计防火规范》(GB 50016—2014)(2018 年版)的第 3.3.5 条和第 3.3.9 条规定，员工宿舍严禁设置在厂房、仓库内。由此可见，在以生产、仓储为主要功能的工业建筑内是严禁设置“三合一”场所的。

④《住宿与生产储存经营合用场所消防安全技术要求》(XF 703—2007)提出了“三合一”场所的限定条件，并规定了合用场所的防火分隔措施、疏散设施、消防设施，以及火源控制等消防安全技术要求。这里需要说明的是，由于该行业标准发布时，国家还未发布建筑防排烟技术标准，对“三合一”场所内防排烟设施的设置未作明确要求。“三合一”场所内防火排烟设计的设置要求可以参考国家标准《建筑防烟排烟系统技术标准》(GB 51251—2017)以及上海市工程建设规范《建筑防排烟系统设计标准》(DG/TJ 08—88—2021)。

(2) 限制规模，降低“三合一”场所火灾危险性。在符合相关国家规范、技术标准要求的前提下，应尽可能控制“三合一”场所所在建筑的体量和住宿规模。严格控制“三合一”场所自身及其所在建筑的性质、高度和建筑面积是降低“三合一”场所火灾危险性的重要手段和前提。严禁擅自加层、插层等改变建筑内部结构、增加建筑面积的行为，从源头上扼制“三合一”场所的产生与畸形发展。

(3) 优化顶层设计，规范场所有序发展。从概述部分的分析可以看出，上海市的“三合一”场所不仅数量多，且分布广，尤其以郊区居多，虽整治力度大，但回潮速度也快。因此，应将“三合一”场所整治工作纳入城镇总体规划中考虑，可划分整治区块，分片落实整改计划及整改时间，形成对“三合一”场所长期有序的监管。例如，政府可通过规划，建设现代企业工业园区，将周边的家庭作坊式小企业纳入园区统一管理，并设置宿舍楼、公寓楼等集中住宿场所，解决人员住宿问题。相关职能部门在建筑的立项、设计、施工许可证发放、验收等方面严格把关，确保住宿与生产经营储存场所严格分开，防止新的“三合一”场所产生。

(4) 加强舆论宣传，提升消防安全意识。积极发动新闻媒体、相关部门以及企事业单位开展宣传教育工作。通过宣传，让业主们知道“三合一”场所一旦发生火灾事故，将对其生命、财产带来严重威胁，并对家庭、社区和社会公共秩序造成危害，使其真正从意识层面认识到“三合一”场所的危害性，从而自觉抵制违规行为，主动配合相关部门积极整改，对消防安全有正确的理解与认知，并在日常的经营活动中有效落实安全措施。

5.1.10　港口码头

港口码头指供船舶停靠、装卸货物和上下游客的水工建筑物；泊位(除浮筒泊位外)指一艘设计标准船型停靠码头所占用的岸线长度或占用的趸船(固定在岸边、码头，以供船舶停靠、装卸货物和上下游客的无动力装置船舶)数目,属于港口码头基础设施。[41]本小节以上海港为主要调查对象,并以2015年天津港"8·12"火灾爆炸事故为例,探讨港口码头的火灾风险防控。

1. 港口码头概述

一座港口码头通常由一个或几个泊位组成,泊位的数量与大小是衡量一座港口码头规模的重要标志。[42]

1) 港口码头及泊位分类

(1) 按用途,港口码头可分为民用码头和军用码头。其中,民用码头又可分为客运码头和货运码头。客运码头又细分为公众码头、渡轮码头、游艇码头和邮轮码头;货运码头又细分为综合性码头和专业性码头,专业性码头包括集装箱码头(图5-28)、危险货物作业码头等。

(2) 按规模,泊位可分为万吨级及以上泊位和万吨级以下泊位。

图5-28 上海市张华浜码头(集装箱码头)
(资料来源:新华社记者陈飞,摄)

2) 上海港泊位基本情况

(1) 2015年情况。据上海市港口管理部门统计,2015年上海港(沿海)实有1 300个泊位,其中万吨级及以上泊位272个,总延长126 939 m;洋山港区有21个泊位,长江口南岸有212个泊位,崇明三岛港区有118个泊位,杭州湾港区有45个泊位,黄浦江浦西段有472个泊位、浦东段有319个泊位,定海港内有34个泊位,高桥港内有8个泊位,另有平台泊位9个、浮筒泊位62个。按生产类型划分,生产用泊位有609个,总延长75 161 m;其中,万吨级及以上泊位174个,5 000~9 999 t级的有62个,1 000~4 999 t级的有216个,千吨以下泊位有 157 个。

(2) 目前情况。截至 2020 年年底，上海港(沿海)有 1 062 个泊位(浮筒泊位 38 个)，总延长 105 814 m，其中万吨级及以上泊位 235 个。洋山港区有 28 个泊位，总延长 8 730 m；长江口南岸有 212 个泊位，总延长 33 777 m；崇明三岛港区有 84 个泊位，总延长 12 674 m；杭州湾港区有 48 个泊位，总延长 8 561 m；黄浦江浦西段有 339 个泊位，总延长 23 659 m；黄浦江浦东段有 272 个泊位，总延长 16 685 m；定海港内有 32 个泊位，总延长 1 216 m；高桥港内有 8 个泊位，总延长 312 m；平台泊位 1 个，总延长 200 m。按生产类型划分，生产用泊位有 560 个，总延长 75 818 m；其中，万吨级及以上泊位 185 个，5 000～9 999 t 级的有 60 个，1 000～4 999 t 级的有 184 个，千吨以下泊位有 131 个。

从上述发展趋势可以看出，虽然上海港码头泊位整体呈萎缩态势，但生产型码头总延长、万吨级及以上生产型泊位数量不降反升，生产安全和消防安全不容忽视。

3) 上海港危险货物作业码头基本情况

(1) 作业码头。上海港共有危险货物作业码头 74 个，其中，洋山港区 4 个、杭州湾港区 3 个、崇明三岛港区 3 个、外高桥港区 12 个、宝山罗泾港区 3 个、黄浦江港区 25 个(黄浦江杨浦大桥至徐浦大桥水域 3 个)、相关支流港汊水域码头 24 个。全市可作业全部种类危险货物的码头共 7 个，分布在外高桥港区和洋山港区；黄浦江杨浦大桥至徐浦大桥水域 3 个作业码头主要经营第 3 类危险货物。

(2) 堆场。上海港共有危险货物堆场 12 个，其中，芦潮港 1 个，为港区配套专业堆场；外高桥港区一至六期 5 个、洋山港区一至四期 4 个、军工路 1 个、逸仙路 1 个，均为码头配套临时堆场。

4) 火灾数据

据统计，2015 年至 2021 年年底，上海市港口码头区域共发生 14 起火灾，均为一般火灾事故，未造成人员伤亡。其中 9 起为停靠于港口码头的船舶火灾(因生产作业或生活用火不慎引发火灾，本节不进行讨论)，2 起为发生在码头范围内的建筑物火灾(1 起发生在危险货物作业码头)。

2. 天津港“8・12”火灾爆炸事故[43]

近年来发生的港口码头火灾事故中，2015 年天津港“8・12”危险品仓库特别重大火灾爆炸事故在社会上造成了很大影响，国务院成立专门调查组进行调查并向社会公开调查结果。

1) 事故基本情况

2015 年 8 月 12 日 22 时 51 分 46 秒，位于天津市滨海新区吉运二道 95 号的瑞海公司危险品仓库运抵区最先起火，23 时 34 分 06 秒发生第一次爆炸，23 时 34 分 37 秒发生第二次更剧烈的爆炸(图 5-29)。事故现场形成 6 处大火点及数十个小火点,8 月 14 日 16 时 40 分,现场明火被扑灭。事故造成包括消防人员、周边企业员工及周边居民等在内的 165 人遇难,8 人失踪,798 人受伤住院治疗(伤情重及较重的伤员 58 人、轻伤员 740 人);304 幢建筑物(包括办公楼宇、厂房及仓库等单位建筑 73 幢,居民一类住宅 91 幢、二类住宅 129 幢、居民公寓 11 幢)、12 428 辆商品汽车、7 533 个集装箱受损。截至 2015 年 12 月 10 日,事故调查组已核定直接经济损失 68.66 亿元。

图 5-29　天津港火灾爆炸事故发生后的废墟

(资料来源:https://m.sohu.com/a/412505156_161795/?pvid=000115_3w_a&_trans_=000014_bdss_dkqgadr&strategyid=00014)

瑞海公司危险品仓库占地面积为 46 226 m^2,其中运抵区面积为 5 838 m^2。事故发生前,危险品仓库内共存危险货物 7 大类、111 种,共计 11 383.79 t,包括硝酸铵 800 t,氰化钠 680.5 t,硝化棉、硝化棉溶液及硝基漆片 229.37 t。其中,运抵区内共储存危险货物 72 种,共计 4 840.42 t,包括硝酸铵 800 t,氰化钠 360 t,硝化棉、硝化棉溶液及硝基漆片 48.17 t。

2) 起火原因

事故最初起火部位为瑞海公司危险品仓库运抵区南侧集装箱区的中部。事故直接原因为运抵区南侧集装箱内硝化棉由于湿润剂散失出现局部干燥,在高温等因素的作用下加速分解放热,积热自燃,引起相邻集装箱内的硝化棉和其他危险化学品长时间大面积燃烧,从而导致堆放于运抵区的硝酸铵等危险化学品发生爆炸。

3) 火灾分析

(1) 事故企业严重违法违规经营。瑞海公司无视安全生产主体责任,置国家法律法规、标准于不顾,长期违法违规经营危险货物,安全管理混乱,安全责任不落实,安全教育培训流于形式,企业负责人、管理人员、操作工、装卸工都不知道运抵区储存的危险货物种类、数量及理化性质,冒险蛮干问题十分突出,特别是违规大量储存硝酸铵等易爆危险品,直接造成此次特别重大火灾爆炸事故的发生。

(2) 有关地方政府安全发展意识不强。瑞海公司长时间违法违规经营,有关政府部门一再违法违规审批、监管失职,最终导致"8·12"事故的发生,造成严重的生命财产损失和恶劣的社会影响。事故暴露出天津市及滨海新区政府贯彻国家安全生产法律法规和有关决策部署不到位,对安全生产工作重视不足、摆位不够,对安全生产领导责任落实不力、抓得不实,存在"重发展、轻安全"的问题,致使重大安全隐患以及政府部门职责失守的问题未能被及时发现、及时整改。

(3) 有关地方和部门违反法定城市规划。天津市政府和滨海新区政府规划意识不强、对违反规划的行为失察。天津市规划、国土资源管理部门和天津港(集团)有限公司严重不负责任、玩忽职守,违法通过瑞海公司危险品仓库和易燃易爆堆场的行政审批,致使瑞海公司与周边居民住宅小区、天津港公安局消防支队办公楼等重要公共建筑物以及高速公路和轻轨车站等交通设施的距离均不满足标准规定的安全距离要求,导致事故伤亡和财产损失扩大。

(4) 有关职能部门有法不依、执法不严,有的人员甚至贪赃枉法。天津市涉及瑞海公司行政许可审批的交通运输等部门不依法履职,甚至与企业相互串通,一些职能部门的负责人和工作人员在各种诱惑面前失职渎职、玩忽职守,甚至存在权钱交易、暗箱操作的腐败行为,为瑞海公司规避法定审批、监管出主意,呼应配合,致使该公司长期违法违规经营。天津市交通运输委员会对瑞海公司的日常监管严重缺失;天津市环保部门把关不严,违规审批瑞海公司危险品仓库;天津港公安局消防支队平时对辖区疏于检查,对其储存货物情况不熟悉、不掌握,没有制定有针对性的消防灭火预案、准备相应的灭火救援装备和物资;海关等部门对港口危险货物尤其是瑞海公司的监管不到位;安全监管部门没有对瑞海公司进行监督检查;天津港物流园区安监站政企不分且未认真履行监管职责,对"眼皮底下"的瑞海公司严重违法行为未发现、未制止。上述有关部门不依法履行职责,致使相关法律法规形同虚设。

(5) 港口管理体制不顺、安全管理不到位。虽然天津港已移交天津市管理,但是天津港公安局及消防支队仍以交通运输部公安局管理为主。同时,天津市交通运输委员会、天津市建设管理委员会、滨海新区规划和国土资源管理局违法将多项行政职能委托天津港(集团)有限公司行使,客观上造成交通运输部、天津市政府以及天津港(集团)有限公司对港区管理职责交叉、责任不明,天津港(集团)有限公司政企不分,安全监管工作同企业经营形成内在关系,难以发挥应有的监管作用。另外,港口海关监管区(运抵区)安全监管职责不明,致使瑞海公司违法违规行为长期得不到有效纠正。

(6) 危险化学品安全监管体制不顺、机制不完善。目前,危险化学品生产、储存、使用、经营、运输和进出口等环节涉及部门多,地区之间、部门之间的相关行政审批、资质管理、行政处罚等未形成完整的监管"链条"。同时,全国缺乏统一的危险化学品信息管理平台,部门之间没有做到互联互通，信息不能共享，不能实时掌握危险化学品的去向和情况，难以实现对危险化学品全时段、全流程、全覆盖的安全监管。

(7) 危险化学品安全管理法律法规标准不健全。国家缺乏统一的针对危险化学品安全管理、环境风险防控的专门法律;《危险化学品安全管理条例》对危险化学品流通、使用等环节要求不明确、不具体，针对物流企业危险化学品安全管理的空白点更多;现行有关法规对危险化学品安全管理违法行为处罚偏轻，违法成本很低，不足以起到惩戒和震慑作用。与欧美发达国家和部分发展中国家相比，我国危险化学品缺乏完备的准入、安全管理、风险评价制度。危险货物大多涉及危险化学品，其安全管理涉及监管环节多、部门多、法规标准多，各部门立法出发点不同，安全要求不一致，造成危险化学品安全监管乏力以及企业安全管理要求模糊不清、标准不一、无所适从的现状。

(8) 危险化学品事故应急处置能力不足。瑞海公司没有开展风险评估和危险源识别评估工作，应急预案流于形式，应急处置力量、装备严重缺乏，不具备初起火灾的扑救能力。天津港公安局消防支队没有针对不同性质的危险化学品准备相应的灭火救援装备和物资，消防队员缺乏专业训练演练，危险化学品事故处置能力不强;天津市公安消防部队也缺乏处置重大危险化学品事故的预案以及相应的装备;天津市政府在应急处置中的信息发布工作一度安排不周、应对不妥。从全国范围来看，专业危险化学品应急救援队伍和装备不足，无法满足处置种类众多、危险特性各异的危险化学品事故的需要。

3. 港口码头火灾风险分析

通过对上述案例的分析可以看出，港口码头的消防安全风险主要集中在危险货物作业码头，其消防安全风险主要体现在以下四个方面。

(1) 危险货物总量大且处置难度高。

① 危险货物占比高。就上海港而言，近年来随着建设上海国际航运中心国家战略的实施以及自贸区、洋山深水港四期建设等一系列措施，上海市已成为集装箱货物吞吐量世界第一、水路运输货物吞吐量世界第二的沿海超大城市。其中，危险货物年均吞吐量约占全市水路货运总量的15%，特别是天津港“8・12”爆炸事故后，天津、大连、广州等港口城市相继对1~7类危险货物采取了限运措施，但上海港并未采取相关限运措施，使得上海市危险货物吞吐量有所增长，并有进一步膨胀的趋势。

② 瞒报谎报率高。据上海海事和海关部门统计，按照2%的比例对全市危险货物进行抽查，查获的夹带、谎报、瞒报或匿报违法行为约占抽查总数的80%。货物装箱后，各港口管理、海事部门除人工开箱抽查核实外，暂无其他技术手段核实此类行为;码头方装卸、储存危险货物时，在不掌握真实情况的条件下，也无法做到准确分类作业、分类堆放、准确处置。

③ 应急处置救援难。危险货物指《国际海运危险货物规则》所列明的 9 大类危险品，共涉及具体品名 2 280 种。不同类别的危险货物化学性质不同，在发生火灾或泄漏等灾害事故时，需要不同的灭火剂或化学抵消试剂，分类精确处置。由于各种原因造成的对所储物品不了解、不掌握，极有可能直接导致处置不当，进而引发更为严重的火灾爆炸等灾害事故。

（2）规划布局和防火条件不能满足安全需要。

① 城市发展带来的港口码头规划布局问题。一些危险货物作业码头原本地处偏远，在城市开发建设中未能及时搬迁；一些港口码头建造年代早，原有建设标准和物防技防标准相对较低；一些港口码头与周边生活设施相邻，甚至紧邻发电厂、粮库、桥梁等重要对象，却仍无迁移规划，成为不安全因素。

② 法律法规标准不完备，消防标准少且单一。虽然国家曾出台《装卸油品码头防火设计规范》(JTJ 238—1999)、《油气化工码头设计防火规范》(JTS 158—2019)，但均是针对油品类危险货物作业码头的消防设计标准，其他种类危险货物作业码头的防火设计只能参照《建筑设计防火规范》(GB 50016—2014)(2018 年版)等标准执行，缺乏专业性和针对性。

③ 不能保障消防设施完好有效。近年来港口码头及泊位数量呈萎缩态势，相当数量的危险货物作业码头企业经营不善、效益不佳甚至处于“半废弃”状态，消防设施维护保养不善。由于危险货物作业码头在经济领域的特殊作用，这些码头并未关停，而是根据生产流通的需要随时可能投入运营。但因这些码头未能持续重视消防设施的维护保养，一旦重新投用，消防设施的完好有效性无法得到保障。

（3）企业主体责任难落实。

① 企业重产值轻安全。从统计数据看，相对于其他生产企业，港口码头火灾爆炸等生产安全重大事故起数较低，许多港口码头特别是危险货物作业码头的经营企业和从业人员侥幸心理随之产生，思想麻痹松懈，一味追求经济利益，置生产安全于不顾。

② 规程标准混乱不一。由于相关法律法规标准有模糊交义、标准不一的缺陷，危险货物作业码头经营企业在制定作业流程和操作规程时，有的根据法律法规制定，有的将企业内部员工多年来的工作经验总结推广，有的根据企业领导主观意志来设定。危险货物作业相关操作流程和管理模式随意性大，容易出现经验主义、更新滞后的问题。

（4）部门监管缺乏行之有效的手段。

① 缺少智能管理运营手段。从上海港来看，目前全市仅上海港城危险品物流有限公司的芦潮港危险货物集装箱堆场建有三维动态管控系统，能够做到危险货物货种、级别、堆放分布、数量、处置办法等动态信息一体化查询和管理，其他危险货物作业码头(堆场)未建立此类运营管理系统，无法实时掌握危险货物的作业、储存信息，更不利于制定适宜的安全措施和应急准备。

② 监管专业知识储备不足。据不完全统计，上海市港口码头相关监管部门中，具有危

险货物专业知识的一线执法人员不足执法人员总数的10%。港口码头相关监管部门一线执法力量缺乏涉及危险货物的专业培训，有的监管人员专业知识甚至不如危险货物从业人员。相关监管部门检查不深不专，往往导致监督点到为止，指点不透不实。

③ 缺少奖惩激励机制。政府层面虽然在多个领域都建立了黑名单机制，但是在危险货物水路运输、作业、装卸、储存等生产领域有工程建设不达标、管理不规范、屡次违法违规的企业及其经营者尚未被纳入黑名单和个人征信系统，特别是对于不属于易燃易爆危险物品的危险货物类违法违规行为，企业受到的惩戒相较于违法收益而言就是“低成本”，缺少激励引导。

4. 港口码头火灾防控主要措施

（1）完善危险货物作业码头布局和建设标准。规划布局方面，既要考虑企业运营成本、运输便利、统一存储等需要，也要按照规定避开重点（核心）水域、人员密集区域、重点部位区域，还要配套建设周边道路、消防、医疗等设施，提高重大事故情况下的疏散和救援能力。工程建设方面，根据地理位置等因素设置工程建设等级标准，预留火灾、爆炸、泄漏等事故安全处置场地，完善应急疏散等引导标识，完善码头和堆场内智能监控系统建设。按照“升级一批、转移一批、关停一批”的原则，对尚未达标的予以升级改造，对已在重点（核心）水域、人员密集区域、重点部位区域的作业码头和堆场进行转移，对不具备达标条件的予以关停。

（2）科学制定危险货物作业规程和流程监管。开展危险货物作业流程专题调研，广泛听取专家、从业人员的意见，研究制定危险货物作业、存储标准作业流程，争取制定出客观统一的基本规程，统一危险货物作业码头装卸、存储等环节的操作流程，规避人员操作不当引发的重大事故。研究建设危险货物作业码头堆场三维动态监管系统。督促相关作业码头、堆场经营企业严格落实危险货物识别评估、登记归档和安全管控、备案工作机制；研究建设危险货物三维动态监管系统，构建危险货物货种、危险级别、堆放分布、数量、处置方法等动态信息一体化查询与管理功能，提升日常安全管理和应急救援辅助决策能力。

（3）严格落实港口码头经营企业消防安全主体责任。从规划建设的源头管控、经营管理的流程管控，明确企业全流程全方位防控责任。强化作业码头消防设施标准化建设，建立健全消防安全组织机构，严格落实日常管理制度，建立完善事故应急预案体系，配足配齐内部消防安全管理力量；加强隐患排查和整改；落实从业人员消防安全教育和培训机制。

（4）全面加强执法监督。一方面，要理顺港口码头和危险货物水路运输监管体系。落实一线执法力量，确保在科学技术研发尚未取得进展的情况下，危险货物人工查验力量得到保障，不发生漏管失控现象；加大抽检执法力量配备，提高现有抽检率，提升被抽检货物谎报、瞒报查验精度。另一方面，要加大处罚力度，增加处罚手段。及时修订港口码头和危险货物管理相关法律法规，对于可能影响公共安全的危险货物管理行业，进一步提高行政处罚额度,依据“过罚相当”原则及社会经济发展水平,通过适当的经济处罚手段来提高违法成本,倒逼作业、装卸单位和管理方重视前期火灾等事故防范和全过程监管,消除侥幸心理。

5.1.11 文物古建筑

我国文物数量繁多,分布广泛,国家文物局正全力推进文物数字化工程,对国内 76.7 万处不可移动文物开展普查工作。在不可移动文物当中,文物古建筑占据了极大部分,隶属于世界文化遗产的地点大多都有文物古建筑。我国文物古建筑指建于 1911 年辛亥革命前,具有历史、艺术、科学价值的建筑物和构筑物,包括宫殿、寺庙、城址、亭阁、祠堂、民居、桥梁、陵墓和街道等。这些文物古建筑是中华民族历史文化瑰宝,有的还是世界文化遗产的重要组成部分,更是不可替代、不可再生的人文资源。要想保护好文物古建筑,消防安全不容小觑,必须本着对历史负责、对人民负责、对后代负责的精神,在社会多方的共同努力下,构筑起一道坚固的防火墙,让文物古建筑所承载的文化和故事继续传承下去。

1. 文物古建筑概述

近年来,国外发生的多起古建筑火灾使人们痛失了大量价值珍贵的文物。2018 年 9 月,巴西国家博物馆发生火灾事故,92.5%文物被毁。在 2019 年 4 月的“法兰西文物之殇”中,拥有 856 年历史且为巴黎最具有代表性的大型哥特式建筑——巴黎圣母院,经历了 14 个小时的大火(图 5-30),其标志性的尖顶被烧断而坍塌。[44] 这一场场大火为文物古建筑的防火工作敲响了警钟。

图 5-30 巴黎圣母院火灾

(资料来源:https://m.sohu.com/a/308439189_729746)

我国历史文化悠久,很多城市都遗留下来不少文物古建筑,它们是中华文明的见证者、承载者、记录者。据文物局统计,山西和江浙地区古建筑最为密集,其中山西有古建筑 421 处,居全国首位。中国现存最古老的木结构建筑都在山西,山西现存元代以前的木结构建筑占全国总量的 87%以上。①

据应急管理部 2019 年公布的数据,2010—2019 年全国发生文物古建筑火灾 392 起,直接财产损失为 2 808.9 万元。从火灾的成因来看,30.2%的火灾为电气原因引起,用火不慎占 19.8%,玩火、吸烟各占 5.3%,放火占 5%,生产作业占 2.9%,自燃占 1.9%,雷击占 0.8%,原因不明确的占8.5%,其他原因占 20.4%。[45] 在这些原因中,既有自燃、雷击等自然因素,也

① 【办好文博会 展示新形象】鲜活讲述山西古建筑的故事,山西省人民政府网站,2019-11-25.

有电气故障、用火不慎等管理因素。

由此可见，国内外古建筑火灾近年来时有发生，所造成的文化、经济损失惨重。分析具体火灾成因可知，自然不可抗因素占比极小，人为因素占比大。我国较大的古建筑火灾如表 5-2 所列。

表 5-2　　我国古建筑火灾事例

地点	火灾发生时间	事故后果
山西省宁武县悬空寺	2002 年 11 月	完全被烧毁
湖北省武当山遇真宫	2003 年 1 月	3 间正殿、2 间厢房被大火完全烧毁
北京市护国寺	2004 年 6 月	西配殿(共 10 处建筑)被烧毁
四川省蜀道剑门关	2006 年 2 月	绝大部分化为灰烬
安徽省汤沟镇老街中段	2011 年 3 月	过火面积达 600 m^2
四川省资中县文庙街	2012 年 5 月	1 人死亡，千年古街被烧毁
云南省丽江古城光义街现文巷	2013 年 3 月	过火面积达 2 243.46 m^2
云南省香格里拉独克宗古城	2014 年 1 月	房屋烧损面积达 59 980.66 m^2
山西省太原市伏龙寺	2014 年 11 月	被烧毁
云南省巍山古城拱辰楼	2015 年 1 月	过火面积约 300 m^2
甘肃省庆阳市兴隆山祖师殿	2015 年 3 月	过火面积约 117 m^2，屋顶全部坍塌
四川省绵竹市九龙寺	2017 年 12 月	被烧毁
四川省绵阳市云岩寺	2019 年 1 月	大殿主体建筑被烧毁
山西省晋中市平遥古城武庙	2019 年 5 月	正殿主体建筑被烧毁
青海省同仁县隆务寺	2019 年 9 月	4 人死亡

图 5-31　拱辰楼火灾前后对比
(资料来源：新华网)

2. 典型文物古建筑火灾案例

1) 云南省巍山古城拱辰楼火灾

(1) 火灾经过。

2015 年 1 月 3 日凌晨，修建于明朝洪武年间的巍山古城拱辰楼起火(图 5-31)，过火面积约 300 m^2，未造成人员伤亡，与拱辰楼相邻的民居未受波及。[46] 相关部门的专家查勘分析后认定该火灾起火点为拱辰楼东南角夹层上方，直接原因为电气线路故障引燃周围可燃物，火势进而蔓延扩大成灾。

(2) 火灾分析。

① 电源线路布局杂乱、私拉乱接。民间乐团在楼内大厅经常性开展表演活动，且保安在楼内居住，存在

多处电气线路直接敷设于木构件上的情形，火灾隐患大。

② 值班人员管理调配不合理。值班人员设置不合理，古城消防大队于8—10时巡逻，当日保安请假，楼内仅一人值守。

③ 经营性质和公益性质概念不清。县文管局和县文体局签订的《文物保护单位使用合同》明确规定了不允许搞经营活动，但确有民间乐团在楼内表演古乐，并设有茶饮餐点，以收费2元的茶馆形式替代了原本古楼设置的门票形式。这种民间团体表演的形式究竟是否属于经营性活动没有相应的明文规定。当地居民反映，在开设茶馆后，登高古楼禁止携带打火机、明火等相应检查也随之取消。古楼的消防安全管理松懈，对明火检查放松警惕。

④ 消防整改未落实、消防管理不到位。2014年1月，消防部门、文管所、文体局的联合安全检查发现拱辰楼大厅顶棚布置有大量布质装饰(属于燃烧性能为 B_3 级的易燃材料)，以及多处电气线路隐患，并提出整改意见。但古城管理人员并未落实整改，相关部门在同年6月检查时发现现场没有整改。

⑤ 未设置火灾自动报警系统。火灾当晚，拱辰楼内值班人员发现及时，报警迅速。这反映出当晚夜班值班人员尽职尽责，若其在凌晨睡去，火灾发现不及时，后果不堪设想。同时，这也表明安装火灾报警探测器、烟雾传感器等技术防控装置的必要性。

2) 云南省香格里拉古建筑群火灾

(1) 火灾经过。

2014年1月11日凌晨，中国保存最好、最大的藏民居群香格里拉独克宗古城发生火灾(图5-32)，大火在风势的影响下蔓延10余个小时，烧毁、拆除房屋面积为59 980.66 m^2，烧损(含拆除)房屋直接财产损失为8 983.93万元(不含室内物品和装饰费用)，古城最繁华地带变成废墟，部分文物及其他佛教文化艺术品也被烧毁。调查表明火灾直接原因为客栈经营者在入睡前未关闭取暖器电源，引燃可燃物。

图5-32 云南省独克宗古城火灾现场
(资料来源：新华网)

(2) 火灾分析。

① 住户消防安全培训不到位。该起火灾原因为取暖设备使用方式不当，古城应加强冬季使用取暖器的消防安全教育，严格管控取暖设备质量，加大防火安全宣传，教授商户、住户室内火灾的灭火方法和逃生技能等。

② 消防水源供给不足、相关人员玩忽职守。火灾扑救15 min后，火势被控制在起火建

筑范围内，参战部队连续开启附近4个室外消火栓（古城专用消防系统消火栓）进行补水，但均无水。新建成的“独克宗古城消防系统改造工程”消火栓未严格按国家工程建设消防技术标准采取防冻措施，不能有效防止低温冰冻（火灾当日最低气温−9℃）[47]。自备消防车用水不能满足救火需要，导致火势蔓延。县供排水公司当日值班人员失职，在扑救火灾时未能及时联动，给水管网压力不足。

③ 古城通道狭窄，施救困难。独克宗古城内通道狭小，纵深距离长，在施救过程中大型消防车辆无法进入或通行。该起火灾体现出古建筑消防救援对新型消防救援装备的强烈需求。

④ 商户密集、数量庞大，存放大量易燃易爆品。古城内商户密集，大量酒吧、客栈、餐厅内放置有柴油、液化气等易燃易爆品，增大了火灾危险性，应当细化管理，对各商户经营范围、场所内物品进行管控，加大消防安全教育宣传力度。

3. 文物古建筑火灾风险分析

从古建筑的商业化程度、建造地点、建筑材料和扑救难度来看，其火灾高风险主要集中在以下三个方面。

（1）商业化程度高，火灾人为因素占比大。近年来，随着国家城市化建设，旅游业蓬勃发展，古建筑人流量增加，出现了更多的不确定火灾因素，文物古建筑保护难度也随之增加。从2009—2019年的古建筑火灾成因来看，人为因素占比极大（图5-33）。古建筑内的营业性场所是火灾发生的主要区域，该区域用火用电量大、相关人员消防安全意识差、消防安全措施不到位，火灾隐患突出。此外，古建筑周边私搭乱建的屋棚、放置的易燃易爆或可燃物品、私拉乱接的电气线路、不规范的宗教活动用火及生活用火，都是人为因素产生的火灾隐患。

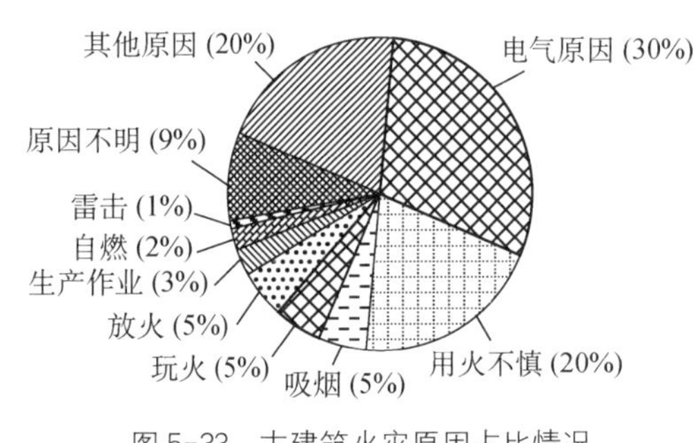

图5-33　古建筑火灾原因占比情况

（2）火灾荷载大，建筑耐火等级低。木结构因其取材方便、抗震性强的特性在我国古建筑中用量极多，但木材搭建的房屋主体架构耐火等级低、火灾荷载大。我国古建筑用材大多选择优质的松木、楠木，松脂含量高，在夏季高温条件下火灾危险性极大。文物古建筑大多有一定的宗教色彩，建筑内设有祭祀点，焚香、点蜡、烧纸也会增加其防火难度。例如，我国藏传佛教圣地寺庙、宫殿等古建筑众多，还有点酥油灯的习俗，存在一定的安全隐患。此外，部分古建筑还存在防雷设施缺乏、防火间距不足的问题。按照《建筑设计防火规范》（GB 50016—2014）（2018年版），我国文物古建筑耐火等级一般是三到四级，火灾荷载约为现代建筑的32倍。[48]

（3）自救能力差、救援难度大。我国古建筑大多分布密集、廊腰缦回，厅堂之间互连互通，普遍缺乏防火分隔，火灾产生的热量和浓烟很难散发出来，火势容易通过直接延烧、飞溅、热辐射等方式扩大，引燃更多室内可燃物，增加扑救难度。另外，部分古建筑修建在偏僻的深山峭壁上，占据高、险位置，虽然风光秀丽，但从消防角度来说，一是容易遭受雷击，引燃文物木质本体，导致火灾发生；二是这些地方往往交通不便，缺乏消防水源，一旦发生火灾，消防人员和消防车辆无法靠近，难以及时扑救。[49]

文物古建筑灭火自救力量匮乏，部分古建筑管理单位没有建立灭火自救队伍，部分已建成的队伍自救能力弱。在日常消防管理方面，部分人员消防安全意识淡薄，责任不明确、制度不健全，人员不在岗、巡查不及时，消防工作长期处于无人抓、无人管的状态，消防设施及器材不足、消防通道不畅等问题普遍存在。

4. 文物古建筑火灾防控主要措施

文物古建筑是人类共同的文化瑰宝，做好消防安全工作，就是对其最大的传承和保护，应制定专门针对文物古建筑的防火措施和管理标准，将文物保护宣传工作融入日常管理工作中。部分文物古建筑本身设计存在防火缺陷，可以采取在保留其建筑原貌的基础上，增设消防安全保护装置、使用防火材料进行修复、增设防火隔离墙等措施，加强自卫消防能力建设，提高其耐火等级，降低火灾损失。2018 年，应急管理部、文化和旅游部、国家文物局三部门联合部署，对7.13 万家博物馆和文物建筑进行了为期 3 个月的消防安全大检查，排查火灾隐患 10.1 万处。[46]各省级政府应进一步加大消防投入，保障消防事业发展所需经费，加快公共消防设施建设、完善消防供水体系、合理布局消防队站、提升消防装备科技含量，为文物保护工作提供可靠的消防安全保障。

（1）建立健全文物保护制度、落实消防安全责任体系。

明确各级防火责任人职责范围，严格选派“重文物保护、懂消防管理”的防火责任人。文物古建筑管理单位、使用单位或所有人是消防安全的责任主体，应坚持将文物的消防安全作为工作首要重点内容，严守底线，明确消防安全责任制及工作职责，配备专职的消防安全管理人员，制定完善的工作制度，并加以严格落实，强化灭火救援应急演练，提高自身火灾预防和扑救能力。[49]认真贯彻执行《消防法》《古建筑消防管理规则》和相关文物保护规定，制定灭火救援疏散预案，建立防火档案。古建筑消防安全工作目前主要依据 1984 年颁布实施的《古建筑消防管理规则》，应抓紧制修订文物古建筑消防安全法规标准，提出更加严格的要求，提高设防等级。凡违规占用文物古建筑场地，必须限时搬迁腾退；凡在古建筑内及周边私搭乱建违章建筑，必须依法责令拆除；凡属于全国重点文物保护单位的古建筑，必须从严控制商业网点。[50]

推动文化和旅游、文物部门依法履行行业监管职责，落实定期会商和联合执法等机制，加强古建筑安全监管和隐患排查，推动地方政府将古建筑违规占用、违法建设等重大问题纳入当地搬迁改造计划并整改解决。发展火灾公众责任保险，通过市场化的风险转移机制，用商业手段解决责任赔偿等方面的法律纠纷。[48]

（2）强化文物古建筑消防安全管理。

除受山顶、悬崖边等客观条件限制，古建筑都应在保护文物的前提下开辟消防通道。对古建筑群而言，应在不破坏原布局的条件下，设置环形消防通道，采用防火墙、防火门或防火水幕进行适当分隔。山西省重点文物保护单位崇善寺大殿被民房包围，没有防火间距，2006年12月有关部门拆除了崇善寺外10 m内的民房，开辟了防火间距，打通了消防通道。位于深山树林中的古建筑应设置30～50 m的防火隔离带，以防引发森林火灾。拆除与建筑毗邻的易燃棚屋，对易燃易爆品采取措施以消除隐患。在用火用电方面，不得违章动用明火，设置专用焚香点，并设专人负责，做到人走火灭。严格管控生活用火，易燃物与明火要保持足够安全距离。古建筑内禁止吸烟，火灾高危区域可涂刷防火清漆等防火涂料，加强施工区域消防安全检查，施工需要动用明火的，要有专人看管，切实采取有效的安全防护措施。电气线路私拉乱接、老化严重，应进行统一整改。

根据本单位防火灭火、应急救援的实际需要和能力，建立专职或志愿消防队伍，开展消防安全巡查、消防设施维护、灭火救援、消防宣传培训等工作，配备相应的消防、防雷器材。根据文物建筑室内高度合理配备感烟、感温、吸气式或图像式火灾探测器，建立微型消防站，合理配备便捷的灭火器材，并开展定期检测维护，及时更换老旧设备。若古建筑位于易遭雷击区域或有雷击史，应及时申报实施防雷工程，设置密度合理的接闪器，避免雷击造成损失。加强电气火灾防控，文物古建筑内宜使用低压弱电供电和冷光源照明，不得使用电热器具和大功率用电器具，电气线路应明装，穿金属管保护，定期检查电气设备及线路，避免超负荷运行，禁止在古建筑内停放电动车。例如，平遥古城消防中队为消除辖区人多、电动自行车任意充电带来的安全隐患，积极协调有关部门在5个电动自行车较为集中的区域配备了集中充电站。此外，每月应至少组织一次防火检查，对外开放的古建筑应至少每2 h进行一次防火巡查，对发现的隐患进行及时整改和上报。[49]

（3）强化技术防范措施。

多数古建筑消防水源不足，缺乏必要的报警、喷淋和防雷设施，有的建筑面积和体量都很大，却只配备数量极少的灭火器，无法满足扑救初起火灾的需要。应落实消防设施、电气、燃气定期检测，积极应用消防远程监控、电气火灾检测、物联网、烟感报警、简易喷淋等技防措施，提升单位消防安全设防等级和科技含量，提高火灾早期发现和处置水平。相关部门应督促古建筑管理和使用单位履行主体责任，结合文物古建筑修缮同步改造、增设消防设备，安装防雷防静电设施。我国现在还有相当大一部分古建筑没有火灾自动报警系统和自动喷水灭火系统,灭火器没有按照国家相关规范的要求配置。这意味着这些古建筑不具备基本的自卫消防能力,一旦发生初起火灾,很可能酿成大火。

常规建筑消防设施的设计往往不适应大空间、大高度的古建筑,需要消防科技人员按各古建筑的特点,量身定制防火措施,确保火灾时消防设施能及时发现、控制火灾。建议根据古建筑现状因地制宜地增设智慧消防设施,通过对建筑消防设施进行远程监控,帮助工作人员及时发现问题并进行处理,使消防设施正常工作,在火灾发生时发挥预期作用,让消防部门第一时间发现火情,提高古建筑消防设施的有效性和可靠性。[48]

(4) 加强宣传教育,开展消防应急演练。

文物部门要针对员工经常性开展消防相关业务培训,增强其火灾防控意识,教导员工使用消防设施、器材扑救初起火灾,会报警、会组织疏散。对外开放的文物古建筑还应张贴消防安全图标、禁烟标志等,并发放消防安全手册,提醒游客注意消防安全。还可以采取发布公益广告、张贴宣传画、发送警示短信、发放宣传资料等形式,广泛开展消防安全知识宣传教育,提高公众的消防安全知识水平,提升其火灾防范意识,获得广大游客、周边居民等群众的理解、支持,积极探索科普宣传的新方法。此外,还应制定人员疏散和消防应急救援方案,定期进行火灾安全疏散演练。例如,1949 年日本奈良市的国宝级文物法隆寺金堂壁画在火灾中被烧毁,为了让民众铭记火灾教训,保护文物古建筑,日本政府从 1955 年开始,将每年 1 月 26 日设定为文物防火节。每到这一天,全国所有的文物古建筑单位都要开展防火日宣传,进行防火安全检查,整改火灾隐患。[51]

此外,为了在古建筑发生火灾的初期就能进行有效扑救,消防救援机构要为各古建筑制定灭火作战计划,并定期和古建筑单位配合演练。相关部门制定灭火救援和应急疏散预案,明确各岗位人员报警、疏散、扑救火灾的职责,提出更加严格的要求。开展大型活动前应制定专门方案,至少每半年开展一次灭火和疏散演练,加强与属地消防队伍的演练合作,提高应急处置能力。[49]

5.1.12 施工现场

2010 年 11 月 15 日是一个让全中国人民痛心的日子,上海市静安区胶州路公寓大楼在建筑外保温施工中的一场大火带走了 58 条鲜活的生命。[52] 这起施工现场火灾也是继 2009 年 2 月 9 日北京市中央电视台电视文化中心因烟花爆竹引燃外墙保温材料后又一起轰动全国的特大火灾事故。随着社会发展而不断增多的建筑火灾事故中,施工现场火灾由于其特点和影响逐渐成为建筑火灾中一个非常重要的部分。

1. 施工现场概述

施工现场是一个相对特殊的场所，具有临时性、复杂性、流动性等多个特点。工程现场由于存有大量的可燃易燃材料，又有频繁的动火作业等各种类型火源，而且部分施工现场场地狭小，火源和可燃易燃材料难以有效分隔，很容易引起火灾。一旦发生火灾，由于在建建筑的防火设施往往还没有安装到位或投入使用，火势迅速蔓延并引起较大的人员和财产损失。据消防部门统计，2009—2019 年全国共发生建筑工地火灾 28 385 起，死亡 86 人，受伤 64 人，直接财产损失为 4.28 亿元。其中，电气原因引发的占 22.7%，违规生产作业引发的占 20.8%，吸烟引发的占 10.4%，用火不慎引发的占 8.7%，玩火引发的占 2.8%，自燃引发的占 1.9%，放火引发的占 1.6%，原因不明的占 6.2%，其他原因占 24.9%。

2. 典型施工现场火灾案例

1）上海市静安区胶州路公寓大楼火灾

2010 年 11 月 15 日 14 时 14 分，上海市静安区胶州路 728 号的公寓大楼因无证电焊工违反操作规程进行电焊作业引燃脚手架防护平台上堆积的聚氨酯保温材料碎块、碎屑引发火灾（图 5-34），造成 58 人死亡、71 人受伤，直接经济损失为 1.58 亿元。

图 5-34　胶州路公寓大楼火灾现场

（资料来源：https://gimg2.baidu.com/image_search/src=http%3A%2F%2F1823.img.pp.sohu.com.cn%2Fimages%2Fblog%2F2010%2F11%2F23%2F16%2F23%2Fu97328525_12d2ee5b11fg215.jpg&refer=http%3A%2F%2F1823.img.pp.sohu.com.cn&app=2002&size=f9999,10000&q=a80&n=0&g=0n&fmt=jpeg?sec=1645766243&t=7bab7aa271d182c157475a009723c79c）

（1）起火建筑基本情况。

胶州路 728 号公寓大楼于 1997 年 12 月竣工，1998 年 3 月入住，系塔式钢混结构综合楼，地上 28 层，地下 1 层，建筑高度为 85 m，总建筑面积约为 18 472 m^2。建筑北侧中部设有两部电梯，电梯前室的东、西两侧各设一部防烟楼梯间，底层楼梯间出口位于建筑东南侧。该建筑底层沿街为商铺，建筑面积约为 640 m^2；2—4 层主要为办公用房，部分为居住用房；5—28 层为居民住宅。整个建筑实有居民 156 户，440 余人。

（2）火灾扑救情况。

2010 年 11 月 15 日 14 时 15 分 23 秒，上海市应急联动中心接到第一个报警电话后，在5 min内迅速调集宜昌、静安等 5 个消防中队（含 1 个特勤中队）、15 辆消防车、130 名消防救援人员赶赴现场。15 min 内，又调集了外滩、河南等 11 个消防中队、31 辆消防车（包括 7 辆举高消防车）、300 名消防官兵前往增援。同时,迅速启动上海市应急联动预案,调集本市公安、供水、供电、供气、医疗救护等 10 余家应急联动单位紧急到场协助处置。整个火灾扑救过程中共调集 122 辆消防车、1 300 余名消防救援人员赶赴现场。经全力扑救,火势于 15 时 22 分被控制,18 时 30 分基本被扑灭。[53]共营救疏散出群众 160 余人,保护了东侧毗邻 2 幢高层居民住宅及西侧相邻近的已被飞火波及的 1 幢高层居民楼。

(3) 火灾原因。

火灾发生后,党中央、国务院领导高度重视,分别作出重要批示,专门成立国务院上海市静安区胶州路公寓大楼"11・15"特别重大火灾事故调查组开展事故调查工作。

① 起火部位的认定。经现场勘验,起火建筑北立面中部凹廊部位 9—10 层建筑外窗窗框熔化方向、窗内墙体的烟痕由外向内的痕迹明显,该部位脚手架平台处的钢架较其他部位变色明显,具有初期起火特征。经调查访问,火灾初期报警人和较早发现人最初发现火灾的位置为建筑北侧中部 9—10 层脚手架处。根据报警人拍摄的照片及网上视频,最初的起火部位位于大楼北立面中部凹廊范围内。综上认定起火部位为胶州路 728 号公寓大楼北立面中部凹廊部位 9—10 层脚手架平台处。

② 起火点的认定。经调查访问,现场施工人员及保洁工均指认凹廊部位 9—10 层脚手架平台西南角处堆积的找平时掉落聚集的聚氨酯泡沫最先着火,故认定起火点为胶州路 728 号公寓大楼北立面中部凹廊部位与 9 层楼板平齐的脚手架西南角处。

③ 起火原因的认定。经施工人员吴某某陈述,其在焊接作业时溅落的金属熔融物引燃下方找平时掉落的聚氨酯泡沫碎块、碎屑。经现场勘验,现场遗留的电焊作业工具与吴某某描述吻合。经模拟实验证实:在同等高度的钢管上进行电焊作业过程中,溅落的高温熔融物能在较短时间内引燃下方平台上堆放的聚氨酯泡沫碎片,并迅速蔓延。综上认定,该起火灾起火原因为施工人员吴某某无证违规作业,在起火建筑 10 层合用前室北窗外凹廊西南角进行电焊作业过程中,溅落的金属熔融物引燃下方找平时掉落的聚氨酯泡沫碎块、碎屑。

(4) 火灾分析。

① 改造工程消防安全设计有隐患。胶州路公寓大楼外墙节能改造工程采用的是聚氨酯泡沫外保温材料,但工程设计图上未注明其燃烧性能等级;对同一工程相邻建筑的外墙保温材料抽样后进行初步检测,发现其燃烧性能等级低于 B_2 级,属易燃材料,是火灾迅速蔓延、造成群死群伤的重要原因,也暴露出该工程在设计、监理等环节存在的问题。[54]

② 施工现场消防安全管理有漏洞。一是胶州路公寓大楼外墙节能改造工程层层转包、管理脱节,导致施工现场安全责任不明确、制度不健全、措施不落实。二是施工单位违反施工程序,在喷涂聚氨酯泡沫保温材料后实施动火,且动火未经审批,动火人员无证操作,动火现场无人监护,施工现场大量聚氨酯碎块、碎屑等可燃易燃物未清除,直接导致了火灾的

发生。[54]

③ 相关安全技术标准待完善。现行规范仅对建筑保温材料的密度、导热系数、尺寸稳定性等方面的复验提出要求，而未对其燃烧性能复验作出规定，使相关部门监督管理缺乏依据。

④ 公共消防基础设施需加强。一是静安区只有 1 个新中国成立前建成的小型站，消防队出警难以达到规定的“5 min 到场”要求。二是消防车辆装备尤其是举高消防车建设跟不上城市高层建筑增多和“长高”的速度。三是市政供水管径、水压难以满足特殊火灾扑救的消防用水需求。[54]

⑤ 市民防灾自救能力需提高。该起火灾的大部分遇难群众死在房间内，经事后调查了解，有的群众得知火情后仍在室内被动待援，丧失了逃生时机。

2）其他国内典型施工现场火灾

2009 年 2 月 9 日，北京市中央电视台电视文化中心施工工地，因违规燃放烟花爆竹引燃外墙保温材料引发火灾（图 5-35），造成 1 名消防员牺牲、6 名消防员受伤，工程主体建筑的外墙装饰、保温材料及楼内的部分装饰和设备不同程度过火，直接经济损失为 1.6 亿元。

图 5-35　中央电视台电视文化中心火灾

（资料来源：https://www.sohu.com/a/196771680_99954612）

2017 年 2 月 25 日，江西省南昌市红谷滩新区红谷中大道 348 号唱天下会所，因拆除改造装修施工过程中违规电焊作业发生火灾，造成 10 人死亡、13 人受伤，过火面积约为 1 500 m^2。

2017 年 11 月 18 日，北京市大兴区西红门镇新建二村一幢建筑（二层西侧和北侧为聚福缘公寓）地下一层在建中型冷库施工过程中，被覆盖在聚氨酯保温材料内为冷库压缩冷凝机组供电的铝芯电缆发生电气故障造成短路，引燃周围可燃物，产生一氧化碳等有毒有害烟气,造成19人死亡、8人受伤。

2017年12月1日,天津市河西区友谊路35号的君谊大厦1号楼秦禾“金尊府”项目改建装修工地,因违规吸烟引发火灾,造成10人死亡、5人受伤,过火面积约为300 m^2。

3. 施工现场火灾风险分析

(1) 施工现场消防管理较为混乱,人员自防自救能力差。

① 由于建筑行业的特点,施工现场所涉及的建设单位、施工单位和监理单位三方存在对施工现场消防安全管理工作重视程度不足的问题。部分建设工程经过层层分包或转包,消防安全责任没有得到具体落实,导致火灾隐患和安全事故不断发生;监理单位对施工单位的消防安全技术措施或专项安全施工方案的审查有时流于形式。上述种种原因导致施工现场的管理较为混乱,建设、施工、监理三方单位的消防管理责任得不到具体落实。

② 部分施工单位负责人自身的消防安全意识比较淡薄;施工人员多数来自农村且流动性较大,很少接受全面的职业培训和严格的安全教育,导致消防安全意识淡薄,发生火灾后自防自救能力差。

(2) 施工现场功能区划分不明晰,可燃物多,临时动火作业频繁。

① 由于部分施工企业的管理水平不高,施工现场的动火作业区、仓库及材料堆放区、生活区等划分不清晰。施工现场存放有大量的可燃易燃材料,如木材、油毛毡、沥青、油漆等,这些材料集中存放在条件较差的简易仓库内或直接露天堆放在施工现场[52];氧气、乙炔钢瓶等易燃易爆危险物品储存没有采取相应的防火防爆措施;采用易燃可燃材料为芯材的彩钢板搭建办公室、工人宿舍、厨房等临时建筑;等等。此外,施工现场还存在大量工程遗留的废刨花、锯末、板材等施工垃圾,主体工程脚手架防护网、遮雨防水的塑料雨布等也都是可燃材料制成的。在国家严格管理建筑外保温材料以前,聚苯板、挤塑板、聚氨酯泡沫塑料被大量应用到建筑外保温施工中。[52]

② 由于在施工期间不可避免地要对建筑构件进行加工、安装设备及各类管道等,动火作业频繁。[52]产生的火花、灼热熔珠四处飞溅散落,容易引起周围可燃物燃烧,酿成火灾事故。生活区人员密集,衣物、被子等可燃物较多,乱拉乱接电线、违规吸烟、用电炉做饭现象突出,特别是冬季在室内使用取暖器、电热毯等,火灾风险较大。据统计,近年来施工现场发生的火灾事故80%是因工人用火用电操作不慎引起的。

(3) 防火分隔未施工完毕,火势蔓延迅速。施工期间,建筑内部尚未进行防火分隔,水平、垂直防火分区均未完全形成,楼梯间、门窗洞口、电梯井、各类管道井等均未封堵,整个空间处于连通状态。一旦发生火灾,烟囱效应将使火势在很短的时间内迅速蔓延扩大。

(4) 疏散通道不畅通,易造成人员伤亡。虽然建筑设计了疏散通道,但是由于正处施工阶段,部分疏散通道尚未形成,部分疏散通道可能被各类施工材料及杂物堵塞。一旦发生火灾,施工现场大量可燃物被引燃,室内的施工人员难以通过一条安全的疏散通道进行疏散,极易造成人员伤亡。由于内部通道不通畅,消防力量到场后,灭火救援人员难以快速进入建筑物内部开展内攻及人员施救。同时,原先设计的消防车道可能被施工建材、施工设施等堵塞,导致消防车无法及时靠近着火建筑,延误最佳的扑救时机。

(5) 边施工边营业(使用),增大火灾危险性。部分改扩建及内装修工程,出于经济效益和经营需求的考虑,存在边营业(使用)边施工的现象,并且施工区域与营业区域没有进行有效的防火分隔。建筑物在营业使用期间,存在各类电气设备和火源,加大了施工现场的火灾危险性。若施工工地发生火灾,也直接影响营业(使用)部分,极易造成重大财产损失和人员伤亡。1994 年唐山市唐山百货大楼火灾、2000 年洛阳市东都商厦火灾和 2010 年上海市胶州路公寓大楼火灾就是因为营业(使用)期间施工现场违章作业导致起火,从而酿成群死群伤特大恶性火灾事故。

(6) 消防设施严重不足,消防水源缺乏。在施工现场,建筑物处于已经开始建设但仍未竣工的阶段,建筑消防设施很不完善。施工现场使用的又都是临时施工用水,消防水源缺乏,供水水量、水压等往往不能满足消防要求,导致固定消防设施不能正常发挥作用。部分施工单位为了减少开支,没有按照相关规定在施工现场配备灭火器、消防沙袋等消防器材。有的施工单位因施工需要擅自停用、占用甚至拆除报警、灭火等消防设施。发生火灾后,往往不能及时启动灭火系统控火。

4. 施工现场火灾防控主要措施

(1) 严格落实消防安全责任制和建立消防安全标准化管理制度。建设单位、施工单位、监理单位应当严格落实消防安全责任制,建立健全标准化、常态化消防安全管理制度。施工单位要明确施工现场防火巡查员,24 h 巡查施工现场,监督落实相关防火措施。加强对用火、用电、用油、用气的管理,建立三级动火审批制度。进行电焊、气焊等具有火灾危险性工作的作业人员必须具有特种作业操作岗位资格证书,持证上岗。严禁在施工建筑内违规留宿人员。

(2) 加强重点部位管理。

① 易燃易爆仓库管理。施工中使用的易燃易爆物品和压缩气体钢瓶,应设专用的仓库分类存放。库房内设置通风、降温设备和防爆电气设备。施工中使用的可燃易燃用品存放时要远离火源,施工现场、加工作业场所内刨花、木片、锯末等易燃物品应及时清除。

② 生活区管理。在施工人员集聚区设置统一的厨房、吸烟室、电视娱乐室等,严格管理吸烟、使用明火、用电等行为,严禁乱接乱拉电气线路和违规使用电热器具。[55]

(3) 落实各项防火技术措施。

① 总平面布局。施工现场总平面布局应有合理的功能分区,各种建(构)筑物、临时设施及材料堆场之间应有适当的防火间距。[55]高层建筑及单体等占地面积较大的施工现场应设置环形消防车道。固定动火作业场所应布置在可燃材料堆场及其加工场、易燃易爆危险品库房等全年最小频率风向的上风侧。

② 临时建筑防火技术措施。临时宿舍、办公用房、特殊功能用房的建筑构件应当使用不燃材料。外脚手架、安全防护网应采用不燃、难燃材料,高压架空线下面不得设置可燃堆场及加工厂、易燃易爆危险品库房等。

③ 施工现场消防设施器材的配置。施工现场应设置稳定可靠的消防水源、按要求配置消防设施、器材。根据工程进度,同步安装临时室内消火栓等室内消防给水系统。在工地的重点部位和各个楼层的明显位置,设置符合场所实际的手提式灭火器,并落实每月检查制度,加强日常管理,确保完整好用。

④ 施工现场安全疏散设置。根据建筑施工现场的具体情况、平面布局,确定疏散路线,合理布置临时疏散通道、疏散场地、疏散指示标志和照明等疏散设施。临时疏散通道应满足一定的宽度并且耐火极限不得低于 0.5 h,当设置在脚手架上时,脚手架应采用不燃材料搭设。临时疏散通道应与同层水平结构同期施工。

⑤ 既有建筑改造工程要求。既有建筑进行改扩建施工时,必须明确划分施工区和非施工区,并且采用不开设门窗洞口的耐火极限不低于 3.0 h 的不燃烧体隔墙进行防火分隔。施工区不得营业、使用和居住。

(4) 开展有针对性的宣传教育。消防、住建部门对近年来建筑工地火灾高发的季节和时段进行系统分析,剖析具体原因,摸清规律特点,对建设单位、施工单位、监理单位等相关人员开展有针对性的消防安全宣传教育和培训,指导施工现场相关单位开展灭火和应急疏散预案演练,提高人员自防自救能力。

5.1.13 大型群众性活动场所

根据《大型群众性活动安全管理条例》,大型群众性活动指法人或者其他组织面向社会公众举办的每场次预计参加人数达到 1 000 人以上的下列活动:体育比赛活动;演唱会、音乐会等文艺演出活动;展览(销)等活动;游园、灯会、庙会、花会、焰火晚会等活动;人才招聘会、现场开奖的彩票销售等活动。大型群众性活动的参与人数众多,活动的内容比较丰富,安全保卫规格高,对消防安全保卫工作来说是严峻的挑战。一旦消防安全保卫工作疏忽,很容易引发火灾等意外事件,极易造成较大人员伤亡及不良社会影响。所以,《大型群众性活动安全管理条例》明确规定大型群众性活动的承办单位需要做好现场的安全工作,规定了大型群众性活动举办的安全条件与安全办法，对参加大型群众性活动的人员的行为也作出了相应规定，为大型群众性活动的举办提供了相关的法律保障。《消防法》也明确指出："举办大型群众性活动，承办人应当依法向公安机关申请安全许可，制定灭火和应急疏散预案并组织演练，明确消防安全责任分工，确定消防安全管理人员，保持消防设施和消防器材配置齐全、完好有效，保证疏散通道、安全出口、疏散指示标志、应急照明和消防车通道符合消防技术标准和管理规定。"

1. 台湾新北市八里区八仙水上乐园火灾爆炸事故[56, 57]

2015 年 6 月 27 日 20 时 30 分左右，台湾新北市八里区的八仙水上乐园在举办"彩色派对"活动的最后 5 min 发生粉尘爆炸事故，造成近 500 人受伤、12 人死亡。

(1) 事件背景。八仙水上乐园是当时台湾最大、拥有最多设施及滑水道的水上乐园，园内一日可容纳约两万人次。"彩色派对"的核心环节就是抛掷彩色粉末。当日多达数千名年轻人奔赴八仙水上乐园参加该活动。

(2) 事件过程。2015 年 6 月 27 日 20 时 30 分左右，"彩色派对"舞台前方突然失火，一开始很多人不知道是爆炸，还在继续跳舞，直到前方舞台开始传出尖叫声，才知道发生意外。

(3) 事件处置。事故发生后，新北市启动大量伤员应急响应机制。台北市消防局出动 9 辆、基隆市支援 5 辆救护车前往现场救援。

(4) 事件原因。经过多次实验验证后，台湾新北市消防局于 2015 年 8 月 27 日给出正式鉴定报告，认定起火元凶是舞台右前方的 BEAM200 电脑灯。起火原因正是部分玉米粉洒到灯面，数百度的高温引发爆炸，火势透过地上的玉米粉一路延烧，引发惨剧。报告指出，爆炸前空气中的粉尘浓度已达爆炸下限，超过 45 g/m^3。人群的跳跃、风吹，加上工作人员不断以二氧化碳钢瓶喷洒玉米粉，使燃点为 430℃ 的玉米粉接触到表面温度超过 400℃ 的电脑灯，引发火势。因为气流引燃，让人产生"爆炸"错觉。

(5) 事件追责。活动组织方负责人因涉过失致重伤罪及公共危险罪被收押，该乐园也被要求无限期停业接受调查。

2. 大型群众性活动火灾风险分析

大型群众性活动火灾风险分析应当包括保卫点和社会面两个维度。

1) 大型群众性活动所在场所(保卫点)火灾风险

大型群众性活动所在场所火灾风险与建筑密切相关，建筑火灾风险的相关因素如下：建筑规模、功能、经营状况、财产价值，生产生活方式，取火、用火、用电、用气、用油方式，材料或设备设施自身的自燃性，消防安全管理水平；人群的数量、文化素养、消防安全意识、年龄、身体行动能力；火灾位置、火灾发生时间、起火原因；自然气候环境中的雷电与干燥因素；消防救援水平；等等。鉴于火灾三要素中的氧气无处不在，因而对建筑火灾风险源的分析主要从可燃物和引火源两个方面开展。其中，可燃物包括展台、家具、装修、装饰、保温等材料；引火源包括用火、用电、用气、用油等方式产生的明火和热源。

（1）装饰装修材料带来的威胁。大型群众性活动布展布景时，降低标准使用耐火性能低的可燃甚至易燃材料，不仅在施工中由于现场大量堆积构成火灾隐患，而且在活动期间，一旦火源控制不当，极易引发火灾。

（2）各类引火源带来的威胁。大型群众性活动所在建筑正值装修和布展高峰期，电焊、气割等流动性火源难以防控，易因违章动火、违规操作造成火灾事故。场馆内灯光、显示屏、音像等电气设备多，电气设备在安装、布线和使用中存在的安全隐患不易被察觉，极易因过载、短路、接触不良、整流器和灯具表面高温等引发火灾，防范电气火灾的难度大。举办大型群众性活动，往往会燃放烟花爆竹，这是中华民族的传统习惯，也是节庆活动热闹造势的需要。但燃放烟花爆竹不当很容易引发火灾，这方面的案例不胜枚举。[58]

（3）人为因素带来的威胁。现场施工人员众多，消防安全意识参差不齐，违规违章现象较多。活动期间短时间内在有限的空间聚集大量的人群，这些人群中的大部分人都不熟悉所在场地环境的安全情况，不了解活动中应注意哪些安全事项，增加了消防安全保卫难度。参加大型群众性活动的特殊国家和人员的各种破坏活动以及个别个人极端行为的潜在威胁依然存在。

2）大型群众性活动所在城市（社会面）整体火灾风险

大型群众性活动举办期间，城市社会面火灾风险管控尤为重要，消防安全新老问题交织并存，火灾风险累积叠加，火灾防控能力与社会需求不匹配、公众消防意识与现代社会管理要求不匹配的状况还有待改变，特别是消防安全责任落实不到位导致的火灾事故时有发生，已成为制约城市公共消防安全的最大“顽症”和突出“短板”。

（1）居住建筑新老问题并存、交织叠加，增大火灾风险概率。旧式里弄、老旧小区以及农村自建房耐火等级低，与通道堵塞、电气线路私拉乱接、电动车违规停放充电、群租群居、“三合一”场所等隐患形成叠加效应，增加了火灾风险。与此同时，由闲置厂房、商用楼改建的白领公寓、蓝领宿舍、民宿客栈和月子会所等住宿形态不断涌现，此类场所大部分安全管理意识不强、能力不足，加大了火灾防控难度。

（2）随着产业结构加快调整、城乡统筹发展，火灾区域性特点更加明显。由于上海市城市总体规划和产业调整，一批大纵深、大交通、大物流的公共场所建成投用，火灾防范应对无先例可循、无经验可考。同时，劳动密集型产业加快调整，大体量、大跨度、大物流行业在郊区密集布点，带动大量从业人员迁移至郊区，诱发火灾风险的不稳定、不确定因素增多。一些建筑改扩建、装修频繁，“赶工期、抢进度”可能带来违章施工、野蛮施工现象，违章动火动焊、交叉作业等极易肇事生祸。

(3) 老龄化程度加剧,特定群体消防安全问题凸显。特定群体在生理、心理、经济、居住环境、受教育程度等方面存在劣势,缺乏逃生自救意识和能力,加之孤寡、病残、独居等原因,缺少社会、家庭的监护关爱,往往既是火灾的肇事者,又是火灾的受害者,而且随着这一问题的不断凸显,"小火亡人"可能多发高发。

(4) 火灾高危单位点多面广且建成时间较长,有可能进入隐患事故高发期。上海市"一高(高层)、一低(轨道交通和地下空间)、一大(大型综合体)、一化(石化企业)"的特征尤为明显,无论从规模体量、空间密度,还是从风险等级、防控难度看,这些都是消防安全的高风险领域。同时,随着时间推移,这些场所设施、设备和材料老化等问题有可能集中爆发,确保"防得住、灭得了、拿得下"是消防工作面临的最大挑战。

3. 大型群众性活动火灾防控主要措施

消防安全保卫的主要目的就是确保大型群众性活动现场不发生群死群伤火灾事故,社会面不发生有较大影响的火灾事故,因此,必须把握重点,严防严控,为大型群众性活动的顺利举行和构建和谐社会创造良好的消防安全环境。

(1) 明确活动的消防安全组织架构。坚持统一领导、分级负责、快速反应、协同应对的工作原则。在制定针对性的消防安全保卫工作方案时,必须着重明确活动现场的消防安全组织架构,在消防安全责任人的统一领导下,对大型群众性活动消防安全保卫实行分级负责、条块结合的工作体制。根据工作需要明确消防安全保卫的管理人和职能部门,重要的大型群众性活动要设立防火巡查、灭火行动、疏散引导、通信保障、安全救护等专门的工作组,以快速、有序、有效应对现场的各类突发事件。对于规模大、涉及面广,且在国外、国内影响大的大型群众性活动,应当在工作方案中明确社会面消防安全保卫保障组织架构,落实各级党委政府、职能部门、企事业单位的消防安全保卫工作职责和责任,群防群治,确保大型群众性活动现场无火灾、社会面不发生有影响的火灾事故。

(2) 明确承办者的消防安全职责。大型群众性活动的承办者对其承办活动的安全负责,承办者的主要负责人为大型群众性活动的安全责任人。消防安全作为大型群众性活动安全工作的重要部分,其消防安全责任也应由承办者及承办者的主要负责人负责。[59]

① 根据活动存在的风险因素和需要,委托消防安全风险评估机构进行火灾风险预测或者评估,制定消防工作方案,建立并落实消防安全责任制度,明确安全工作人员岗位及职责。

② 聘请有相应资质的机构对临时搭建的设施、建筑物进行消防测试验收,并对出具的检测报告进行查验。

③ 聘请具有资质的消防技术服务机构进行大型群众性活动的内部消防安全工作。

④ 合理规划活动现场进出通道,单向通行,并安排专人值守、引导。

⑤ 通过新媒体、宣传海报、票证提示、现场广播等形式，向参加活动人员宣传消防安全方面的规定。

⑥ 组织开展消防应急疏散演练。

⑦ 及时劝阻和制止妨碍活动消防安全的行为，发现违法犯罪行为及时向属地消防救援机构报告。

⑧ 具备大型群众性活动消防安全工作所需的物资、经费条件。

⑨ 履行法律、法规规定的其他有关大型群众性活动的消防安全工作职责。

⑩ 根据活动的内容、规模、火灾风险等情况，投保火灾公众责任险等商业保险。[60]

(3) 明确活动场所管理者消防安全职责。活动场所的产权单位应当向大型群众性活动的承办单位提供符合消防安全要求的建筑物、场所和场地。对于承包、租赁或者委托经营、管理的，当事人在订立的合同中依照有关规定明确各方的消防安全责任；消防车道、涉及公共消防安全的疏散设施和其他建筑消防设施应当由产权单位或者委托管理的单位统一管理。

① 保证活动场所、设施符合国家和本市有关建筑、消防等安全标准和规定，并向承办者提供场所人员核定容量、安全通道、出入口以及供电系统等涉及场所使用安全的资料、证明。

② 保障疏散通道、安全出口、消防车道、应急广播、应急照明、疏散指示标志和无障碍通道等设施符合国家和本市有关规定。

③ 保障监控设备配置齐全、完好有效，监控设备应当覆盖看台、疏散通道、安全出口、消防车道、主席(展)台等重要部位，监控录像资料应当保存 30 日以上。

④ 不得向未取得安全许可的大型群众性活动提供活动场所。

⑤ 对于群众自发聚集活动，应当实时监测人员流动、聚集等情况，加强场所巡查并采取相应的安全防范措施。

⑥ 履行法律、法规规定的其他有关大型群众性活动的消防安全工作职责。[60]

(4) 明确现场工作人员的消防安全职责。现场工作人员是发现、消除火灾隐患并进行应急处置、引导疏散的基础力量，对这些人员应当明确其消防安全职责，并强化教育培训，提升其处置突发事件的能力。

① 熟知安全工作方案和突发事件应急预案。

② 熟练使用应急广播、照明等设施、设备。

③ 熟知疏散通道、安全出口和消防车道位置。

④ 熟练使用消防器材。

⑤ 熟练掌握本岗位应急救援技能。

⑥ 熟知本岗位、场所消防安全风险及其他消防安全工作技能。[60]

(5) 明确政府职能部门的工作职责。政府职能部门履行监督管理职责，工作的成效一定程度上决定了大型群众性活动的成功与否。因此,必须切实履行好职责,点面结合,综合治理火灾隐患。

① 对于大型群众性活动,消防救援部门应该积极主动地参与到安全防范的工作中去,做到提前介入,检查到位,隐患整改到位。

② 根据活动的规模以及消防安全的设计进度对设计方案进行具体的操作指导,结合相关的标准规范与活动的特殊要求进行研究与商讨,确保万无一失。

③ 高度重视活动举办前的消防宣传和安全检查工作,广泛发动各方力量,全方位宣传,提高公民的消防安全意识。同时,严格按照国家的相关法律开展社会面隐患排查整治工作,确保消防安全形势稳定可控。

(6) 明确现场消防保卫的实施程序。大型群众性活动的消防安全工作主要分三个阶段实施。

① 前期筹备阶段。一是编制大型群众性活动消防工作方案。二是检查室内活动场所重点部位消防安全现状、固定消防设施及其运行情况、消防安全通道和安全出口设置情况。三是了解室外场所消防设施的配置情况及消防车道预留情况。四是设计符合消防安全要求的舞台等为活动搭建的临时设施。[61]

② 集中审核阶段。根据《大型群众性活动安全管理条例》和《消防法》的规定,大型群众性活动承办人应当向公安机关申请安全许可。此阶段消防救援部门的主要工作如下:一是对各项消防安全工作方案以及各小组的组成人员进行全面复核,确保形成最强的战斗集体;二是对制定的灭火和应急疏散预案进行审定,确保灭火和应急疏散预案合理有效;三是对灭火和应急疏散预案组织实施实战演练,确保预案切合实际;四是对活动搭建的临时设施进行全面检查,强化过程管理;五是在活动举办前,宜对活动所需的用电线路进行全电力负荷测试,确保用电安全。[61]

③ 现场保卫阶段。现场保卫主要分为活动现场保卫和外围流动保卫两个方面,其中活动现场保卫包括现场防火监督保卫和现场灭火保卫两个方面。现场防火监督保卫人员主要在活动举行现场重点部位进行巡查,及时发现和清除各类不确定性因素产生的火灾隐患。现场灭火保卫人员主要在舞台、大功率电器使用点等容易产生火灾的重大危险源进行定点守护,用随身携带的灭火装备或固定灭火设施将发现的火灾及时、快速地消灭在萌芽阶段。在重要的活动场合,可调派消防车现场驻防,提升快速处置的综合能力。[61]

5.2 城市典型对象火灾多发因素防控

随着城市社会经济的飞速发展,火灾事故呈多元化发展,从 2011—2020 年火灾事故数据统计来看,电气、生产作业、用火不慎高居火灾原因前三位,电动自行车火灾、电气火灾、动火作业火灾故事成为政府、部门社会面火灾防控工作的重点。火灾多发因素始终是城市综合管理过程中的难点、顽疾，防控火灾多发因素也成为城市有序发展的必由之路。2019 年，习近平总书记在上海市考察时提出了“人民城市人民建，人民城市为人民”的城市建设发展新理念。上海市作为超大城市，要坚持以防为主、以控为要，不断优化治理方式和治理流程，以绣花般的细心、耐心、巧心推进城市精细化管理，用更用心、更精细、更科学的手段，综合治理火灾多发因素，守牢城市安全底线。

5.2.1　电动自行车火灾

近年来，电动自行车以其经济、便捷、环保等优势，逐渐取代自行车，成为居民近距离出行优先选择的交通工具。据有关部门及自行车行业协会统计，上海市电动自行车保有量近 1 000 万辆，由此衍生出的消防安全问题也日益突出，火灾起数呈逐年上升趋势，已成为影响城市消防安全的高风险源之一。

1. 电动自行车火灾事故情况及特点分析

根据上海市消防救援总队《关于加强电动自行车火灾隐患源头管控专项调研报告》，2020 年上海市共发生电动自行车火灾 421 起，虽然仅占火灾总起数的 10.4%，但其伤亡人数却占伤亡总数的 33.6%，且呈现连年增长的态势，近年来几起较大亡人火灾事故多与电动自行车有关。2012 年 4 月 27 日凌晨，浦东新区高行镇万安街“山东水饺”门面房处于充电状态的电动自行车充电器电源线短路引发火灾，造成住宿店内的 3 人死亡；2015 年 10 月 29 日凌晨，松江区车墩镇汇桥村一村民出租房电动自行车因充电过程中电线短路引发火灾，造成 3 人死亡、4 人受伤；2016 年 6 月 18 日凌晨，嘉定区上海真新粮食交易市场内停放的电动自行车因电气故障引发火灾，造成 4 人死亡、1 人受伤；2018 年 8 月 2 日凌晨，宝山区通南路 310 号爱玛电动车商铺因电动自行车锂电池故障发生火灾，造成 5 人死亡。这些电动自行车火灾事故普遍具有以下特点。

(1) 起火时间多为夜间。电动自行车火灾多发于深夜或凌晨，这一时间段内发生的电动自行车火灾约占该类火灾事故总数的 60%，且大多发生在电动自行车充电期间。该时段大多无人看管，一旦发生火灾事故难以及时发现处置，导致火势扩大蔓延。

(2) 火灾燃烧速度极快。电动自行车除车架及少量零部件为金属外，其余基本为塑料及橡胶制品，发生火灾后短时间内达到猛烈燃烧状态，释放大量高温有毒烟气。模拟实验表明，一辆正在充电的电动自行车因电路故障起火后，仅 7 min 现场火焰瞬时温度可高达 1 105.9℃，烟气温度高达 500℃，消防救援力量接警到场前电动自行车已基本燃烧殆尽。

(3) 火灾蔓延不易控制。上海市多数居民小区的非机动车停车场所内，电动自行车、燃油助动车、摩托车等车辆混放，既无防火分隔措施也无自动灭火设施，有的小区车棚无人值守管理，一旦发生火灾，无法第一时间采取灭火处置措施，导致火灾扩大蔓延。2013 年 5 月，浦东新区培花路某小区车棚一辆电动自行车发生火灾，造成 68 辆自行车、45 辆电动自行车、2 辆燃油助力车、6 辆摩托车一同被烧毁烧损。

2. 电动自行车火灾事故多发的主要原因

(1) 电动自行车生产质量存在隐患。目前，上海市 95%以上的现有电动自行车均执行《电动自行车通用技术条件》(GB 17761—1999)，该标准未对电动自行车防火阻燃性能、电气线路、充电器、蓄电池等零部件作出明确要求，使按该标准生产的电动自行车普遍存在先天防火隐患。2019 年 4 月 15 日起新实施的《电动自行车安全技术规范》(GB 17761—2018)为强制性标准，但全市注册登记上牌的电动自行车仅有 43 万余辆。此外，在 2019 年上海市对电动自行车产品质量进行抽查的 20 批次电动自行车产品中，有 4 批次不合格，产品抽样合格率仅为 80%，在当前 1 000 万辆电动自行车保有量的基础上，不合格电动自行车势必导致大量的火灾事故风险，且电动自行车因没有强制报废的有关要求，标准不严格、质量不合格的电动自行车仍将长时间存在。

(2) 电动自行车私自改装维修导致安全风险。部分电动自行车使用人为了追求更快的车速、更长的续航里程、更高的负载，对电动自行车进行改装，特别是一些快递、外卖从业人员以电动自行车为交通运输工具，会加装大容量蓄电池、改装电动机、增加车辆负载框架等相关零部件，其改装过程极不规范，电线排布随意，极易导致电气线路故障引发火灾(图 5-36)。此外，个别电动自行车销售商家因经济利益驱使，使用劣质、非标配件等低成本零部件进行改装和维修，进一步加大了事故隐患风险。[62]

图 5-36　电动自行车蓄电池火灾

(3) 电动自行车停车充电环节可能带来火灾风险。

① 居民小区停车充电难。居民小区电动自行车“进楼入户”“室内充电”“飞线充电”等违规停放充电问题较为突出，特别是老旧居民小区居民因无处停放自行车以及防盗等原因，

将电动自行车随意停放充电或拆卸蓄电池于家中充电，极易导致火灾事故并造成人员伤亡(图 5-37)。上海市从 2016 年起结合住宅小区综合治理、“美丽家园”建设和为民办实事项目，逐年为居民小区增设集中充电设施，截至 2020 年上半年已累计完成 3 500 个小区的增设工作，占全市小区总数的 25%左右，但仍有大量居民小区无处停放充电电动自行车。

图 5-37　电动自行车充电火灾

② 使用、维修、操作不当。电动自行车使用及维修不当也极易引发火灾，导致财产损失及人员伤亡(图 5-38)。一是乱用充电器，不同型号的充电器混用，造成大电流，导致高温，引发火灾。二是电动自行车在行驶过程中遇水，使电机、线路接插件潮湿，未晒干使用引起短路、漏电，造成火灾。三是未对长期使用的电动自行车进行保养及维修，致使电动自行车车体线路老化、绝缘层破损，从而造成短路、漏电、接触不良等，引发火灾。四是车主充电时操作不当，操作顺序不对，长时间将充电器连接在交流电源上，甚至在充电时用外物覆盖充电器，容易损坏充电器并导致电池积热，引起电动自行车线路短路自燃。五是维修电动自行车时选用不合格的电池或使用与整车电池插座不配套的充电器插头(正负极)，使用非标的和质量低劣的充电器对电池进行充电，均易引起火灾。六是充电时间过长，特别是晚上睡觉时充电是引起电动自行车自燃的主要原因之一。长时间充电，充电器内电子元件过热很容易

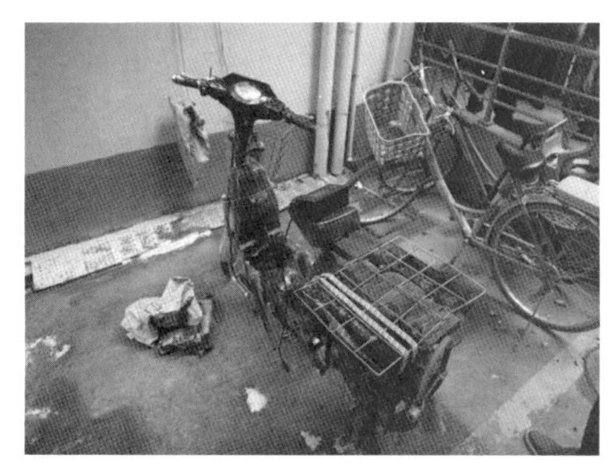

图 5-38　电动自行车电气火灾

导致线路短路并出现火花，易引发火灾。七是存放场所充电线路故障。电动自行车存车棚内一般缺乏预设的充电设施，车主私拉乱扯充电线路的现象较为普遍。多辆电动车同时长时间充电时，如果充电线路选用导线线径过小、未安装短路和过载保护装置，易造成充电线路过载、发热或短路，从而引起火灾。[63]

③ 快递外卖企业集中充电场所隐患风险大。上海市大多数快递外卖配送网点设置在沿街商铺中，设有电动自行车或电池集中充电设施，但很多网点不满足小型商业网点防火设计要求，充电区域与仓储区域未进行有效分隔，充电线路敷设密集，室内散热条件差，个别快递外卖网点内甚至存在“三合一”“人车同居”等现象，更是加大了火灾事故人员伤亡风险(图 5-39)。

图 5-39　快递网点电动自行车火灾

3. 电动自行车火灾防控主要措施

(1) 提高地方安全技术标准。鉴于国家电动自行车强制标准短期内难以修订出台，按照“高于国标、契合市情”的要求，抓紧制定出台地方性安全技术标准，在生产环节把牢电动自行车防火安全，规定车体、电池及充电装置应具备欠压、过流、过载、过热、过充电和短路保护功能，提高电气线路防水、防潮和防撞击等防护性能，减少车体易燃可燃材料装饰或使用，全面提高电动自行车电气安全质量。[64]

(2) 加强产品安全准入门槛。根据国家和上海市有关文件规定，电动自行车生产、销售、登记、通行以及相关管理活动，由经济和信息化、市场监管、公安、环保等行政执法部门分工协作、共同负责。在市场准入环节，修改完善本市电动自行车产品目录管理相关规定，提高对电动自行车防火性能及基本安全指标参数的要求，提升进入本市市场的安全质量门槛。在销售环节，加强对电动自行车生产企业以及销售网点的动态质量监督抽查，打击违法销售、拼装、加装、改装行为，查处销售未取得产品目录资格产品违法行为，督促生产企业和销售网点及时召回相关车辆。在登记上牌环节，探索实行电动自行车限期报废制度，推动电动自行车生产企业、销售网点落实以旧换新等方式回收废旧电动自行车，逐步更新淘汰不合格或老标准电动自行车。

(3) 健全电动自行车相关底数清单。市场监管、公安、消防、城管、房管等部门应当会同属地街道、乡镇开展"拉网式"排查,查清销售门店电动自行车及其蓄电池销售品牌、产品来源、车辆改装和消防安全管理等情况,重点摸清快递外卖网点电动自行车室内停放充电、安装智能充电设施、"三合一"等情况,梳理住宅小区电动自行车楼内停放充电和集中充电场所建设使用等情况。在此基础上建立底数名册、列出隐患清单并形成数据定期更新机制。[65]

(4) 规范集中停放充电场所。根据市房管局、市消防救援总队和市电力公司出台的《上海市既有住宅小区新增电动自行车充电设施建设导则》,加大居民小区电动自行车棚(库)和集中充电设施建设力度,在地下、半地下、封闭式地面、敞开式地面等不同类型车库,设置简易喷淋、独立式感烟火灾探测报警器、定时充电、自动断电、灭火器、疏散指示标志等安全防范设施设备,并依据《上海市住宅物业消防安全管理办法》,将电动自行车火灾防范工作纳入物业服务企业日常管理和防火巡查检查范畴,做好社区电动自行车火灾防范工作。有条件的居民小区可安装智能电动自行车集中充电设施,由属地政府购买公众责任险或火灾险。

(5) 建立部门联动协作机制。依托城市运行"一网统管",由属地政府牵头街镇消防安全组织、城市运行管理中心及应急、公安、消防、市场监管、城管、房管等部门,建立基层消防综合治理协作处置机制,分级分类督改消除电动自行车安全隐患。对于能够当场整改的一般隐患,督促责任人立即整改;对于涉及相关部门的隐患问题,由城市运行管理中心派单依法依规限时查处;对于需要多个部门联合处置的隐患问题,由街镇消防安全组织会同城市运行管理中心及相关部门,综合运用各类行政执法资源开展联合执法,督促火灾隐患整改落实到位。

(6) 落实常态综合治理工作。各级政府和相关部门应加强电动自行车违规停放和充电常态化综合治理工作。房管部门要督促物业服务企业落实对管理区域内电动车停放、充电的日常消防安全管理,严禁在建筑内的共用走道、楼梯间、安全出口处等公共区域停放电动自行车或者充电,对小区内实行流动巡逻,确保停放充电管理责任落实到位。公安、消防部门应加大对物业服务企业履行消防安全管理职责的检查指导,对不履行责任的管理方和违规个人均予以处罚。

(7) 加强案例宣传警示教育。消防、公安、房管部门要广泛收集近年来全市电动自行车火灾事故典型案例,从各部门业务角度分别开展专业化解读,制作一批警示教育宣传资料,并充分依托广播、电视、报刊等主流媒体和网站、户外视频、楼宇电视进行高频次刊播,在社会单位、居民小区广泛开展宣传活动,全面普及电动自行车安全停放充电知识,初起火灾扑救和逃生自救常识,教育引导市民群众持续增强电动自行车火灾防范意识,坚决杜绝入室充电、人车同居等情形。同时,各部门要加大安全购买及使用电动自行车常识的宣传力度,及时曝光违法行为。

5.2.2 电气火灾

电气火灾指由电气原因引发燃烧而造成的灾害。电气线路发生超负荷、年久失修、绝缘层老化、接触不良等问题导致电器或线路发热、短路、过载、漏电都可能造成电气事故。长期以来，电气火灾一直呈多发、高发态势，不仅发生在社会单位，也发生在居民家庭，给城市安全和人民群众生命财产安全造成较大损失。

1. 电气火灾事故情况及特点分析

据统计，全国电气火灾起数占火灾总量的30%以上，造成伤亡数占总数的33%以上。从上海市的情况看，电气火灾占比达36%，不仅高于全国平均水平，还造成了较大的人员伤亡和经济损失。[66]2017年11月25日，闵行区梅陇镇虹梅南路3001弄25号一别墅发生火灾，过火面积约为50 m^2，造成4人死亡、3人受伤。起火原因为该别墅二楼南侧西房间内壁挂式空调机电源线插片和墙式插座接口发生电气故障(图5-40)。2019年4月1日，宝山区一二八纪念路465号的上海老板电器销售有限公司物流仓库发生火灾，火灾原因为该公司承租的1号库办公室上方吊顶内电气线路故障引燃周围可燃物，火势蔓延扩大成灾。

图5-40 电气插座火灾

(资料来源：https://gimg2.baidu.com/image_search/src=http%3A%2F%2Fbkimg.cdn.bcebos.com%2Fpic%2Ff2deb48f8c5494eecdc5720722f5e0fe98257ecc&refer=http%3A%2F%2Fbkimg.cdn.bcebos.com&app=2002&size=f9999,10000&q=a80&n=0&g=0n&fmt=jpeg?sec=1645767140&t=43aa5bcfd991f1c9d2744d4cec8f9a61)

事故暴露出电气产品生产质量、流通销售，建设工程电气设计、施工，电器产品及其线路使用、维护管理等方面存在诸多突出问题。其中，电气线路短路、超负荷、接触不良等故障是电气类火灾的首要原因。

(1) 短路。短路指在电气设备运行中，供电电源相与相之间或相与地之间发生非正常连接，导致电源供电回路中无阻抗或阻抗极低，使短路回路中的电流达到正常电流的几十倍甚至上百倍，造成电路导线温度急剧上升，接点处瞬间熔融，打出火花、电弧，烧毁设备，有的电弧局部温度可高达3 000～4 000℃，极易烤燃附近可燃物，从而引起火灾。

(2) 超负荷。电气线路选型设计不合理，相关电气设备荷载电量超出其线缆的安全载流量或安全电流，使线缆长期超载过热，损坏线缆绝缘层，从而引发火灾。

(3) 接触不良。电气线路设备接头连接不牢或不紧密、动触点压力过小等导致接触点电阻过大，在电源接通后，因接触部位发生电弧而导致火灾。

2. 电气火灾事故多发的主要原因

(1) 电气线路过流保护装置使用不当。过流保护器一般包括熔断器、闸刀开关、自动空气开关等，是用以防止电气线路短路和严重超过负荷的保护装置。熔断器主要组成部分是金属熔件，当通过熔件的电流超过其额定电流时，过高的温度就会将熔件熔断从而使电路断开，起到保护作用。但在安装使用过程中，使用的过流保护器功率过大，用铜丝、铅丝、铁丝等代替熔件，过流保护器周围有可燃物，使用劣质的过流保护器等，都会使过流保护装置在发生短路或超负荷时难以发挥应有的保护作用。

(2) 电器设备用电量增大，长期超负荷。单位、家庭电器设备用电荷载不断增大，其电气线路一般仍使用原敷设线路拉接(图 5-41)，甚至在同一条线路上使用多个大功率电器，导致线路严重超负荷运行。此外，长时间超负荷运载加速了线缆绝缘层的老化，增大了电气火灾事故发生的风险。

(3) 电气线路绝缘老化。线缆绝缘层随着时间推移会逐渐松散老化并造成轻微漏电，有时甚至出现导线外皮裂开、线芯裸露的情况(图 5-42)，此时火线与零线过近容易产生放电现象，但往往因产生电流量小，不能使过流保护器及时动作切断电源而引起打火或拉弧，如果线路旁边放有可燃物，这种打火或拉弧就可能引起可燃物燃烧。[67]

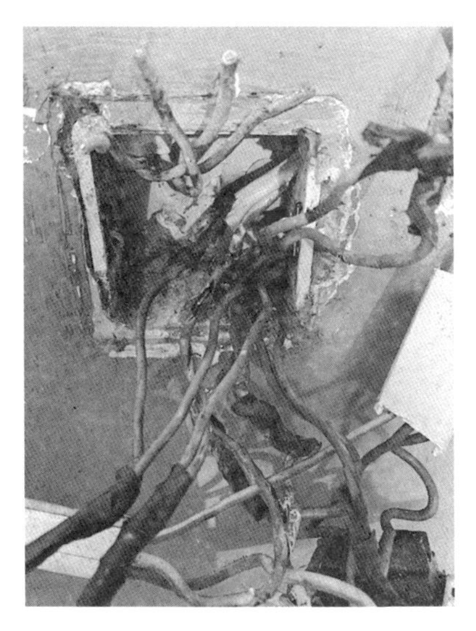

图 5-41　电气线路接线隐患

图 5-42　电线绝缘层剥落引发线芯裸露

(4) 电器设备使用保养维护不当。正确使用电器是确保电气安全的关键，使用电器前要认真仔细阅读说明书，但有些用户只看其操作方法，不看安全注意事项，存在在电器设备上使用防尘布、覆盖衣物、靠近可燃物或易燃易爆化学物品、长时间充电等使用问题，导致一旦电器设备大量集聚热量，极易引发火灾事故。

3. 电气火灾防控主要措施

（1）提升电器产品质量。在生产领域，落实电器产品生产认证活动监管，强化对获证企业的日常监管；将电动自行车、插座、电线电缆、电热毯、电加热设备等产品列入年度重点产品监督抽查计划，加大监督抽查力度；严厉查处无证非法生产行为，严查电线电缆、开关插座等生产企业在绝缘材料、阻燃原料、线芯材质、线径等方面不按标准或降低标准生产的违法行为，严查套牌、贴牌生产假冒伪劣产品的违法行为，及时曝光违法违规企业和不合格电器产品名单。在流通领域，重点加强对大型超市、综合市场、电器产品批发市场、销售储存仓库以及销售门店等实体店铺的监督检查力度，严厉打击销售无证或伪造冒用认证证书、无厂名或厂址等来源不明和不合格商品的违法行为。加强对以网络、直销等方式销售电器产品的监管，加大对网络经营者销售家用电器产品的抽检力度，对发现的不合格产品停止销售并清理库存，把好“线上、线下”电器产品销售质量关。

（2）严把设计施工关口。规范建设工程电气设计、施工质量，实行电气工程设计、施工质量负责制，从严把控电气工程设计、产品选型进场、施工安装等各个关键环节，杜绝设计单位不按工程建设强制性标准设计，审图公司电气设计审核不严，施工单位不按设计图纸施工、偷工减料、使用劣质电线及质量不合格电器产品等问题。在设计安装中，应符合下列要求。

① 每个设备或器具的端子接线不多于 2 根导线或 2 个导线端子。导线连接应在接线盒内，多股线线头连接应牢固可靠，铜铝过渡应使用专用铜铝过渡接头或搪锡。

② 电缆出入配电柜应采取保护措施。

③ 电缆出入梯架、托盘、槽盒应固定牢靠。

④ 塑料护套线应明敷，不应直接敷设在顶棚内、保温层内或可燃装饰面内，配线回路的绝缘电阻测试应符合要求。

⑤ 敷设在电气竖井内穿楼板处和穿越不同防火分区的梯架、托盘和槽盒（含槽盒内）应有防火封堵措施。

⑥ 灯具表面及其附件的高温部位靠近可燃物时应采取隔热、散热等防火保护措施。

⑦ 功率在 100 W 及以上非敞开式灯具的引入线应采用瓷管、矿棉等不燃材料做隔热保护。

⑧ 安装在燃烧性能等级为 B_1 级以下装修材料内的开关、插座等，必须采用防火封堵密

封件或燃烧性能等级为A级的材料(如石棉垫)隔绝。[68]

此外,设计安装中还应落实电气线路的选型,爆炸危险环境电力装置、照明灯具的选用安装,开关和插座、配电箱(电表箱)的选型安装,空气开关、漏电保护器等电气保护装置的选用,电气产品的质量、型号及技术参数,建筑或场所防雷、防静电装置的设置及保养等电气火灾防控措施。

(3) 加强安全用电管理。对于单位而言,应将是否完善落实用电安全管理制度、规范电气线路敷设、严防超负荷用电、合理规划电源插座的数量和位置、规范设置电气防火保护装置及使用正规、有质量保证的电器产品作为安全用电检查的重点,引导、督促单位聘用有岗位资格证书的电工,按法律法规和技术标准的要求对电气线路、设备开展定期保养、检测,提高单位防御电气火灾的能力。对于居民而言,需重点提示规范家庭电气线路敷设;综合考量家用电器和安全载流量,选用正确的过流保护器及漏电保护器;严禁用铜丝、铁丝代替保险丝;严禁乱拉乱接电线,不宜将多个大功率家用电器插在同一插座上使用;在低压线路、开关、插座、熔断器附近不要摆放油类、棉花、木屑或木材等易燃物品;严禁使用三无假冒伪劣产品。

(4) 加强从业人员监管。人力资源社会保障部门加强电气设备管理、使用和维护等相关从业人员安全培训、考核和管理工作,健全规范电气相关资格证书的发放、考核机制,切实提高电气从业人员的技能水平。应急管理部门加大对电工等专业技术人员的持证上岗检查力度。社会单位应严格落实员工安全培训制度,定期组织全体员工开展安全用电教育培训活动,使员工掌握最基本的安全用电常识和操作规范,了解本岗位电气火灾危险及防控重点,学会处置初起电气火灾事故。

(5) 加强新技术应用。通过采用物联网技术,实时监测短路、超负荷、接触不良等引发火灾事故的风险,对线缆温度异常、电弧故障、短路、过载、过(欠)压及漏电等情形开展不间断数据跟踪和统计分析,及时发现电气线路和电器设备存在的安全隐患,第一时间切断电源,有效防止电气火灾事故的发生。根据《火灾自动报警系统设计规范》(GB 50116—2013)和《电气火灾监控系统》(GB 14287—2014)第2—4部分,电气火灾监控系统通常由电气火灾监控器、剩余电流式电气火灾监控探测器和测温式电气火灾监控探测器组成。此外,还有灭弧式短路保护器/限流式电气防火保护器、故障电弧探测器、静电探测器等。

① 剩余电流式电气火灾监控探测器。剩余电流俗称漏电电流,普遍存在于电气装置线路中,它的产生表明带电导体对地绝缘被破坏,可能导致触电及接地电弧并引发火灾。剩余电流式电气火灾监控探测器是一种监测被保护线路中剩余电流值变化的探测器,一般由剩余电流传感器和信号处理单元组成。它分为独立式剩余电流式电气火灾监控探测器、非独立式剩余电流式电气火灾监控探测器和多传感器组合式剩余电流式电气火灾监控探测器

等。其中,多传感器组合式剩余电流式电气火灾监控探测器是能够同时监测被保护线路中的剩余电流值和温度变化的探测器。

② 测温式电气火灾监控探测器。测温式电气火灾监控探测器主要用于在线监测低压配电装置中关键部位的温度,安装在配电线路分级保护的第一、二级,当配电线路或电气设备关键部分的温度达到报警设定阈值时,装置发出报警信号。该探测器分为独立式、非独立式和多传感器组合式电气火灾监控探测器。

③ 灭弧式短路保护器/限流式电气防火保护器。该保护器是针对电气线路中金属性短路的一种故障保护装置,当发生金属性短路时,该装置会快速切断电源,其动作响应速度远远快于普通断路器或空气开关,在短路电火花产生前就能切断电源。

④ 故障电弧探测器。故障电弧是电气线路或设备的绝缘层老化破损、电气设备连接松动、空气潮湿、电压电流急剧升高等引起空气击穿所导致的气体游离放电现象,俗称"电火花"。故障电弧探测器就是通过监测线路中因绝缘层老化破损引起的并联故障电弧和因电气设备连接松动、接触不良等引起的串联故障电弧,及时报警,提示用户检修电气线路。

(6) 加强安全用电宣传。通过各种形式开展安全用电宣传教育,普及安全用电常识。要积极利用各类媒介,宣传电气火灾事故教训,曝光无证非法生产、销售假冒伪劣电器产品的违法行为,引导社会加强舆论监督,推动电器产品质量的提高。鼓励社会单位应用电气火灾监控技术,提升对电器产品及其线路运行状态的监测、预警和处置能力。鼓励群众通过市民热线等举报电气安全隐患,建立举报奖励机制,形成全民关注参与电气火灾防治的浓厚氛围。

5.2.3 动火作业火灾

动火作业指在特定场所或设备上直接或间接产生明火的作业,又称明火作业。动火作业一般有焊接、金属切割、热处理、烘烤、熬炼等生产操作,按其所在场所危险性分为一级、二级、三级动火作业。近年来,建筑施工现场火灾事故时有发生,原因多为施工人员违规动火作业,特别是室内装修项目火灾事故频发,危及人员生命和财产安全。

1. 动火作业火灾事故情况及特点分析

据统计,2010—2020 年上海市因生产作业导致的有人员伤亡的火灾事故占相关火灾事故总数的 30%,其中大多数都是因施工人员违规动火作业引起。2019 年 4 月 15 日,济南市齐鲁天和惠世制药有限公司四车间地下室在冷媒系统管道改造过程中发生重大着火中毒事故,造成 10 人死亡、12 人受伤,直接经济损失为 1 867 万元。事故直接原因为该公司四车间地下室管道改造作业过程中,违规动火作业,电焊或切割产生的焊渣或火花引燃现场堆放的冷媒增效剂，瞬间产生爆燃，放出大量氮氧化物等有毒气体，造成现场施工和监护人员中毒窒息死亡及救援人员中毒呛伤。2019 年 11 月 9 日 17 时 01 分许，上海市宝山区蕰川路 3735 号上海鑫德物流有限公司仓库在实施局部改造过程中发生火灾，过火面积约为 7 000 m^2，火灾造成 3 人死亡、1 人受伤。火灾原因为现场施工人员在升降机平台上进行电焊作业时掉落的高温焊渣引燃地面可燃物并扩大成灾。

图 5-43 动火作业场所无人监护

这些火灾暴露出相关事故企业在动火作业方面存在诸多隐患问题：一是企业安全主体责任不落实，在施工项目中未能严格落实动火审批和动火现场监护管理（图 5-43）。二是操作人员不具备动火资质。相关电（气）焊作业等动火岗位施工人员未取得特种作业操作资质，不履行安全操作规程，不懂得火灾处置知识。三是企业擅自关停消防设施设备。为施工方便，部分单位擅自停用室内消火栓系统、关停火灾自动报警系统，火灾发生时消防设施设备无法正常工作，导致火势扩大成灾。

2. 动火作业火灾事故多发的主要原因

（1）动火作业本身火灾风险高。动火作业具有高温、高压、易燃易爆等火灾危险，起火方式主要为热传导、爆燃、飞溅掉落等。热传导主要发生在电焊作业中，通过电弧或将金属熔化后进行焊接时，焊接温度可达 6 000℃，若此时焊件另一端接触可燃物，极易通过热传导的方式引燃可燃物。爆燃主要发生在气焊接切割作业中，通过可燃气体（氧气、乙炔、氩气、液化石油气）等燃烧进行作业时，未与易燃易爆气体场所保持安全距离，挥发的易燃易爆气体遇火花容易爆燃起火。飞溅掉落主要发生在焊接或砂轮切割作业中，炽热的火星到处飞溅且温度极高，当飞溅掉落到或接触木材、棉、麻、纱等可燃物处，既能直接引燃起火，也能阴燃蔓延造成火灾，且起火部位一般与动火作业点不在一个立体层面，导致火灾发生初期不易被察觉，人员不能及时逃生自救。[69]

（2）违规动火作业现象较为普遍。个别企业对动火作业安全管理不够重视，忽视相关安全生产管理规定和动火作业操作规程，导致违规动火作业现象较为普遍，屡禁不止。

① 动火作业审批不严格。在禁火区域内因检修、试验及正常生产动火用火等，均要办理动火作业审批，由企业分级审批办理一级、二级、三级动火许可证，但部分企业忽视动火审批，未认真评估动火作业场所危险性，不开具动火证、“多地动火一张证、多级动火一张证”等

情况屡见不鲜。

② 作业人员未能持证上岗。根据国家现行安全生产管理要求，动火作业人员，尤其是焊接明火作业人员必须持有国家颁发的特种行业人员操作证上岗。但部分企业为追求经济利益，聘用无相关特种行业操作资质人员进行动火作业，随意让无证电工、焊工等操作人员上岗操作。

③ 现场缺乏相关监护人员。动火现场应落实不少于 1 名现场监护人员，核对动火等级、动火人员证书、现场动火遵章守纪情况。但实际操作过程中，部分企业未配备监护人员，有的操作人员既是动火人又是监护人，监护人作业期间不在位等情况时有发生在。

④ 现场防护措施不到位。动火作业现场根据规定还应做好事前联系、现场隔离、除去可燃物、落实应急措施（包括水源、灭火器材）等，高处或有限空间动火还需要遵守特殊规定。关闭火灾自动报警系统，截断消防给水系统，导致一旦发生火灾，相关消防设施设备无法第一时间发挥作用。缺少或忽略上述任何一个必要环节的违规操作都带来引发火灾的可能性。

3. 动火作业火灾防控主要措施

（1）严格落实责任。根据《建设工程施工现场消防安全技术规范》（GB 50720—2011）、《动火作业安全管理规范》（Q/SY 1241—2009），动火作业施工企业必须履行下列职责：建立企业内部动火审批制度，编制动火作业施工方案；对动火人员特殊工种开展教育培训，并确保持证上岗；开展动火证中涉及动火点风险评估、动火点安全条件检查；实施动火作业前安全交底工作；动火过程监护及突发事故处置；配合开展因动火作业不当发生安全事故后的调查处理。在用建筑局部施工的，建筑管理方必须履行下列职责：审查施工作业的安全防范措施，加强安全巡查，督促施工单位按规按章施工；落实动火作业的审批制度和管理职责，确保施工单位严格遵守在营业期间禁止动火作业等规章制度；因施工局部停用消防设施的，组织现场评估和书面审批，加强对消防设施停用区域的日常安全巡查；制定紧急预案，确保非施工区域人员的安全疏散和紧急处置。监理单位必须履行下列职责：负责施工方案（包括动火内容）审批；动火人员特殊工种资质审核；动火证中涉及动火点风险评估与动火条件的复核；动火过程监护；等等。

（2）严格动火审批。

① 动火作业风险评估。申请动火作业前，作业单位应针对动火作业内容、环境、人员资质等方面进行全面的火灾风险评估，根据评估结果制定相应火灾防控措施，消除、降低动火作业的火灾风险。

② 核对操作人员证件。逐一核对电焊、气焊等操作人员证件，可以通过登录查询网站

等方式，核对人证是否相符、操作等级是否相符、证件是否处于有效期内等，确保按规持证上岗。

③ 办理审批动火作业许可证。各类动火区域划分实行属地管理。分级审批，动火证按照分级要求办理，审批权限应由不同层级的领导负责。专点专用，实行一个动火点一张动火证，不得随意涂改和转让，不得异地使用或扩大使用范围。

④ 做好安全交底。完成办理动火证后，动火作业负责人应到现场检查动火作业安全措施落实情况，确认安全措施可靠并向动火人和监火人交代安全注意事项后，方可批准开始作业。

(3) 现场防护检查。每次动火作业前，应对作业现场开展一次全面检查，重点检查以下内容：一是检查电焊、气割等器具是否安全可靠；二是对作业区域或动火点可燃气体浓度进行检测，确保浓度值在安全区间；三是使用气焊作业的，要保持气瓶安全距离；四是动火作业现场周围的易燃易爆物质及可燃物应清理干净，严禁直接在裸露的可燃材料上进行动火作业，高空焊接作业时，还应做好地面隔离，防止火星飞溅；五是与动火作业设备(管线)相连的，应采取可靠的隔离措施；六是动火施工区域应设置警戒，严禁与动火作业无关人员或车辆进入动火区域；七是动火现场应配备消防水源或灭火器材，有较大危险性的动火场所，还应安排消防车辆和人员驻防，做好火灾事故应急处置。[70]

(4) 加强过程监护。动火作业过程中应严格按照安全防范管控措施作业；动火作业人员在动火点的上风作业，应采取围隔作业并控制火花飞溅；用气焊(割)动火作业时，要持续关注气瓶的安全使用和距离，如氧气瓶与乙炔气瓶要保持安全距离、乙炔气瓶严禁卧放、不准在烈日下曝晒等；动火过程中，遇到室外五级风以上天气，原则上应立即停止动火作业；动火作业过程中，动火监护人应坚守作业现场，做好现场巡查和应急措施准备。[71]

(5) 仔细检查清理。动火作业结束后，应对现场进行检查、清理，并应在确认无火灾危险后，动火操作和监护人员方可离开；高空动火作业及作业时火星飞溅可能影响周围可燃物的，动火作业结束检查、清理后，监护人员必须间隔一段时间后到现场进行再次检查和确认；在地下空间、敷设电缆的电缆夹层、电缆沟和其他有电缆的地方，动火作业结束进行检查、清理后，监护人员应到现场再复查不少于两次，每次宜间隔 30 min 以上，防止残留火星持续阴燃致灾。

(6) 做好灭火准备。进行焊接、切割、烘烤或加热等动火作业，除配备灭火器材外，必须落实消防水源。动火作业区域有室内外消火栓的，作业前应认真检查并测试墙式消火栓、室外消火栓的水量、水压是否能满足正常使用需要，并确保在动火作业区域内能同时受到不少于两支水枪的射流保护。动火区域内没有消火栓系统的，应利用移动容器储存一定量消防用水以备应急使用。

（7）落实十项措施。一是防火灭火措施不落实不动火；二是周围易燃杂物未消除不动火；三是易燃结构未采取安全防范措施不动火；四是盛装过油类等易燃液体的容器、管道，未经洗刷干净、排除残存的油质不动火；五是盛装过气体会受热膨胀并有爆炸危险的容器和管道不动火；六是储存有易燃、易爆物品的车间、仓库和场所，未经排除易燃易爆危险的不动火；七是在高处进行焊接或切割作业时，下面的可燃物品未清理或未采取安全防护措施的不动火；八是没有配备相应的灭火器材不动火；九是监护人（监火人）不到位不动火；十是焊接与热切割作业必须由持有相关特种作业操作证的人员操作。

参考文献

[1] 容志.从分散到整合：特大城市公共安全风险防控机制研究[M].上海：上海人民出版社，2014.

[2] 中国消防协会. 消防安全技术综合能力(2018 年版)[M].北京：中国人事出版社，2018.

[3] 应妮.高楼消防隐患应引起重视[N].民主与法制时报，2017-07-16(11).

[4] 张昊，张靖岩，李宏文.由伦敦大火谈我国高层建筑楼群的消防安全风险及管理[J].消防技术与产品信息，2018，31(1)：1-6.

[5] 39 名责任人 5 家单位被处理[N].中国安全生产报，2017-12-22.

[6] 张香萍.高层建筑消防安全现状分析和火灾防控对策研究[J].武警学院学报，2018，34(2)：54-57.

[7] 顾金龙，戴铮桢.多产权建筑消防安全隐患成因及安全对策[J].武警学院学报，2010，26(12)：54-59.

[8] 李永康，马国祝.消防安全技术综合能力[M].北京：机械工业出版社，2017.

[9] 顾金龙.城市综合体消防安全关键技术研究[M].上海：上海科学技术出版社，2017.

[10] “徐家汇中心”计划明年底开工[N].东方早报，2008-12-25.

[11] 王铭珍，吴佳伟.北京喜隆多商场大火探微[J].新安全　东方消防，2013(11)：74-75.

[12] 杜宝相，孙野，奚明石.吉林商业大厦重大火灾事故之思考[J].消防科学与技术，2011，30(3)：265-267.

[13] 喻嵩.大型城市综合体的消防监督管理工作分析[J].江西化工，2016(4)：147-148.

[14] 上海轨道交通行业资讯中心.“研数据　析规律　明方向”——中国城市轨道交通发展速度分析与思考[J].城市轨道交通，2020(1)：43-49.

[15] 孟正夫，任运贵.伦敦地铁君王十字车站重大火灾情况及其主要教训[J].消防科技，1992(3)：34-37.

[16] 周竹虚.国内外地下空间火灾实例[J].消防技术与产品信息，1999(5)：36-40.

[17] 闵剑.地铁纵火恐怖袭击的对策初探[J].四川警察学院学报，2014，26(3)：16-21.

[18] 沈友弟.地铁的消防安全问题及其对策[J].消防科学与技术，2006，25(2)：260-264.

[19] 郑晋丽.轨道交通隧道火灾场景和要素分析[J].地下工程与隧道，2015(3)：30-34.

[20] 孙国庆，刘敏燕.港口危险货物安全管理与安全技术[M].北京：人民交通出版社，1999.

[21] 康青春.消防灭火救援工作实务指南[M].北京：中国人民公安大学出版社，2011.

[22] 徐少波.探析上海化学工业区存在的消防安全风险点及相应对策[J].消防技术与产品信息，2016(2)：55-58.

[23] 周松清.子公司灾后工作进展缓慢　农产品或错失春节旺季[N].21 世纪经济报道，2013-01-09.

[24] 昌新文.大型城市综合体消防问题及对策探讨[J].消防科学与技术,2013,32(12):1358-1361.
[25] 本书编委会.大型购物中心建筑消防设计与安全管理[M].北京:中国建筑工业出版社,2015.
[26] 马忠义.大型商业综合体灭火救援思考[J].科技创新导报,2014(4):256.
[27] 公安部消防局,全国消防标准化技术委员会.全国优秀消防法制论文集·2014[M].天津:天津科学技术出版社,2015.
[28] 汪奇,谷学伟.城市商业综合体天然气供应设计分析[J].煤气与热力,2019,39(1):20-23.
[29] 刘激扬.微型消防站可持续发展及建设探讨[J].消防科学与技术,2016,35(4):579-581.
[30] 何伟.脆弱性视角下老旧小区消防风险治理问题研究——以上海市P区为例[D].上海:华东师范大学,2019.
[31] 毛丽娜.老旧居民小区的消防安全管理探讨[J].山西建筑,2018,44(11):247-249.
[32] 马德法.老式居民建筑火灾原因及对策[J].山东消防,1997(1):35-36.
[33] 微型消防站发挥大作用[N].河北青年报,2017.
[34] 白宇甲,刘宜辉,占伟.居民小区消防安全高风险分析及防范措施[J].福建建设科技,2017(4):73-74,77.
[35] 李惠菁.火灾事故调查实用手册[M].上海:上海科技教育出版社,2018.
[36] 王新红.电商时代物流中心火灾危险性及对策[J].消防技术与产品信息,2014(7):45-47.
[37] 钟韵瑶.关注城市消防高风险之仓储物流建筑[J].新安全 东方消防,2015(12).
[38] 冷库安全生产也不容忽视[N].珠江时报,2018-10-18.
[39] 高宇.浦东新区火灾防控体系优化研究[D].上海:华东政法大学,2017.
[40] 潘高峰.火患治理,为何边整治边回潮?[N].新民晚报,2018-08-15.
[41] 万明.交通运输概论[M].北京:人民交通出版社,2015.
[42] 袁雪妃,袁兵.物流学概论[M].大连:大连理工大学出版社,2017.
[43] 国家安全生产监督管理总局.中国安全生产年鉴(2015)[M].北京:煤炭工业出版社,2016.
[44] 熊有发.从巴黎圣母院大火谈文物古建筑火灾的防范[J]. 消防界,2019(9):8-11.
[45] 近十年全国文物古建火灾392起 三成由电气引起[DB/OL].[2019-04-18]. https://baijiahao.baidu.com/s?id=1631133877762259403&wfr=spider&for=pc.
[46] 董晓白. 云南古建筑再起大火 六百多年历史拱辰楼毁于一旦[J]. 新安全 东方消防,2015(1):10.
[47] 王琦.别总到火灾时才发现消防栓没水[J].水利天地,2014(3):27.
[48] 范强强.如何做好我国古建筑的防火工作[J].生命与灾害,2019(6):30-31.
[49] 施青飞. 文物古建筑防火安全问题及对策建议[J]. 文物鉴定与鉴赏,2019(14):154-155.
[50] 白晓辉,李建宇.文物建筑火灾危险性及消防安全现状剖析[J].武警学院学报,2013,29(2):69-71.
[51] 李剑锋,席亚星.古建筑火灾原因统计分析及防火对策[C]//中国消防协会学术工作委员会.2008消防科技与工程学术会议论文集.北京:中国石化出版社,2008:104-107.
[52] 孙涛.建筑工程施工现场消防安全分析[J].中国公共安全·学术版,2011(2):81-84.
[53] 全国安全生产教育培训教材编审委员会.重特大生产安全事故案例汇编:建筑与火灾事故(2007—2011)[M].徐州:中国矿业大学出版社,2012.
[54] 伍爱友,彭新.防火与防爆工程[M].北京:国防工业出版社,2014.
[55] 吴军.建筑施工现场消防安全管理研究[J].今日消防,2019,4(7):34-37.

[56] 赵原.致命彩粉[J].劳动保护,2017(9):73-75.
[57] 李一静.公共危机管理典型案例·2015[M].北京:人民出版社,2018.
[58] 喻嵩.对大型群众性活动场所的消防安全检查探讨[J].江西化工,2016(4):173-175.
[59] 义乌市大型群众性活动安全管理办法[N].乌商报,2015-03-16.
[60] 山西省大型群众性活动安全管理办法[N].山西日报,2020-12-01.
[61] 公安部消防局.消防安全技术综合能力[M].北京:机械工业出版社,2014.
[62] 杨浒,万玉峰.关于电动自行车自燃原因分析[J].电动自行车,2011(9):45-47.
[63] 庄毅俊,吴佳伟.当前电动自行车存在的火灾危险及预防措施[J].新安全 东方消防,2015.
[64] 王春生,苏文威.电动自行车火灾危险性分析[J].中国公共安全·学术版,2011(3):97-99.
[65] 曾翔.电动车的火灾防范[J].江西化工,2017(4):224-225.
[66] 包璐影.电气火灾起数占火灾总量超过30%[N].劳动报,2017-06-28.
[67] 高全新.再谈居民家庭电气火灾的原因及对策[J].山西建筑,2009,35(35):165-166.
[68] 国务院安委会办公室.国务院安委会办公室关于印发电气火灾综合治理自查检查要点及检查表的通知:安委办函〔2017〕22号[A/OL].(2017-06-01)[2017-06-06]. http://www.mem.gov.cn/awhsy_3512/awhbgswj/201706/t20170606_247804.shtml.
[69] 李红新.浅谈施工现场焊割作业引起的火灾原因分析与安全预防[J].建筑安全,2011(6):50-52.
[70] "'绿十字'安全基础建设新知丛书"编委会.安全员安全工作知识[M].北京:中国劳动社会保障出版社,2016.
[71] 中国石油天然气集团公司安全环保部.炼化企业员工安全教育读本[M].北京:石油工业出版社,2010.

名词索引